CAD/CAM 软件精品教程系列

AutoCAD 2013 实例教程
（机类专业通用）

主　编：陈道斌　殷海丽

電子工業出版社
Publishing House of Electronics Industry
北京·BEIJING

内容简介

本教材以产品设计为基准，从实用角度出发，通过几十个各具特色的实例全面讲解了软件的基本操作。每个实例均有详细的操作过程，因此本教材可作为初学者的入门教程。本教材共分为六个模块，从Autocad基础入门开始，涉及二维机械图形的绘制与编辑、二维机械图形的尺寸标注、参数化设计、机械轴测模型的绘制、三维机械零件模型的绘制。本教材讲解透彻，具有较强的实用性，可操作性强，特别适合读者自学，可作为职业技术院校教材和参考书，同时也适合工程技术人员学习和参考之用。

图书在版编目（CIP）数据

AutoCAD 2013实例教程 / 陈道斌，殷海丽主编. —北京：电子工业出版社，2013.9
CAD/CAM软件精品教程系列. 机类专业通用

ISBN 978-7-121-20168-4

Ⅰ. ①A… Ⅱ. ①陈… ②殷… Ⅲ. ①AutoCAD软件－教材 Ⅳ. ①TP391.72

中国版本图书馆CIP数据核字（2013）第073508号

策划编辑：白　楠
责任编辑：白　楠
印　　刷：北京虎彩文化传播有限公司
装　　订：北京虎彩文化传播有限公司
出版发行：电子工业出版社
　　　　　北京市海淀区万寿路173信箱　　邮编：100036
开　　本：787×1 092　1/16　印张：16　字数：409.6千字
版　　次：2013年9月第1版
印　　次：2018年9月第7次印刷
定　　价：29.80元

凡所购买电子工业出版社图书有缺损问题，请向购买书店调换。若书店售缺，请与本社发行部联系，联系及邮购电话：（010）88254888，88258888。

质量投诉请发邮件至zlts@phei.com.cn，盗版侵权举报请发邮件至dbqq@phei.com.cn。

本书咨询联系方式：（010）88254592，bain@phei.com.cn。

前言

Preface

AutoCAD 拥有强大的绘图功能，是目前应用最广泛的计算机辅助软件之一。AutoCAD 已是机械、建筑、汽车、电子、航天、造船、服装等许多领域不可缺少的工具，因此，熟练运用 AutoCAD，更是从事这类行业的工程技术人员所必须具备的技能。

本教材根据 AutoCAD 2013 应用性强的特点，以机电、机械专业的学生为对象，以他们的设计需求为切入点，采用案例的方式，引导你一步一步掌握 AutoCAD，启发你的创意思维，激发你的设计灵感。

本教材主要内容包括 AutoCAD 基础入门，二维机械图形的绘制与编辑设计、二维机械图形的尺寸标注、参数化设计、机械轴测模型的绘制以及三维机械零件模型绘制。为了让读者更好地理解与应用，每一个案例就是一个任务，采用详细的绘图步骤说明，使读者使用时少走弯路，更上一层楼。

本教材适用于想快速掌握 AutoCAD 的机电、机械类专业的初级用户，希望读者能通过本教材任务的引导，能够掌握各类图形的设计与制作方法。

本书主要由陈道斌编写并负责全书的统稿工作，另外参加编写的还有殷海丽。其中第一至第三模块由陈道斌编写；第四至第六模块由殷海丽编写。由于时间仓促，加之水平有限，书中难免有不足之处，在感谢您选择本书的同时，也希望您能够把对本书的意见和建议告诉我们。

本教材建议全为上机课时，课时安排如下：

章　节	上 机 课 时
模块一	8 课时
模块二	18 课时
模块三	12 课时
模块四	4 课时
模块五	6 课时
模块六	12 课时
总计	60 课时

编者

2013 年 7 月

目录

Contents

AutoCAD 2013 基础入门

学习目标

- 熟悉 AutoCAD 2013 的界面组成及其坐标系统
- 能够对绘图环境进行设置
- 会使用 AutoCAD 2013 的对象显示与观察工具
- 能够对图层进行创建与管理
- 熟悉 AutoCAD 2013 的对象查询工具

AutoCAD 是 Autodesk 公司的旗舰产品，该软件凭借其独特的优势在 CAD 领域一直处于领先地位，并拥有数百万的用户。AutoCAD 自 1982 年 12 月推出以来，经过 30 余年的不断发展和完善，操作更加方便，功能更加齐全。通过本模块的学习，让我们来初步认识 AutoCAD 2013，为以后的实例学习打下基础。

任务 1　认识 AutoCAD 2013

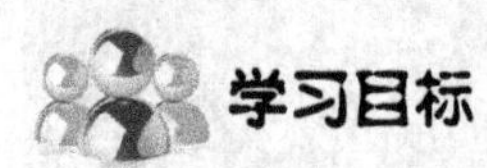

学习目标

- 熟悉 AutoCAD 2013 的界面组成
- 能够对 AutoCAD 2013 的工作空间进行设置
- 熟悉 AutoCAD 2013 的坐标系统
- 会设置 AutoCAD 2013 的绘图环境
- 能够对 AutoCAD 2013 的文件进行管理

学习内容

1. 工作空间

工作空间即工作环境，初次进入 AutoCAD 2013 工作环境时，会弹出“欢迎”窗口。在该窗口中，列出了 AutoCAD 2013 的新增功能及视频教程等，如图 1-1 所示。如果下次打开软件时，不想弹出该窗口，只需将窗口左下角“启动时显示”选项前面的对勾去掉即可。关闭“欢迎”窗口，进入 AutoCAD 2013 环境，默认的是草图与注释工作空间，该界面如图 1-2 所示。

图 1-1　“欢迎”窗口

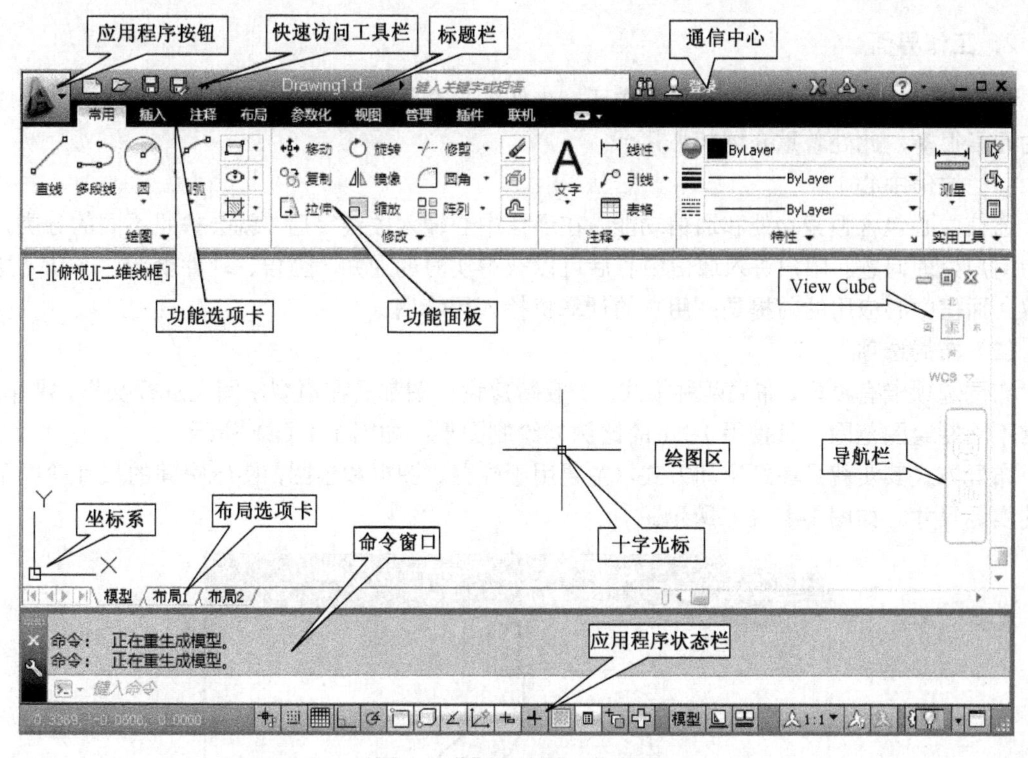

图 1-2 草图与注释工作空间

AutoCAD 2013 为用户提供了四种工作空间模式，分别是草图与注释、三维基础、三维建模及 AutoCAD 经典。除了软件本身提供的这四种工作空间模式外，用户也可以根据需要，设置适合自己的空间模式。选择工作空间模式的方法有以下两种。

① 单击“快速访问工具栏”中的工作空间控件 草图与注释，弹出工作空间下拉菜单，如图 1-3（a）所示，选择不同的空间名称，即可进入相应的工作空间环境。

② 单击“应用程序状态栏”的“切换工作空间”图标，弹出工作空间下拉菜单，如图 1-3（b）所示，选择不同的空间名称，即可进入相应的工作空间环境。

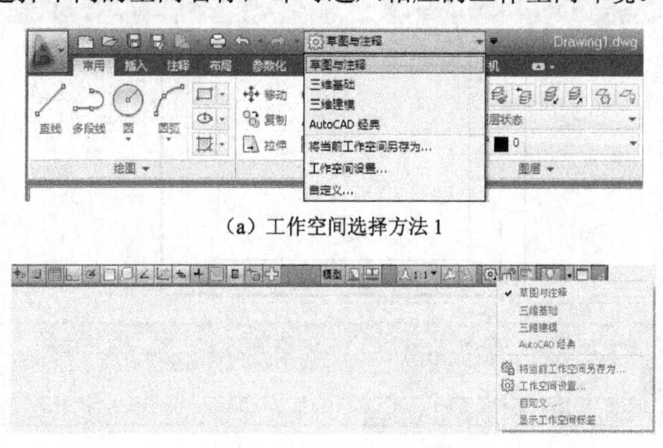

（a）工作空间选择方法 1

（b）工作空间选择方法 2

图 1-3 工作空间的选择

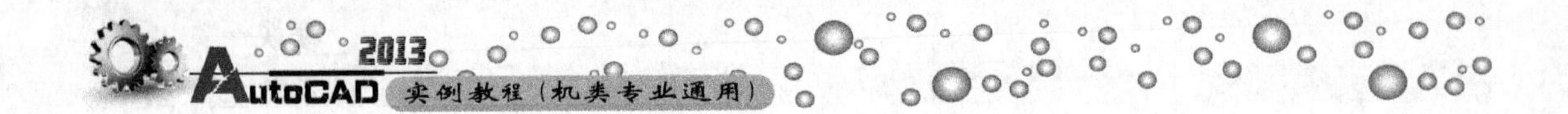

2. 工作界面

我们以默认的“草图与注释”工作环境为例，来介绍 AutoCAD 2013 的工作界面。组成界面的元素很多，此处着重介绍其中几个。

（1）通信中心

通信中心包含搜索功能和通信功能，在通信中心输入关键字后，就会按照不同的分类，快速为用户处理问题。用户进入通信中心后可以获得实时的通知、公告、软件更新、产品支持等内容。通信中心应用的前提是：用户的计算机接入因特网。

（2）布局选项卡

布局选项卡有模型、布局两种模式。一般新建设计图都是在模型空间上进行操作，操作时，通常不限制绘图范围，且使用 1∶1 的比例来绘制图形，如图 1-4（a）所示。

布局方式其实就是图纸空间方式，主要用于注释、图框和出图，图纸空间的尺寸等同于图纸的实际尺寸，如图 1-4（b）所示。

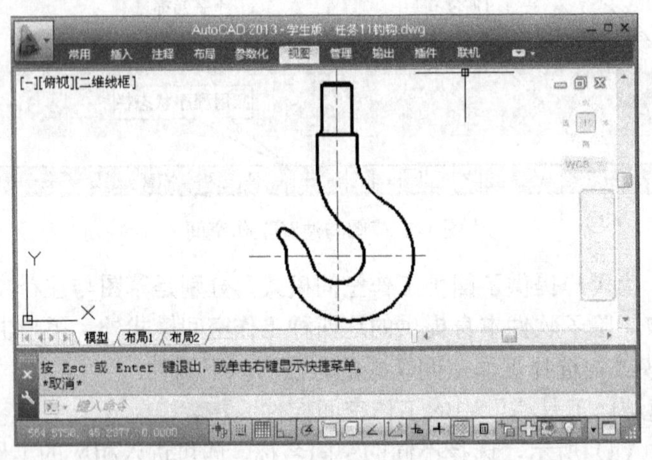

（a）模型空间

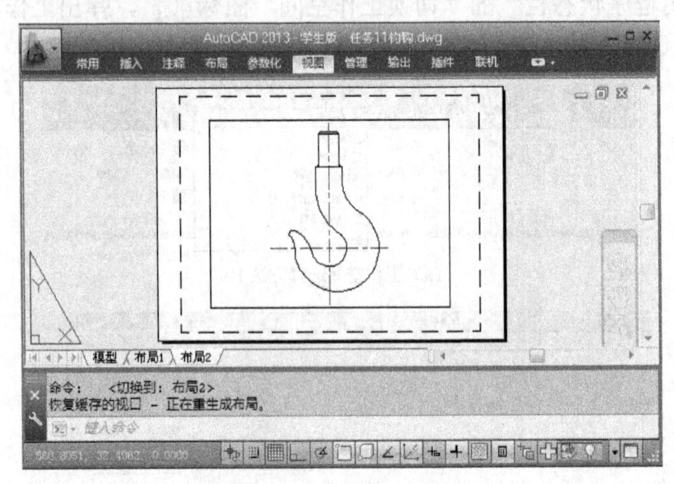

（b）图纸空间

图 1-4 布局选项卡

（3）命令窗口

命令窗口位于图形窗口的下面，其默认显示三行命令。AutoCAD 所有的命令都可以在命令窗口实现。例如绘制直线，可直接在命令行输入 Line 或者 L 即可激活直线命令，如图 1-5（a）所示。

命令窗口除了激活命令以外，也是 AutoCAD 软件中实现人机交互的地方。用户输入命令后，命令窗口会给出下一步的操作提示，并且所有的操作过程均记录在命令窗口中。

命令窗口显示的行数可以调节，将光标定位在命令窗口跟绘图窗口的分界线上时，光标会变为 ≑，此时单击鼠标并拖动光标，即可调节命令窗口显示命令的行数，如图 1-5（a）所示。

拖动命令行左侧的灰色标题栏处，可以将命令窗口设置为浮动窗口，此时的命令窗口收缩为工具条形式，如图 1-5（b）所示。单击“显示命令历史记录”按钮或者按下 F2 键，AutoCAD 将弹出文本窗口，显示命令历史记录，供用户查阅，如图 1-5（c）所示。另外，命令窗口的关闭与打开也可通过 Ctrl+9 组合键进行切换。

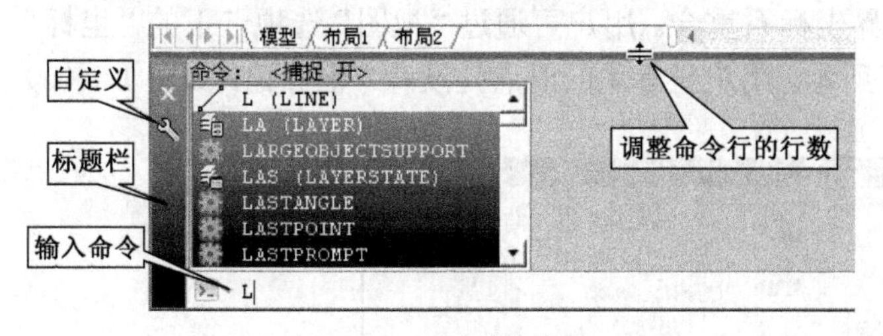

（a）命令窗口

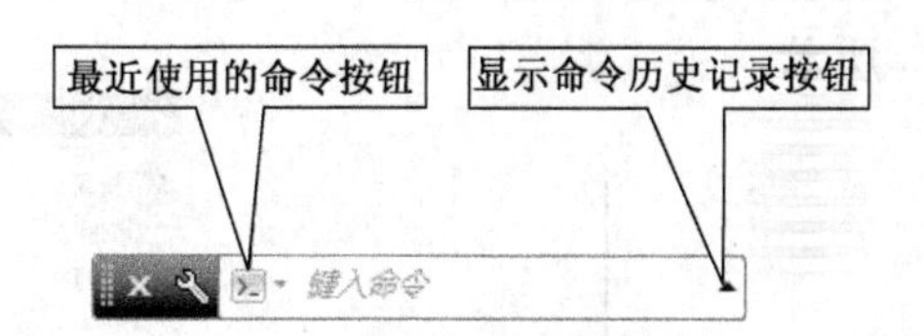

（b）将命令窗口设置为浮动窗口

```
\temp\Drawing3_1_1_0701.sv$ ...
命令:
命令: ANNOALLVISIBLE
输入 ANNOALLVISIBLE 的新值 <1>: 0
命令: ANNOALLVISIBLE
输入 ANNOALLVISIBLE 的新值 <0>: 1
命令: ANNOAUTOSCALE
输入 ANNOAUTOSCALE 的新值 <-4>: 4
命令:
命令:
命令:  commandline
命令: 指定对角点或 [栏选(F)/圈围(WP)/圈交(CP)]:
命令: *取消*
命令: *取消*
命令:
自动保存到 C:\Documents and Settings\cdb\local settings
\temp\Drawing3_1_1_0701.sv$ ...
命令:
```

（c）显示命令历史记录

图 1-5　命令窗口

（4）应用程序状态栏

AutoCAD 2013 的应用程序状态栏如图 1-6 所示。其中，绘图辅助工具用来帮助精确绘图，注释工具用来显示注释比例及可见性。

3．坐标系统

用户在绘制或编辑图形过程中需要精确定位对象时，必须选定坐标系作为参考，以便精确拾取点的位置。在 AutoCAD 2013 中，坐标系有世界坐标系（WCS）和用户坐标系（UCS）两种。

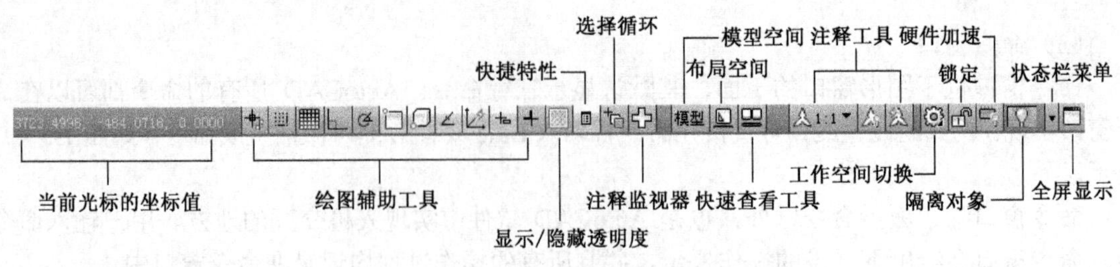

图 1-6　应用程序状态栏

（1）世界坐标系

该坐标系简称 WCS，是 AutoCAD 默认的坐标系，位于绘图区的左下角，包括 *X* 轴、*Y* 轴和 *Z* 轴，坐标原点处有一个方框标记。世界坐标系默认状态如图 1-7（a）所示。

（2）用户坐标系

为了更好地辅助绘图，用户可以自己创建坐标系。用户创建的坐标系称做用户坐标系，简称 UCS。默认状态下，用户坐标系跟世界坐标系重合。用户可通过“视图”选项卡下的“坐标”功能面板定义用户坐标系，如图 1-7（b）所示。用户坐标系的原点处没有方框标记，如图 1-7（c）所示。

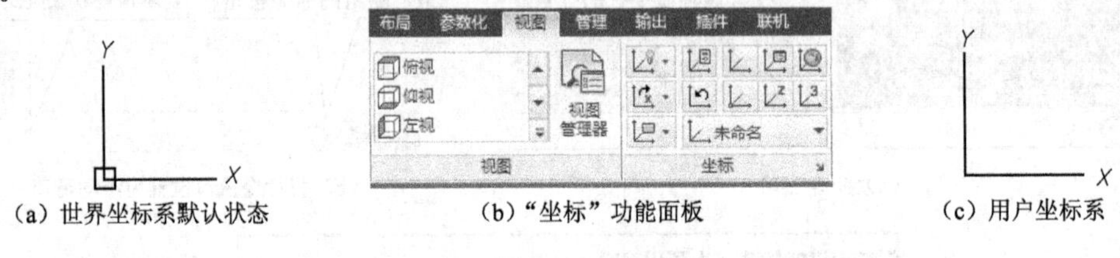

（a）世界坐标系默认状态　　（b）“坐标”功能面板　　（c）用户坐标系

图 1-7　坐标系统

（3）点的坐标输入

在 AutoCAD 2013 中，点的坐标输入通常有以下四种方法。

① 绝对直角坐标输入法。

该方法是以坐标原点（0，0，0）为基点，来定位其他点的坐标。在绘制二维图形时，只需输入 *X*、*Y* 的坐标（中间用英文、半角下的逗号隔开）即可。绘制三维图形时，*X*、*Y*、*Z* 的坐标均需输入。绝对直角坐标的表达方式为（X，Y），例如在绘制如图 1-8 所示的直线时，A、B 两点的坐标，若采用绝对直角坐标输入法，命令行内容如下：

```
命令: _line
指定第一个点: 1, 1
指定下一点或 [放弃（U）]: 3, 3
指定下一点或 [放弃（U）]:
```

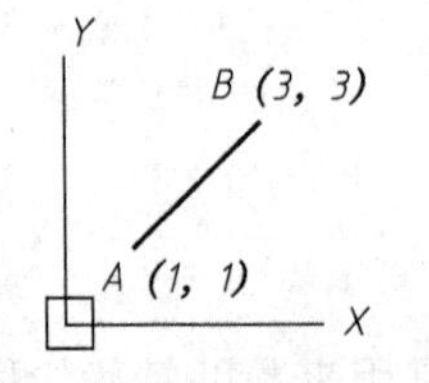

图 1-8　绝对直角坐标输入

② 相对直角坐标输入法。

实际绘图中，没有必要固定一个原点，就算固定了原点，也不可能一个个地去计算其他点的坐标，所以绝对直角坐标不常用。常用的是相对直角坐标表示方法，它是相对于某一个点的实际位移。因此开始绘制图时，第一个点的位置往往并不重要，只需粗略估算即可，但是当第一个点的位置确定后，其他点的位置都要由相对于前一个点的位置来确定。相对直角坐标的表达方式为：（@X，Y），例如在绘制如图 1-9 所示的直线时，B 点的

坐标若采用相对直角坐标输入法，命令行内容如下：

```
命令：_line
指定第一个点：1，1
指定下一点或 [放弃（U）]：@3，3
指定下一点或 [放弃（U）]：
```

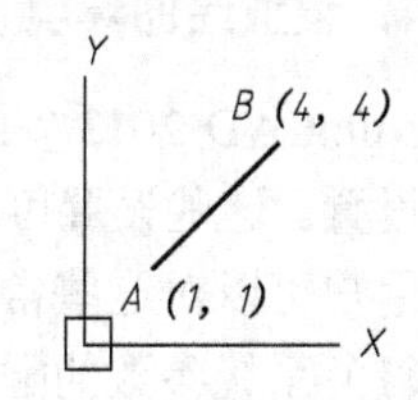

图 1-9　相对直角坐标输入

③ 绝对极坐标输入法。

除了在二维直角坐标系中输入点的坐标以外，有时为了绘图方便，采用极坐标的形式输入点的坐标。极坐标就是通过相对于极点的距离和角度来定义点的坐标，在 AutoCAD 中以逆时针方向为正方向来定义角度，水平向右为 0° 方向。

绝对极坐标以原点为极点，通过半径或角度来确定点的位置。绝对极坐标的表达方式为（半径<角度），例如在绘制如图 1-10 所示的直线时，A、B 两点的坐标若采用绝对极坐标输入法，命令行内容如下：

```
命令：_line
指定第一个点：30<45
指定下一点或 [放弃（U）]：30<-45
指定下一点或 [放弃（U）]：
```

实际绘图中，很难计算每一个点到原点的距离，因此绝对极坐标输入法很少采用。

④ 相对极坐标输入法。

相对极坐标输入法是以上一个点作为极点，通过相对的半径和角度来确定点的位置。相对极坐标的表达方式为（@半径<角度），例如在绘制如图 1-11 所示的直线时，A、B 两点的坐标若是采用的相对极坐标输入法，命令行内容如下：

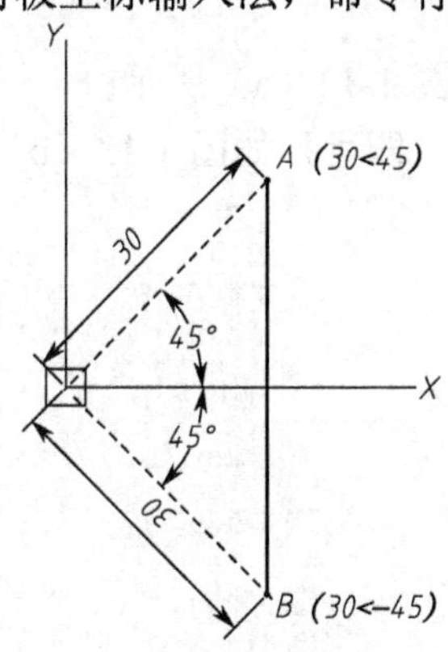

图 1-10　绝对极坐标输入

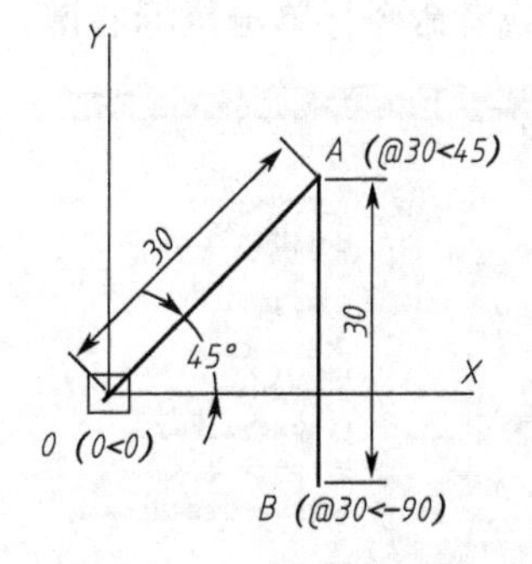

图 1-11　相对极坐标输入

```
命令：_line
指定第一个点：0<0
指定下一点或 [放弃（U）]：@30<45
指定下一点或 [放弃（U）]：@30<-90
指定下一点或 [闭合（C）/放弃（U）]：
```

4．设置绘图环境

AutoCAD 2013 安装后首次运行，绘图区的背景、光标大小、靶框大小等设置都是系统的默认设置。这些设置可能跟用户的习惯或工作要求不相符，为了创建更加方便和实用的操作界面，用户可以对这些常用参数进行设置。

（1）系统参数的配置

对于大部分绘图环境的设置，用户可通过“选项”对话框进行设置，如图 1-12 所示。打开“选项”对话框的常用方法有以下三种：

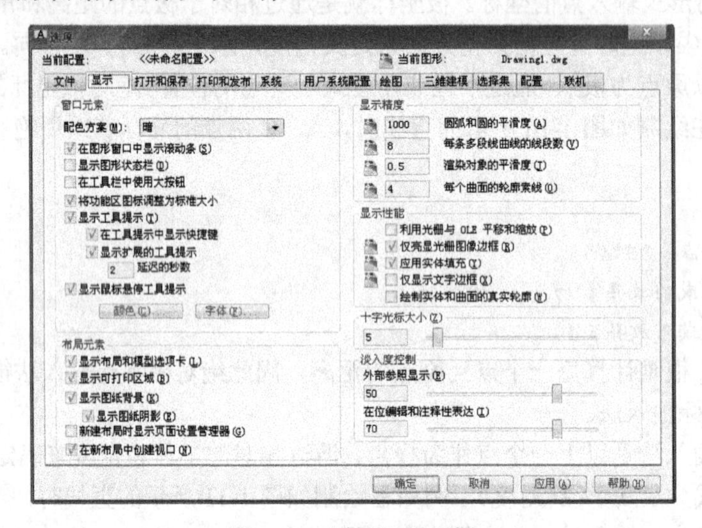

图 1-12　“选项”对话框

- 在应用程序菜单中，单击“选项”按钮即可，如图 1-13（a）所示；
- 在绘图区或者命令行单击鼠标右键，选择“选项”即可，如图 1-13（b）所示；

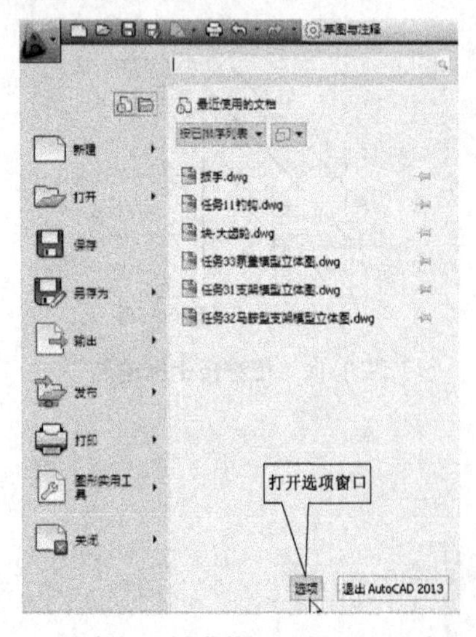

（a）在应用程序菜单打开“选项”对话框

（b）在绘图区单击鼠标右键打开“选项”对话框

图 1-13　打开“选项”对话框的方法

• 直接在命令行输入“Options”或者“OP”，然后按回车键，即可打开“选项”对话框。

① 显示配置。

在“选项”对话框的“显示”选项卡下，可以对绘图环境的背景颜色、命令行字体、十字光标大小等进行设置，如图 1-12 所示。

② 绘图配置。

在“选项”对话框的“绘图”选项卡下，可以对自动捕捉、自动追踪进行设置，例如靶框的颜色、自动捕捉标记大小、靶框大小等，如图 1-14 所示。

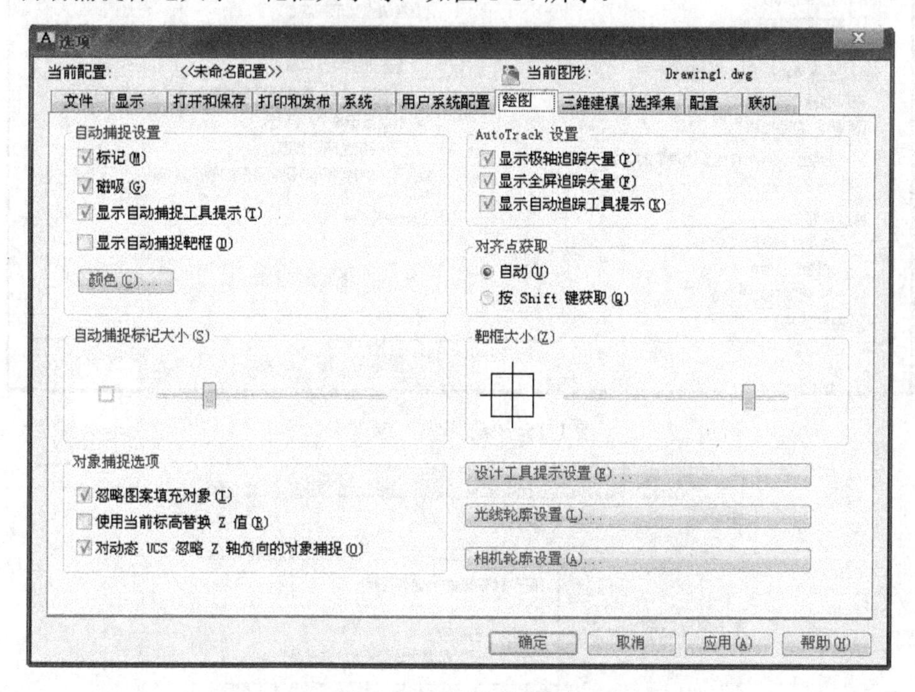

图 1-14 “绘图”选项卡

③ 选择集配置。

在“选项”对话框的“选择集”选项卡下，可以对拾取框的大小、夹点的大小和颜色、功能区等进行设置，如图 1-15 所示。

（2）设置绘图单位

在应用程序菜单中，单击“图形实用工具”下的“单位”选项按钮，如图 1-16 所示，可弹出“图形单位”对话框，如图 1-17（a）所示。在该对话框中，用户可以根据需要进行绘图单位和精度的设置。

① 长度单位。

在 AutoCAD 中提供了五种长度类型可供选择，分别是分数、工程、建筑、科学、小数，如图 1-17（b）所示。一般情况下都采用“小数”的长度单位。在“长度”选项组的“精度”下拉列表中，可以选择长度单位的显示精度，如图 1-17（c）所示。对于机械专业，通常选择“0.00”，即精确到小数点后 2 位。

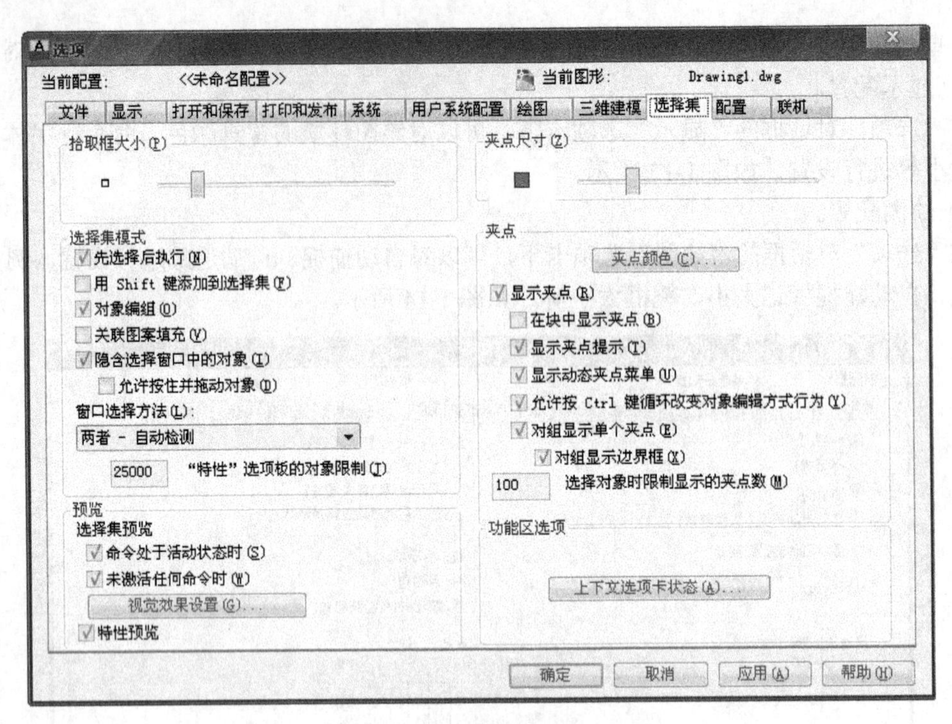

图 1-15 “选择集”选项卡

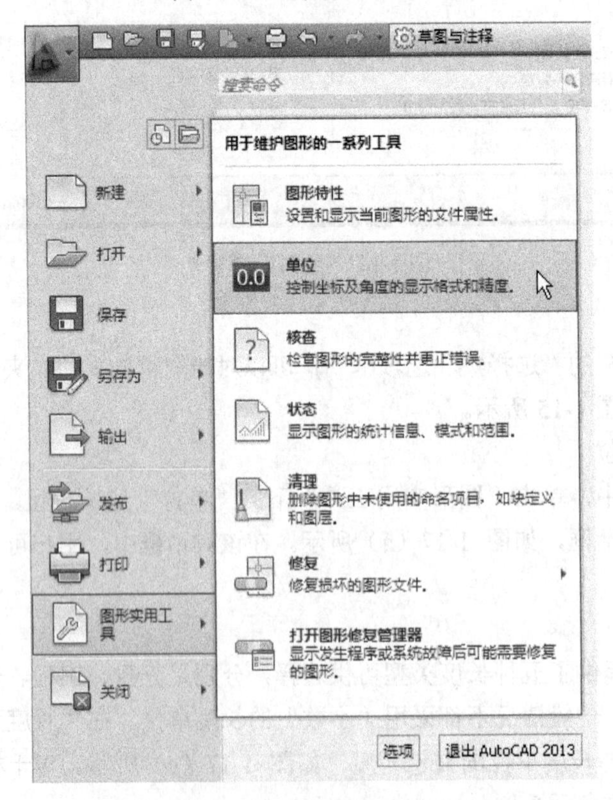

图 1-16 打开“图形单位”对话框

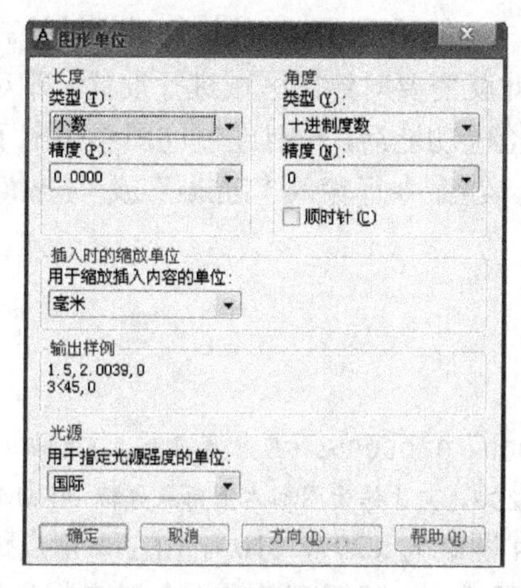

（a）“图形单位”对话框

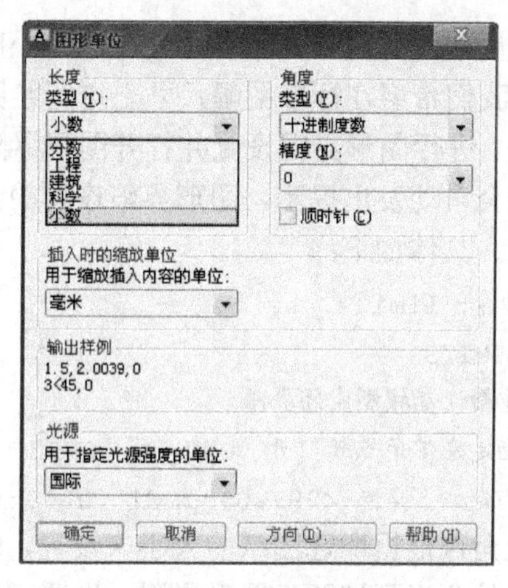

（b）选择长度类型

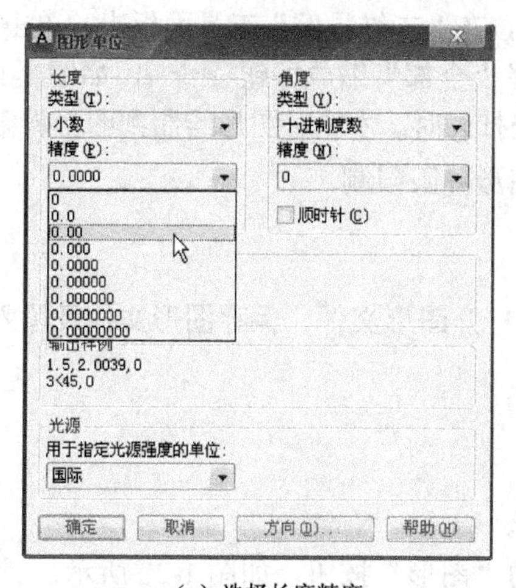

（c）选择长度精度

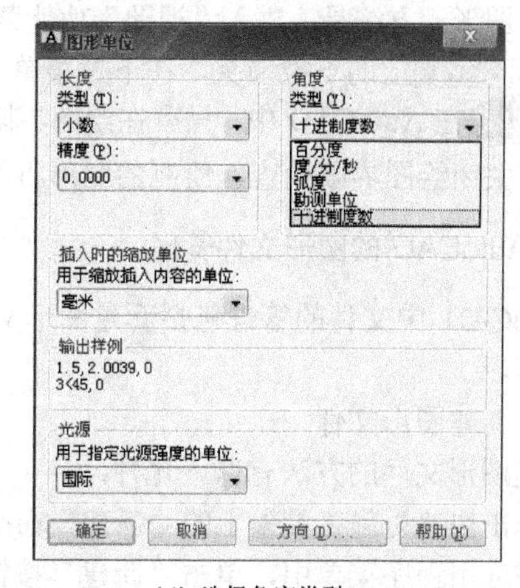

（d）选择角度类型

图 1-17　设置图形单位

② 角度单位。

对于角度单位，在 AutoCAD 中也提供了五种角度类型可供选择，分别是百分度、度/分/秒、弧度、勘测单位、十进制度数，如图 1-17（d）所示。在“角度”选项组的“精度”下拉列表中可以选择角度单位的显示精度，通常选择“0”。“顺时针”复选框指定角度查询的正方向，默认情况下该复选框不被选中，即采用逆时针方向为正方向。

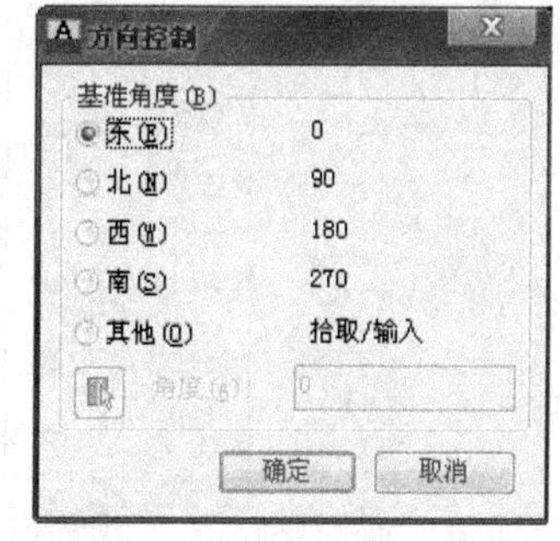

图 1-18　“方向控制”对话框

③ 方向设置。

单击“图形单位”对话框底部的“方向”按钮，可弹出“方向控制”对话框，如图 1-18 所示。在该对话框中，定义起始角度的方向，通常默认“东”即水平向右为 0° 角方向。

（3）设置绘图界限

在 AutoCAD 中进行设计和绘图的工作环境称做模型空间。

在模型空间中进行设计，可以不受图纸大小的约束，一般采用 1∶1 的比例进行设计。但实际绘图中，我们希望在标准图幅尺寸上进行绘图，因此就需要对绘图区域进行设置，即对图形界限的设置。进行图形界限设置并打开图形界限边界检验功能后，一旦绘制的图形超出了绘图界限，系统会自动发出提示。图形界限设置的方法是，在命令行输入“limits”或“limi”并按回车键确认，具体如下：

```
命令: limi
LIMITS
重新设置模型空间界限：
指定左下角点或 [开（ON）/关（OFF）] <0.0000, 0.0000>:（默认原点是左下角点）
指定右上角点 <297.0000, 210.0000>:（输入 297, 210 作为图形右上角点坐标，按回车键确认）
```

右上角点根据所选图纸的大小来设置，例如 A4 图纸为（297，210）。由左下角点跟右上角点所确定的矩形区域即为图形界限。设置完图形界限后，一般需要单击“全部缩放”命令，来观察整个图形。方法是，进入“视图”功能菜单栏，在“二维导航”工具面板上，单击“范围”缩放图标 范围 上的下拉箭头，在下拉菜单中选择“全部”缩放按钮 全部，如图 1-19 所示。

说明：在 AutoCAD 中，只有在绘图界限检查打开时，才能对图形绘制到图形界限外形成限制；若关闭绘图界限检查，绘制的图形将不受图形界限限制。

5. AutoCAD 的图形文件管理

AutoCAD 中文件的管理包括新建图形文件、打开图形文件、保存图形文件及输入输出图形文件等。

（1）新建图形文件

新建图形文件的方法有以下几种：

- 单击快速访问工具条上的“新建”命令按钮 ；
- 在应用程序菜单中，单击“新建”按钮中的“图形”按钮，如图 1-20 所示；

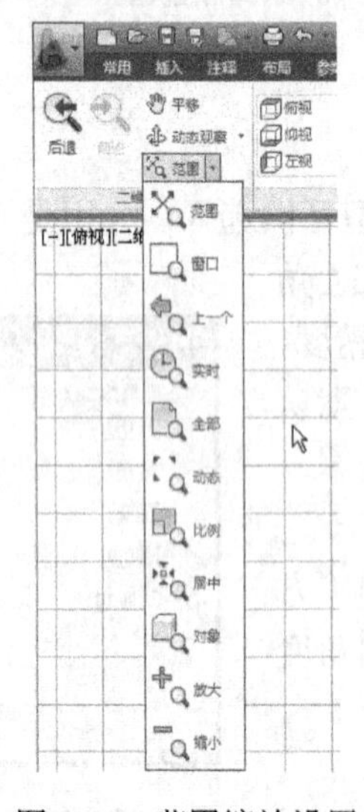

图 1-19　范围缩放设置

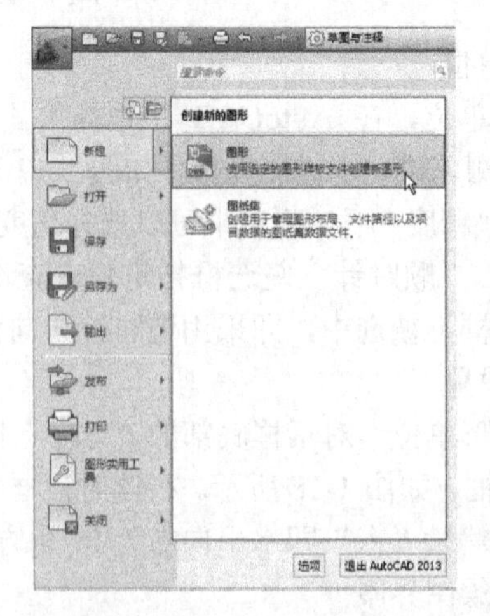

图 1-20　通过应用程序菜单新建图形文件

• 在命令行输入“new”，并按回车键进行确认；

• 通过 Ctrl+N 组合键新建图形文件。

采用上述方法执行新建命令后，弹出“选择样板”对话框，如图 1-21 所示。选择一个样板文件，单击“打开”按钮，即可创建新的图形文件。

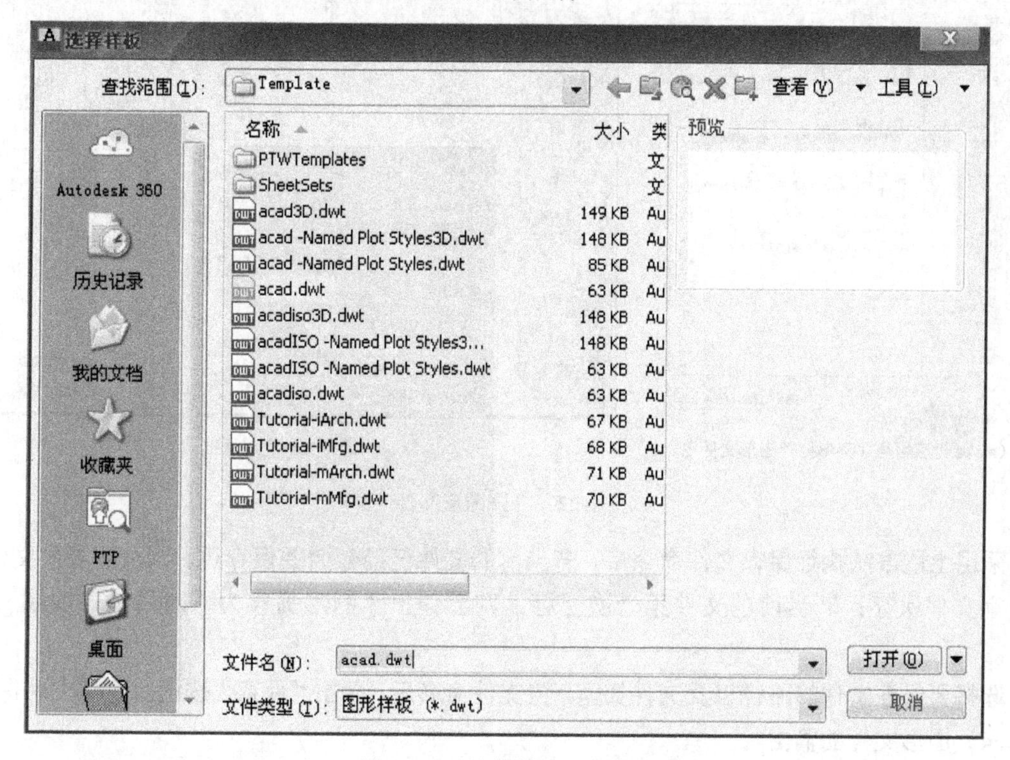

图 1-21 “选择样板”对话框

（2）打开图形文件

打开图形文件的方法有以下几种：

• 单击快速访问工具条上的“打开”命令按钮 ；

• 在应用程序菜单中，单击“打开”按钮图标，选择相应的文件类型，如图 1-22（a）所示；

• 在命令行输入“open”，并按回车键进行确认；

• 通过 Ctrl+O 组合键打开图形文件。

采用上述方法执行打开文件命令后，弹出“选择文件”对话框，如图 1-22（b）所示。找到要打开的文件，单击“打开”按钮即可。

（3）保存图形文件

保存图形文件的方法有以下几种：

• 单击快速访问工具条上的“保存”命令按钮 ；

• 在应用程序菜单中，单击“保存”按钮图标；

• 在命令行输入“qsave”，并按回车键进行确认；

• 通过 Ctrl+S 组合键保存图形文件。

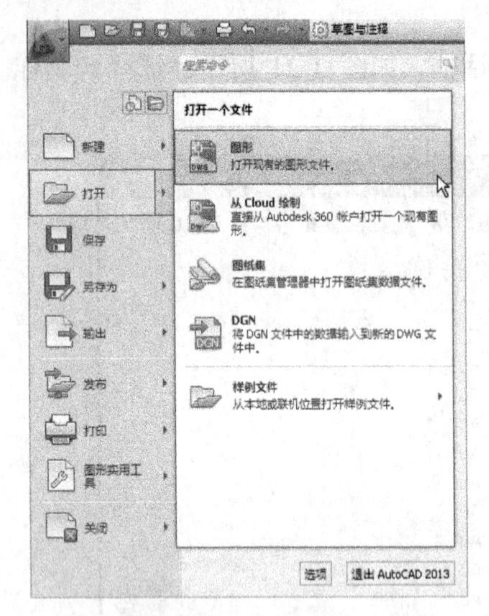

（a）通过应用程序菜单打开图形文件

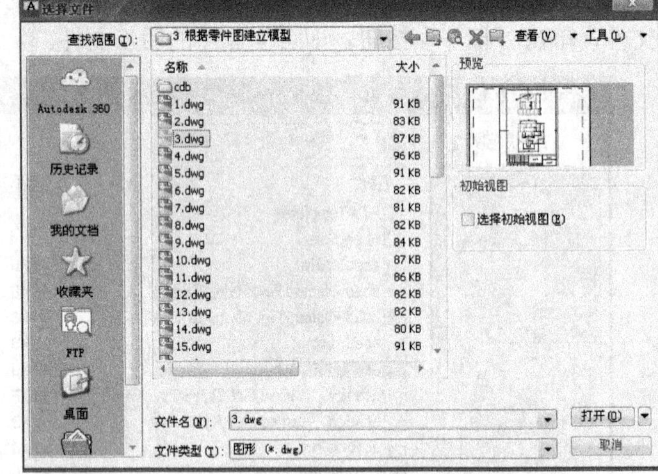

（b）“选择文件”对话框

图 1-22　打开图形文件

采用上述方法执行保存文件命令后，若当前的文件已经命名并保存过，则按照当前文件名称进行文件保存；若当前的文件第一次保存，则会弹出“图形另存为”对话框，如图 1-23 所示。

选择要保存文件的路径以及文件类型，将文件命名后，单击“保存”按钮即可将文件保存。

（4）图形文件的输出

在应用程序菜单中，单击“输出”按钮图标后，选择相应的图形格式将其输出即可，如图 1-24 所示。

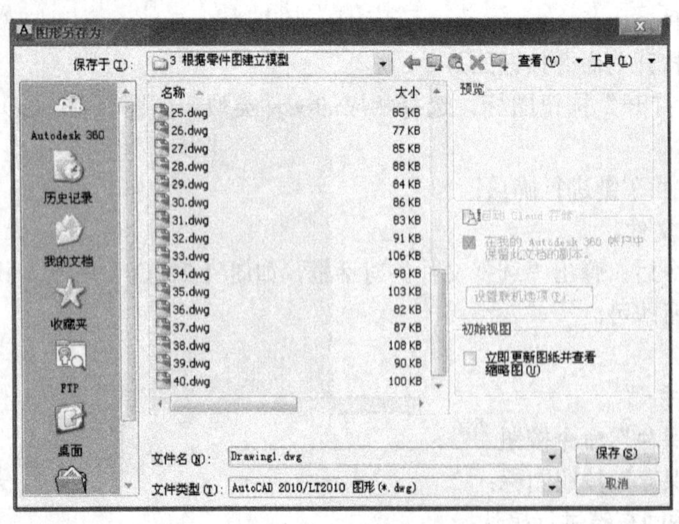

图 1-23 “图形另存为”对话框

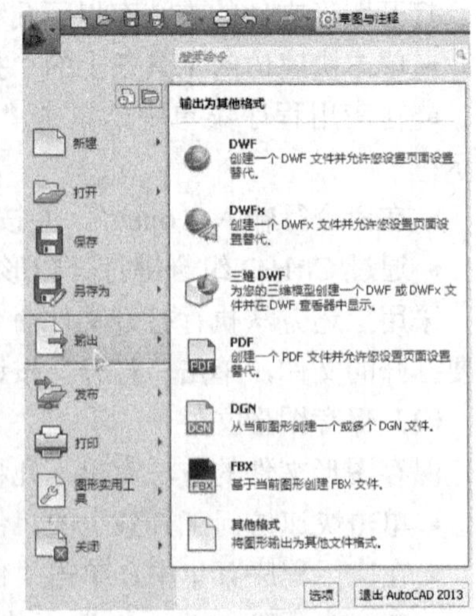

图 1-24　图形的输出格式

拓展练习

① AutoCAD 2013 中，提供了哪几种工作空间模式？
② 如何设置绘图环境的图形单位？
③ 如何设置图形界限？
④ 利用直线命令，绘制如图 1-25 所示的图形。

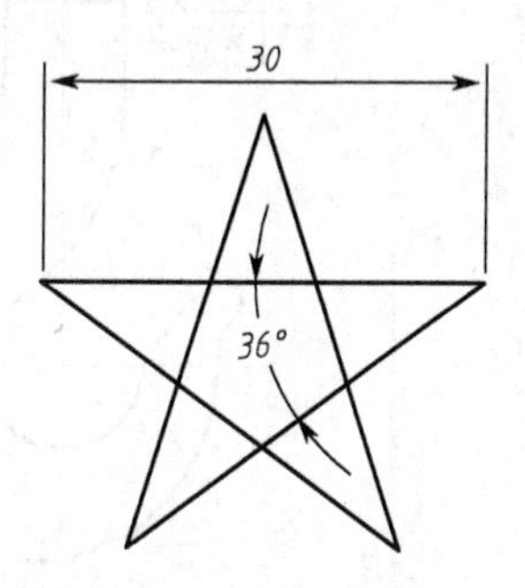

图 1-25　绘制正五角星

任务 2　AutoCAD 2013 的对象与观察工具

- 掌握 AutoCAD 中鼠标的使用方法
- 掌握 AutoCAD 中对象的选择方法
- 掌握 AutoCAD 中缩放与平移工具的使用方法
- 学会使用 ViewCube 工具

学习内容

1. 鼠标的使用

鼠标是计算机外部设备中十分重要的硬件之一，在可视化的操作环境下，用户与 AutoCAD 交互操作时，几乎全部利用鼠标来完成。鼠标的使用方法，直接影响到用户的设计效率。使用三键鼠标可以完成各种功能，包括选择菜单、旋转视角、物体缩放等。

（1）移动鼠标

鼠标经过某一个工具按钮时，该工具按钮会高亮显示。例如鼠标在绘图工具栏的“圆弧”按钮上悬停时，会弹出该工具按钮的说明对话框，如图 1-26 所示。

（2）鼠标左键操作

在 AutoCAD 中单击或双击鼠标均用于选择对象，并弹出该对象的属性对话框，在选择后的对象上，会显示几个关键点，称做夹点。通过对夹点实施操作，可编辑选择对象。如图 1-27 所示，就是单击图形中某一条直线时所显示状态。

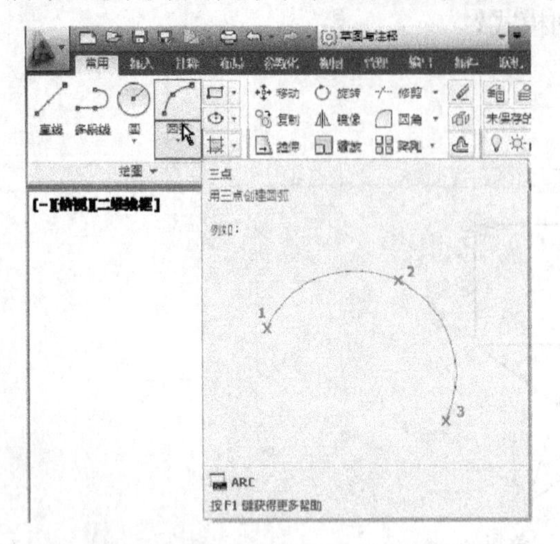

图 1-26　鼠标悬停于某一个工具栏时的状态

图 1-27　单击鼠标选择对象

说明：在 AutoCAD 的绘图区，按下 Ctrl 键或者 Shift 键的同时单击鼠标左键，则不能选择对象。

（3）鼠标右键操作

在 AutoCAD 中的不同区域，单击鼠标右键，会显示不同的右键快捷菜单，如图 1-28（a）、（b）所示，就是分别在工具面板、绘图区单击鼠标右键时弹出快捷菜单的情况。

说明：在 AutoCAD 的绘图区，若按下 Ctrl 键或者 Shift 键的同时，再单击鼠标右键，则弹出对象捕捉工具菜单，如图 1-28（c）所示。

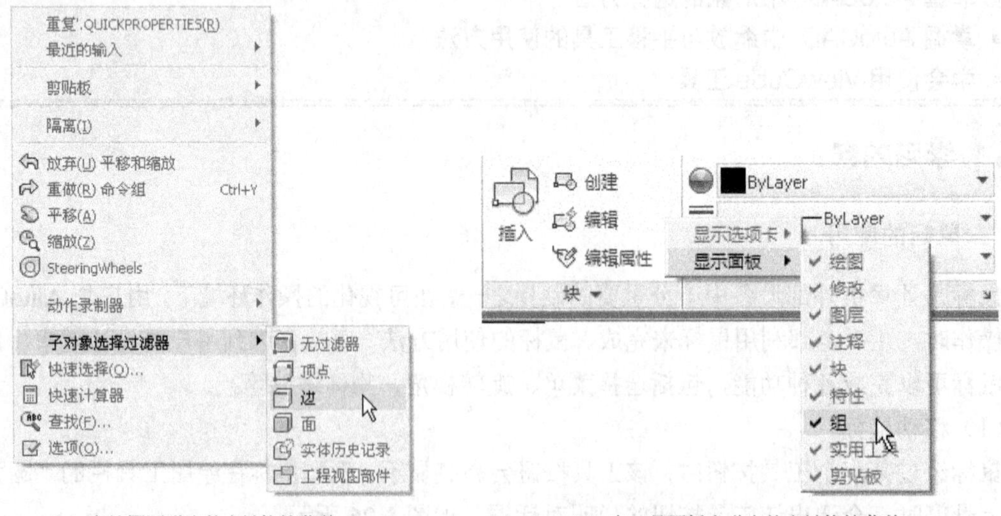

（a）在绘图区弹出的右键快捷菜单　　（b）在工具面板上弹出的右键快捷菜单

图 1-28　右键快捷菜单

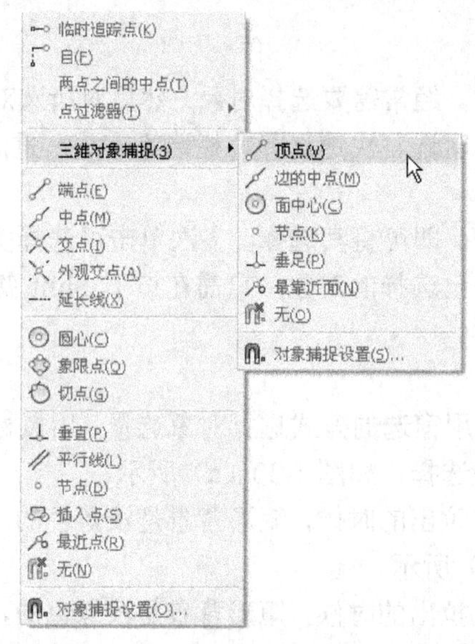

（c）按下 Ctrl 键或 Shift 键的同时单击鼠标右键后弹出的右键快捷菜单

图 1-28　右键快捷菜单（续）

（4）鼠标滚轮

在 AutoCAD 中的绘图区，向上滑动滚轮，会以光标所在位置为中心放大图形；向下滑动滚轮，会以光标所在位置为中心缩小图形，类似于实时缩放。双击滚轮，可将整个图形充满绘图区，等同于范围缩放。

按下滚轮后，鼠标光标会变成小手的形状，如图 1-29（a）所示，此时拖动鼠标，会平移绘图区中的图形。在按下滚轮的状态下，如果按下 Shift 键的同时拖动鼠标，图形只能在 *X* 轴或者 *Y* 轴方向移动。

说明：如果先按下 Shift 键，再按下滚轮，拖动鼠标会旋转视图界面，如图 1-29（b）所示，该方法一般用来在三维环境下进行三维模型的观察；若按下 Ctrl 键，再按下滚轮，拖动鼠标会将当前图形进行动态平移，如图 1-29（c）所示。

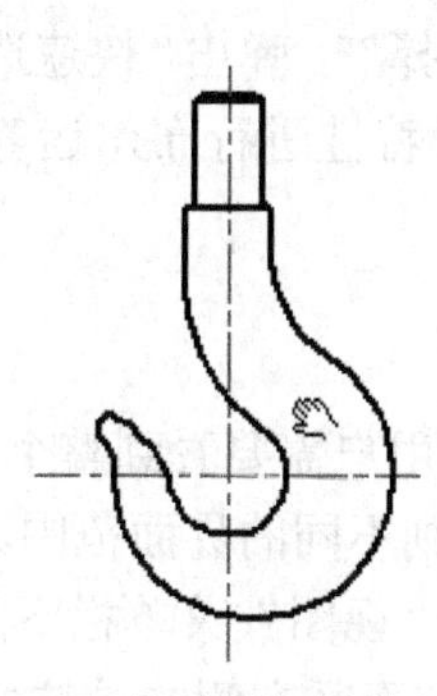

（a）按下滚轮时状态

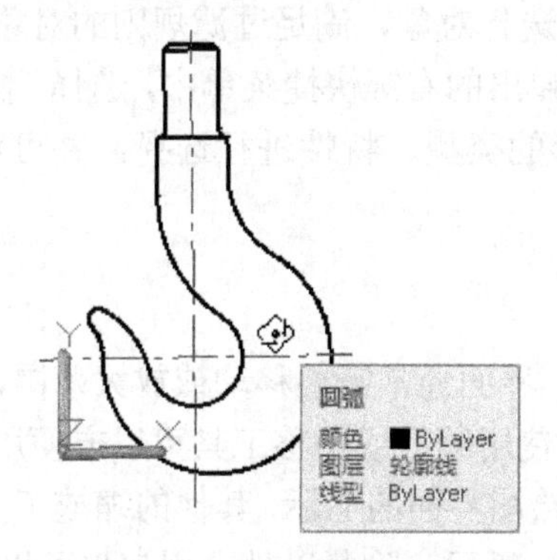

（b）按下 Shift 键+滚轮时的状态

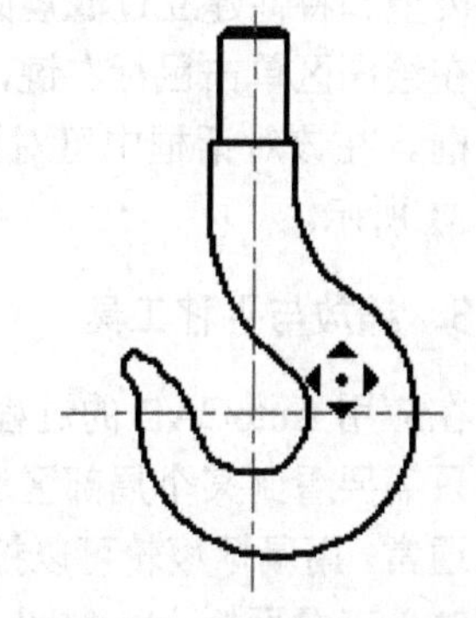

（c）按下 Ctrl 键+滚轮时的状态

图 1-29　不同情况下按下滚轮时的状态

2. 对象的选择

用户在绘制和编辑图形时，经常需要选择对象，然后对所选对象进行编辑操作。选择对象的方法很多，常用的有单选、窗选、快速选择、栏选等方法，重点介绍以下几种。

（1）单选

用鼠标单击要选择的对象，即可将其选择，多次单击可选择多个对象。该方法用来选择图形中不连续的对象。若要取消已选择的对象，只需在按下 Shift 键的同时，再次单击要取消选择的对象即可。

（2）窗选

若选择多个对象时，可采用窗选的方式进行对象选择，用鼠标在绘图区拉出一个矩形选择框，被矩形框选中的对象则被选择，如图 1-30（a）所示。

当矩形选择框是从左到右拉出的时候，矩形背景是浅蓝色的，此时只有完全在矩形框内的对象才被选中，如图 1-30（b）所示。

当矩形选择框是从右到左拉出的时候，矩形背景是浅绿色的，此时跟矩形框相交的对象和在矩形框内的对象就会被全部选中，如图 1-30（c）所示。

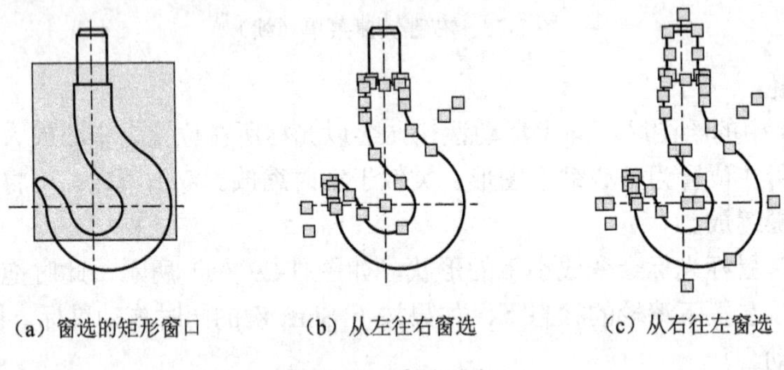

（a）窗选的矩形窗口　（b）从左往右窗选　（c）从右往左窗选

图 1-30　窗选对象

（3）快速选择对象

在 AutoCAD 中，用户还可以使用快速选择对话框来选择对象。快速选择命令根据所选对象的类型和特性建立过滤规则来选择对象，满足过滤规则的对象自动被选中。

在绘图区单击鼠标右键，在弹出的右键快捷菜单中，选择“快速选择”，弹出“快速选择”对话框。在该对话框中可对图形的类型、特性进行选择，并可对图形特性进行布尔运算，如图 1-31 所示。

3. 缩放与平移工具

在应用 AutoCAD 的过程中，界面经常需要移动或放大范围，有时用户需要看到整个界面，有时只需要看到某个局部区域，使用缩放或平移工具可以方便用户看到不同的界面范围。

通常，用鼠标滚轮可以控制绘图界面的显示，其他的缩放工具位于“视图”菜单栏下的“二维导航”工具面板上，如图 1-32 所示。除此以外，用户也可以使用图形区右侧的导航栏，进行平移或缩放图形，如图 1-33 所示。导航栏的关闭与打开控制，在“视图”菜单栏下的“用户界面”工具面板上，如图 1-34 所示。

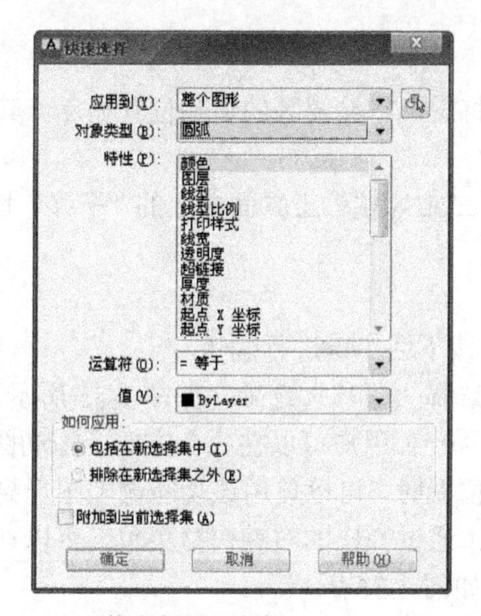

(a) “快速选择”对话框

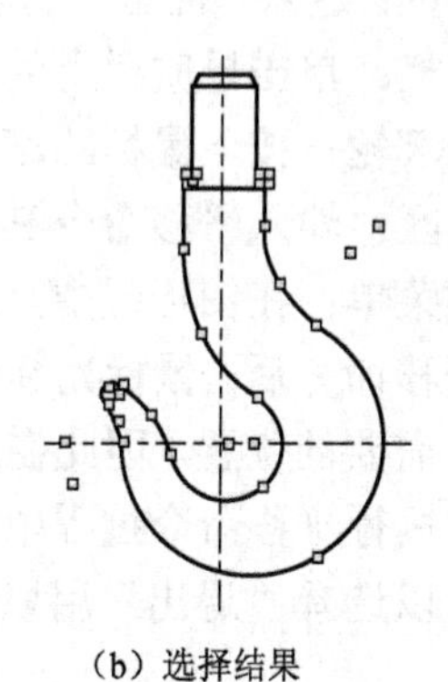

(b) 选择结果

图 1-31 快速选择对象

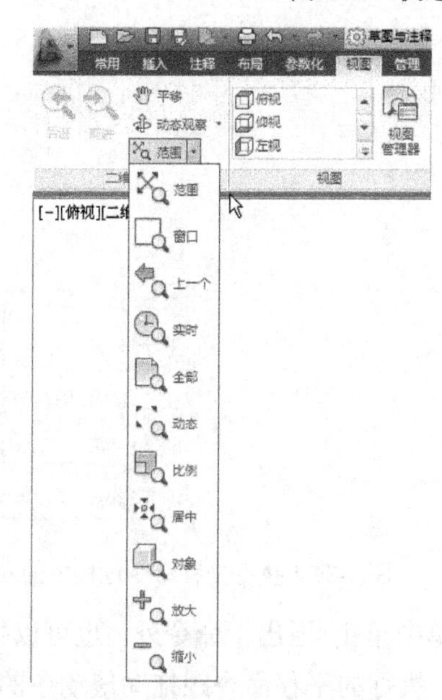

图 1-32 “视图”选项卡下的平移缩放工具

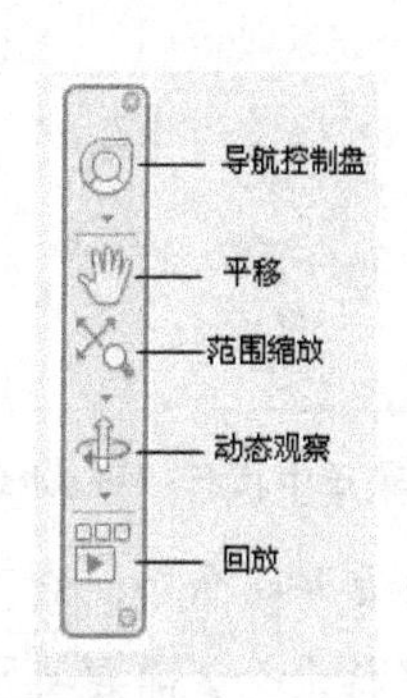

图 1-33 导航栏

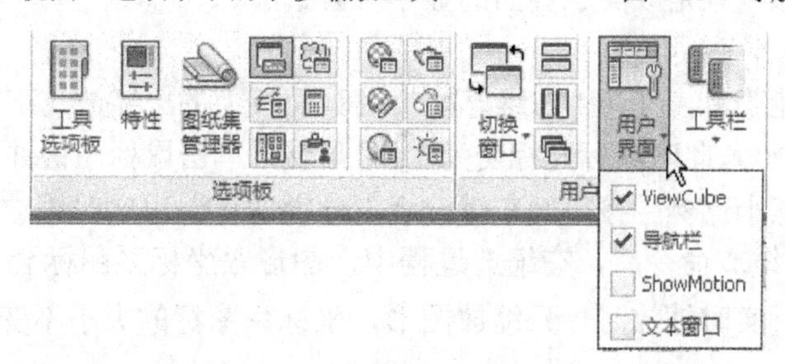

图 1-34 “视图”选项卡下的“用户界面”工具面板

（1）平移

使用平移命令，可以改变视图中心的位置，将图形在绘图区的适当位置显示。其操作方式有以下几种。

- 功能区：进入“视图”功能选项卡，单击“二维导航”工具面板上的“平移”图标 。
- 导航栏：单击导航栏上的“平移”图标 。
- 鼠标滚轮：按下鼠标的滚轮并拖动。
- 命令区：输入平移命令 PAN 或者 P，然后按下回车键进行确认。
- 右键菜单：在图形区中，单击鼠标右键，选择“平移”选项，如图 1-35 所示。

执行平移命令后，鼠标光标变成小手的形状 ，用户可以在各个方向上拖动图形，将窗口移动到所需要的位置。因此在观察图形的不同位置时，可以使用该功能调整图形到需要显示的位置。在执行平移命令过程中，单击鼠标右键，通过弹出的右键快捷菜单，可以切换到其他选项，也可以选择“退出”用以结束平移命令，如图 1-36 所示。

图 1-35　右键菜单中执行“平移”命令

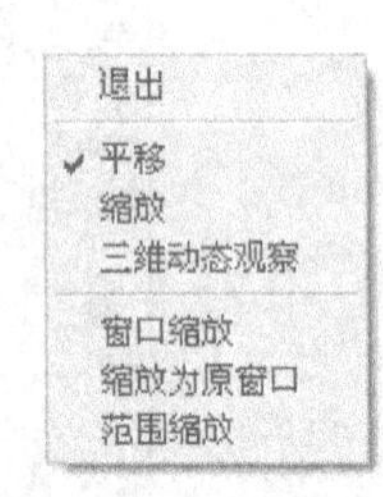

图 1-36　执行平移命令过程中的右键快捷菜单

说明：要结束平移命令，除了在右键菜单中单击“退出”命令外，也可以按下回车键或者 Esc 键用以结束平移命令。需要特别说明的是：执行的平移命令跟拖动滚动条的效果是一致的，实际上并没有移动图形，只是改变了界面的显示位置。

（2）实时缩放

进入“视图”功能菜单，打开“二维导航”工具面板上的“缩放”下拉菜单，单击“实时缩放”命令按钮 实时 ，此时鼠标光标变为 形状，单击鼠标左键并拖拽，向上拖拽可放大比例，向下拖拽可缩小比例。按下回车键或者 Esc 键即可退出实时缩放命令。

说明：执行实时缩放命令后，在缩放过程中，图形跟坐标系图标会一同缩放，而前面提到的滑动鼠标滚轮进行实时缩放时，只缩放图形，坐标系图标的大小不变。

（3）窗口缩放

窗口缩放就是在当前图形中拉一个矩形区域，将该区域所包含的所有图形放大到整个屏

幕。进入“视图”功能菜单，打开“二维导航”工具面板上的“缩放”下拉菜单，单击“实时缩放”命令按钮 ，此时鼠标光标变为十字形状，确定窗口缩放区域，用鼠标拾取矩形区域的两个角点，拖出一个矩形框，CAD 就将矩形窗口内的图形放大到整个图形区，如图 1-37 所示。

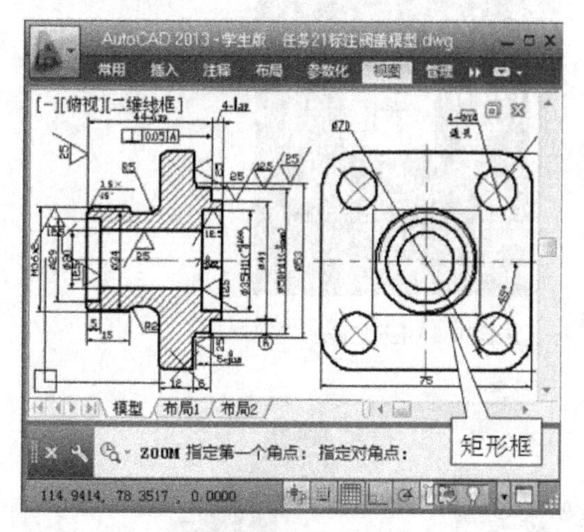

（a）窗口缩放的矩形窗口

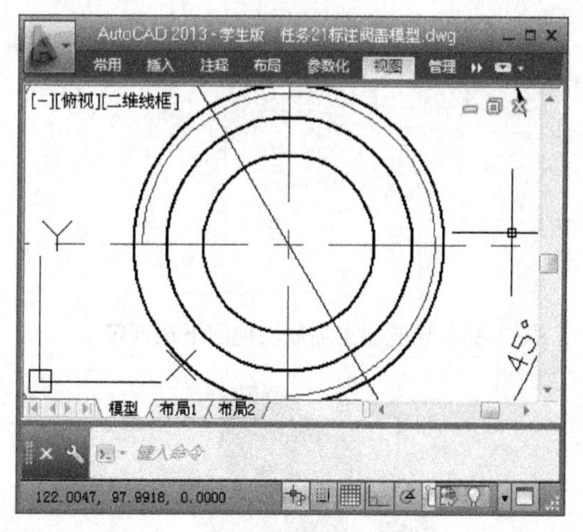
（b）窗口缩放后的效果

图 1-37　窗口缩放

（4）其他缩放工具

除了前面介绍的缩放方法外，AutoCAD 也为用户提供了其他的缩放工具，调用其他缩放工具的方法有以下几种。

• 在“视图”功能菜单下，“二维导航”工具面板上的“缩放”下拉列表中。

• 在导航栏中，默认状态下，导航栏位于绘图区右侧。单击导航栏上缩放功能的下拉菜单按钮，弹出下拉列表，可进行缩放功能选择，如图 1-38 所示。

• 在命令行输入“ZOOM”或者“Z”，并按下回车键确认。此时在命令行可列出各种缩放功能，命令行内容如下：

```
ZOOM
指定窗口的角点，输入比例因子（nX 或 nXP），或者
[全部（A）/中心（C）/动态（D）/范围（E）/上一个（P）/比例（S）/窗口（W）/对象（O）]<实时>: *取消*
```

4. View Cube 工具

View Cube 工具是一种导航工具，默认状态下位于图形区的右上角，它可以在二维模型空间或三维视觉样式中处理图形时显示，如图 1-39 所示。

默认状态下，View Cube 工具是不活动的。当把光标放置在 View Cube 工具上后，View Cube 工具变为活动状态，通过单击或拖拽 View Cube，可以切换或旋转当前视图。单击主视图按钮，可以将图形切换到自定义的基础视图，如图 1-40（a）所示；单击正方体的某个面，可以将图形切换到平行视图，如图 1-40（b）所示；单击正方体的某个角，可以将图形切换到等轴测视

图，如图 1-40（c）所示。

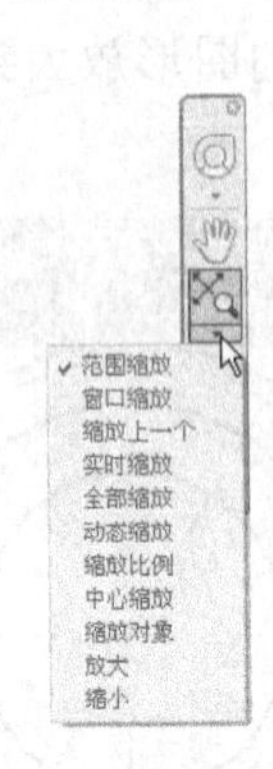

图 1-38 导航栏上缩放功能的下拉列表

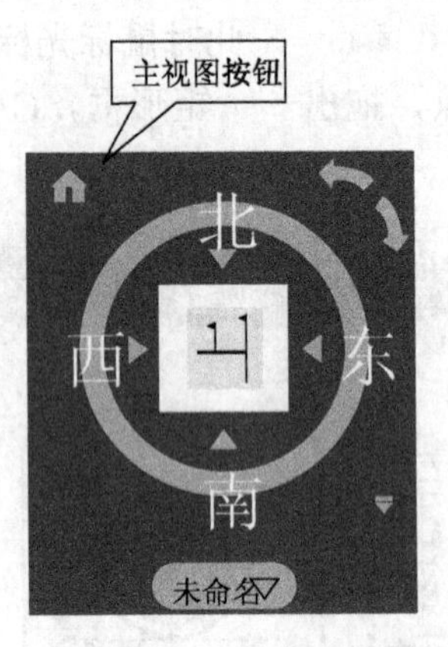

图 1-39 View Cube 工具

（a）主视图

（b）平行视图

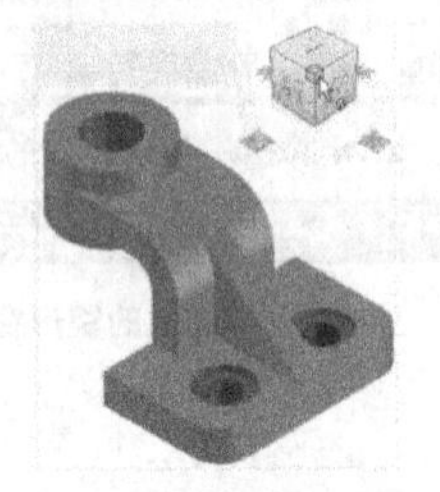

（c）等轴测视图

图 1-40 用 View Cube 工具查看图形

View Cube 具有如下几个主要的附加特征。

- 始终位于屏幕上图形窗口的一角。
- 在 View Cube 上按住鼠标左键并拖动可以旋转当前模型，方便用户进行动态观察。
- 提供了主视图按钮，以便快速返回用户自定义的基础视图。
- 在平行视图中提供了旋转箭头，使用户能够以 90° 为增量，垂直于屏幕旋转图形。

拓展练习

① 打开本教材配套电子资料包中的文件“\模块 1\1-1.dwg”文件，利用快速选择命令，选择标注文字颜色为绿色的半径标注；对图形进行范围缩放、窗口缩放等操作。

② 打开本教材配套电子资料包中的文件“\模块 1\1-2.dwg”文件，利用 View Cube 工具进行图形查看。

任务 3 AutoCAD 2013 的图层创建与管理

学习目标

- 熟悉图层的概念

• 能够创建和删除图层
• 能够修改图层的名称、颜色、线宽和线型

学习内容

1. 什么是图层

当用户在绘制较为复杂的图形时，可以用图层来组织和管理图形对象。图层是组织图形对象显示的管理工具，使用图层不仅能使图形的各种信息清晰、有序、便于观察，而且能为图形的编辑和输出带来很大的方便。

用户绘制的图形中，每一个对象都必须在一个图层中，每个图层都必须有一种颜色、线型和线宽。在 AutoCAD 中，默认的图层是“0”层，其颜色默认设置为黑/白色（即背景为黑色，图层颜色就为白色；反之图层颜色为黑色）。“0”图层既不能删除，也不能重新命名。

在一般的绘图过程中，将同类对象放置在一个图层，以方便图形的设计与管理，图层的数量、命名与设计的图形密切相关。通常用户根据图层，就可以知道该图层上的对象表现的意义。例如在机械制图中，使用图层对象可以参考表 1-1 的形式。

表 1-1　机械制图图层名称及图层对象

图 层 名 称	图 层 对 象
轮廓线	用于绘制零件的可见轮廓
中心线	用于绘制零件的对称线或回转体的轴线
隐藏线	用于绘制对象使用的隐藏线
标注	用于图形尺寸标注
文字	用于输入文字注释
填充线	用于放置填充图形、填充颜色、渐变色
标题图块	用于放置图框、标题栏等信息

2. 图层特性管理器

图层管理工具位于“常用”功能菜单栏下的“图层”工具面板上，如图 1-41 所示。在这里，主要介绍常用的“图层特性管理器”。单击“图层特性”图标 ，打开“图层特性管理器”窗口，如图 1-42 所示。

新建图层 单击该图标即可建立新的图层。在图层名称栏可输入图层名称，若需修改图层名称，只需单击需要修改的图层名称即可。也可以在图层特性管理器的图层列表窗口内，单击鼠标右键，在右键菜单中选择“重命名图层”即可，如图 1-43 所示。

删除图层 选中要删除的图层，单击“删除图层”图标，即可将选中的图层删除，但是“0”图层以及当前图层是不能删除的。

置为当前图层 选中图层，单击该图标按钮后，即可将选中的图层置为当前图层，当前图层的状态栏有个标志。

图层颜色设置　在使用图层时，如果需要修改图层的默认颜色，可单击图层列表中某图层的颜色，在弹出的“选择颜色”窗口中，选择所需颜色，如图 1-44 所示。确定图层颜色特性

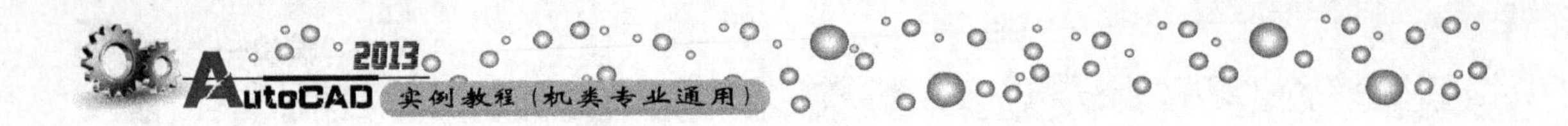

后，单击“确定”按钮，关闭“选择颜色”对话框。

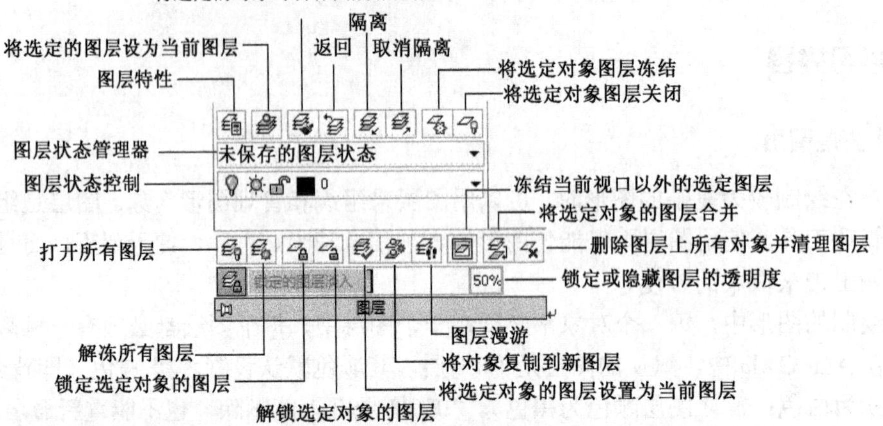

图 1-41　图层管理工具

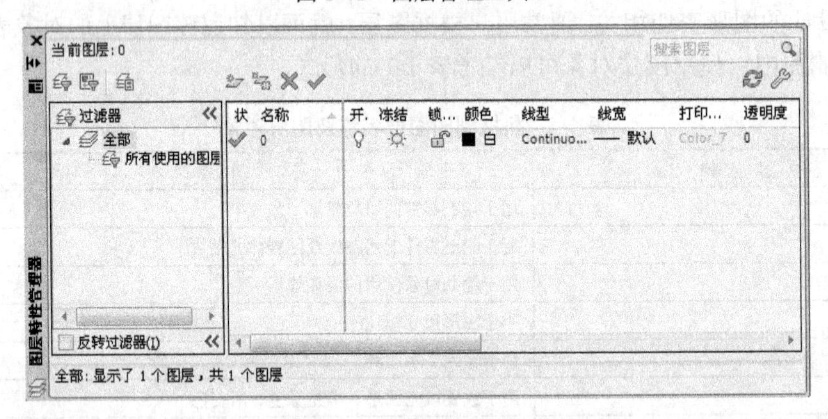

图 1-42　图层特性管理器

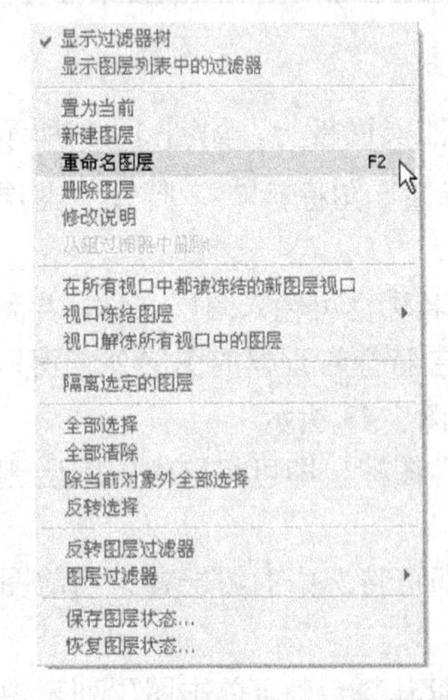

图 1-43　图层管理右键快捷菜单

图 1-44　“选择颜色”窗口

图层线型设置　AutoCAD 中默认线型是连续实线型（Continuous）。若修改线型，可单击图层列表中某图层的线型，弹出“选择线型”对话框，如图 1-45 所示。在该对话框中单击“加载”按钮，弹出“加载或重载线型”窗口，如图 1-46 所示。选择所需线型后单击“确定”按钮，关闭“加载或重载线型”窗口。在“选择线型”窗口中，选中刚加载的线型，单击“确定”按钮，关闭“选择线型”窗口，完成线型的设置。

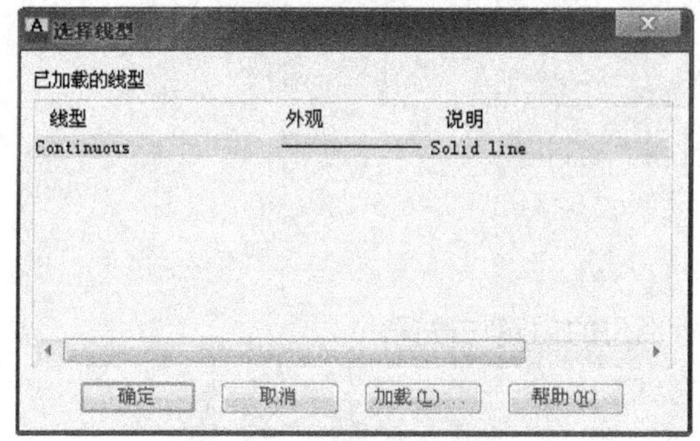

图 1-45　“选择线型”窗口

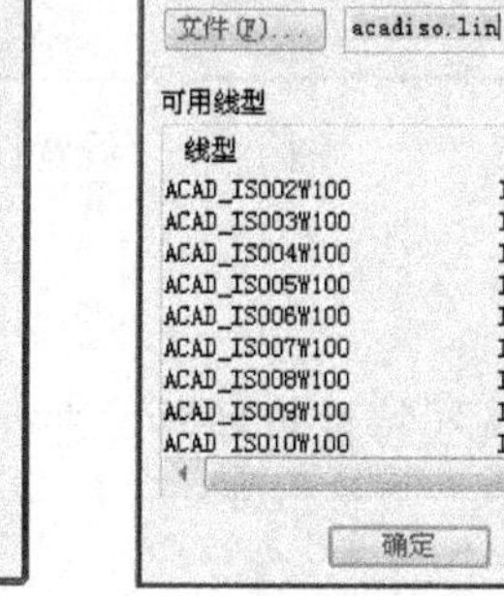

图 1-46　“加载或重载线型”窗口

图层线宽设置　用户若修改线的宽度，只需单击图层列表中某图层的线宽，即可从弹出的“线宽”对话框中，选择所需线宽，如图 1-47 所示。在应用程序状态栏中，只有打开“显示线宽”图标 ，图形上才显示线宽，否则不显示。

用户除了能够选择线宽外，也能对线宽进行设置。设置线宽的方法是，单击“特性”工具面板上的“线宽”下拉菜单按钮，在下拉列表中，单击 “线宽设置”命令，如图 1-48 所示。弹出“线宽设置”对话框，如图 1-49 所示。通过调整线宽比例，可以调节图形中的线宽显示。其他的图层设置功能，这里不再详细介绍，感兴趣的读者可以自行学习。

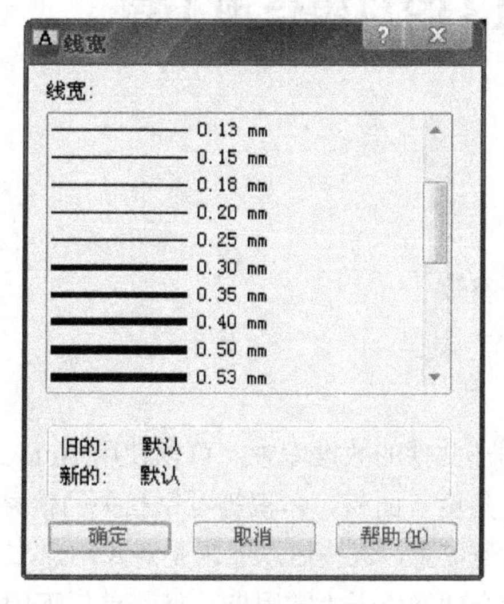

图 1-47　“线宽”窗口

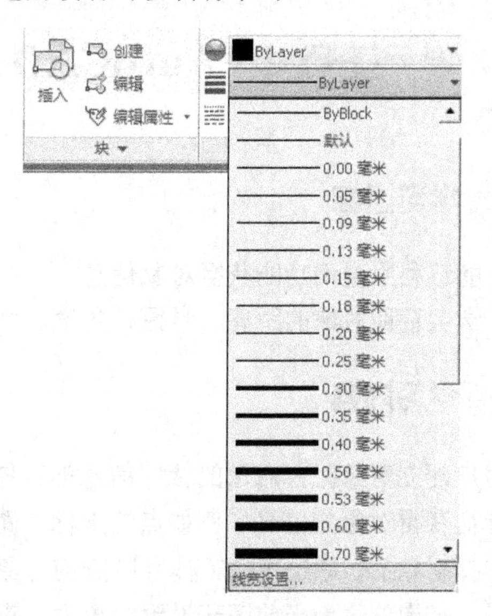

图 1-48　打开“线宽设置”窗口

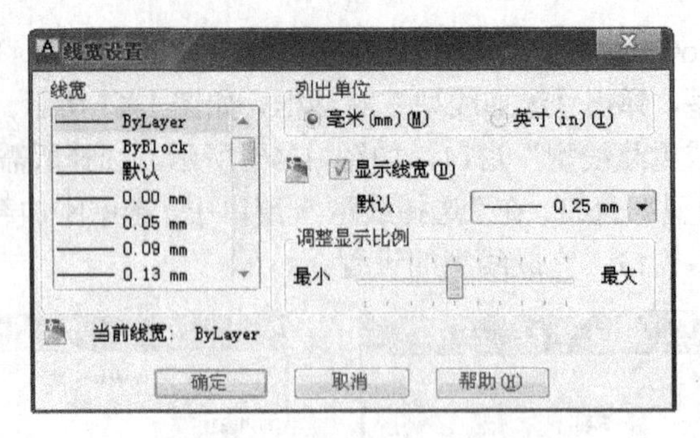

图 1-49 “线宽设置”对话框

拓展练习

按照如图 1-50 所示的图层特性管理器，进行图层的创建与设置。

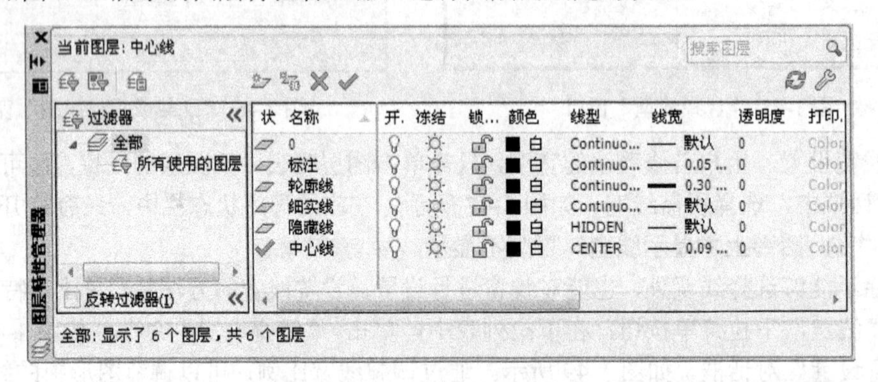

图 1-50 图层管理练习

任务 4 AutoCAD 2013 的对象查询工具

学习目标

- 能够利用查询功能获得对象信息
- 学会查询对象的距离、半径、角度、面积等参数

学习内容

用户建立对象时，对象的特性信息都存储在图形文件的数据库中，可以使用 AutoCAD 的查询特征获得对象的信息，例如点的坐标、距离、角度、面积、体积等对象相关的信息。

选择对象后，通过查询工具可以查询对象的几何信息，这些信息通常是对象信息表达的重要资料，查询单位为当前图形设置的单位。查询命令功能位于“常用”功能菜单栏下的“实用工具”功能面板上，如图 1-51 所示。

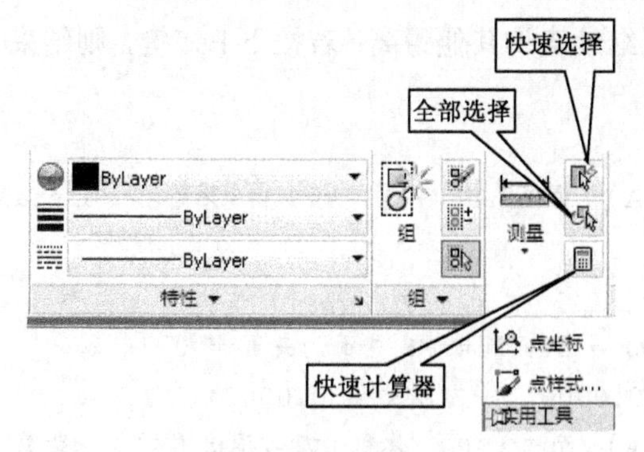

（a）“实用工具”面板

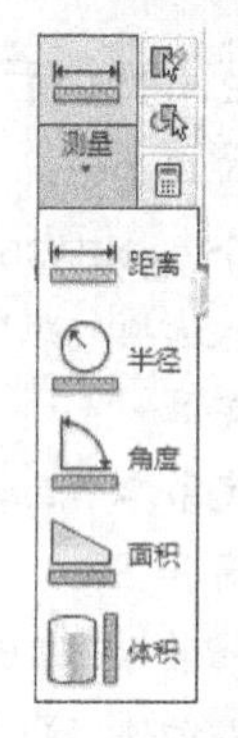

（b）“查询”下拉菜单

图 1-51　查询工具

1. 查询点的坐标

查询点的坐标，有以下两种方法：

- 单击实用工具面板上的图标按钮 点坐标 ；
- 在命令行输入命令“ID”，并回车确认。

按照上述方法执行查询点坐标命令后，利用对象捕捉功能，选择需要查询坐标的点，命令行便列出该点的绝对坐标值。如图 1-52 所示，即为执行查询命令后，捕捉压盖模型中心点时的状态，此时命令行显示内容如下：

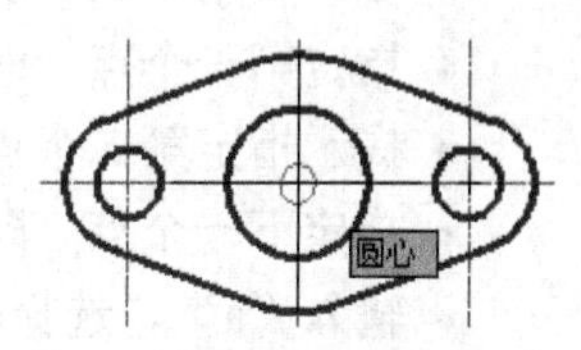

图 1-52　查询中心点坐标

```
命令: '_id 指定点:  X = 1941.0530     Y = 496.3718     Z = 0.0000
```

2. 查询距离

查询距离是指查询两点之间的距离或多点之间的距离总长度，下面分别举例介绍。

（1）查询两点之间的距离

以图 1-52 中，查询压盖模型上下两个顶点的距离为例，介绍查询的方法。

- 在“实用工具”功能面板上，单击“查询”下拉菜单上的图标 距离。
- 指定第一个点，即捕捉压盖模型下面的顶点，如图 1-53（a）所示。
- 指定第二个点，即捕捉压盖模型上面的顶点，如图 1-53（b）所示。
- 显示两点之间距离的查询结果，如图 1-53（c）所示。

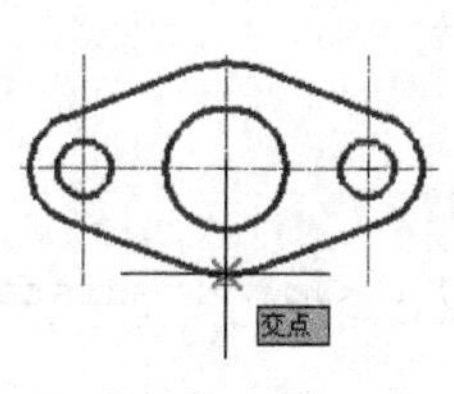

（a）捕捉第一个点

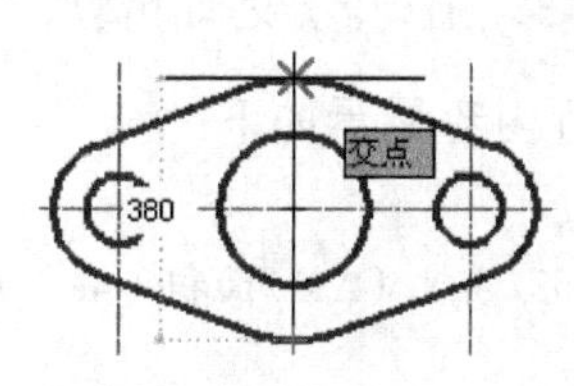

（b）捕捉第二个点

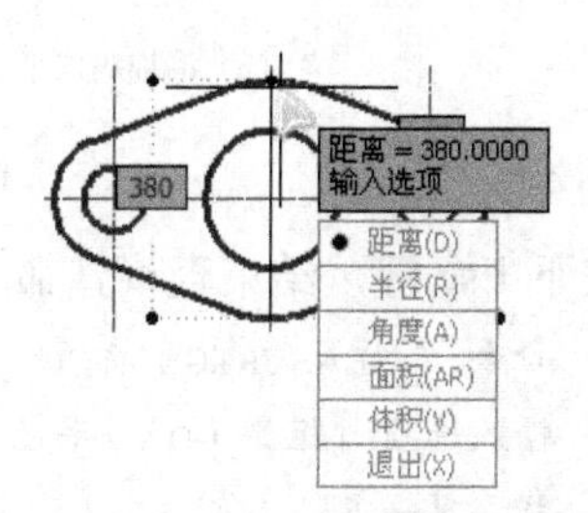

（c）显示查询结果

图 1-53　查询两点之间的距离

完成距离查询后，若按下回车键，则继续查询其他距离；若按下 Esc 键，则结束查询命令，命令行显示如下：

命令: _MEASUREGEOM
输入选项 [距离（D）/半径®/角度（A）/面积（AR）/体积（V）] <距离>: _distance
指定第一点:
指定第二个点或 [多个点（M）]:
距离 = 380.0000，XY 平面中的倾角 = 90，　与 XY 平面的夹角 = 0
X 增量 = 0.0000，　Y 增量 = 380.0000，　Z 增量 = 0.0000
输入选项 [距离（D）/半径®/角度（A）/面积（AR）/体积（V）/退出（X）] <距离>: *取消*

（2）查询多点之间的距离

在图 1-54（a）中，以查询直线 AB 和圆弧 BC 总长为例，介绍多点之间距离总长度的查询方法。

- 在“实用工具”功能面板中，单击“查询”下拉菜单上的图标 距离 。
- 指定第一个点，即捕捉 A 点，如图 1-54（b）所示。
- 提示指定第二个点时，输入“M”进入多点模式。
- 指定下一个点，即捕捉 B 点，如图 1-54（c）所示。
- 输入“a”，选择圆弧模式。
- 指定圆弧端点，即捕捉 C 点，如图 1-54（d）所示。

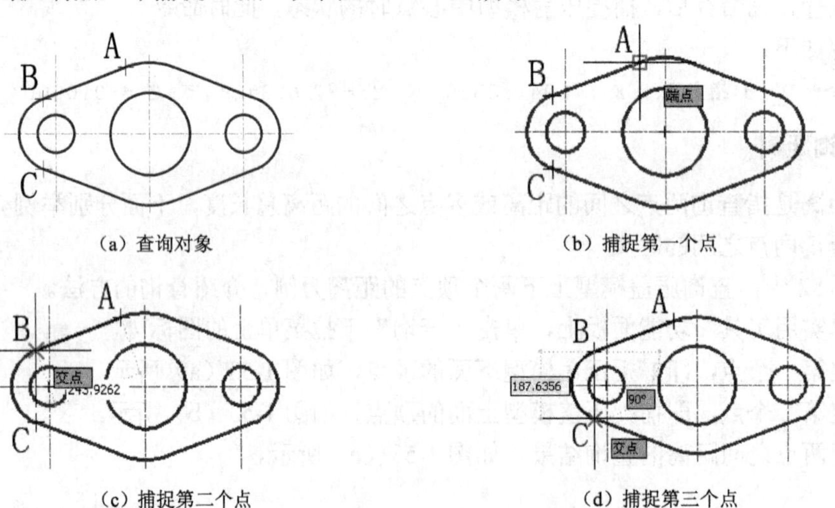

（a）查询对象　（b）捕捉第一个点　（c）捕捉第二个点　（d）捕捉第三个点

图 1-54　查询多点之间距离总长度

按下 Esc 键，结束查询，命令行内容显示如下：

命令: _MEASUREGEOM
输入选项 [距离（D）/半径（R）/角度（A）/面积（AR）/体积（V）] <距离>: _distance
指定第一点:
指定第二个点或 [多个点（M）]: m
指定下一个点或 [圆弧（A）/长度（L）/放弃（U）/总计（T）] <总计>:

距离 = 243.9262
指定下一个点或 [圆弧（A）/闭合（C）/长度（L）/放弃（U）/总计（T）] <总计>: a
距离 = 243.9262
指定圆弧的端点或
[角度(A)/圆心(CE)/闭合(CL)/方向(D)/直线(L)/半径(R)/第二个点(S)/放弃(U)]:
距离 = 487.3918
指定圆弧的端点或
[角度(A)/圆心(CE)/闭合(CL)/方向(D)/直线(L)/半径(R)/第二个点(S)/放弃(U)]:
取消

3. 查询半径

此命令用来查询圆弧或者圆的半径。以图 1-54（a）中的圆弧、圆的查询为例，介绍半径查询的步骤。

- 在“实用工具”功能面板中，单击“查询”下拉菜单上的图标 半径 。
- 光标变为选择框，查询对象，如图 1-55（a）所示。选择对象后，显示查询结果，如图 1-55（b）所示。此时命令行内容，显示如下：

命令: _MEASUREGEOM
输入选项 [距离（D）/半径（R）/角度（A）/面积（AR）/体积（V）] <距离>: _radius
选择圆弧或圆:
半径 = 110.0000
直径 = 220.0000
输入选项 [距离（D）/半径（R）/角度（A）/面积（AR）/体积（V）/退出（X）] <半径>: *取消*

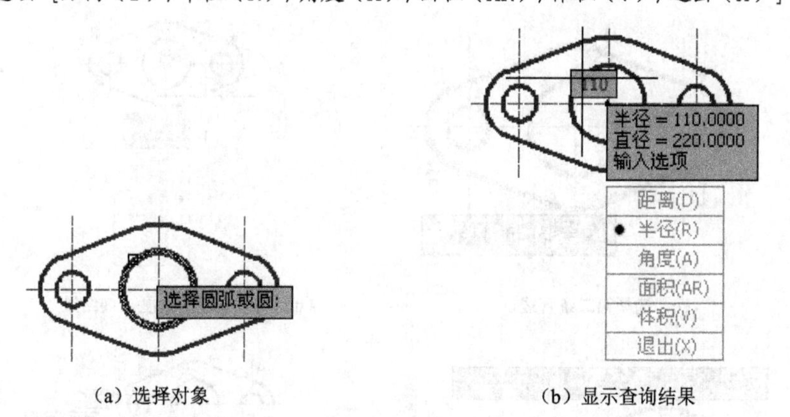

（a）选择对象　　（b）显示查询结果

图 1-55　查询半径

4. 查询角度

此命令用来查询指定圆弧、圆、直线或定点的角度。下面以图 1-56（a）中的直线、圆弧为查询对象，介绍角度查询的步骤。

- 在“实用工具”功能面板中，单击“查询”下拉菜单上的图标 角度 。
- 光标变为选择框，若查询直线角度，则先选择第一条直线，如图 1-56（b）所示。

- 选择第二条直线，如图 1-56（c）所示，查询结果显示如图 1-56（d）所示。
- 按下回车键，继续执行角度查询命令。
- 选择圆弧，如图 1-56（e）所示，

圆弧的角度查询结果显示如图 1-56（f）所示。命令行内容，显示如下：

```
命令: _MEASUREGEOM
输入选项 [距离(D)/半径(R)/角度(A)/面积(AR)/体积(V)] <距离>: _angle
选择圆弧、圆、直线或 <指定顶点>:
选择第二条直线:
角度 = 41°
输入选项 [距离(D)/半径(R)/角度(A)/面积(AR)/体积(V)/退出(X)] <角度>:
选择圆弧、圆、直线或 <指定顶点>:
角度 = 139°
输入选项 [距离(D)/半径(R)/角度(A)/面积(AR)/体积(V)/退出(X)] <角度>:
选择圆弧、圆、直线或 <指定顶点>: *取消*
```

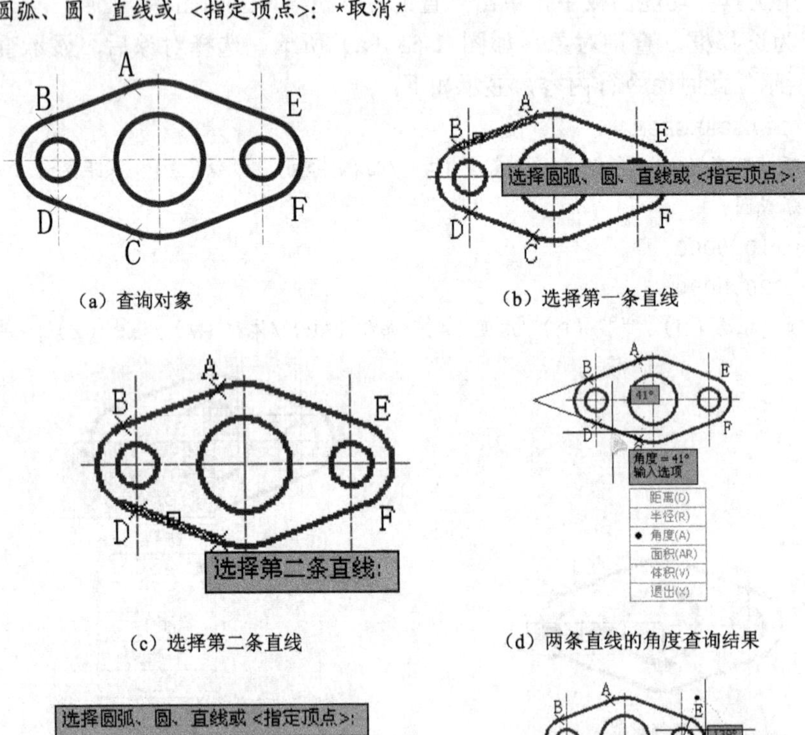

（a）查询对象　　（b）选择第一条直线

（c）选择第二条直线　　（d）两条直线的角度查询结果

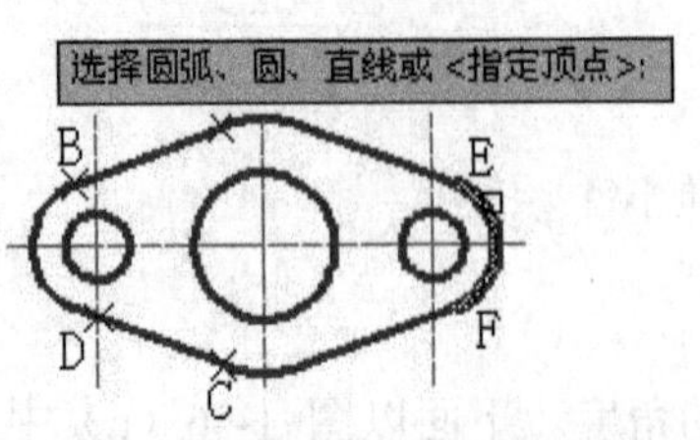

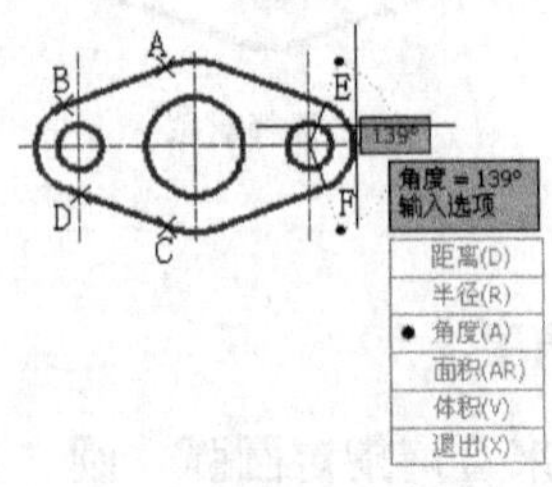

（e）选择圆弧　　（f）圆弧的角度查询结果

图 1-56　查询角度

5．查询面积

此命令用来查询对象或定义区域的面积和周长。下面分别举例介绍该命令的使用方法。

（1）按照序列点查询面积

该方法可用来查询指定点所定义的任意形状的封闭区域的面积和周长，例如要查询图 1-57（a）所示图形的面积，操作步骤如下：

- 在“实用工具”功能面板中，单击“查询”下拉菜单上的图标 面积。
- 根据提示指定第一个角点，选择 A 点，如图 1-57（b）所示。
- 根据提示输入“a”，选择圆弧模式。
- 根据提示输入“ce”后，在圆弧模式下捕捉圆弧的圆心，如图 1-57（c）所示。
- 根据提示输入“l”，选择弦长模式，根据提示捕捉 B 点，如图 1-57（d）所示。
- 根据提示输入“l”，选择直线方式，根据提示捕捉 C 点，如图 1-57（e）所示。

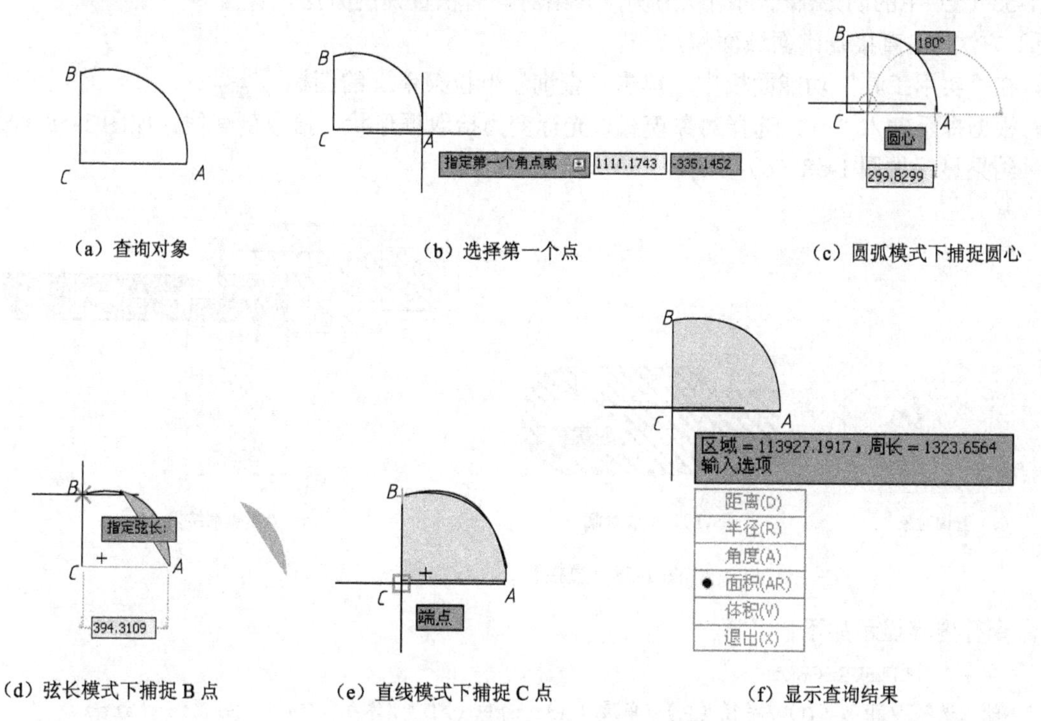

（a）查询对象　（b）选择第一个点　（c）圆弧模式下捕捉圆心

（d）弦长模式下捕捉 B 点　（e）直线模式下捕捉 C 点　（f）显示查询结果

图 1-57　按照序列点方式查询面积

按下回车键，显示查询结果，如图 1-57（f）所示。命令行内容显示如下：

```
命令: _MEASUREGEOM
输入选项 [距离（D）/半径（R）/角度（A）/面积（AR）/体积（V）] <距离>: _area
指定第一个角点或 [对象（O）/增加面积（A）/减少面积（S）/退出（X）] <对象（O）>:
指定下一个点或 [圆弧（A）/长度（L）/放弃（U）]: a
指定圆弧的端点或
[角度（A）/圆心（CE）/方向（D）/直线（L）/半径（R）/第二个点（S）/放弃（U）]: ce
指定圆弧的圆心:
```

指定圆弧的端点或 [角度(A)/长度(L)]: l
指定弦长:
指定圆弧的端点或
[角度(A)/圆心(CE)/闭合(CL)/方向(D)/直线(L)/半径(R)/第二个点(S)/放弃(U)]: l
指定下一个点或 [圆弧(A)/长度(L)/放弃(U)/总计(T)] <总计>:
指定下一个点或 [圆弧(A)/长度(L)/放弃(U)/总计(T)] <总计>:
区域 = 113927.1917，周长 = 1323.6564
输入选项 [距离(D)/半径(R)/角度(A)/面积(AR)/体积(V)/退出(X)] <面积>:
指定第一个角点或 [对象(O)/增加面积(A)/减少面积(S)/退出(X)] <对象(O)>: *取消*

（2）按照对象查询面积

该方法可用来查询椭圆、圆、多边形、多段线、面域及三维实体的闭合面积和周长。以查询图 1-58（a）中的阴影部分的面积为例，介绍对象面积查询的方法。

① 方法 1：直接查询面域面积。

• 在“实用工具”功能面板中，单击“查询”下拉菜单上的图标 面积。

• 根据提示输入“o:，选择对象模式，光标变为拾取框形状，拾取剖切线，如图 1-58（b）所示，结果显示如图 1-58（c）所示。

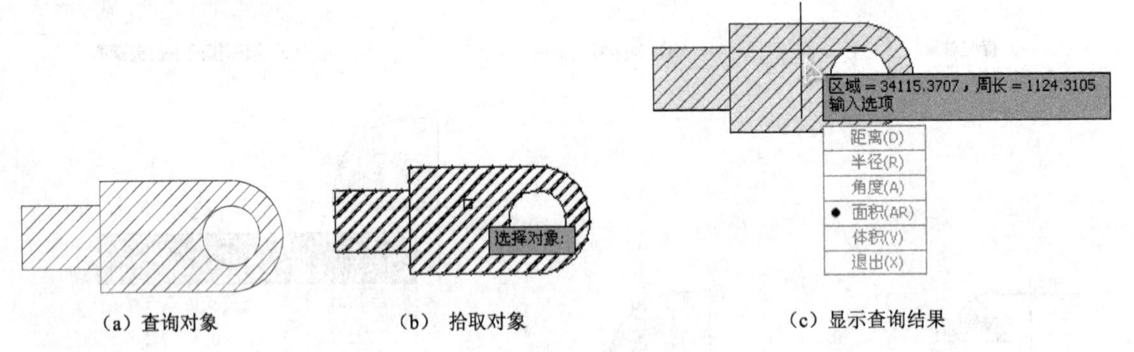

（a）查询对象　（b）拾取对象　（c）显示查询结果

图 1-58　直接查询面域面积

命令行内容显示如下：

命令: _MEASUREGEOM
输入选项 [距离(D)/半径(R)/角度(A)/面积(AR)/体积(V)] <距离>: _area
指定第一个角点或 [对象(O)/增加面积(A)/减少面积(S)/退出(X)] <对象(O)>: o
选择对象:
区域 = 34115.3707，周长 = 1124.3105
输入选项 [距离(D)/半径(R)/角度(A)/面积(AR)/体积(V)/退出(X)] <面积>: *取消*

② 方法 2：采用加减方式查询面积。

• 在“实用工具”功能面板中，单击“查询”下拉菜单上的图标 面积。

• 根据提示输入“a”，选择面积加模式。

• 根据提示输入“o”，选择对象选择模式，光标变为选择框形状，选择第一个“加”模式下的对象，如图 1-59（a）所示。

- 根据提示选择第二个“加”模式下的对象，如图 1-59（b）所示。
- 按下回车键，完成面积加模式。
- 根据提示输入“s”，选择面积减模式。
- 根据提示输入 o，选择对象选择模式，选择“减”模式下的对象，如图 1-59（c）所示。

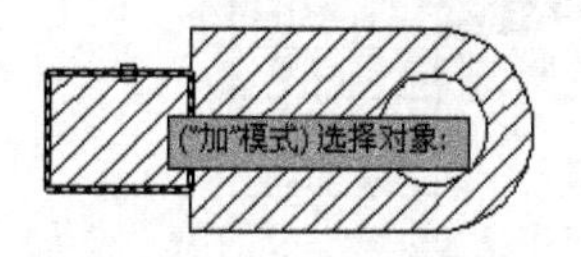

(a) 选择第一个“加”对象

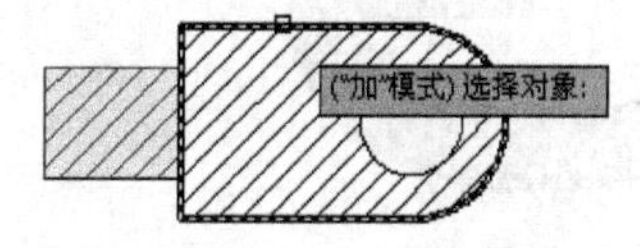

(b) 选择第二个“加”对象

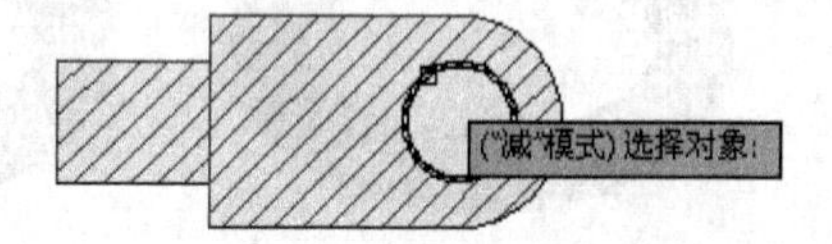

(c) 选择“减”对象

图 1-59 采用加减方式查询面积

命令行内容显示如下：

```
命令: _MEASUREGEOM
输入选项 [距离（D）/半径（R）/角度（A）/面积（AR）/体积（V）] <距离>: _area
指定第一个角点或 [对象（O）/增加面积（A）/减少面积（S）/退出（X）] <对象（O）>: a
指定第一个角点或 [对象（O）/减少面积（S）/退出（X）]: o
（“加”模式）选择对象:
区域 = 7888.7190，周长 = 357.7173
总面积 = 7888.7190
（“加”模式）选择对象:
区域 = 30587.3204，长度 = 690.4927
总面积 = 38476.0394
（“加”模式）选择对象:
区域 = 30587.3204，长度 = 690.4927
总面积 = 38476.0394
指定第一个角点或 [对象（O）/减少面积（S）/退出（X）]: s
指定第一个角点或 [对象（O）/增加面积（A）/退出（X）]: o
（“减”模式）选择对象:
区域 = 4360.6686，圆周长 = 234.0893
总面积 = 34115.3707
（“减”模式）选择对象: *取消*
```

6. 查询实体体积

该方法可用来查询三维实体的体积。以图 1-60（a）中所示的圆环实体为例，介绍三维实体的体积查询方法。

- 在“实用工具”功能面板中，单击“查询”下拉菜单上的图标 [体积] 。
- 根据提示输入“s”，选择对象模式，光标变为选择框形状，选择圆环实体，如图 1-60（b）所示，拾取对象后，结果显示如图 1-60（c）所示。

(a) 查询对象

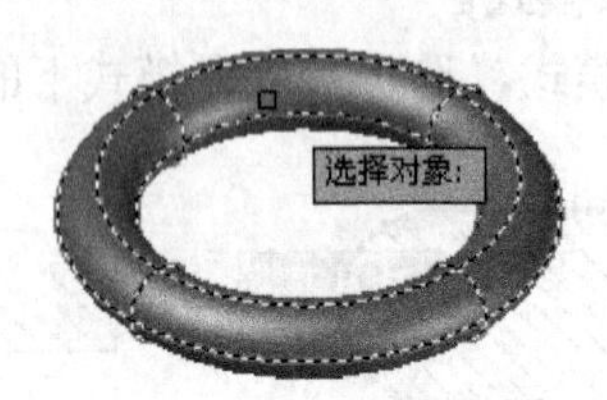

(b) 选择对象

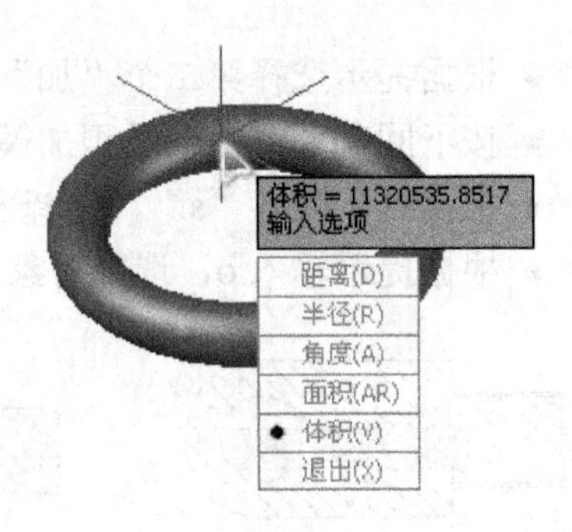

(c) 显示查询结果

图 1-60　查询实体体积

命令行内容显示如下：

```
命令: _MEASUREGEOM
输入选项 [距离(D)/半径(R)/角度(A)/面积(AR)/体积(V)] <距离>: _volume
指定第一个角点或 [对象(O)/增加体积(A)/减去体积(S)/退出(X)] <对象(O)>: o
选择对象:
体积 = 11320535.8517
输入选项 [距离(D)/半径(R)/角度(A)/面积(AR)/体积(V)/退出(X)] <体积>: *取消*
```

拓展练习

打开教材配套电子资料包中的“\模块 1\查询练习.dwg”文件，如图 1-61 所示，利用查询功能分别查询以下内容。

A　C　D　B

图 1-61　查询练习

① 查询 A 点、B 点、C 点、D 点的坐标。

② 查询直线 AB、直线 AC、直线 BD、直线 CD 的长度。

③ 查询圆弧半径和圆的直径。

④ 查询直线 AC 和直线 BD 之间的角度。

⑤ 查询阴影部分的面积。

学习目标

- 能够熟练应用绘图工具绘制二维机械图形
- 能够熟练应用修改工具编辑二维机械图形
- 熟悉块的创建与插入

二维机械图形都是由点、线等基本的几何对象绘制而成，因此学会基本图形的绘制是学会AutoCAD绘图的基础。在本模块的学习中，将通过几个实例来学习AutoCAD二维机械图形的绘制与编辑。

任务1　压盖模型的绘制与编辑

学习目标

- 熟悉绘图辅助工具的使用
- 学会使用绘图工具中直线命令、圆命令的使用
- 学会使用修改工具中偏移命令、修剪命令、镜像命令的使用

任务导入

绘制压盖模型实例如图 2-1 所示。在绘制该实例的过程中，需要用到的新知识包括：对象捕捉的设置；直线、圆等绘图工具的应用；偏移、修剪、镜像等修改工具的应用。

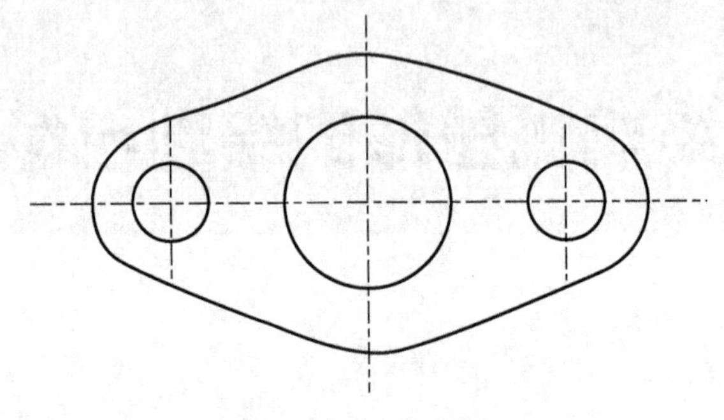

图 2-1　压盖模型实例

知识准备

1. 对象捕捉设置

用户在绘图时，尽管用鼠标定位比较方便，但是精度不高，为了精确定位，AutoCAD 提供了对象捕捉工具，其位于应用程序状态栏的绘图辅助工具中，如图 2-2 所示。

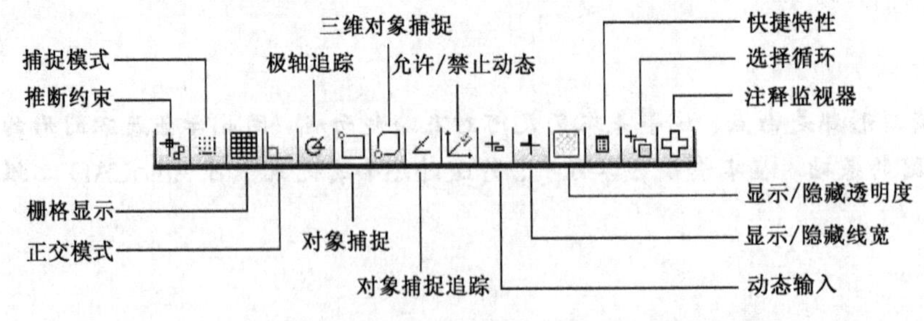

图 2-2　绘图辅助工具

使用对象捕捉，可以精确定位现有图形对象的特征点，例如直线的端点、中点；圆心、切点等。对象捕捉示例如图 2-3 所示。在绘制直线时，当鼠标移动到圆心附近时，会自动捕捉到

圆心。对象捕捉要想生效必须满足两个条件：

- 首先打开绘图辅助工具栏上的“对象捕捉”开关图标 ▢ 或者按下 F3 键；
- 其次根据命令行的提示输入点的位置。

使用对象捕捉功能之前，需要对其进行设置。在状态栏的“对象捕捉”图标上，单击鼠标右键，在弹出的快捷菜单中，选择“设置”选项，如图 2-4 所示。在弹出的“草图设置”对话框中，单击“对象捕捉”选项卡，在该选项卡中，有 13 种对象捕捉点和对应的捕捉标记。为了避免造成视图混乱，建议按照如图 2-5 所示的方式进行设置。设置完成后，单击“确定”按钮，关闭对话框。

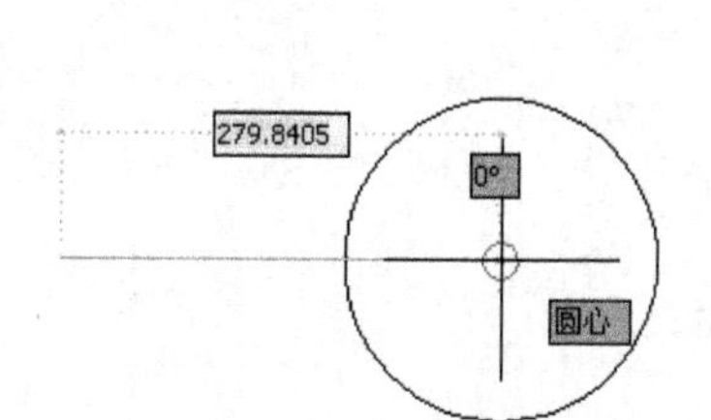

图 2-3　对象捕捉示例

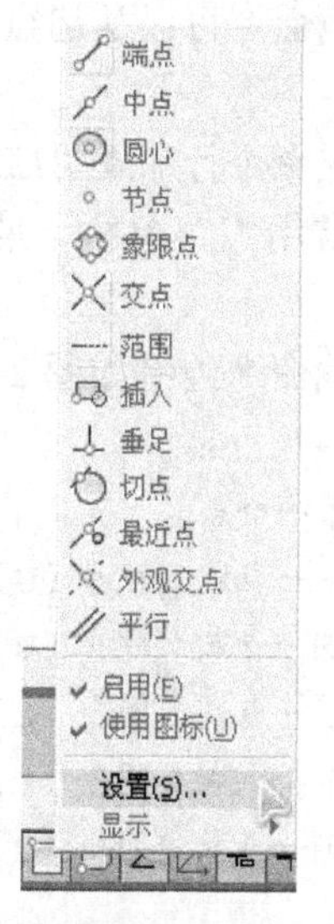

图 2-4　对象捕捉右键菜单

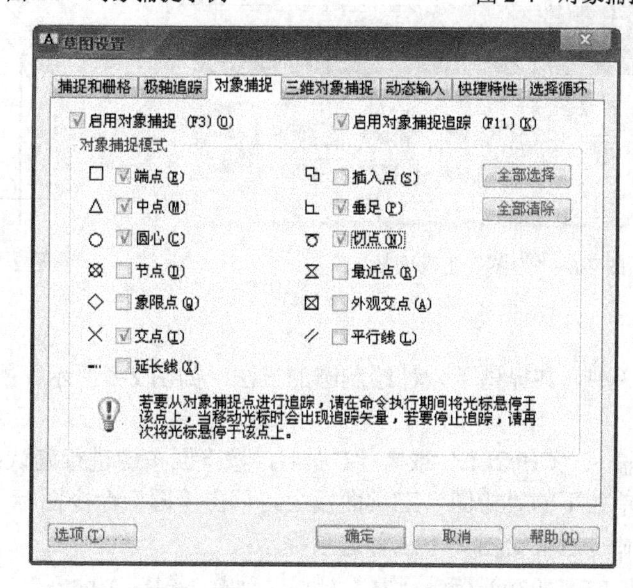

图 2-5　“草图设置”对话框中的“对象捕捉”选项卡

除了上面设置的自动捕捉功能外，用户在绘图时，还可根据绘图需要，采用临时捕捉功能，即在捕捉之前，手动设置将要捕捉的特征点。这种设置是一次性的。方法是，在绘图区按下Ctrl键或者Shift键的同时，单击鼠标右键，弹出“对象捕捉”工具菜单，如图1-28（c）所示。根据绘图需要，在右键菜单中选择要捕捉的特征点。

另外，在绘图过程中，为了绘图方便，建议用户打开绘图辅助工具栏上的“正交模式”开关 和“对象捕捉追踪”开关 。

2. 直线命令

使用直线命令可以从起点到终点绘制一条线段或连续线段。执行该命令可以采用以下两种方式。

- 直接在命令行输入“LINE”或者“L”后，按下回车键进行确认；
- 在“常用”菜单栏下的“绘图”工具面板上，单击“直线”命令图标 ，如图 2-6 所示。

使用直线命令绘制如图 2-7 所示图形。命令行内容显示如下：

```
命令: _line
指定第一个点:
指定下一点或 [放弃(U)]:  <正交 开> 50
指定下一点或 [放弃(U)]: 50
指定下一点或 [闭合(C)/放弃(U)]: 50
指定下一点或 [闭合(C)/放弃(U)]: @35.36<135
指定下一点或 [闭合(C)/放弃(U)]: c
```

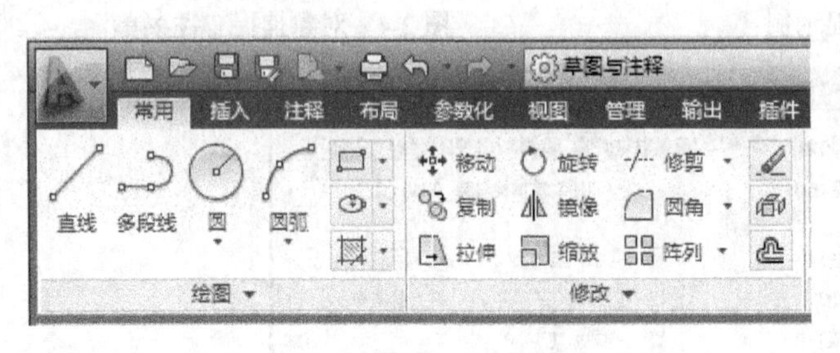

图 2-6 “绘图”工具面板

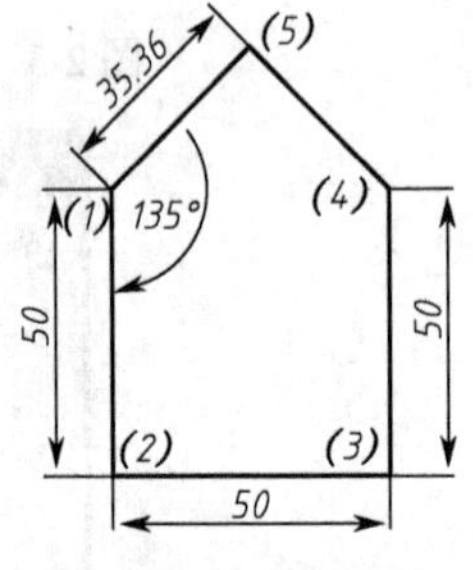

图 2-7 直线练习

3. 圆命令

在 AutoCAD 2013 中，共提供了六种绘制圆的方法，如图 2-8 所示。执行圆命令可以采用以下两种方式。

- 直接在命令行输入“CIRCLE”或者“C”后，按下回车键进行确认；
- 在“常用”菜单栏下的“绘图”工具面板上，单击“圆”命令图标 。

执行圆命令后，命令行会给出如下三种选项提示：

```
指定圆的圆心或 [三点(3P)/两点(2P)/切点、切点、半径(T)]:
```

如果不输入其他选项，则采用默认的圆心、半径绘制圆。除了通过命令行选择不同提示选

项绘制圆以外，也可直接单击图 2-8 中所示的命令按钮来绘制圆，下面分别举例说明。

（1）圆心、半径方式绘制圆

执行该命令后，在屏幕上指定点作为圆心，然后输入半径长度，完成圆的绘制，如图 2-9（a）所示。命令行提示如下：

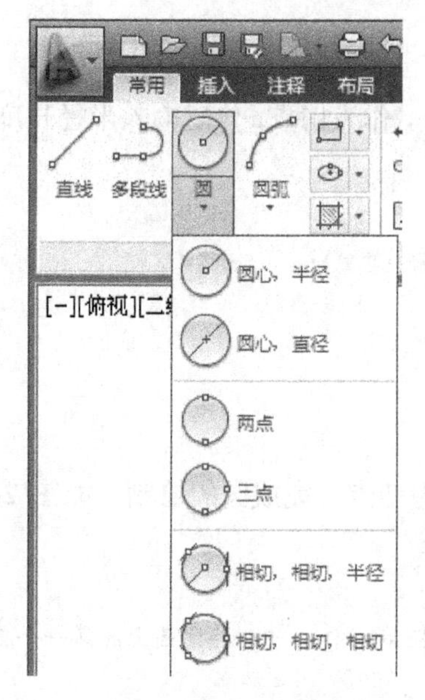

图 2-8　圆命令下拉菜单

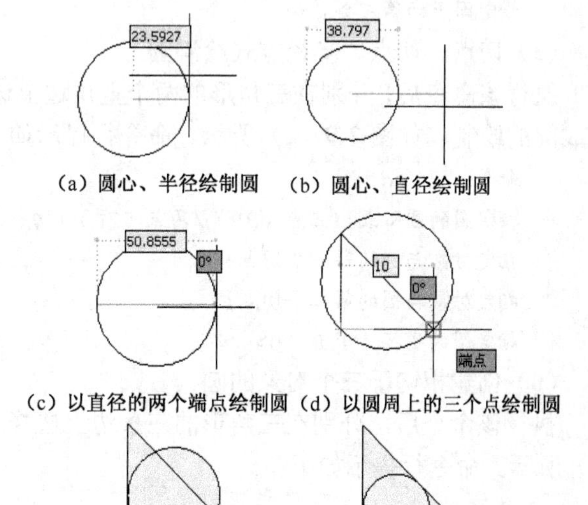

图 2-9　绘制圆的多种方式

命令：_circle

指定圆的圆心或 [三点（3P）/两点（2P）/切点、切点、半径（T）]：

指定圆的半径或 [直径（D）] <10.0000>：10

（2）圆心、直径方式绘制圆

执行该命令后，在屏幕上指定点作为圆心，然后输入直径长度，完成圆的绘制，如图 2-9（b）所示。命令行提示如下：

命令：_circle

指定圆的圆心或 [三点（3P）/两点（2P）/切点、切点、半径（T）]：

指定圆的半径或 [直径（D）] <10.0000>：_d 指定圆的直径 <20.0000>：20

（3）以直径的两个端点方式绘制圆

执行该命令后，在屏幕上指定两个点作为圆直径的两个端点，完成圆的绘制，如图 2-9（c）所示。命令行提示如下：

命令：_circle

指定圆的圆心或 [三点（3P）/两点（2P）/切点、切点、半径（T）]：_2p 指定圆直径的第一个端点：

指定圆直径的第二个端点：20

（4）以圆周上的三个点方式绘制圆

执行该命令后，分别捕捉三角形的三个顶点作为圆周上的三个点，完成圆的绘制，如

图 2-9（d）所示。命令行提示如下：

命令：_circle

指定圆的圆心或 [三点（3P）/两点（2P）/切点、切点、半径（T）]：_3p 指定圆上的第一个点：

指定圆上的第二个点：

指定圆上的第三个点：

（5）切点、切点、半径方式绘制圆

执行该命令后，分别在三角形的两个直角边上选择两个点，作为切点，然后输入半径长度，完成圆的绘制，如图 2-9（e）所示。命令行提示如下：

命令：_circle

指定圆的圆心或 [三点（3P）/两点（2P）/切点、切点、半径（T）]：_ttr

指定对象与圆的第一个切点：

指定对象与圆的第二个切点：

指定圆的半径 <4.0000>：4

（6）创建相切于三个对象的圆

执行该命令后，分别在三角形的三条边上选择三个点作为切点，完成圆的绘制，如图 2-9（f）所示。命令行提示如下：

命令：_circle

指定圆的圆心或 [三点（3P）/两点（2P）/切点、切点、半径（T）]：_3p 指定圆上的第一个点：_tan 到

指定圆上的第二个点：_tan 到

指定圆上的第三个点：_tan 到

4．偏移命令

偏移命令是指采用复制的方法生成等距的平行直线、平行曲线以及同心圆，如图 2-10 所示。执行该命令可以采用以下两种方式。

- 直接在命令行输入“OFFSET”或者“O”后，按下回车键进行确认；
- 在“常用”菜单栏下的“修改”工具面板上，单击“偏移”命令图标 。

以图 2-11 所示的图形为例，介绍偏移命令的应用。操作后命令行显示如下：

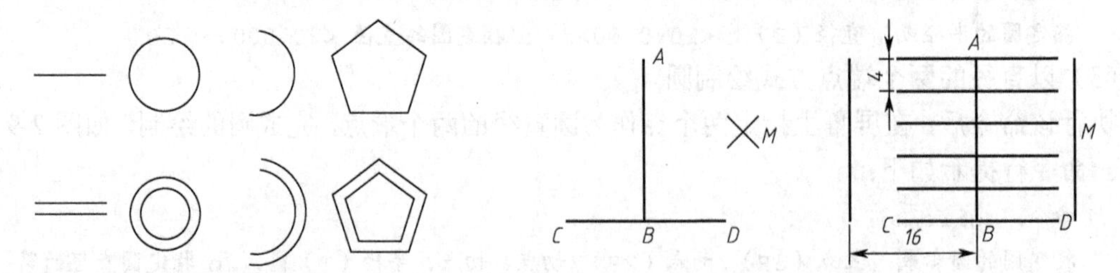

图 2-10　偏移举例　　　图 2-11　偏移练习

当前设置：删除源=否　图层=源　OFFSETGAPTYPE=0　//显示偏移命令选项的参数。

指定偏移距离或 [通过（T）/删除（E）/图层（L）] <4.0000>：t　//选项“通过（T）”，表示偏移复制的对象通过某一个点；选项“删除（E）”，表示偏移后，删除源对象；选项“图层（L）”，表示偏移后的对象位于当前图层还是与源对象位于同一个图层。

选择要偏移的对象，或 [退出（E）/放弃（U）] <退出>:　//选择直线AB。

指定通过点或 [退出（E）/多个（M）/放弃（U）] <退出>:　//捕捉M点，选项“多个（M）”，表示连续地偏移复制对象，新建对象会成为下一个偏移对象的源对象。

选择要偏移的对象，或 [退出（E）/放弃（U）] <退出>:　//再次选择直线AB。

指定通过点或 [退出（E）/多个（M）/放弃（U）] <退出>: 16　//将光标移动到直线AB左侧，并输入数值“16”后回车确认。

选择要偏移的对象，或 [退出（E）/放弃（U）] <退出>:　//选择直线CD。

指定通过点或 [退出（E）/多个（M）/放弃（U）] <退出>: m

指定通过点或 [退出（E）/放弃（U）] <下一个对象>: 4　//将光标移动到直线CD的上方，并输入数值4会回车确认。

指定通过点或 [退出（E）/放弃（U）] <下一个对象>:　//在直线CD的上方再次单击鼠标。

指定通过点或 [退出（E）/放弃（U）] <下一个对象>:

指定通过点或 [退出（E）/放弃（U）] <下一个对象>:

指定通过点或 [退出（E）/放弃（U）] <下一个对象>:

指定通过点或 [退出（E）/放弃（U）] <下一个对象>: *取消*　// 结束命令。

5. 修剪命令

当用户绘制图形时，对于多余的图形，需要用修剪命令将其修剪掉。执行该命令可以采用以下两种方式。

- 直接在命令行输入“TRIM”或者“TR”，按下回车键进行确认；
- 在“常用”菜单栏下的“修改”工具面板上，单击“修剪”命令图标 -/-- 。

以图2-12所示的图形为例，介绍修剪命令的应用，命令行显示如下：

命令: _trim

当前设置:投影=UCS，边=无　//显示修剪命令选项的参数。

选择剪切边...　//选择作为修剪边界的对象，若直接按下回车键，则所有对象均视为修剪边界。

选择对象或 <全部选择>: 找到 1 个　//选择一条切线。

选择对象: 找到 1 个，总计 2 个　//选择另一条切线。

选择对象:

选择要修剪的对象，或按住 Shift 键选择要延伸的对象，或　//选择圆的左边部分。

[栏选（F）/窗交（C）/投影（P）/边（E）/删除（R）/放弃（U）]:　//选择修剪对象的方式，选项“栏选（F）”，表示以栏选方式选择对象；选项“窗交（C）”，表示以窗交方式选择对象；选项“投影（P）”，表示用于指定修剪对象时所使用的投影方法，这里不介绍；选项“边（E）”，表示修剪对象时是否采用延伸方式；选项“删除（R）”，表示用于删除图形中的对象。

选择要修剪的对象，或按住 Shift 键选择要延伸的对象，或

[栏选（F）/窗交（C）/投影（P）/边（E）/删除（R）/放弃（U）]:

命令:

TRIM　//按下回车键，继续执行修剪命令。

当前设置:投影=UCS，边=无

选择剪切边...　//选择修剪后的圆弧。

选择对象或 <全部选择>: 找到 1 个

选择对象： //按下 Shift 键的同时，选择水平直线。

选择要修剪的对象，或按住 Shift 键选择要延伸的对象，或

[栏选（F）/窗交（C）/投影（P）/边（E）/删除（R）/放弃（U）]:

6. 镜像命令

运用镜像命令，用户可以创建对称的几何对象。执行该命令，可以采用以下两种方式。

- 直接在命令行输入"MIRROR"或者"MI"后，按下回车键进行确认；
- 在"常用"菜单栏下的"修改"工具面板上，单击"镜像"命令图标 镜像。

以图 2-13 所示的图形为例，介绍镜像命令的应用，命令行显示如下：

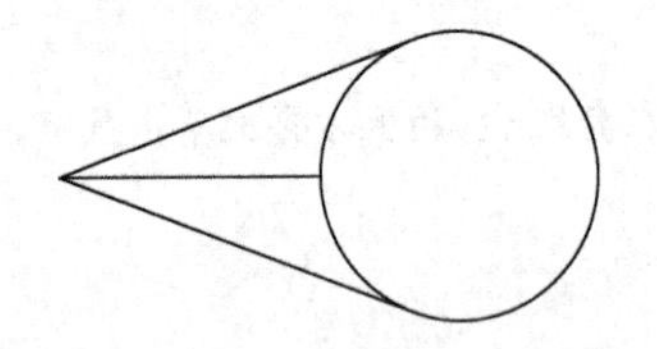

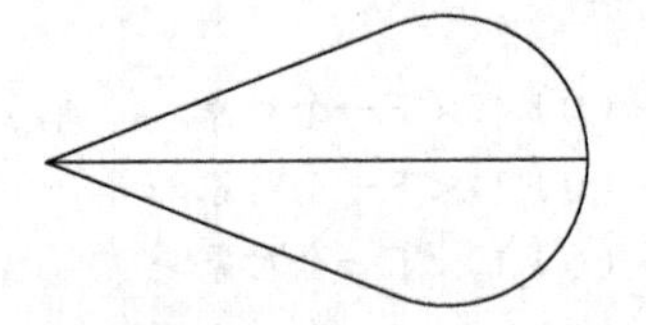

图 2-12　修剪练习

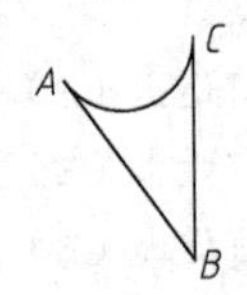

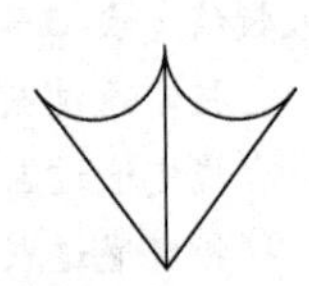

图 2-13　镜像练习

命令: _mirror

选择对象: 找到 1 个 //选择直线 AB。

选择对象: 找到 1 个，总计 2 个 //选择弧线 AC。

选择对象:

指定镜像线的第一点: 指定镜像线的第二点: // 选择 B 点、C 点。

要删除源对象吗? [是（Y）/否（N）] <N>: // 回车确定。

任务实施

① 新建文件　启动 AutoCAD 2013，自动新建一个 CAD 文件，或者在软件已经打开的情况下，新建一个样板文件，如图 2-14 所示。

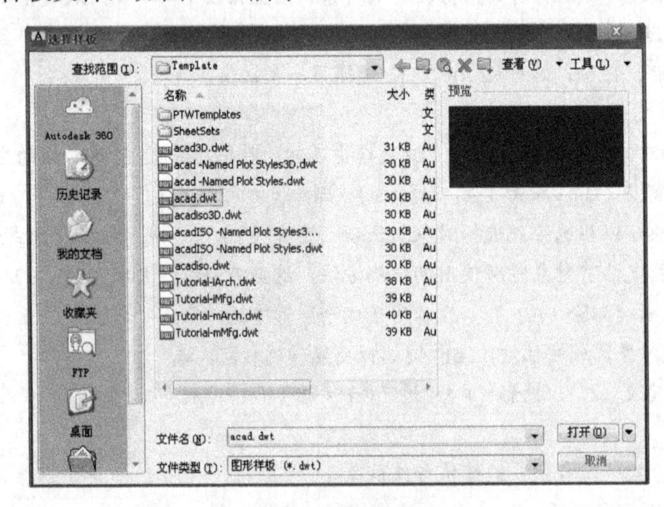

图 2-14　创建样板文件

② 创建图层　创建"轮廓线"、"中心线"两个图层，并将"中心线"图层置为当前图层，

各图层设置如图 2-15 所示。

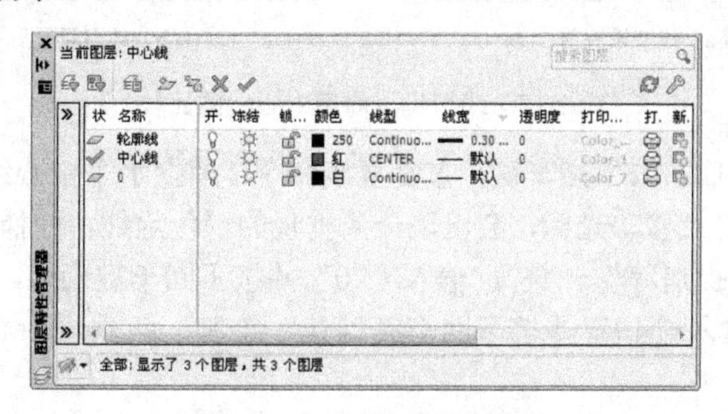

图 2-15　创建图层及图层设置

③ 绘制中心线　　利用直线命令，在图形区的适当位置，绘制一条长度为 80mm 的水平中心线。绘制完后，发现绘制的中心线不是我们想要的结果则需要进行线型设置。方法是：在“特性”工具面板上，展开“线型”下拉菜单，在下拉列表中，单击下面的“其他...，选项按钮，如图 2-16（a）所示。弹出“线型管理器”对话框，如图 2-16（b）所示。在该对话框中，选中“CENTER”线型，单击左上角的 显示细节(D) 按钮，则显示线型的细节，将“全局比例因子”的数值设置为“0.3500”，如图 2-16（c）所示。完成设置后，单击“确定”按钮，关闭窗口。设置前后中心线的比较，如图 2-17 所示。

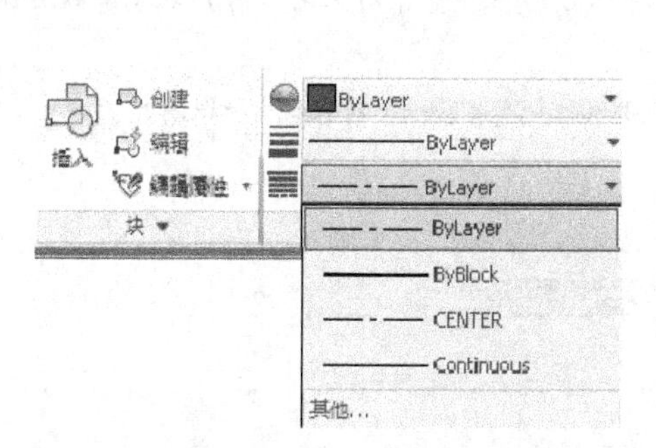

（a）“线型”下拉菜单

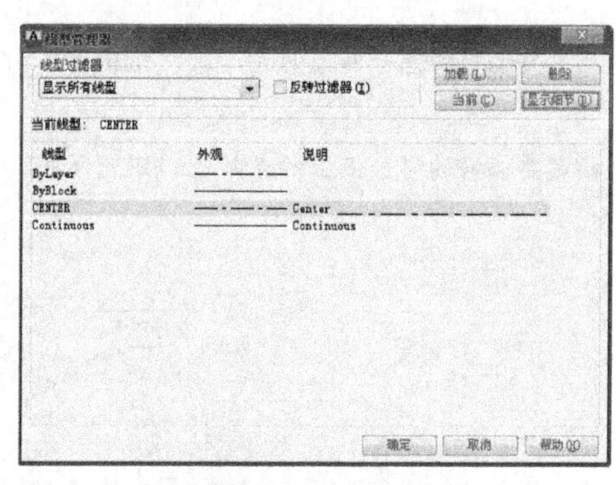

（b）隐藏细节的“线型管理器”对话框

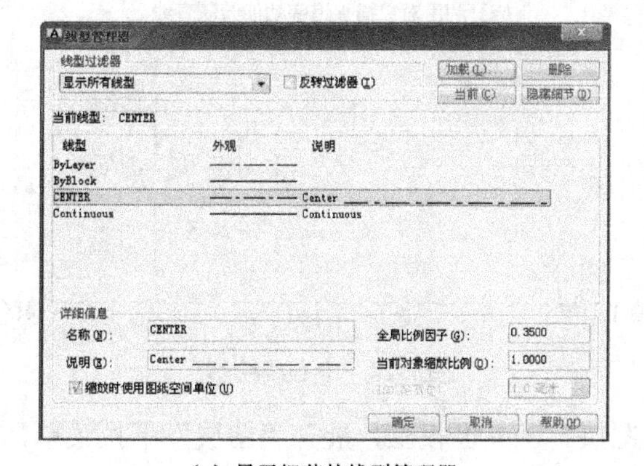

（c）显示细节的线型管理器

图 2-16　线型管理器

（a）线型设置前　　　　　　　　（b）线型设置后

图 2-17　线型设置前后中心线的比较

绘制完水平中心线后，按下回车键，重复直线命令。捕捉水平中心线的中点（捕捉后不要单击鼠标），然后竖直向上移动光标，会出现一条垂直的绿色虚线，即捕捉追踪线。（确认已打开状态栏上的“对象捕捉追踪”开关），输入“20”并按下回车键确认，如图 2-18（a）所示，然后向下引导光标，输入“40”并按下回车键确认，绘制一条垂直中心线，如图 2-18（b）所示。

④ 偏移垂直中心线　　执行“偏移”命令，根据命令行提示进行操作，结果如图 2-18（c）所示。命令行显示如下：

命令：_offset

当前设置：删除源=否　图层=源　OFFSETGAPTYPE=0

指定偏移距离或 [通过（T）/删除（E）/图层（L）] <26.0000>:

选择要偏移的对象，或 [退出（E）/放弃（U）] <退出>:

指定要偏移的那一侧上的点，或 [退出（E）/多个（M）/放弃（U）] <退出>:　m

指定要偏移的那一侧上的点，或 [退出（E）/放弃（U）] <下一个对象>:　　// 在中心线左侧单击鼠标。

指定要偏移的那一侧上的点，或 [退出（E）/放弃（U）] <下一个对象>:　　// 在中心线右侧单击鼠标。

指定要偏移的那一侧上的点，或 [退出（E）/放弃（U）] <下一个对象>:　*取消*

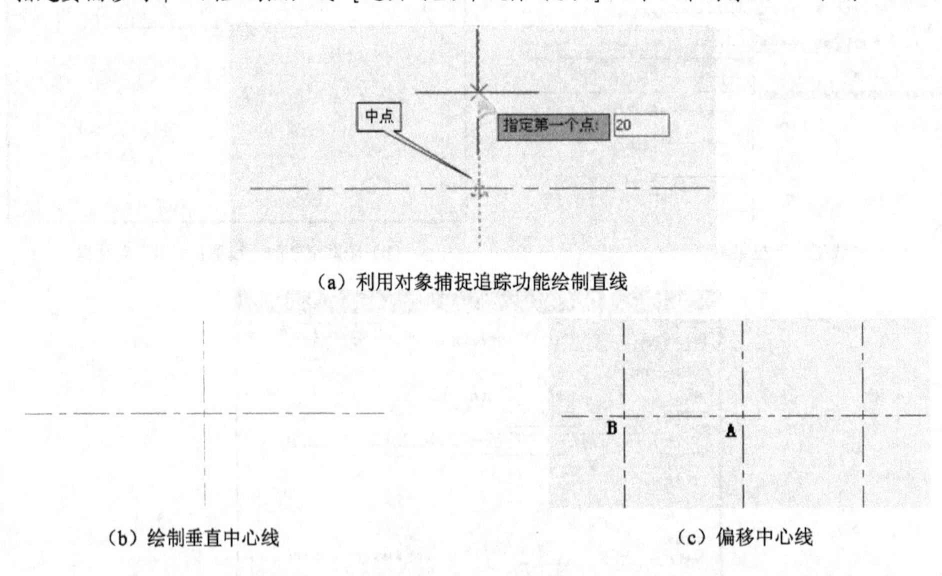

（a）利用对象捕捉追踪功能绘制直线

（b）绘制垂直中心线　　　　（c）偏移中心线

图 2-18　中心线绘制

⑤ 绘制圆　　在“图层”工具面板上，展开“图层”下拉菜单，单击“轮廓线”图层的名称，将“轮廓线”图层置为当前层，如图 2-19 所示。

执行圆命令，以图 2-18（c）中的 B 点为圆心，绘制半径为 5 和 10 的同心圆；重复命令，再以 A 点为圆心，绘制半径为 19 和 11 的同心圆，结果如图 2-20 所示。

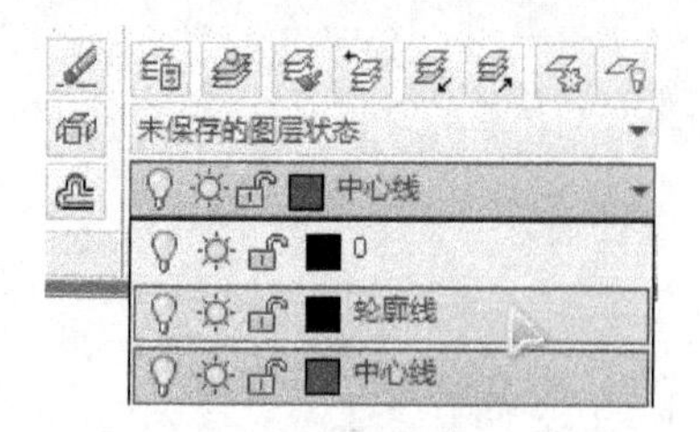

图 2-19 转换当前图层

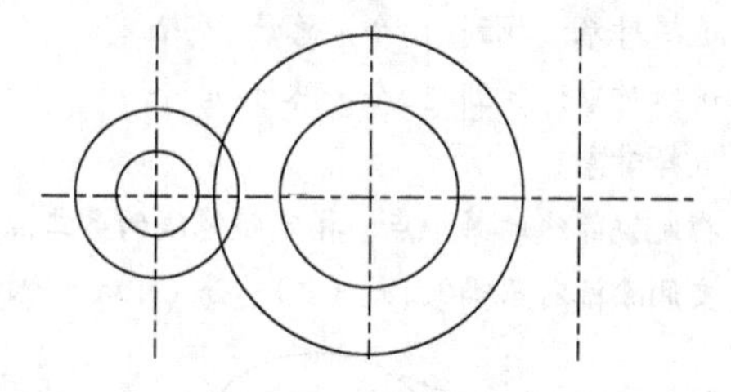
图 2-20 绘制圆

⑥ 绘制切线　　执行直线命令，根据命令行提示进行操作。

- 按下 Shift 键的同时单击鼠标右键，在右键菜单中，单击“切点”图标 切点(G)。
- 在半径为 10 的圆上单击鼠标，如图 2-21（a）所示。
- 再次按下 Shift 键的同时单击鼠标右键，在右键菜单中，单击“切点”图标 切点(G)。
- 在半径为 19 的圆上单击鼠标，如图 2-21（b）所示。
- 最后按下 Esc 键，取消直线命令。

切线绘制完后，结果如图 2-21（c）所示。

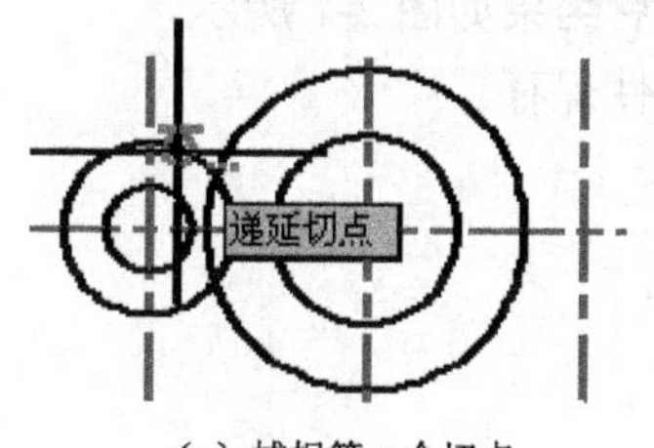

（a）捕捉第一个切点

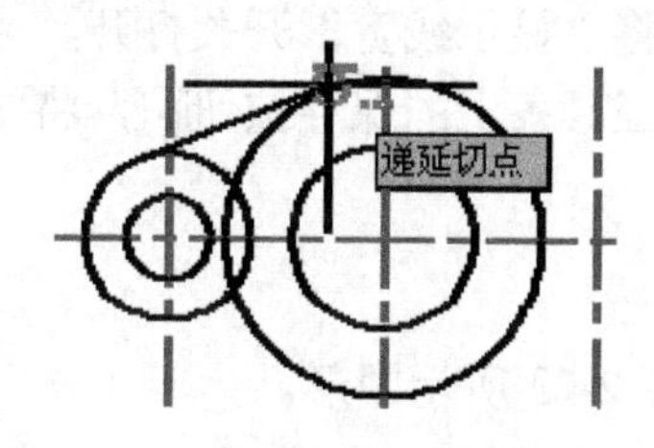

（b）捕捉第二个切点

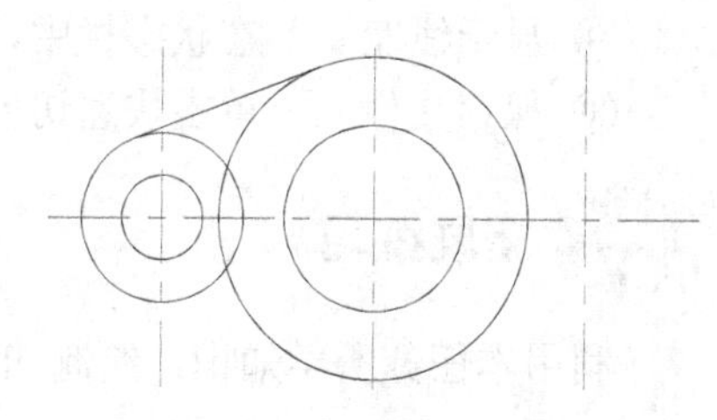
（c）绘制切线

图 2-21 绘制切线的过程

⑦ 镜像处理　　执行镜像命令，根据命令行提示进行操作。首先选择切线，并按下回车键进行确认，然后选择水平中心线的两个端点，并按下回车键进行确认，完成镜像，结果如图 2-22（a）所示。

重复命令，再将两条切线，以及半径为 5 和 10 的圆，以中间的垂直中心线为镜像线进行镜像，结果如图 2-22（b）所示。完成后，命令行显示如下：

```
命令: _mirror
选择对象: 找到 1 个
选择对象:
指定镜像线的第一点: 指定镜像线的第二点:
要删除源对象吗? [是(Y)/否(N)] <N>:
命令:
mirror
```

```
选择对象：找到 1 个
选择对象：找到 1 个，总计 2 个
选择对象：找到 1 个，总计 3 个
选择对象：找到 1 个，总计 4 个
选择对象：
指定镜像线的第一点：指定镜像线的第二点：
要删除源对象吗？[是（Y）/否（N）] <N>：
```

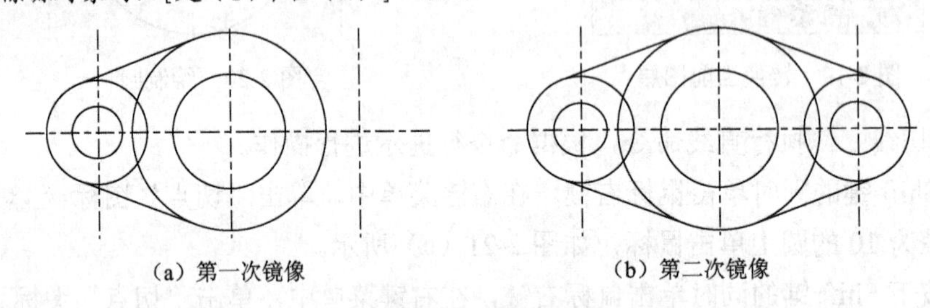

（a）第一次镜像　　（b）第二次镜像

图 2-22　镜像操作

⑧ 修剪处理　　执行修剪命令，根据命令行提示进行操作。按下回车键，将所有对象视为修建边界，然后单击要修剪的对象。

⑨ 显示线宽　　在状态栏中，将“显示线宽”开关打开，最后结果如图 2-1 所示。

⑩ 保存文件　　单击快速访问工具条上的保存按钮，将文件保存。

拓展练习

利用本任务所学知识，绘制如图 2-23 所示图形。

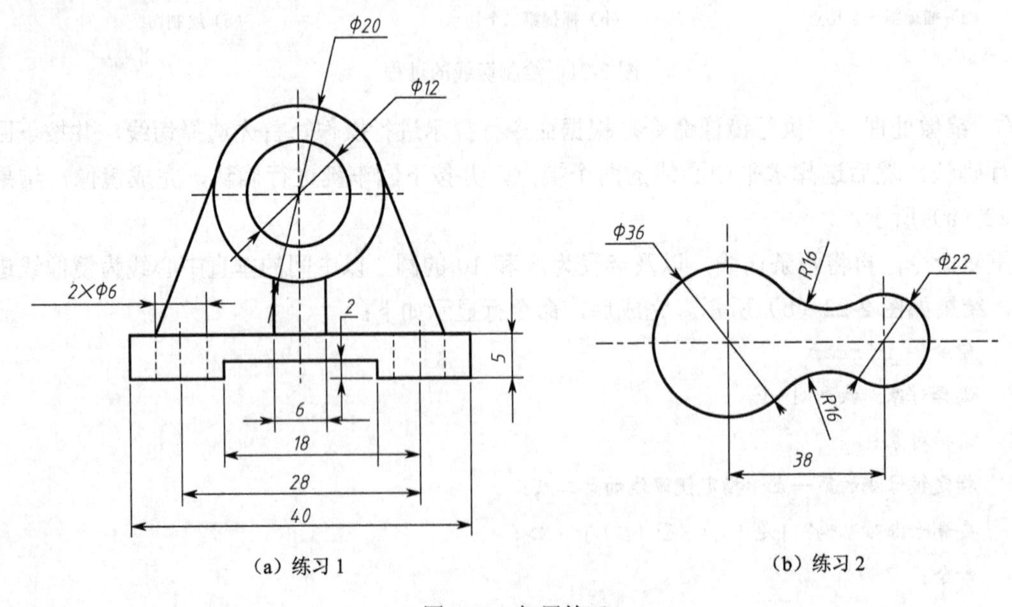

（a）练习 1　　（b）练习 2

图 2-23　拓展练习

任务2 齿轮轴模型的绘制与编辑

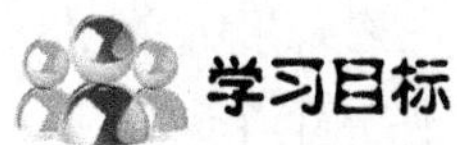

学习目标

- 掌握利用夹点编辑图形的方法
- 学会延伸命令的应用
- 学会倒角、圆角命令的应用
- 学会多段线命令的应用

任务导入

绘制齿轮轴模型实例如图产 2-24 所示。在绘制该实例的过程中，需要用到的新知识包括：利用夹点进行图形编辑；延伸命令及倒角、圆角等编辑命令。在绘制该实例之前，先来学习在本任务中用到的新知识。

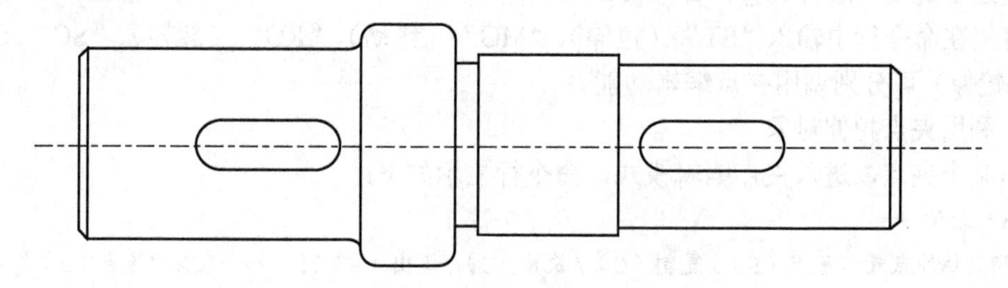

图 2-24　齿轮轴模型实例

知识准备

1. 利用夹点编辑图形

当不执行任何命令而选择对象后，对象上的特征点将显示为蓝色的小方框或原点，例如端点、中点、圆心等，这些点称之为夹点，如图 2-25 所示。

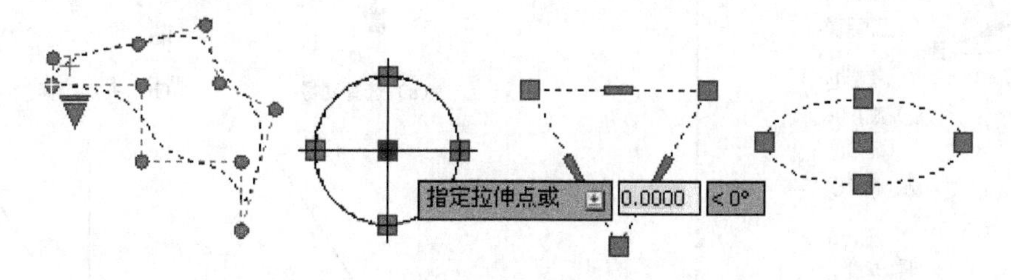

图 2-25　夹点示例

- 浮动夹点　当鼠标在某个夹点上悬停时，该夹点颜色变为粉红色，同时列出可供选择的操作列表，如图 2-26（a）所示。

• 激活夹点　单击某个夹点，即可将其激活，激活后夹点的颜色为红色。夹点激活后会打开夹点编辑功能，包括拉伸、移动、复制、旋转、缩放、镜像等操作。系统默认的是拉伸类型，如图 2-26（b）所示。

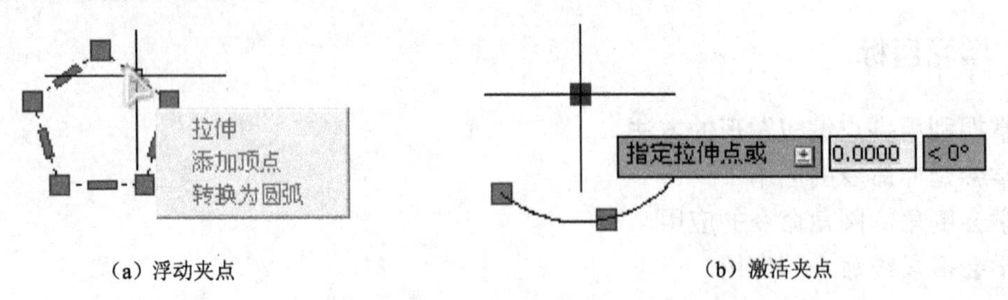

（a）浮动夹点　　（b）激活夹点

图 2-26　夹点类型

夹点的编辑类型可通过以下四种方式来进行切换：

• 按空格键切换；
• 按回车键切换；
• 通过右键菜单进行选择，如图 2-27 所示；
• 直接在命令行中输入“ST”（拉伸）、“MO”（移动）、“RO”（旋转）、“SC”（缩放）、“MI”（镜像）可分别调用夹点编辑功能。

（1）利用夹点拉伸对象

单击某个夹点，进入夹点编辑模式，命令行显示如下：

** 拉伸 **

指定拉伸点或 [基点（B）/复制（C）/放弃（U）/退出（X）]： // 选项“基点（B）”，表示单击的夹点被激活后，即成为对象拉伸时的基点，若选择该项，表示可以重新指定基点；选项“复制（C）”，表示将激活的夹点拉伸到指定点后，会创建一个或多个副本，源对象并不删除，如图 2-28 所示。

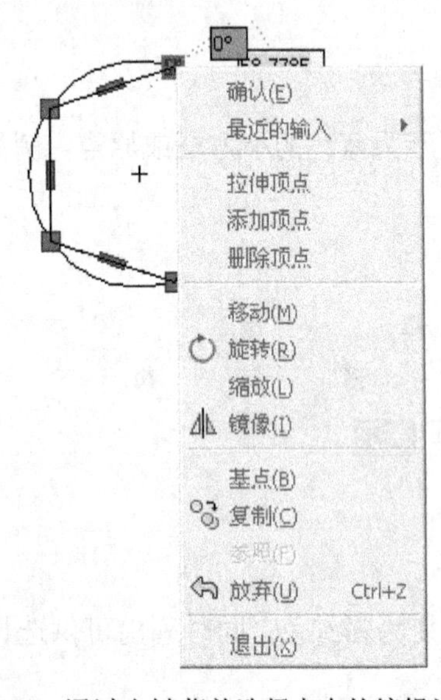

图 2-27　通过右键菜单选择夹点的编辑类型

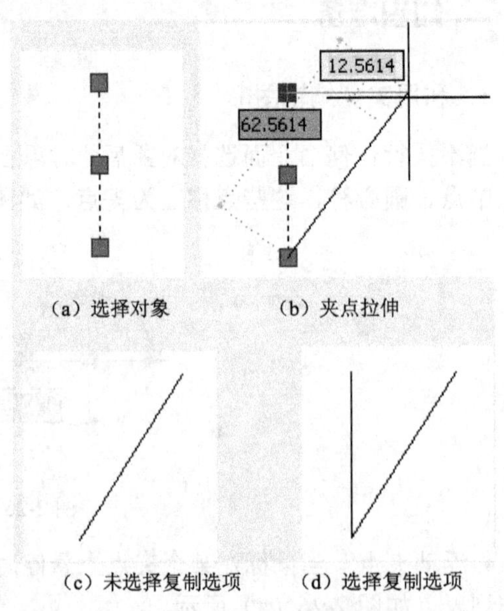

（a）选择对象　（b）夹点拉伸

（c）未选择复制选项　（d）选择复制选项

图 2-28　利用夹点拉伸对象

说明：执行夹点拉伸操作时，选择对象不同的夹点，拉伸后的效果也不同，对于一般的夹点，执行的是拉伸操作，对于文字、块、直线中点、圆心等夹点，则执行的是移动操作，如图 2-29 所示。

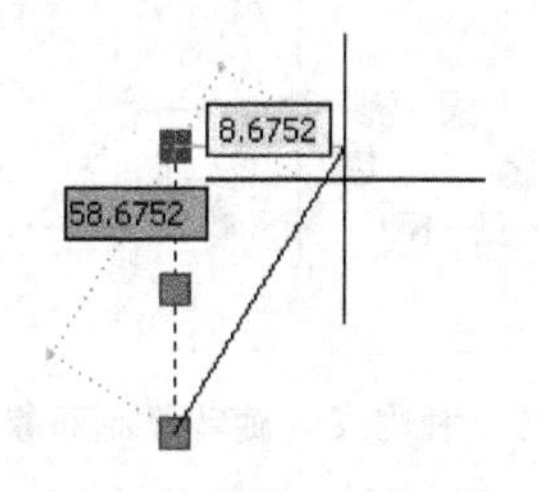

（a）选取直线端点执行拉伸操作

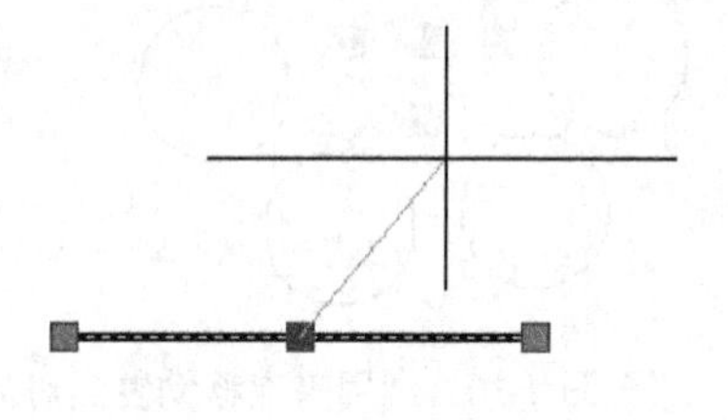

（b）选取直线中点执行拉伸操作

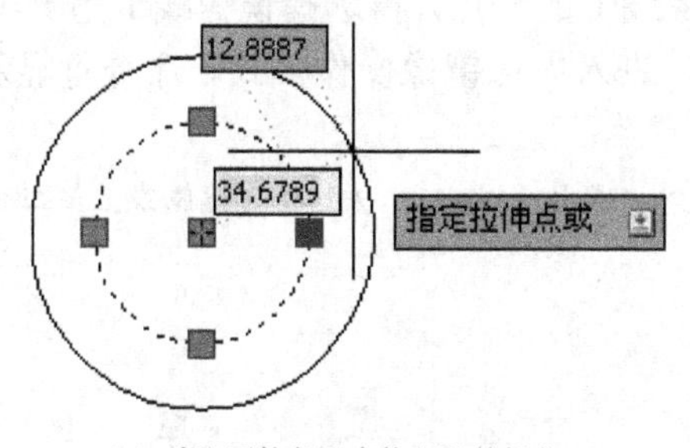

（c）选取圆的象限点执行拉伸操作

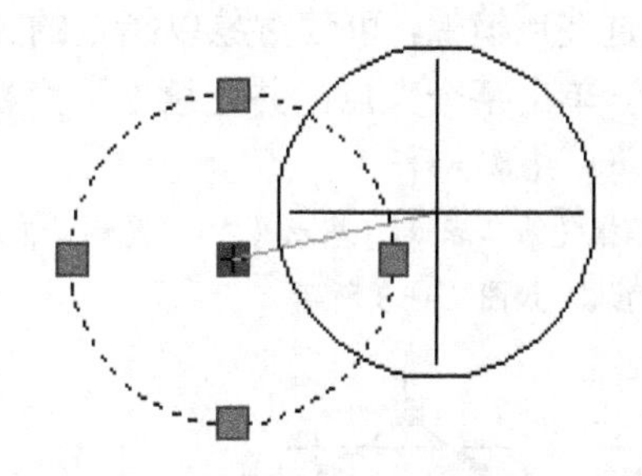

（d）选取圆的圆心执行拉伸操作

图 2-29　选取不同的夹点的到不同的拉伸效果

（2）利用夹点移动对象

通过夹点移动，可以改变夹点的位置，从而改变对象的位置。单击某个夹点，并按下空格键，进入夹点移动操作模式。命令行显示如下。

** MOVE **

指定移动点 或 [基点（B）/复制（C）/放弃（U）/退出（X）]：//选择"复制（C）"选项，可以将对象复制多个副本，如图 2-30 所示。

（3）利用夹点旋转对象

通过夹点旋转，可使对象绕选中的夹点进行旋转操作。单击某个夹点，并连续按下空格键两次，进入夹点旋转操作模式。命令行显示如下。

** 旋转 **

指定旋转角度或 [基点（B）/复制（C）/放弃（U）/参照（R）/退出（X）]：// 选项"参照（R）"，表示指定相对角度旋转对象，如图 2-31 所示。

（4）利用夹点缩放对象

通过夹点缩放，可使对象以选中的夹点为基点，进行比例缩放。单击某个夹点，并连续按下空格键三次，进入夹点缩放操作模式。命令行显示如下：

** 比例缩放 **

指定比例因子或 [基点（B）/复制（C）/放弃（U）/参照（R）/退出（X）]：// 比例因子大于 1，表示放大对象；比例因子小于 1，表示缩小对象，如图 2-32 所示。

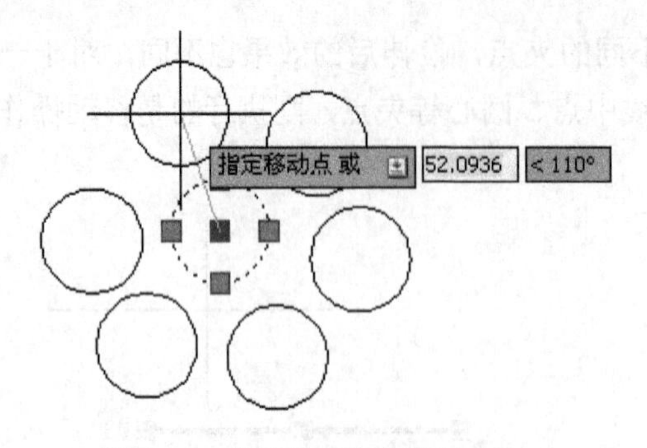

图 2-30　利用夹点移动复制对象

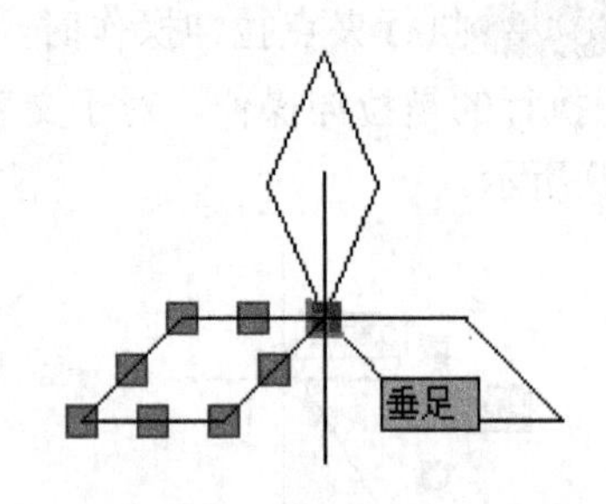

图 2-31　利用夹点旋转复制对象

（5）利用夹点镜像对象

通过夹点镜像，可使对象以指定的夹点为镜像线上的一点，再选择镜像线上另一个点来镜像对象。单击某个夹点，并连续按下空格键四次，进入夹点镜像操作模式。命令行显示如下：

** 镜像 **

指定第二点或 [基点（B）/复制（C）/放弃（U）/退出（X）]：　// 指定镜像线上第二个点并按回车键确认，如图 2-33 所示。

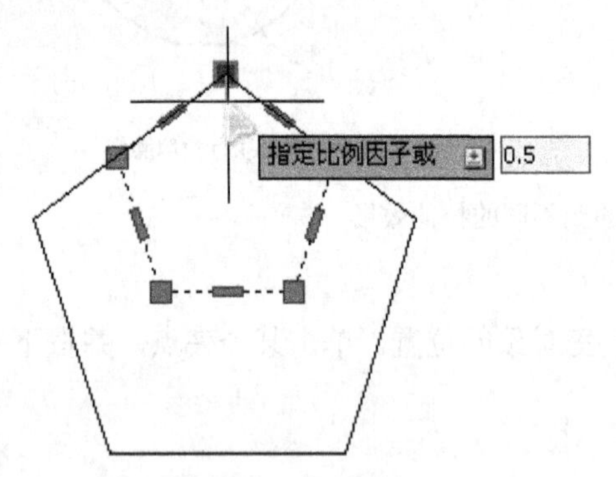

图 2-32　利用夹点缩放对象

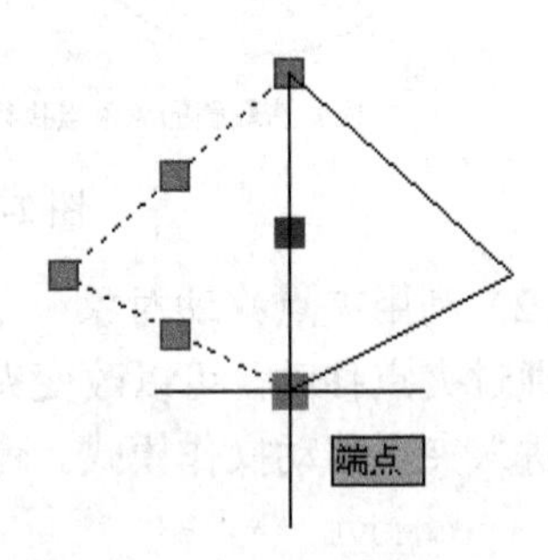

图 2-33　利用夹点镜像对象

2. 延伸命令

延伸命令与修剪命令的使用方法相似，使用延伸命令时，在按下 Shift 键的同时选择对象，则执行修剪命令。执行延伸命令，可以采用以下两种方式。

- 直接在命令行输入“EXTEND”或者“EX”，并按下回车键进行确认；
- 在“常用”菜单栏下的“修改”工具面板上，单击“修剪”命令图标右侧的下拉按钮，选择“延伸”命令按钮 ---/ 延伸 ，如图 2-34 所示。

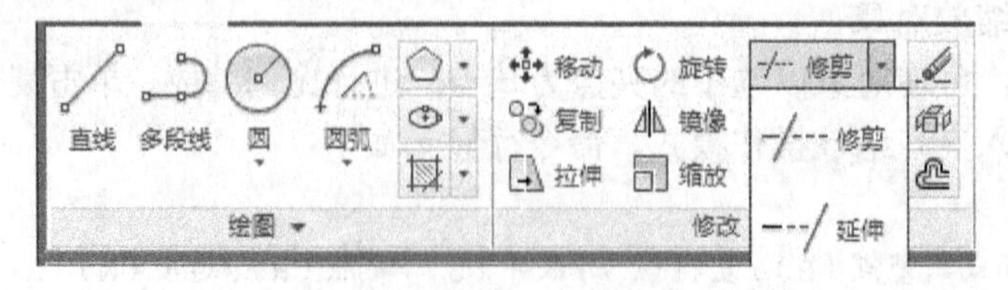

图 2-34　延伸命令

以图 2-35 所示为例，介绍延伸命令的应用。操作后，命令行显示如下：

命令: _extend
当前设置:投影=UCS，边=无
选择边界的边...
选择对象或 <全部选择>: 找到 1 个 // 选择要延伸的边界，并按回车键确认，这里选择圆。
选择对象:
选择要延伸的对象，或按住 Shift 键选择要修剪的对象，或
[栏选(F)/窗交(C)/投影(P)/边(E)/放弃(U)]: // 选择延伸对象，这里选择垂直线。
选择要延伸的对象，或按住 Shift 键选择要修剪的对象，或
[栏选(F)/窗交(C)/投影(P)/边(E)/放弃(U)]: // 选择延伸对象，这里选择水平线，并回车确认。

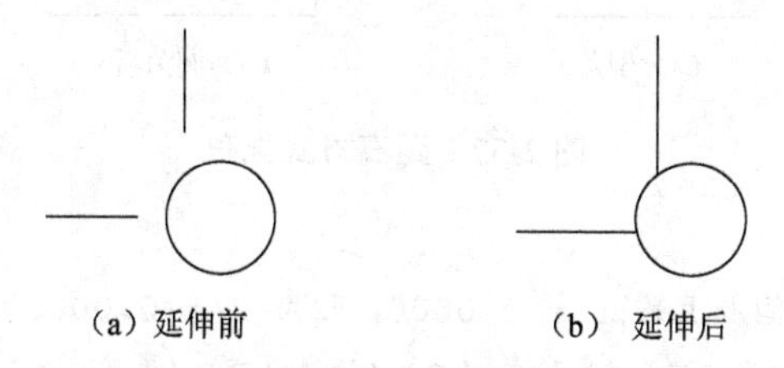
(a) 延伸前　　(b) 延伸后

图 2-35　延伸命令应用

3. 倒角命令

倒角命令可按照指定的距离或角度在一对相交直线上倒斜角，执行倒角命令可以采用以下两种方式。

- 直接在命令行输入“CHAMFER”或者“CHA”，并按下回车键进行确认；
- 在“常用”菜单栏下的“修改”工具面板上，单击“倒角”命令按钮 倒角，如图 2-36 所示。

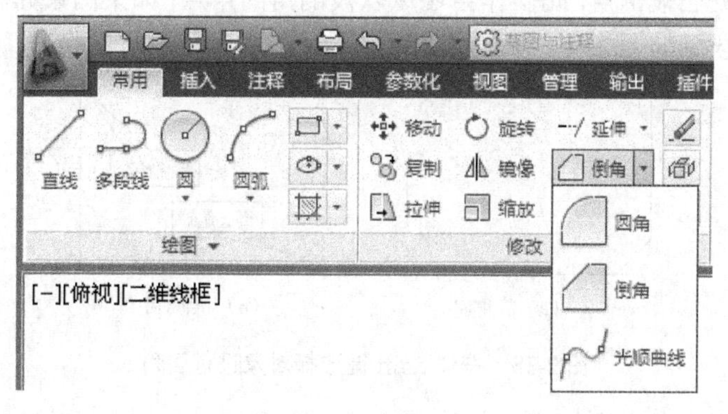

图 2-36　倒角命令

执行倒角命令后，命令行显示如下：

命令: _chamfer
("修剪"模式) 当前倒角距离 1 = 0.0000，距离 2 = 0.0000
选择第一条直线或 [放弃(U)/多段线(P)/距离(D)/角度(A)/修剪(T)/方式(E)/多个(M)]:

从命令行可以看到，倒角有两种方式可供选择，分别是“距离（D）”方式和“角度（A）”方式，默认是“距离”方式，下面分别详细介绍。

（1）“距离（D）”方式倒角

该方式是通过设置两个倒角边的倒角距离进行倒角。执行倒角命令后，在命令行提示下，输入“D”并按回车键确认，即进入“距离”倒角方式。以图 2-37 所示的图形为例介绍该种方式的应用。操作后，命令行显示如下：

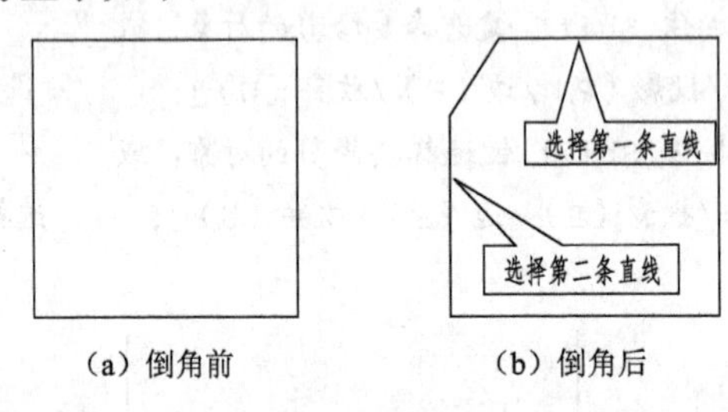

图 2-37　距离方式倒角

命令：_chamfer

（“修剪”模式）当前倒角距离 1 = 0.0000，距离 2 = 0.0000

选择第一条直线或 [放弃（U）/多段线（P）/距离（D）/角度（A）/修剪（T）/方式（E）/多个（M）]： d

指定 第一个 倒角距离 <0.0000>: 2

指定 第二个 倒角距离 <2.0000>: 3

选择第一条直线或 [放弃（U）/多段线（P）/距离（D）/角度（A）/修剪（T）/方式（E）/多个（M）]:

选择第二条直线，或按住 Shift 键选择直线以应用角点或 [距离（D）/角度（A）/方法（M）]:

说明：用户在选择对象时，如果按住 Shift 键，前面输入的倒角距离将用“0”代替，如果选择对象的角点处已被倒角，此操作会还原以被倒角的角点；如果两条为相交的不平行线段，此操作会使两条线段延伸至相交，如图 2-38 所示。

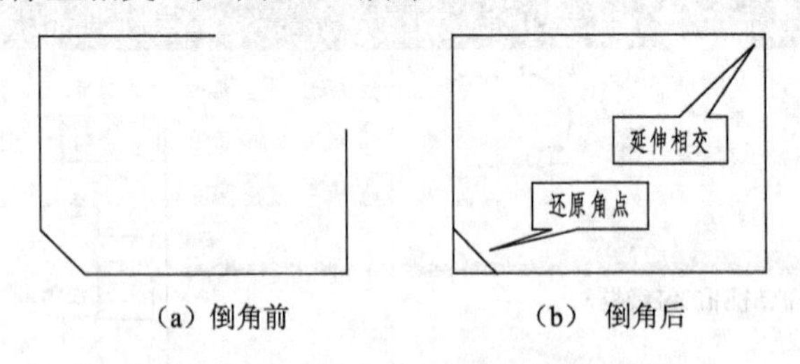

图 2-38　按住 Shift 键选择对象进行倒角

命令行中其他各项的含义如下。

• 多段线（P）：对利用多段线命令或正多边形命令绘制的图形，选择此种方式，将会对整个图形的所有顶点进行倒角，并且倒角后的图形会组成新的多边形或多段线组成的图形。以图 2-39 所示的图形为例进行说明，操作后命令行显示如下：

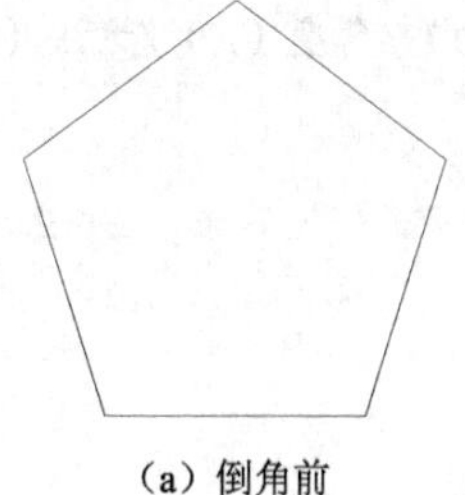

(a) 倒角前

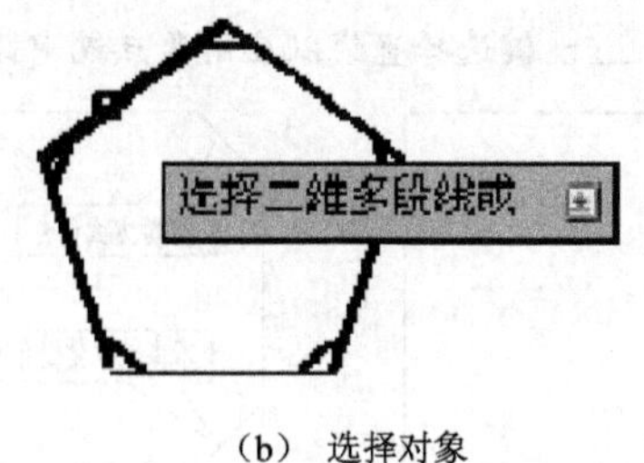

(b) 选择对象

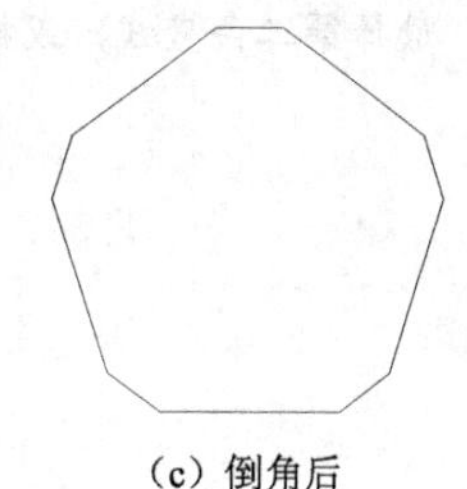

(c) 倒角后

图 2-39 多段线图形倒角

命令: _chamfer

(“修剪”模式)当前倒角距离 1 = 2.0000，距离 2 = 3.0000

选择第一条直线或 [放弃(U)/多段线(P)/距离(D)/角度(A)/修剪(T)/方式(E)/多个(M)]: p

选择二维多段线或 [距离(D)/角度(A)/方法(M)]: d

指定 第一个 倒角距离 <2.0000>: 2

指定 第二个 倒角距离 <2.0000>: 2

选择二维多段线或 [距离(D)/角度(A)/方法(M)]:

5 条直线已被倒角

- 修剪（T）：设定是否对倒角进行修剪，默认是修剪。
- 多个（M）：选择该项，可以对多组对象进行倒角。

以图 2-40 所示的图形为例，对“修剪”、“多个”选项的使用进行介绍。操作后，命令行显示如下：

命令: _chamfer

(“修剪”模式)当前倒角距离 1 = 2.0000，距离 2 = 2.0000

选择第一条直线或 [放弃(U)/多段线(P)/距离(D)/角度(A)/修剪(T)/方式(E)/多个(M)]: m

选择第一条直线或 [放弃(U)/多段线(P)/距离(D)/角度(A)/修剪(T)/方式(E)/多个(M)]:

选择第二条直线，或按住 Shift 键选择直线以应用角点或 [距离(D)/角度(A)/方法(M)]:

选择第一条直线或 [放弃(U)/多段线(P)/距离(D)/角度(A)/修剪(T)/方式(E)/多个(M)]:

选择第二条直线，或按住 Shift 键选择直线以应用角点或 [距离(D)/角度(A)/方法(M)]:

选择第一条直线或 [放弃(U)/多段线(P)/距离(D)/角度(A)/修剪(T)/方式(E)/多个(M)]: t

输入修剪模式选项 [修剪(T)/不修剪(N)] <修剪>: n

选择第一条直线或 [放弃(U)/多段线(P)/距离(D)/角度(A)/修剪(T)/方式(E)/多个(M)]:

选择第二条直线，或按住 Shift 键选择直线以应用角点或 [距离(D)/角度(A)/方法(M)]:

选择第一条直线或 [放弃(U)/多段线(P)/距离(D)/角度(A)/修剪(T)/方式(E)/多个(M)]:

选择第二条直线，或按住 Shift 键选择直线以应用角点或 [距离（D）/角度（A）/方法（M）]：

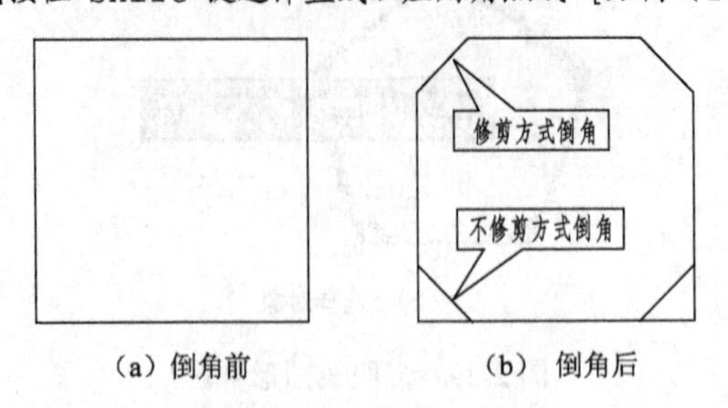

（a）倒角前　　（b） 倒角后

图 2-40　多个、不修剪方式倒角

（2）“角度（A）”方式

该方式是通过设置一个角度和一个距离进行倒角。执行倒角命令后，在命令行提示下，输入“A”并按回车键确认，即进入“角度”倒角方式。以图 2-41 所示的图形为例，介绍该种方式的应用，操作后命令行显示如下：

命令: _chamfer

（“修剪”模式）当前倒角距离 1 = 2.0000，距离 2 = 2.0000

选择第一条直线或 [放弃（U）/多段线（P）/距离（D）/角度（A）/修剪（T）/方式（E）/多个（M）]： a

指定第一条直线的倒角长度 <0.0000>: 3

指定第一条直线的倒角角度 <0>: 30

选择第一条直线或 [放弃（U）/多段线（P）/距离（D）/角度（A）/修剪（T）/方式（E）/多个（M）]：

选择第二条直线，或按住 Shift 键选择直线以应用角点或 [距离（D）/角度（A）/方法（M）]：

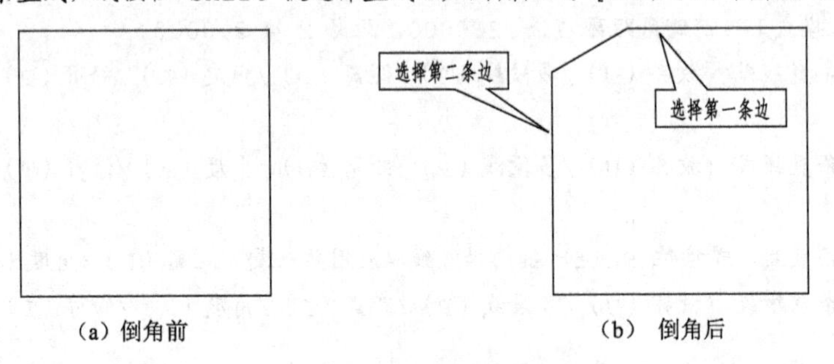

（a）倒角前　　（b） 倒角后

图 2-41　角度方式倒角

4．圆角命令

圆角命令跟倒角命令相似，是利用一段指定半径的圆弧将两条直线、两段圆弧、直线与圆弧等对象进行圆滑连接，执行圆角命令可以采用以下两种方式。

- 直接在命令行输入“FILLET”或者“F”，并按下回车键进行确认；
- 在“常用”菜单栏下的“修改”工具面板上，单击“圆角”命令按钮 圆角 ，如图 2-36 所示。

执行圆角命令后，根据命令行提示输入“R”，设置圆角半径。以图 2-42 所示的图形为例，

介绍圆角命令的应用。

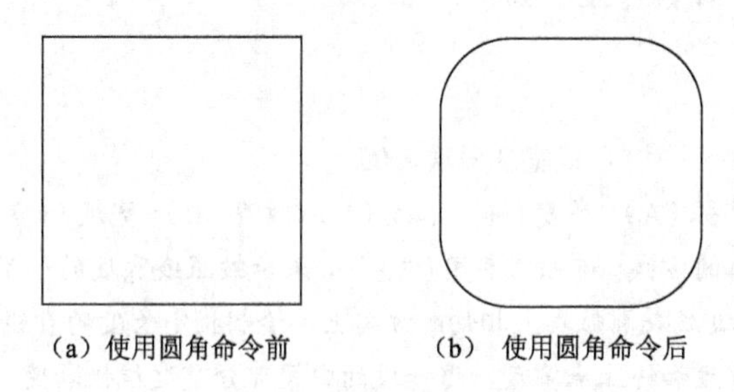

（a）使用圆角命令前　（b）使用圆角命令后

图 2-42　圆角命令的使用

```
命令: _fillet
当前设置: 模式 = 修剪，半径 = 5.0000
选择第一个对象或 [放弃(U)/多段线(P)/半径(R)/修剪(T)/多个(M)]: r   // 选择半径选项。
指定圆角半径 <5.0000>: 3    // 设定半径值。
选择第一个对象或 [放弃(U)/多段线(P)/半径(R)/修剪(T)/多个(M)]: m
选择第一个对象或 [放弃(U)/多段线(P)/半径(R)/修剪(T)/多个(M)]:
选择第二个对象，或按住 Shift 键选择对象以应用角点或 [半径(R)]:
选择第一个对象或 [放弃(U)/多段线(P)/半径(R)/修剪(T)/多个(M)]:
选择第二个对象，或按住 Shift 键选择对象以应用角点或 [半径(R)]:
选择第一个对象或 [放弃(U)/多段线(P)/半径(R)/修剪(T)/多个(M)]:
选择第二个对象，或按住 Shift 键选择对象以应用角点或 [半径(R)]:
选择第一个对象或 [放弃(U)/多段线(P)/半径(R)/修剪(T)/多个(M)]:
选择第二个对象，或按住 Shift 键选择对象以应用角点或 [半径(R)]:
```

命令行中其他各项含义跟倒角命令相似，这里不再赘述。

5. 多段线命令

多段线也称复合线，可以由直线、圆弧组合而成。使用多段线命令绘制的直线或曲线属于同一个整体。单击时，会选择整个图形，不能分别编辑，如图 2-43 所示。

（a）选择直线　（b）选择多段线

图 2-43　直线和多段线的选择

执行多段线命令可以采用以下两种方式。

- 直接在命令行输入“PLINE”或者“PL”，并按下回车键进行确认；
- 在“常用”菜单栏下的“绘图”工具面板上，单击“多段线”命令按钮 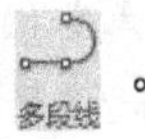
 。

执行多段线命令后，命令行显示如下：

命令：_ pline

指定起点：

当前线宽为 0.0000　　// 线宽度的默认值。

指定下一个点或 [圆弧(A)/半宽(H)/长度(L)/放弃(U)/宽度(W)]：// 选项“圆弧(A)”，表示使多段线命令转入画圆弧的方式；选项“半宽(H)”，表示按照线宽度的一半来指定当前线宽；选项“长度(L)”，表示在与前一段直线或圆弧端点相切的方向上，绘制指定长度的直线；选项“宽度(W)”，表示指定多段线一段的起始点宽度和终止点宽度，这一段的中间部分宽度线性渐变。

当选择“圆弧（A）”选项时，命令行提示如下：

指定圆弧的端点或　　// 默认前一条线段的终点为圆弧的起点。

[角度(A)/圆心(CE)/闭合(CL)/方向(D)/半宽(H)/直线(L)/半径(R)/第二个点(S)/放弃(U)/宽度(W)]：// 选项“角度(A)”，表示输入圆弧的包含角；选项“圆心(CE)”，表示指定所画圆弧的圆心；选项“闭合(CL)”，表示封闭多段线；选项“方向(D)”，表示指定所画圆弧起点的切线方向；选项“直线(L)”，表示返回直线模式；选项“半径(R)”，表示指定所画圆弧的半径；选项“第二个点(S)”，表示指定按照三点方式画圆弧的第 2 个点。

以图 2-44 所示的图形为例，介绍多段线命令的使用，操作后命令行显示如下：

命令：_ pline

指定起点：　//指定起点 A。

当前线宽为 0.0000

指定下一点或 [圆弧(A)/半宽(H)/长度(L)/放弃(U)/宽度(W)]: 10

指定下一点或 [圆弧(A)/闭合(C)/半宽(H)/长度(L)/放弃(U)/宽度(W)]: h

指定起点半宽 <0.0000>: 2.5

指定端点半宽 <2.5000>: 0

指定下一点或 [圆弧(A)/闭合(C)/半宽(H)/长度(L)/放弃(U)/宽度(W)]: 4

指定下一点或 [圆弧(A)/闭合(C)/半宽(H)/长度(L)/放弃(U)/宽度(W)]: h

指定起点半宽 <0.0000>: 5

指定端点半宽 <5.0000>: 5

指定下一点或 [圆弧(A)/闭合(C)/半宽(H)/长度(L)/放弃(U)/宽度(W)]: 0.4

指定下一点或 [圆弧(A)/闭合(C)/半宽(H)/长度(L)/放弃(U)/宽度(W)]: h

指定起点半宽 <5.0000>: 0

指定端点半宽 <0.0000>: 0

指定下一点或 [圆弧(A)/闭合(C)/半宽(H)/长度(L)/放弃(U)/宽度(W)]: 10

指定下一点或 [圆弧(A)/闭合(C)/半宽(H)/长度(L)/放弃(U)/宽度(W)]: A

指定圆弧的端点或

[角度(A)/圆心(CE)/闭合(CL)/方向(D)/半宽(H)/直线(L)/半径(R)/第二个点(S)/放弃(U)/宽度(W)]: 20　　// 向上引导光标，输入“20”，按回车键确认，绘制出圆弧。

指定圆弧的端点或

[角度(A)/圆心(CE)/闭合(CL)/方向(D)/半宽(H)/直线(L)/半径(R)/第二个点(S)/放弃(U)/宽度(W)]: L

```
指定下一点或 [圆弧(A)/闭合(C)/半宽(H)/长度(L)/放弃(U)/宽度(W)]: 10
指定下一点或 [圆弧(A)/闭合(C)/半宽(H)/长度(L)/放弃(U)/宽度(W)]: w
指定起点宽度 <0.0000>: 5
指定端点宽度 <5.0000>: 0
指定下一点或 [圆弧(A)/闭合(C)/半宽(H)/长度(L)/放弃(U)/宽度(W)]: 4
指定下一点或 [圆弧(A)/闭合(C)/半宽(H)/长度(L)/放弃(U)/宽度(W)]: w
指定起点宽度 <0.0000>: 10
指定端点宽度 <10.0000>: 10
指定下一点或 [圆弧(A)/闭合(C)/半宽(H)/长度(L)/放弃(U)/宽度(W)]: 0.4
指定下一点或 [圆弧(A)/闭合(C)/半宽(H)/长度(L)/放弃(U)/宽度(W)]: w
指定起点宽度 <10.0000>: 0
指定端点宽度 <0.0000>: 0
指定下一点或 [圆弧(A)/闭合(C)/半宽(H)/长度(L)/放弃(U)/宽度(W)]: 10
指定下一点或 [圆弧(A)/闭合(C)/半宽(H)/长度(L)/放弃(U)/宽度(W)]: c
```

任务实施

① 新建文件　　启动 AutoCAD 2013，自动新建一个 CAD 文件，或者在软件已经打开的情况下，新建一个样板文件。

② 创建图层　　创建“轮廓线”、“中心线”两个图层，并将“中心线”图层置为当前图层，各图层设置与前面的设置相同。

③ 绘制中心线　　首先确认“正交模式”开关打开，然后利用“直线”命令，在图形区的适当位置，绘制一条长度为 200mm 的水平中心线。

④ 改变当前图层　　将“轮廓线”图层设置为当前图层。

⑤ 绘制轮廓线　　再次启动“直线”命令，利用对象捕捉追踪功能，以水平中心线左端点向右偏移 10mm 为起点，向上引导光标输入“20”并按回车键。向右引导光标输入“60”并按回车键；向上引导光标输入“5”并按回车键；向右引导光标输入“20”并按回车键；向下引导光标输入“8”并按回车键；向右引导光标输入“5”并按回车键；向上引导光标输入“2”并按回车键；向右引导光标输入“30”并按回车键；向下引导光标输入“2”并按回车键；向右引导光标输入“60”并按回车键；向下引导光标，捕捉水平中心线的垂足，单击鼠标后，按下回车键完成直线绘制，如图 2-45 所示。

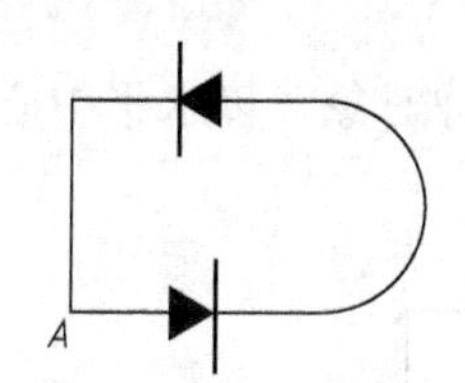

图 2-44　多段线命令使用

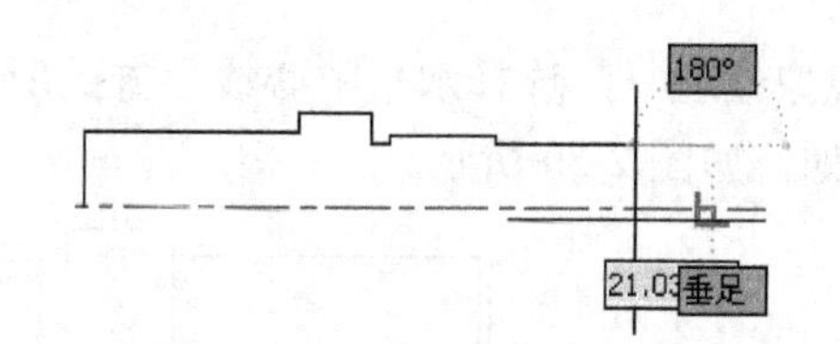

图 2-45　捕捉垂足

⑥ 倒角　　利用“倒角”命令对轴两端进行倒角，倒角距离均为 2mm，如图 2-46 所示。

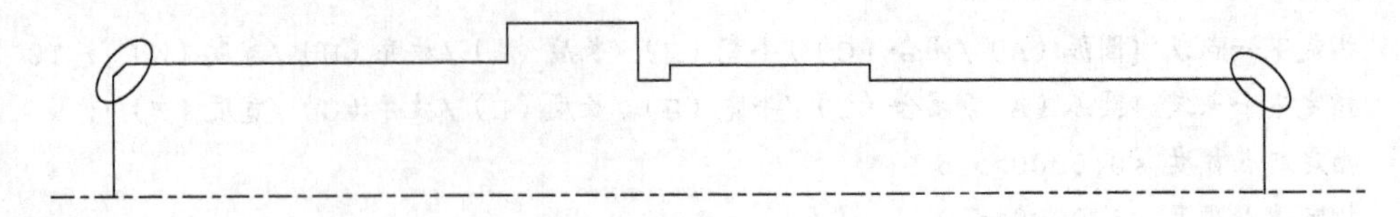

图 2-46　倒角处理

⑦ 圆角　　利用“圆角”命令，对轴进行圆角处理，圆角半径为 2mm，如图 2-47 所示。

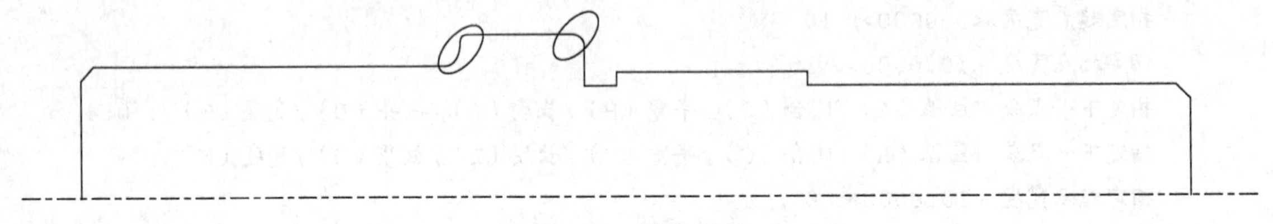

图 2-47　圆角处理

⑧ 绘制直线　　在倒角处绘制两条直线，如图 2-48 所示。

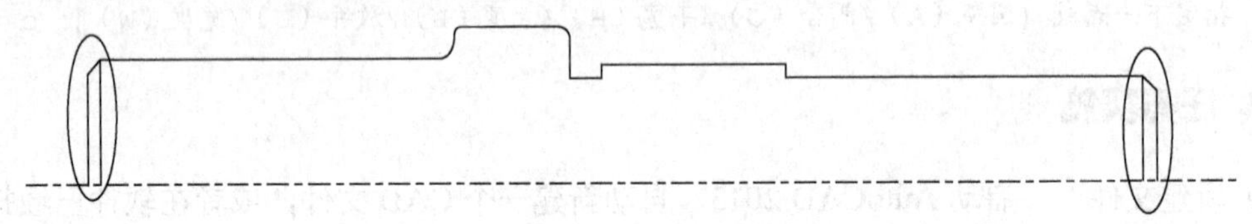

图 2-48　绘制倒角线

⑨ 延伸处理　　对如图 2-49（a）所示的位置处的竖直线进行延伸，延伸边界为水平中心线，延伸后结果如图 2-49（b）所示。

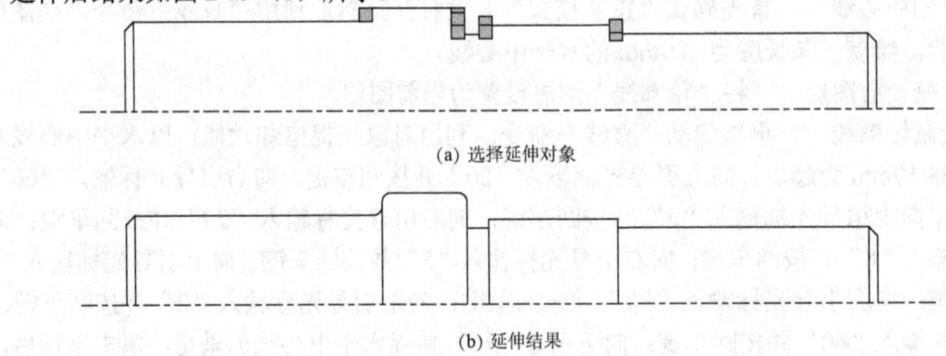

(a) 选择延伸对象

(b) 延伸结果

图 2-49　延伸处理

⑩ 镜像处理　　选择水平中心线上方的所有轮廓线作为镜像对象，以水平中心线为镜像线进行镜像，如图 2-50 所示。

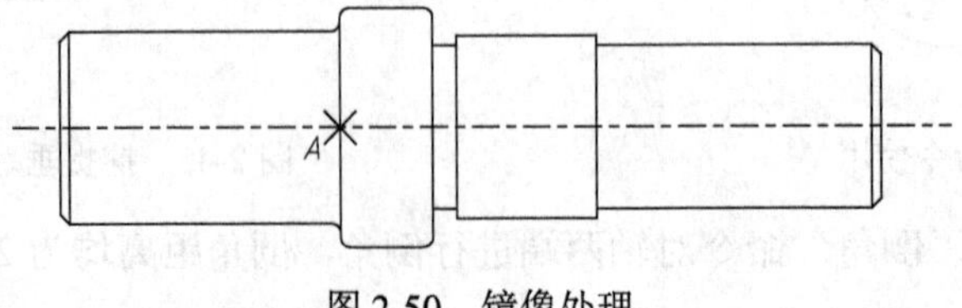

图 2-50　镜像处理

⑪ 绘制键槽　　单击“多段线”命令按钮，在绘图区，按下 Shift 键的同时单击鼠标右键，在弹出的捕捉菜单中，选择“捕捉自”图标 自(F) 。单击图 2-50 所示的 A 点，输入相对坐标（@-10，5），按回车键确认，如图 2-51（a）所示。找到多段线的起点，如图 2-51（b）所示。

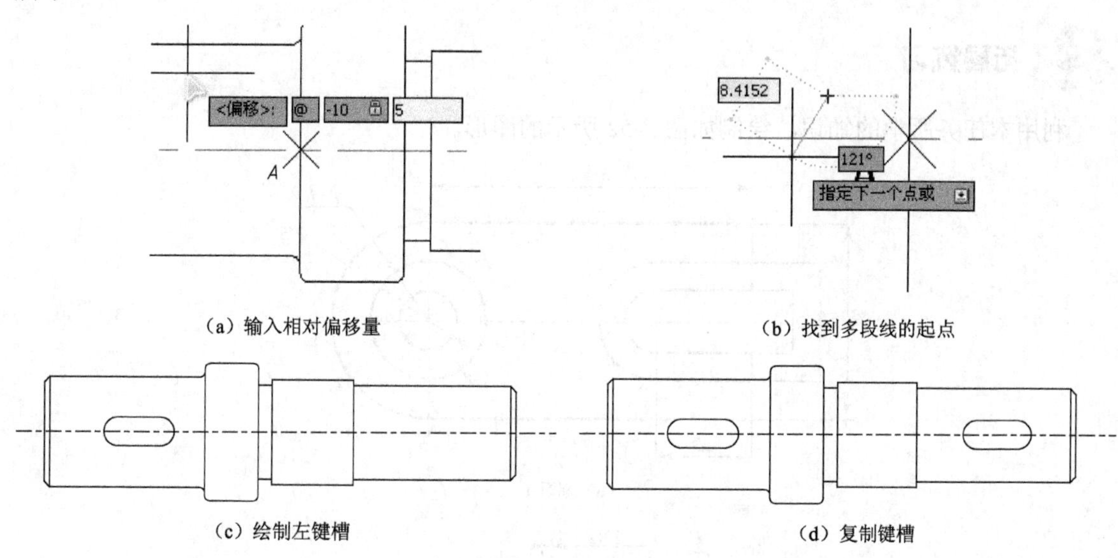

（a）输入相对偏移量　　（b）找到多段线的起点

（c）绘制左键槽　　（d）复制键槽

图 2-51　绘制键槽

键槽绘制完后，如图 2-51（C）所示，操作后，命令行显示如下：

命令: _ pline

指定起点: _from 基点: <偏移>: @-10，5

当前线宽为 0.0000

指定下一个点或 [圆弧（A）/半宽（H）/长度（L）/放弃（U）/宽度（W）]: 20

指定下一点或 [圆弧（A）/闭合（C）/半宽（H）/长度（L）/放弃（U）/宽度（W）]: a

指定圆弧的端点或

[角度（A）/圆心（CE）/闭合（CL）/方向（D）/半宽（H）/直线（L）/半径（R）/第二个点（S）/放弃（U）/宽度（W）]: 10

指定圆弧的端点或

[角度（A）/圆心（CE）/闭合（CL）/方向（D）/半宽（H）/直线（L）/半径（R）/第二个点（S）/放弃（U）/宽度（W）]: L

指定下一点或 [圆弧（A）/闭合（C）/半宽（H）/长度（L）/放弃（U）/宽度（W）]: 20

指定下一点或 [圆弧（A）/闭合（C）/半宽（H）/长度（L）/放弃（U）/宽度（W）]: A

指定圆弧的端点或

[角度（A）/圆心（CE）/闭合（CL）/方向（D）/半宽（H）/直线（L）/半径（R）/第二个点（S）/放弃（U）/宽度（W）]: 10

指定圆弧的端点或

[角度（A）/圆心（CE）/闭合（CL）/方向（D）/半宽（H）/直线（L）/半径（R）/第二个点（S）/放弃（U）/宽度（W）]: CL

⑫ 复制键槽　　选择上一步绘制的键槽，利用夹点编辑功能，将其复制，并在水平方向上，向右移动 95mm，如图 2-51（d）所示。

⑬ 显示线的宽度　　打开状态栏的“显示/隐藏线宽”开关 ，结果如图 2-24 所示。保存文件后退出。

拓展练习

利用本任务所学的知识，绘制如图 2-52 所示的图形。

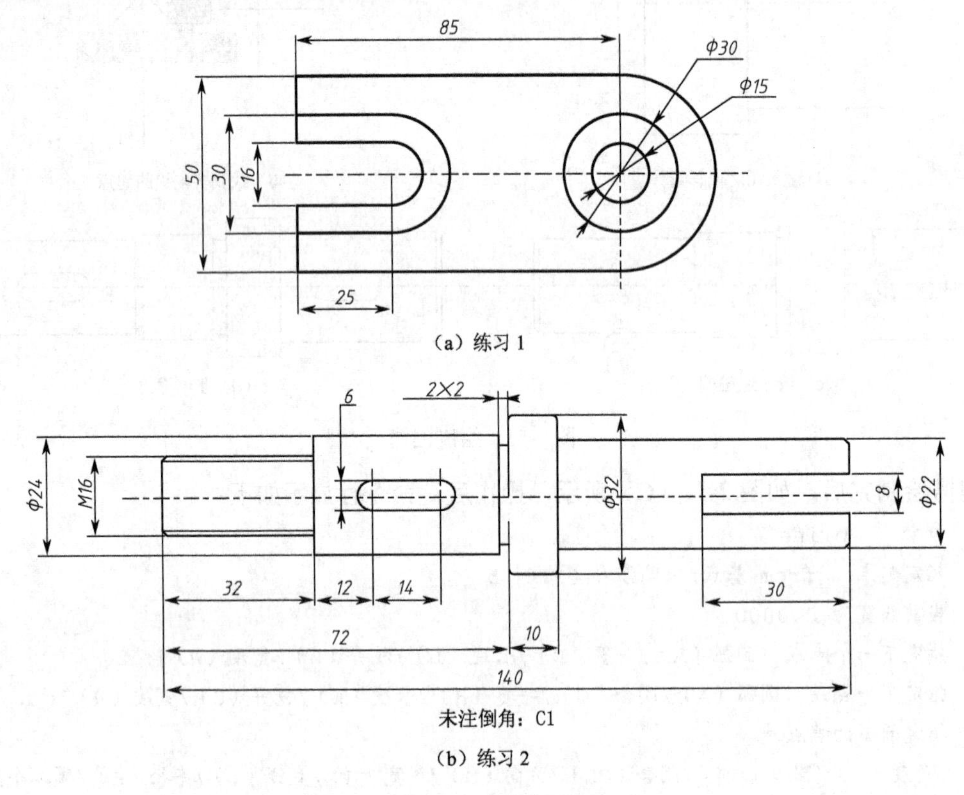

（a）练习 1

未注倒角：C1

（b）练习 2

图 2-52　拓展练习

任务 3　棘轮模型的绘制与编辑

学习目标

- 熟悉点的绘制及样式设置
- 掌握圆弧、矩形命令的应用
- 掌握旋转命令、阵列命令的应用

任务导入

在绘制如图 2-53 所示实例的过程中，需要用到的新知识包括：点样式的设置方法；点、定数等分、定距等分、圆弧、矩形等绘图命令的应用；旋转、阵列等修改命令的应用。在制作该实例之前，先介绍在本任务中用到的新知识。

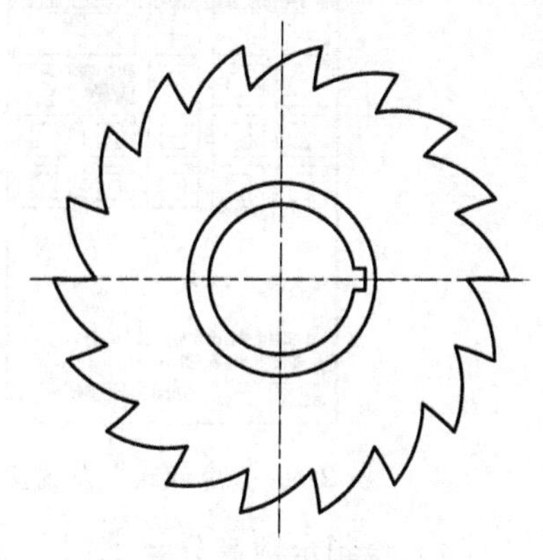

图 2-53　棘轮模型实例

知识准备

1. 点的绘制

点是组成图形的最基本元素，在绘图中起辅助作用，通常用来作为对象捕捉的参考点。在 AutoCAD 中提供了多种形式的点，包括单点、多点、定数等分点、定距等分点四种类型。

（1）点的样式设置

在 AutoCAD 中，点被系统默认为一个小黑点，不便于用户观察，因此在绘制点之前首先要对点的样式进行设置。进行点的样式设置，可以采用以下两种方式。

- 直接在命令行输入“DDPTYPE”或者“DDPT”，并按下回车键进行确认；
- 在“常用”菜单栏下，展开“实用工具”工具面板上的下拉菜单，单击 点样式... 图标，如图 2-54 所示。

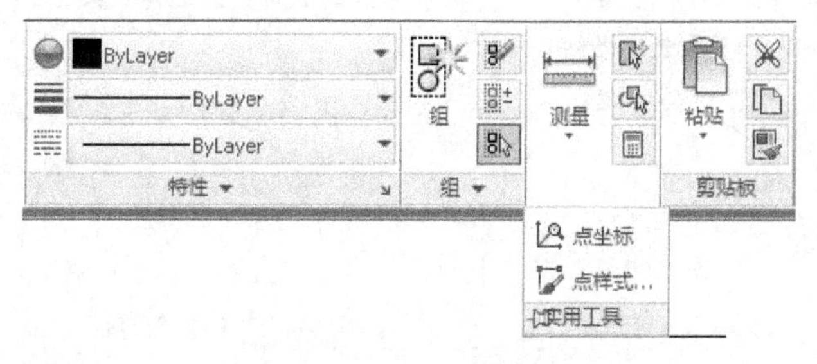

图 2-54　点样式设置

执行上述命令后，弹出“点样式”设置窗口，如图 2-55 所示。在该窗口中，用户可根据需要选择点的样式，设置点的大小。

（2）绘制单点

该命令执行后，一次只能绘制一个点。在 AutoCAD 2013 默认环境下的“绘图”工具面板上，没有绘制单点的命令图标，用户可以直接在命令行输入“POINT”或“PO”命令，并按回车键确认，然后移动鼠标至需要放置点的位置后，单击鼠标即可放置单点。

（3）绘制多点

该命令执行后，一次可以绘制多个点，直至按 Esc 键结束命令为止。执行“多点”命令，可单击“绘图”工具面板上的 图标，如图 2-56 所示。移动鼠标至需要放置点的位置后，单击鼠标可创建多个点。

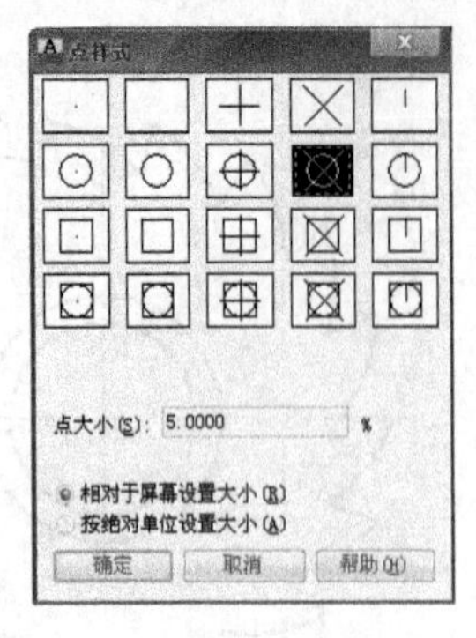

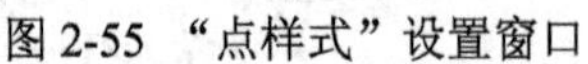

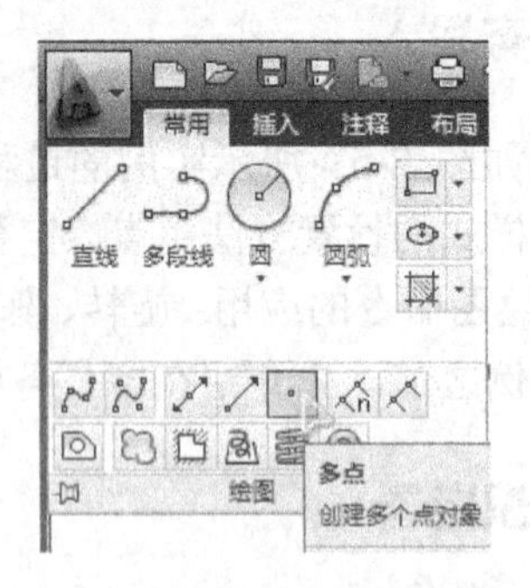

图 2-55 “点样式”设置窗口

图 2-56 执行“多点”命令

（4）绘制定数等分点

该命令是将指定的对象以一定的数量进行等分，在指定的对象上添加一个或多个点，并不是将原来对象拆分。启用定数等分点命令，可以采用以下两种方式。

- 直接在命令行输入“DIVIDE”或者“DIV”，并按下回车键进行确认；
- 在“常用”菜单栏下，展开“绘图”工具面板上的下拉菜单，单击 图标。

以图 2-57 所示的定数等分圆弧为例，介绍绘制定数等分点的方法，操作后命令行显示如下：

```
命令: _divide
选择要定数等分的对象:        // 选择圆弧，并按下回车键确认。
输入线段数目或 [块(B)]: 4      // 输入等分的数目，若选择“块(B)”选项，则可以沿选定的对象等间距地放置块，这里不再进行详细介绍。
```

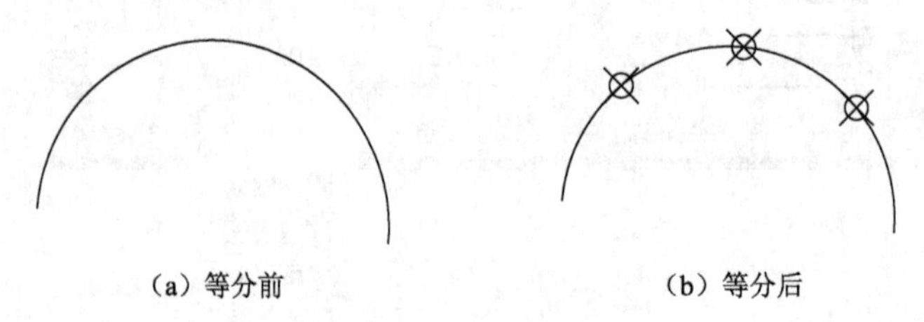

图 2-57 定数等分圆弧

（5）绘制定距等分点

该命令是将指定的对象，按确定的长度进行等分。若指定对象的总长度除以等分距不是整数，就会出现剩余线段。启用定距等分点命令，可以采用以下两种方式。

- 直接在命令行输入“MEASURE”，并按下回车键进行确认。
- 在“常用”菜单栏下，展开“绘图”工具面板上的下拉菜单，单击 图标。

以绘制如图 2-58 所示的定距等分直线为例，介绍绘制定距等分点的方法，操作后命令行显示如下：

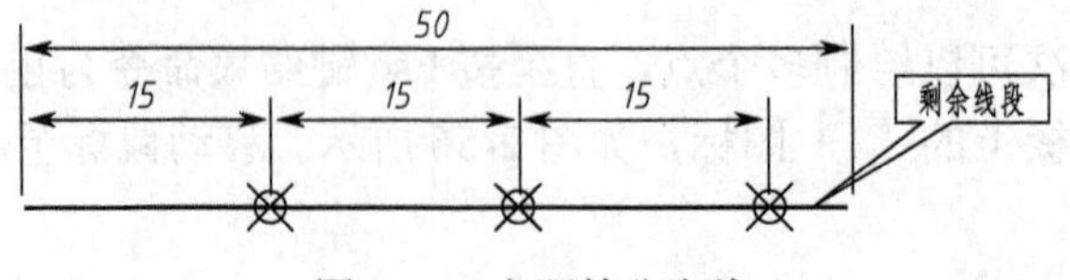

图 2-58 定距等分直线

```
命令: _measure
选择要定距等分的对象:        // 选择直线，并按下回车键确认。
指定线段长度或 [块(B)]: 15    // 输入等分距。
```

2. 圆弧命令

AutoCAD 2013 中提供了 11 种绘制圆弧的方法，如图 2-59 所示。执行圆弧命令，可以采用以下两种方式。

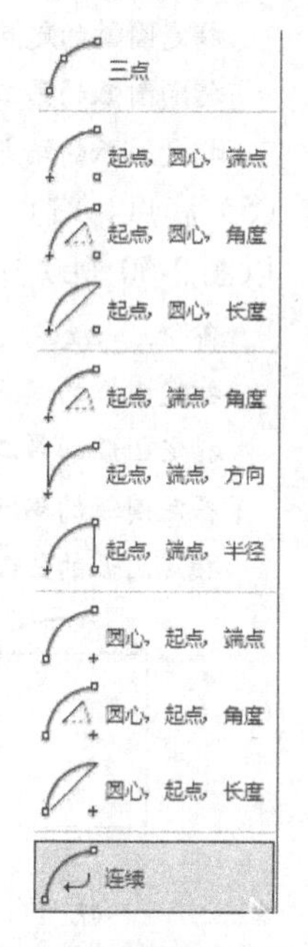

图 2-59　绘制圆弧的方式

- 直接在命令行输入“ARC”，并按下回车键进行确认。
- 在“常用”菜单栏下的“绘图”工具面板上，单击“圆弧”命令图标，单击下拉箭头后可以选择其他绘制圆弧的方式，如图 2-58 所示。

执行命令后，命令行给出如下选项提示：

```
命令: arc
指定圆弧的起点或 [圆心(C)]:     // 如不输入其他选项，则默认采用三点绘制圆弧方式绘制圆弧。
```

接下来，分别举例介绍几种常用的圆弧绘制方式。

（1）三点方式绘制圆弧

该方式是默认的圆弧绘制方式，以图 2-60（a）中所示的图形为例，介绍三点绘制圆弧的方法。操作后命令行显示如下：

```
命令: _arc
指定圆弧的起点或 [圆心(C)]:          // 捕捉A点。
指定圆弧的第二个点或 [圆心(C)/端点(E)]:        // 捕捉B点。
指定圆弧的端点:       // 捕捉C点。
```

（2）起点、圆心、端点方式绘制圆弧

以图 2-60（b）中所示的图形为例，介绍该种绘制圆弧的方式。操作后命令行显示如下：

```
命令: _arc
指定圆弧的起点或 [圆心(C)]:       // 捕捉A点。
指定圆弧的第二个点或 [圆心(C)/端点(E)]: _c 指定圆弧的圆心:     //  捕捉B点。
指定圆弧的端点或 [角度(A)/弦长(L)]:       // 捕捉C点。
```

（3）起点、圆心、角度方式绘制圆弧

以图 2-60（c）中所示的图形为例，介绍该种绘制圆弧的方式。操作后命令行显示如下：

```
命令: _arc
指定圆弧的起点或 [圆心(C)]:   // 捕捉A点。
指定圆弧的第二个点或 [圆心(C)/端点(E)]: _c 指定圆弧的圆心:     // 捕捉B点。
指定圆弧的端点或 [角度(A)/弦长(L)]: _a 指定包含角: 60      // 指定角度。
```

（4）起点、圆心、长度方式绘制圆弧

以图 2-60（d）中所示的图形为例，介绍该种绘制圆弧的方式。操作后命令行显示如下：

命令：_arc
指定圆弧的起点或 [圆心（C）]：　// 捕捉A点。
指定圆弧的第二个点或 [圆心（C）/端点（E）]：_c 指定圆弧的圆心：　// 捕捉B点。
指定圆弧的端点或 [角度（A）/弦长（L）]：_l 指定弦长：15　// 指定弦长。

（5）起点、端点、角度方式绘制圆弧

以图2-60（e）中所示的图形为例，介绍该种绘制圆弧的方式。操作后命令行显示如下：

命令：_arc
指定圆弧的起点或 [圆心（C）]：　// 捕捉A点。
指定圆弧的第二个点或 [圆心（C）/端点（E）]：_e　// 捕捉C点。
指定圆弧的端点：
指定圆弧的圆心或 [角度（A）/方向（D）/半径（R）]：_a 指定包含角：60　// 指定包含角。

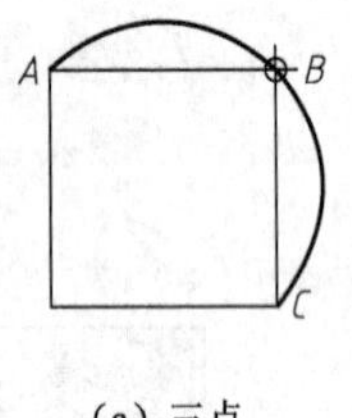

（a）三点

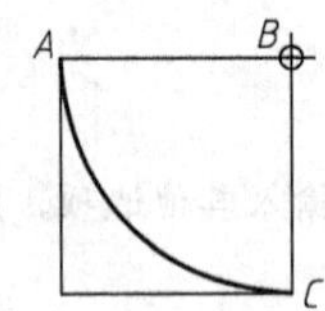

（b）起点、圆心、端点

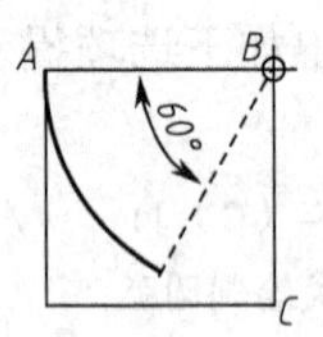

（c）起点、圆心、角度

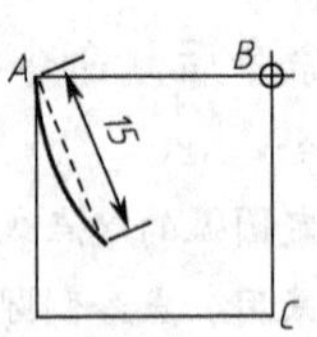

（d）起点、圆心、长度

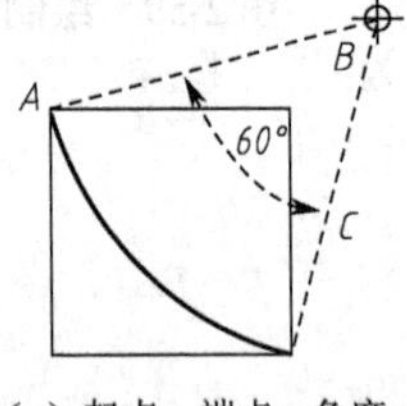

（e）起点、端点、角度

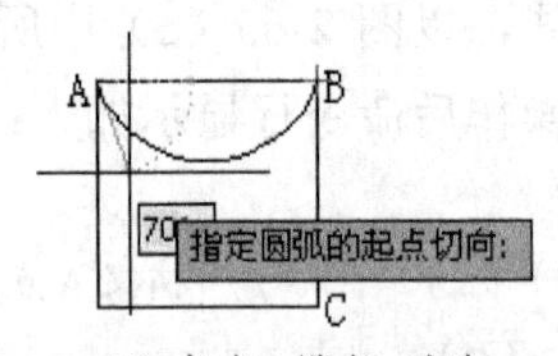

（f）起点、端点、方向

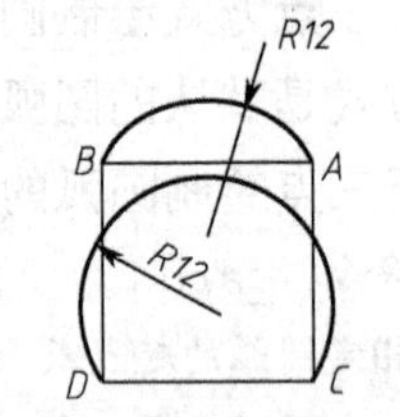

（g）起点、端点、半径

图2-60　多方式绘制圆弧

（6）起点、端点、方向方式绘制圆弧

以图2-60（f）中所示的图形为例，介绍该种绘制圆弧的方式。操作后命令行显示如下：

命令：_arc
指定圆弧的起点或 [圆心（C）]：　// 捕捉A点。
指定圆弧的第二个点或 [圆心（C）/端点（E）]：_e　// 捕捉B点。
指定圆弧的端点：
指定圆弧的圆心或 [角度（A）/方向（D）/半径（R）]：_d 指定圆弧的起点切向：//指定方向。

（7）起点、端点、半径方式绘制圆弧

以图2-60（g）中所示的图形为例，介绍该种绘制圆弧的方式。操作后命令行显示如下：

命令：_arc
指定圆弧的起点或 [圆心（C）]：　// 捕捉A点。
指定圆弧的第二个点或 [圆心（C）/端点（E）]：_e　// 捕捉B点。
指定圆弧的端点：
指定圆弧的圆心或 [角度（A）/方向（D）/半径（R）]：_r 指定圆弧的半径：12　// 指定半径。

```
命令: _arc        // 重复命令
指定圆弧的起点或 [圆心(C)]:      // 捕捉C点。
指定圆弧的第二个点或 [圆心(C)/端点(E)]: _e     // 捕捉D点。
指定圆弧的端点:
指定圆弧的圆心或 [角度(A)/方向(D)/半径(R)]: _r 指定圆弧的半径: -12   //指定半径。
```

说明：在输入半径值时，若输入的半径值为正，绘制的圆弧为劣弧；若输入的半径值为正，绘制的圆弧为优弧。

3. 矩形命令

AutoCAD 2013 中，矩形命令除了能够绘制矩形外，还可以为矩形设置倒角、圆角、宽度及厚度等参数。执行矩形命令，可以采用以下两种方式。

- 直接在命令行输入“RECTANG”或者“REC”，并按下回车键进行确认；
- 在“常用”菜单栏下的“绘图”工具面板上，单击“矩形”命令图标 。

执行命令后，命令行给出如下选项提示：

命令: _rectang

指定第一个角点或 [倒角(C)/标高(E)/圆角(F)/厚度(T)/宽度(W)]: // 选项“倒角(C)”，表示绘制一个带倒角的矩形，如图 2-61(b)所示；选项“标高(E)”，表示绘制矩形的平面偏移XY平面的高度，一般用于三维绘图；选项“圆角(F)”，表示绘制一个带圆角的矩形，如图 2-61(c)所示；选项“厚度(T)”，表示设置矩形的厚度，一般用于三维绘图，如图 2-61(d)所示；选项“宽度(W)”，表示矩形每条边的宽度， 如图 2-61(e)所示。

指定另一个角点或 [面积(A)/尺寸(D)/旋转(R)]: // 选项“面积(A)”，表示绘制一个指定面积的矩形；选项“尺寸(D)”，表示绘制一个固定长度和宽度的矩形；选项“旋转(R)”，表示绘制一个矩形的某条边与X轴成一定角度的矩形，如图 2-61(f)所示。

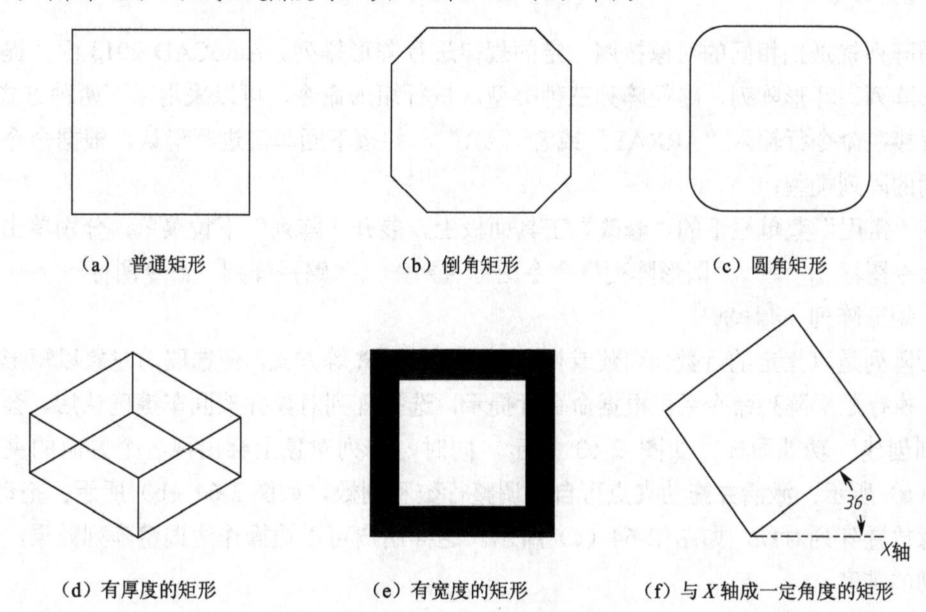

(a) 普通矩形　(b) 倒角矩形　(c) 圆角矩形

(d) 有厚度的矩形　(e) 有宽度的矩形　(f) 与 X 轴成一定角度的矩形

图 2-61　绘制多种类型的矩形

4. 旋转命令

旋转命令可将选择的对象绕指定的基点进行旋转。执行旋转命令，可以采用以下两种方式。

• 直接在命令行输入“ROTATE”或者“RO”，并按下回车键进行确认；

• 在“常用”菜单栏下的“修改”工具面板上，单击“旋转”命令图标 旋转 。

以图 2-62 所示的图形为例介绍旋转命令的应用。操作后命令行显示如下：

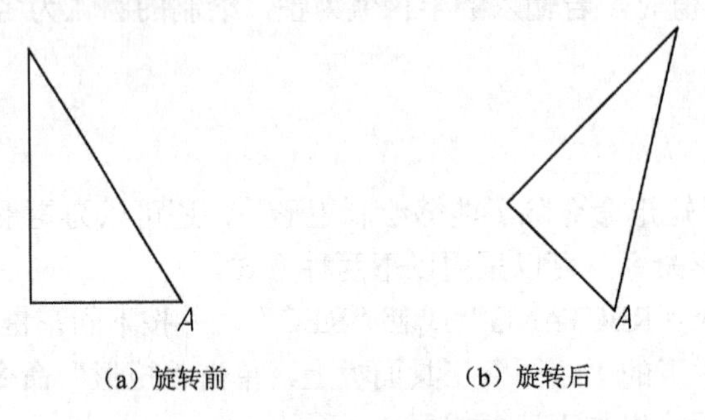

（a）旋转前　　（b）旋转后

图 2-62　旋转命令应用举例

```
命令: _rotate              // 执行命令。
UCS 当前的正角方向:  ANGDIR=逆时针  ANGBASE=0      // 默认设置。
选择对象: 指定对角点: 找到 3 个       // 选择对象并按回车键确认。
选择对象:
指定基点:      // 选择基点 A 点。
指定旋转角度, 或 [复制(C)/参照(R)] <90>:  -45    // 输入旋转角度。若选择“复制(C)”
选项, 则会在保留源对象的基础上创建一个旋转对象; 若选择“参照(R)”选项, 会选择参照角度进行旋转。
```

5. 阵列命令

所谓阵列就是把相同的对象按照一定的规律进行阵形排列。AutoCAD 2013 中，提供的阵列有矩形阵列、环形阵列、路径阵列三种类型。执行矩形命令，可以采用以下两种方式。

• 直接在命令行输入“ARRAY”或者“AR”，并按下回车键进行确认，根据命令行提示选择不同的阵列类型；

• 在“常用”菜单栏下的“修改”工具面板上，展开“阵列”下拉菜单，分别单击“矩形阵列”命令图标 阵列、“圆形阵列”命令图标 阵列 、“路径阵列”命令图标 阵列 。

（1）矩形阵列 阵列

矩形阵列是以指定的行数、列数或行和列之间的距离等方式，使选取的对象以矩形样式进行排列。执行矩形阵列命令后，根据命令行提示，选择阵列对象并按回车键确认后，会自动打开“阵列创建”功能面板，如图 2-63 所示。同时，阵列对象上会出现各个方向的夹点，如图 2-64（a）所示；激活并拖动夹点可自动调整行数和列数，如图 2-64（b）所示；拖动基点，可以任意放置阵列对象，如图 2-64（c）所示。这样用户可以边操作边调整阵列效果，从而降低了阵列的难度。

常用 插入 注释 布局 参数化 视图 管理 输出 插件 联机 阵列创建
矩形 列数: 4 介于: 4.5 总计: 13.5 行数: 3 介于: 4.5 总计: 9 级别: 1 介于: 1 总计: 1 关联 基点 关闭阵列
类型 列 行 层级 特性 关闭

图 2-63 矩形“阵列创建”功能面板

（2）环形阵列 阵列

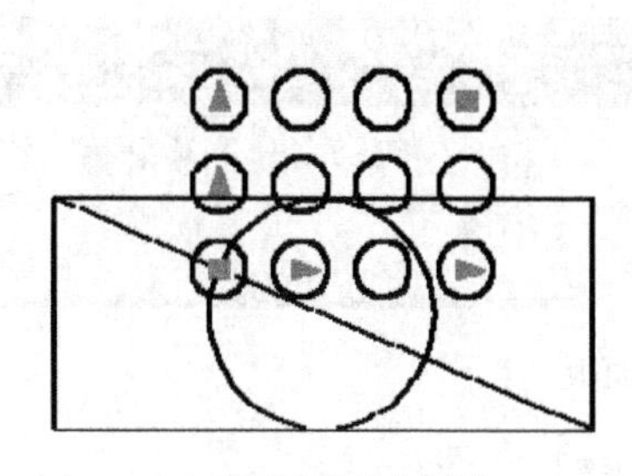

（a）阵列对象夹点显示

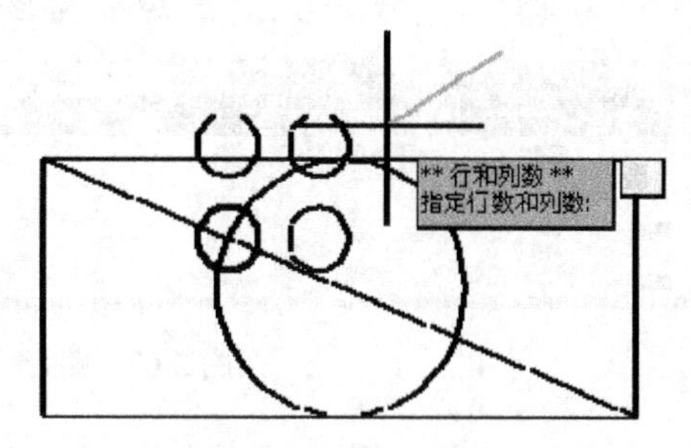

（b）拖动夹点可自动调整行数和列数

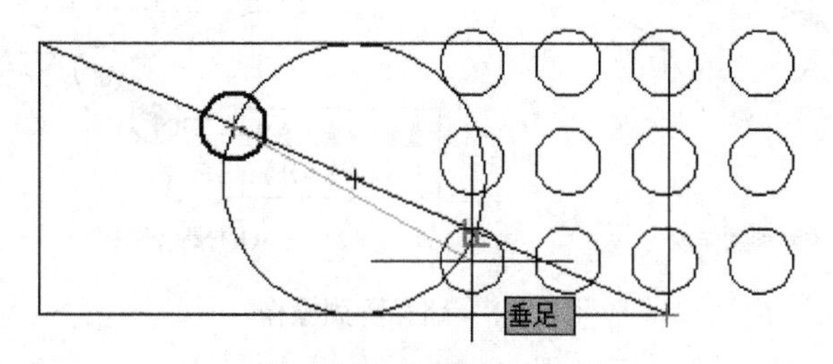

（c）拖动基点可任意放置阵列对象

图 2-64 矩形阵列对象的夹点操作

环形阵列即极轴阵列，是指将选取的对象围绕指定的圆心以圆形样式进行阵列。执行环形阵列后，根据命令行提示，选择阵列对象并按回车键确认，在选择指定圆心后，会自动打开“阵列创建”功能面板，如图 2-65 所示。阵列对象上出现三个夹点，如图 2-66 所示。

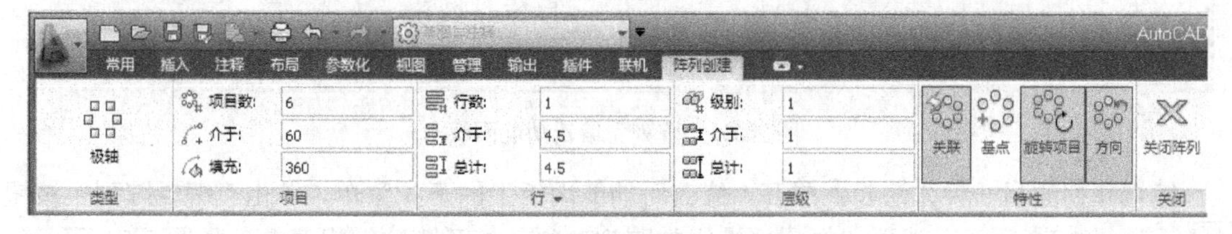

图 2-65 环形“阵列创建”功能菜单栏

（3）路径阵列 阵列

路径阵列是指将阵列对象沿着指定的路径进行排列。执行路径阵列命令后，根据命令行提示，选择阵列对象并按回车键确认，选择路径对象后，会自动打开“阵列创建”功能面板，如图 2-67 所示。阵列对象上出现两个夹点，如图 2-68 所示。

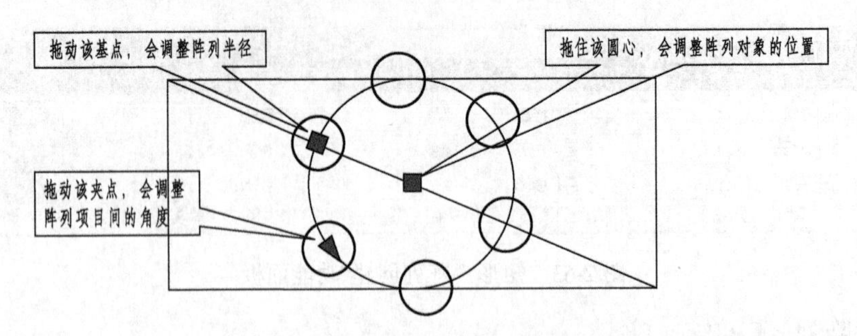

图 2-66　环形阵列对象的夹点操作

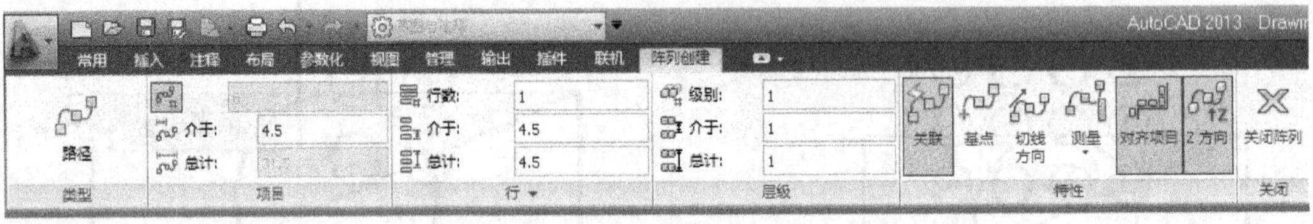

AutoCAD 2013　Drawi
常用　插入　注释　布局　参数化　视图　管理　输出　插件　联机　阵列创建
路径　类型
介于: 4.5　总计:　项目
行数: 1　介于: 4.5　总计: 4.5　行
级别: 1　介于: 1　总计: 1　层级
关联　基点　切线方向　测量　对齐项目　Z 方向　特性
关闭阵列　关闭

图 2-67　路径“阵列创建”功能面板

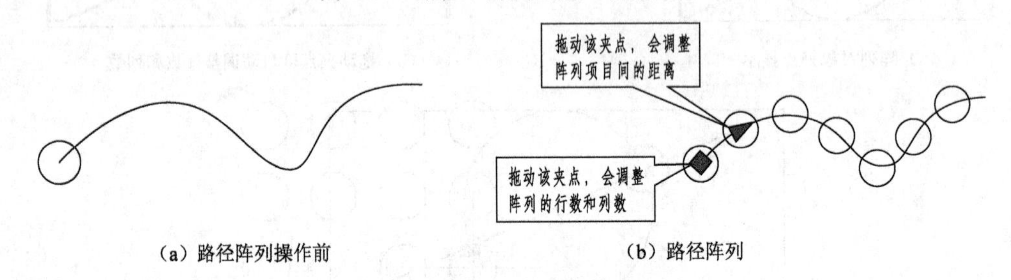

（a）路径阵列操作前　　　　（b）路径阵列

图 2-68　路径阵列操作

（4）阵列编辑

在阵列创建完成后，若需要编辑，单击需要编辑的阵列对象，即可打开“阵列”功能菜单进行阵列编辑。如图 2-69 所示，为打开的“矩形”阵列编辑功能面板。

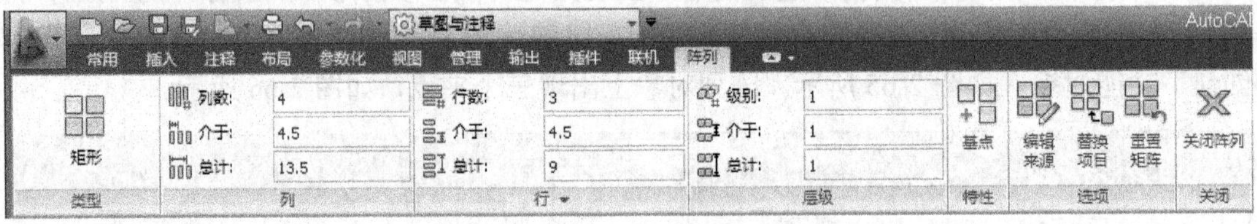

草图与注释　AutoCAD
常用　插入　注释　布局　参数化　视图　管理　输出　插件　联机　阵列
矩形　类型
列数: 4　介于: 4.5　总计: 13.5　列
行数: 3　介于: 4.5　总计: 9　行
级别: 1　介于: 1　总计: 1　层级
基点　特性
编辑来源　替换项目　重置矩阵　选项
关闭阵列　关闭

图 2-69　“阵列”编辑功能面板

编辑阵列的另一种方法是，展开“修改”功能面板上的下拉菜单，单击“编辑阵列”按钮，如图 2-70 所示。然后选择需要编辑的阵列对象，打开阵列编辑菜单，如图 2-71 所示，选择相应选项，即可对阵列进行编辑。

任务实施

① 新建文件　　启动 AutoCAD 2013，自动新建一个 CAD 文件，或者在软件已经打开的情况下，新建一个样板文件。

② 创建图层　　创建“轮廓线”、“中心线”两个图层，并将“中心线”图层置为当前图层，各图层设置与前面相同。

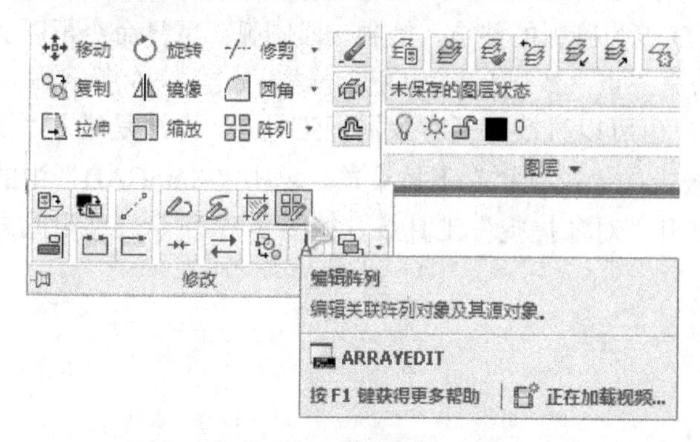

图 2-70　单击“编辑阵列”按钮

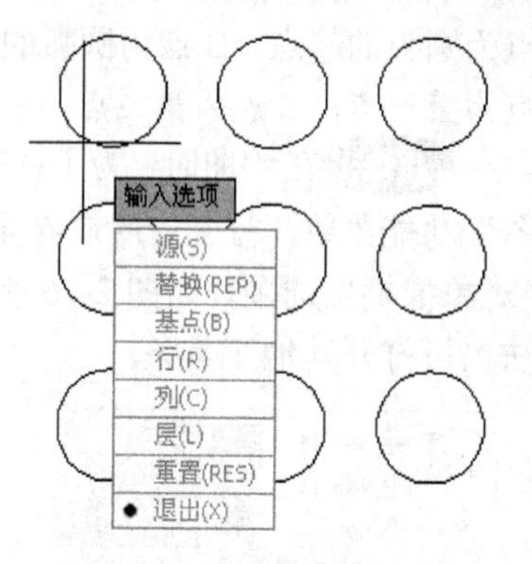

图 2-71　编辑阵列菜单

③ 绘制中心线　　首先确认“正交模式”开关打开，然后利用直线命令，在图形区的适当位置，绘制一条长度为 240mm 的水平中心线。

④ 复制旋转中心线　　启用旋转命令，以水平中心线的中点为基点，复制并旋转中心线，旋转角度为 90°，如图 2-72 所示。

⑤ 改变当前图层　　将“轮廓线”图层设置为当前图层。

⑥ 绘制圆　　启用绘制圆（圆心、半径）命令，以中心线的交点为圆心，分别绘制半径为 35、45、90、110 的同心圆，结果如图 2-73 所示。

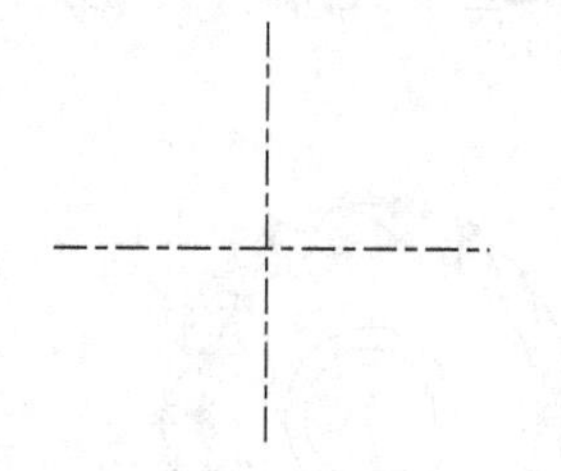

图 2-72　绘制中心线

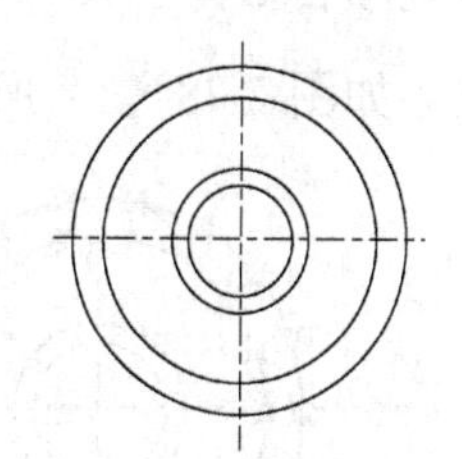

图 2-73　绘制同心圆

⑦ 设置点的样式　　将点的样式设置成如图 2-55 所示的样式。

⑧ 定数等分圆　　启用定数等分命令，根据命令行提示进行操作，选择半径为 110mm 的圆作为等分对象，将圆等分 18 份。重复命令，再将半径为 90mm 的圆等分 18 份，结果如图 2-74 所示。

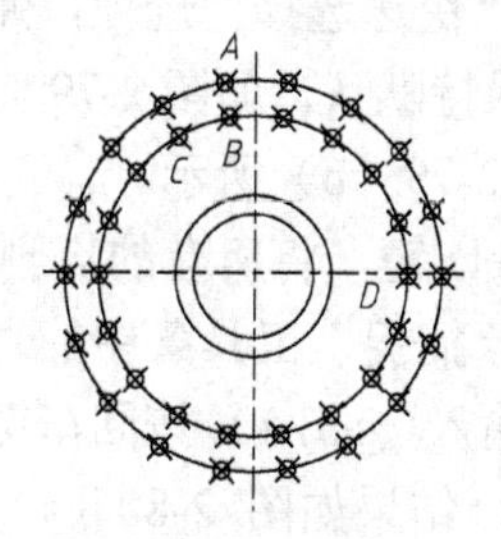

图 2-74　定数等分圆

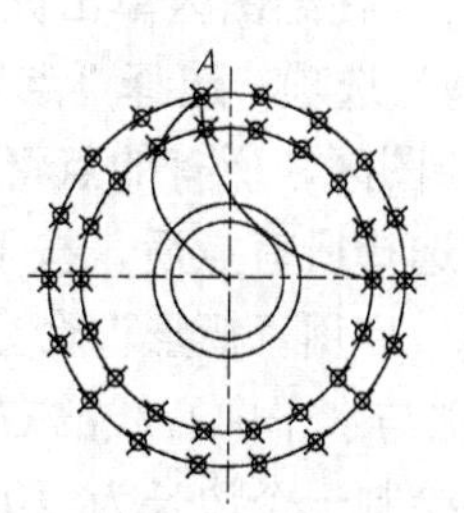

图 2-75　绘制圆弧

⑨ 绘制圆弧　　启用圆弧（三点创建）命令，根据命令行提示进行操作，在绘图区按下Shift键的同时单击右键，弹出“对象捕捉”菜单，单击捕捉到“节点”按钮 ◦ 节点(D)，捕捉A点为圆弧的起点，B点为圆弧的第二个点，D点为圆弧的终点，绘制一段圆弧；重复命令再以A点为第一点，C点为第二点，中心线交点为第三点，绘制另一段圆弧。结果如图2-75所示。

技巧：在绘图时，为了捕捉方便，用户也可以直接打开对象捕捉工具条，方法是进入“视图”功能菜单，打开“用户界面”功能面板上的“工具栏”下拉菜单，单击“AutoCAD”中的“对象捕捉”选项，如图2-76所示，即可打开“对象捕捉”工具条，如图2-77所示。利用此方法也可打开其他工具条。

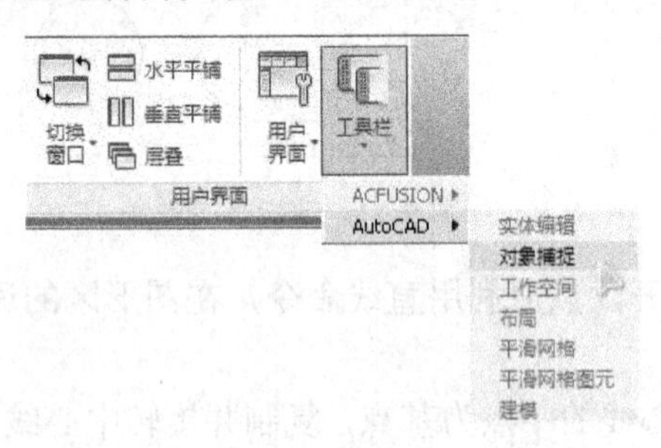

图2-76　打开“对象捕捉”工具条

图2-77　“对象捕捉”工具条

⑩ 修剪圆弧　　启用修剪命令，将对象进行修剪，结果如图2-78（a）所示。

⑪ 阵列圆弧　　启用环形阵列命令，以修剪后的圆弧作为阵列对象，以同心圆的圆心作为阵列中心点，阵列项目数为“18”，完成设置后，单击“关闭阵列”按钮 关闭阵列 或按下Esc键，完成阵列，结果如图2-78（b）所示。

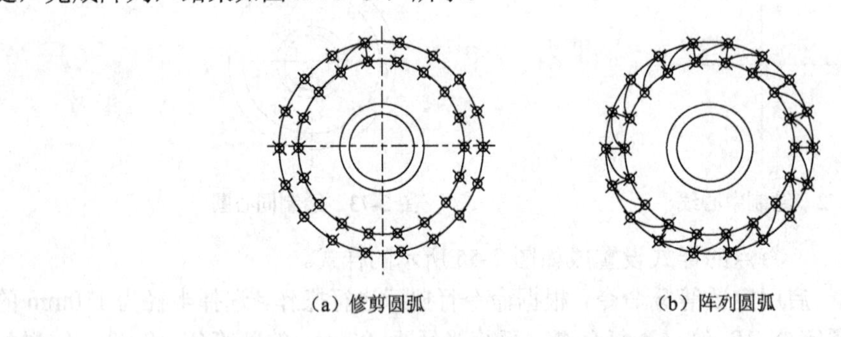

（a）修剪圆弧　　（b）阵列圆弧

图2-78　修剪阵列圆弧

⑫ 快速选择　　在绘图区单击鼠标右键，选择“快速选择”选项，弹出“快速选择”对话框，在“对象类型”选项，选择“点”，其他选项保持默认，如图2-79（a）所示。单击“确定”按钮，返回到绘图区，所有的点将被选择，如图2-79（b）所示。

⑬ 删除点　　选择所有点后，按下键盘上的Delete键，将所有的点删除。

⑭ 绘制矩形　　启用“矩形”命令，单击“对象捕捉”工具条中的“捕捉自”按钮，捕捉半径为35mm的圆与水平中心线的右交点为基点，输入(@5, 5)，按回车键后，再输入(@-10, -10)后按回车键，绘制一个边长为10mm的正方形，结果如图2-80（a）所示。命令行显示如下：

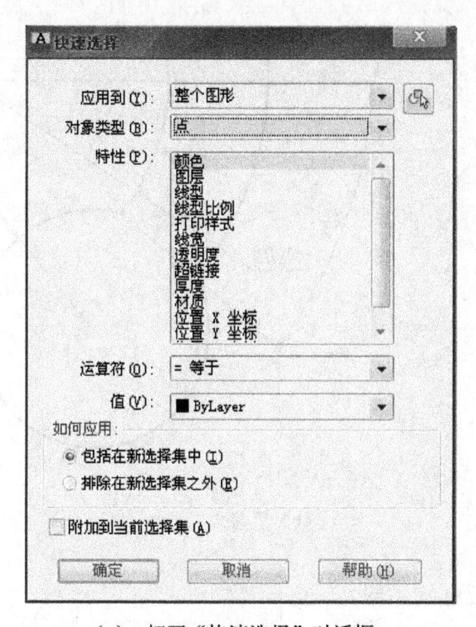

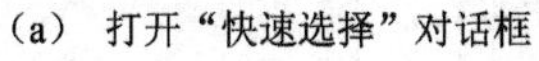

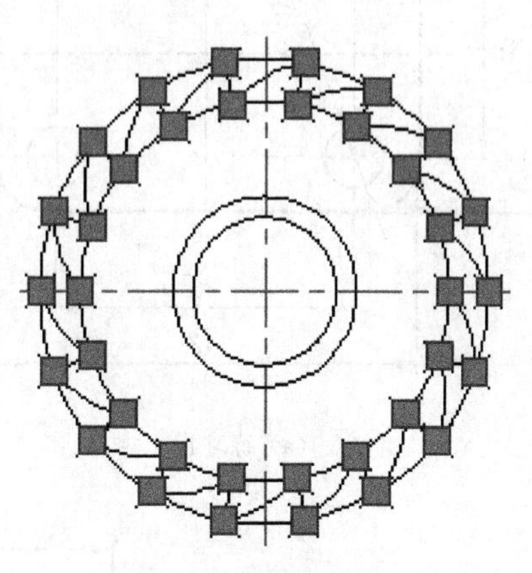

（a） 打开“快速选择”对话框　　（b）选择点图元

图 2-79　快速选择图元

命令: _rectang

指定第一个角点或 [倒角（C）/标高（E）/圆角（F）/厚度（T）/宽度（W）]: _from 基点: <偏移>: @5, 5

指定另一个角点或 [面积（A）/尺寸（D）/旋转（R）]: @-10, -10

⑮ 修剪删除多余对象　　将多余对象修剪、删除，如图 2-80（b）所示。

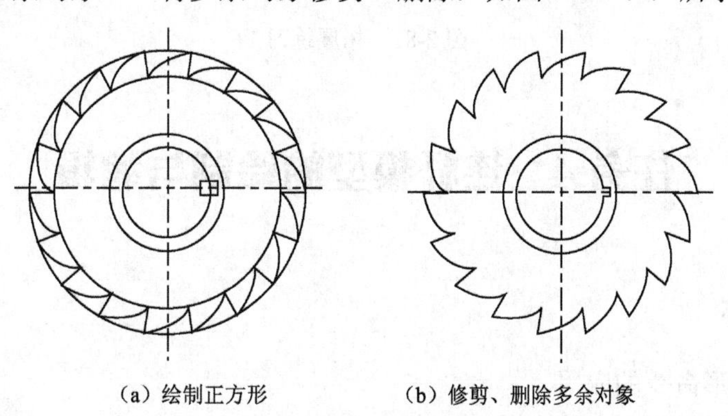

（a）绘制正方形　　（b）修剪、删除多余对象

图 2-80　绘制键槽

⑯ 显示线的宽度　　打开状态栏中的“显示/隐藏线宽”开关 ╋ ，结果如图 2-53 所示。保存文件后退出。

拓展练习

利用本任务所学知识，绘制如图 2-81 所示的图形。

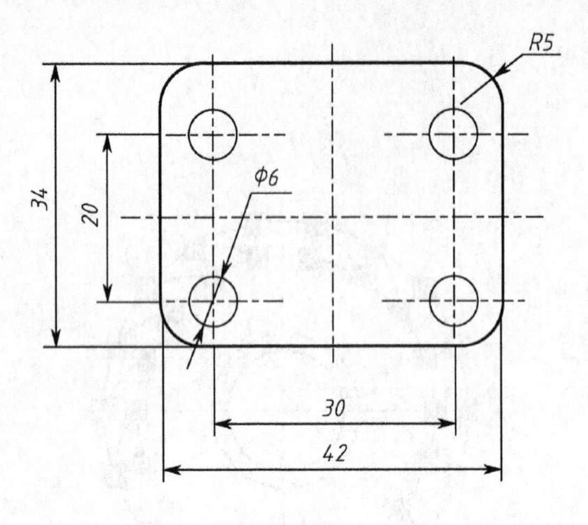

（a）练习 1

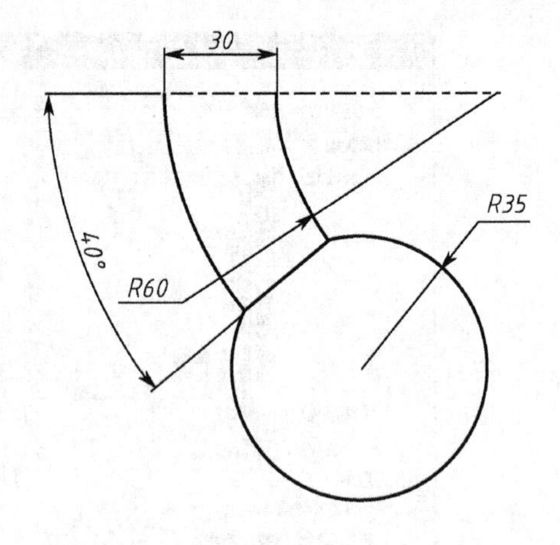

（b）练习 2

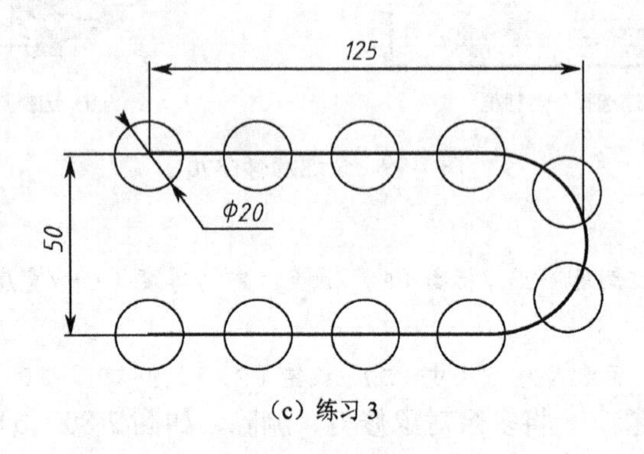

（c）练习 3

图 2-81　拓展练习

任务 4　连杆模型的绘制与编辑

学习目标

- 掌握正多边形命令的应用
- 掌握椭圆、椭圆弧命令的应用
- 掌握移动、复制、删除、拉伸、拉长命令的应用

任务导入

在绘制如图 2-82 所示实例的过程中，需要用到的新知识包括：正多边形、椭圆等绘图命令的应用；移动、复制、拉伸、拉长等修改命令的使用。在制作该实例之前，先介绍在本任务中用到的新知识。

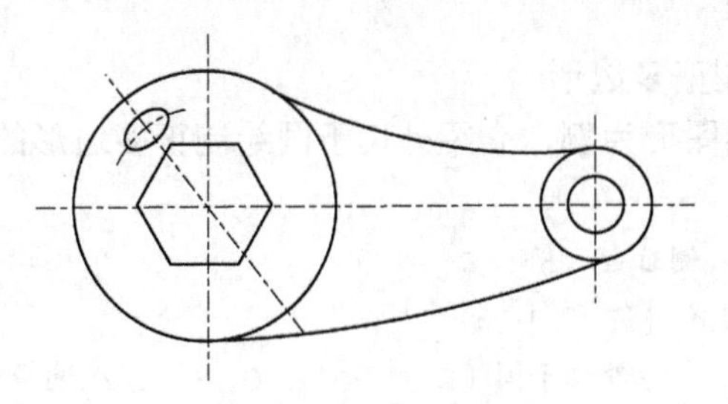

图 2-82　连杆模型实例

知识准备

1. 正多边形命令

正多边形命令可以按照指定方式，绘制具有 3～1024 条边的正多边形，启用正多边形命令，可以采用以下两种方式。

- 直接在命令行输入“POLYGON”或者“POL”，并按下回车键进行确认；
- 在“常用”菜单栏下，单击“绘图”工具面板上的“正多边形”命令按钮 ⬠。

执行正多边形命令后，根据命令行提示，可以采用边长（E）、内接于圆（I）、外切于圆（C）三种方式绘制正多边形，下面分别举例说明。

（1）边长方式绘制正多边形

以图 2-83（a）所示的图形为例，介绍边长绘制正多边形的方法，操作完成后，命令行显示如下：

```
命令: _polygon 输入侧面数 <5>:            // 输入正多边形的边数，并按回车键确认。
指定正多边形的中心点或 [边(E)]: e         // 选择边长方式。
指定边的第一个端点: 指定边的第二个端点: 10     // 指定边长长度。
```

（2）内接于圆方式绘制正多边形

以图 2-83（b）所示的图形为例，介绍内接于圆绘制正多边形的方法，操作完成后，命令行显示如下：

```
命令: _polygon 输入侧面数 <5>: 6
指定正多边形的中心点或 [边(E)]:
输入选项 [内接于圆(I)/外切于圆(C)] <C>: I        // 选择内接于圆方式。
指定圆的半径: 10          // 指定内接圆的半径。
```

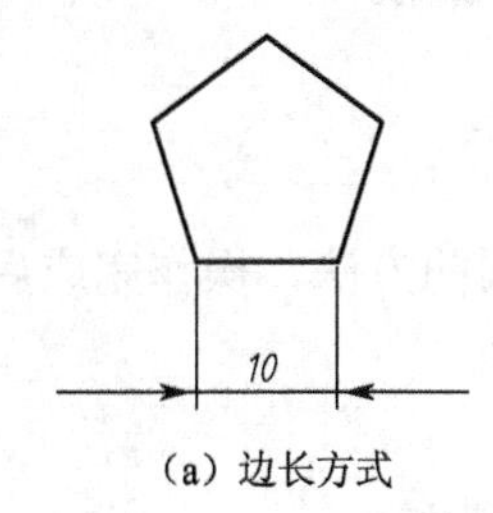

（a）边长方式

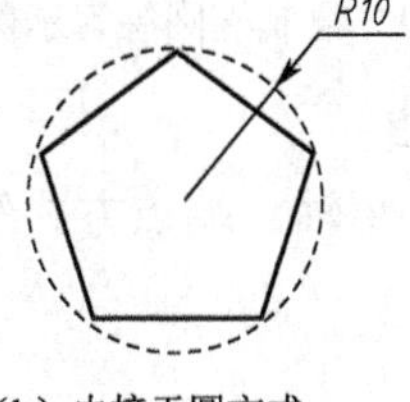

（b）内接于圆方式

（c）外切于圆方式

图 2-83　绘制正多边形的三种方式

（3）外切于圆方式绘制正多边形

以图 2-83（c）所示的图形为例，介绍外切于圆绘制正多边形的方法，操作完成后，命令行显示如下：

命令: _polygon 输入侧面数 <5>: 6

指定正多边形的中心点或 [边（E）]:

输入选项 [内接于圆（I）/外切于圆（C）] <C>: C　　// 选择外切于圆方式。

指定圆的半径: 10　　// 指定外切圆的半径。

2. 椭圆或椭圆弧命令

在机械制图中，椭圆及椭圆弧一般用来绘制轴测图。在 AutoCAD 2013 中，绘制椭圆有三种方法，分别是指定端点、指定中心点及椭圆弧。启用椭圆命令，可以采用以下两种方式。

- 直接在命令行输入“ELLIPSE”或者“EL”，并按下回车键进行确认；
- 在“常用”菜单栏下的“绘图”工具面板上，分别单击“圆心”命令图标 圆心，及其下拉菜单中的“轴、端点”命令图标 轴,端点、“椭圆弧”命令图标 椭圆弧 。

（1）中心点绘制椭圆 圆心

以图 2-84（a）所示的图形为例，介绍中心点方式绘制椭圆的方法，操作完成后，命令行显示如下：

命令: _ellipse　　// 执行椭圆命令。

指定椭圆的轴端点或 [圆弧（A）/中心点（C）]: _c　　// 选择中心点，若选择“圆弧（A）”选项，表示绘制椭圆弧。

指定椭圆的中心点:

指定轴的端点: 12　　// 指定长半轴长度。

指定另一条半轴长度或 [旋转（R）]: 8　　// 指定短半轴长度，若选择“旋转（R）”选项，表示通过旋转指定的长半轴来绘制椭圆，长半轴旋转后在 X 轴上的投影即为短半周长度，因此若输入角度“0”，则绘制圆；若输入“90”，则不能绘制椭圆。

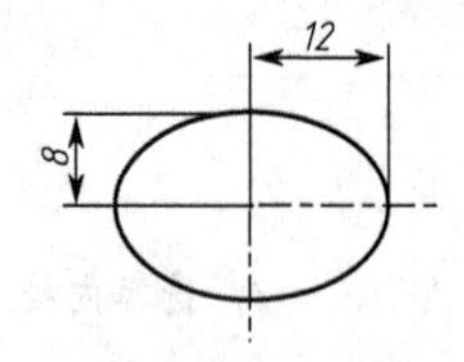

（a）中心点方式绘制椭圆

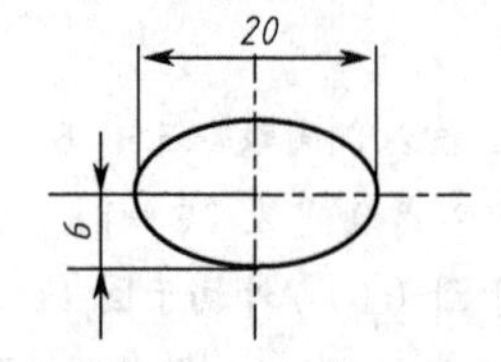

（b）轴、端点方式绘制椭圆

图 2-84　绘制椭圆练习示例

（2）轴、端点绘制椭圆 轴,端点

以图 2-84（b）所示的图形为例，介绍轴、端点方式绘制椭圆的方法，操作完成后，命令行显示如下：

命令: _ellipse

指定椭圆的轴端点或 [圆弧（A）/中心点（C）]:　　// 选择长轴端点。

指定轴的另一个端点: 20　　// 指定长轴长度。

指定另一条半轴长度或 [旋转（R）]: 6　　// 指定短半轴长度。

（3）椭圆弧 椭圆弧

椭圆弧是椭圆的一部分，和椭圆不同的是其起点和终点没有闭合，下面举例介绍椭圆弧的画法。

① 采用起始角度、终点角度方式绘制椭圆弧。

该种方法绘制圆弧，有中心点方式和轴、端点方式两种，以图 2-85（a）所示的图形为例来分别介绍。操作完成后，命令行显示如下：

命令：_ellipse

指定椭圆的轴端点或 [圆弧（A）/中心点（C）]：_a　　// 执行椭圆弧命令。

指定椭圆弧的轴端点或 [中心点（C）]：c　　// 选择中心点绘制椭圆弧方式。

指定椭圆弧的中心点：　　// 捕捉中心点 O。

指定轴的端点：　　// 捕捉端点 B，即指定长半轴长度。

指定另一条半轴长度或 [旋转（R）]：　　// 捕捉端点 C，即指定短半轴长度。

指定起点角度或 [参数（P）]：90　　// 输入起始角度，选项“参数（P）”，表示用参数化矢量方程式来定义椭圆弧的端点角度，本教材不进行介绍。

指定端点角度或 [参数（P）/包含角度（I）]：180　　// 输入终点角度，即完成 CA 椭圆弧的绘制。

命令：_ellipse

指定椭圆的轴端点或 [圆弧（A）/中心点（C）]：_a　　// 重复执行椭圆弧命令。

指定椭圆弧的轴端点或 [中心点（C）]：　　// 捕捉长轴端点，即 A 点。

指定轴的另一个端点：　　// 捕捉端点 B，即指定长轴长度。

指定另一条半轴长度或 [旋转（R）]：　　// 捕捉端点 C，即指定短半轴长度。

指定起点角度或 [参数（P）]：90　　// 输入起始角度。

指定端点角度或 [参数（P）/包含角度（I）]：180　// 输入终点角度，即完成 DB 椭圆弧的绘制。

通过绘制以上两段圆弧，可发现不同的绘制方法，圆弧起始角度的起点是不同的。CA 段椭圆弧的起始角度是以 B 点为起始点，逆时针绘制圆弧；DB 段椭圆弧的起始角度是以 A 点为起始点，逆时针绘制圆弧。

② 采用起始角度、包含角方式绘制椭圆弧。

以图 2-85（b）所示的图形为例，介绍该种方法的应用，操作完成后，命令行显示如下：

命令：_ellipse

指定椭圆的轴端点或 [圆弧（A）/中心点（C）]：_a

指定椭圆弧的轴端点或 [中心点（C）]：

指定轴的另一个端点：

指定另一条半轴长度或 [旋转（R）]：

指定起点角度或 [参数（P）]：60

指定端点角度或 [参数（P）/包含角度（I）]：I　　// 选择包含角模式。

指定圆弧的包含角度 <180>：150　　// 输入椭圆弧的包含角。

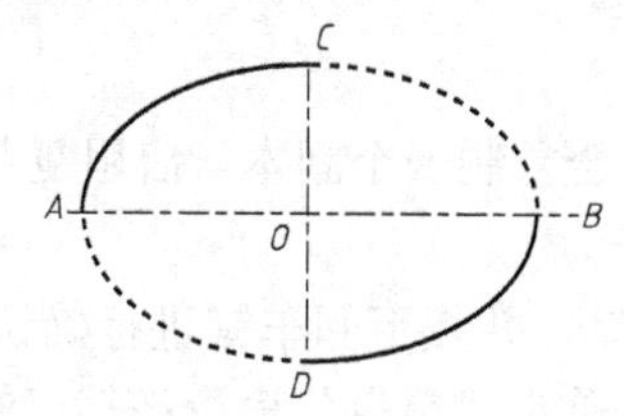

（a）起始角度、终点角度方式绘制椭圆

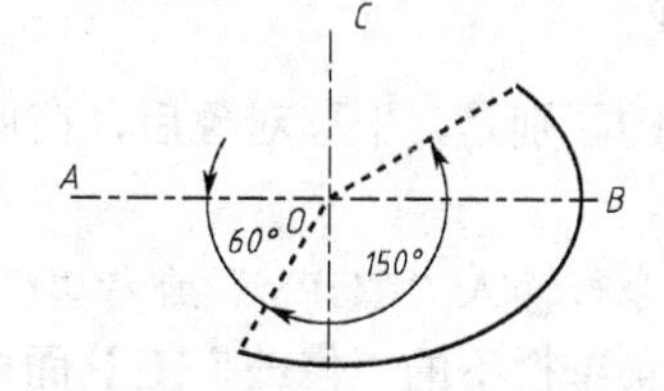

（b）起始角度、包含角度方式绘制椭圆

图 2-85　绘制椭圆弧练习示例

3. 平移命令

前面已经介绍过采用夹点操作来移动图形对象，这里再来介绍另一个移动图形对象的命令，即平移命令。启用平移命令，可以采用以下两种方式。

- 直接在命令行输入“MOVE”或者“M”，并按下回车键进行确认；
- 在“常用”菜单栏下的“修改”工具面板上，单击“移动”命令按钮 移动。

以图 2-86 所示的图形为例，举例说明平移命令的应用。操作后命令行显示如下：

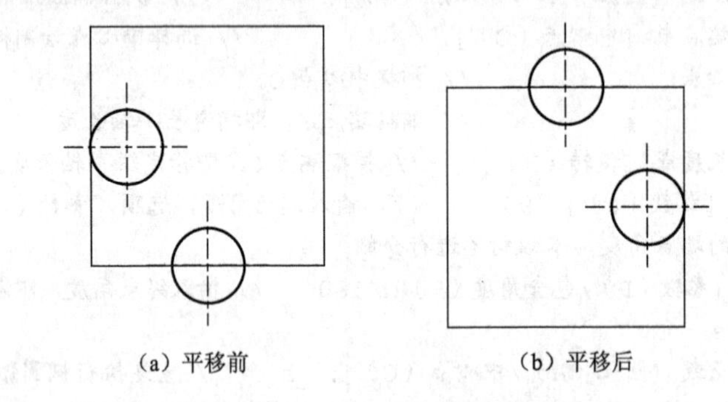

(a) 平移前　　(b) 平移后

图 2-86　平移命令练习示例

```
命令: _move
选择对象: 找到 1 个          // 选择第一个对象。
选择对象: 找到 1 个，总计 2 个     // 选择第二个对象。
选择对象: 找到 1 个，总计 3 个     // 选择第三个对象，并按回车键确认。
选择对象:
指定基点或 [位移(D)] <位移>:        // 选择圆心作为基点。
指定第二个点或 <使用第一个点作为位移>: 14    // 输入平移位移。
命令:
MOVE        (按回车键，重复命令)
选择对象: 找到 1 个
选择对象: 找到 1 个，总计 2 个
选择对象: 找到 1 个，总计 3 个
选择对象:
指定基点或 [位移(D)] <位移>:        // 选择圆心作为基点。
指定第二个点或 <使用第一个点作为位移>:     // 选择矩形中点作为终点。
```

4. 复制命令

复制与平移的区别是，平移对象后，在原位置会复制一个副本。启用复制命令，可以采用以下两种方式。

- 直接在命令行输入“COPY”或者“CP/CO”，并按下回车键进行确认；
- “常用”菜单栏下的“修改”工具面板上，单击“复制”命令按钮 复制。

执行命令后，命令行显示如下：

```
命令: _copy
```

选择对象：找到 1 个　　// 选择对象，并按回车键确认。

选择对象：

当前设置：　复制模式 = 单个　　// 默认设置，表示当前是“单个”复制模式，即执行一次命令只能复制一个副本。

指定基点或 [位移（D）/模式（O）/多个（M）] <位移>：　　// 捕捉圆心作为基点，即复制前的起始点，选项“位移（D）”，表示以指定位移的方式来确定复制对象的新位置；选项“模式（O）”表示选择复制模式，可以在“单个”模式跟“多个”模式之间选择；选项“多个（M）”，表示“多个”复制模式，即执行一次命令可以复制多个副本。

指定第二个点或 [阵列（A）] <使用第一个点作为位移>：　　// 指定复制对象的新位置，选项“阵列（A）”，表示可以采用阵列形式复制对象。

我们以图 2-87 所示图形为例，介绍复制命令中阵列的应用，操作后命令行显示如下：

命令：_copy

选择对象：找到 1 个　　// 选择 A 点处的圆作为对象，并按回车键确认。

选择对象：

当前设置：　复制模式 = 单个

指定基点或 [位移（D）/模式（O）/多个（M）] <位移>：　　// 捕捉 A 点作为基点。

指定第二个点或 [阵列（A）] <使用第一个点作为位移>：a　　// 选择阵列模式。

输入要进行阵列的项目数：4　　// 指定阵列数目。

指定第二个点或 [布满（F）]：　　// 捕捉 E 点作为副本移动后的新位置。

命令：

COPY　　// 按下回车键重复命令。

选择对象：找到 1 个　　// 选择 D 点处的圆作为对象，并按回车键确认。

选择对象：

当前设置：　复制模式 = 单个

指定基点或 [位移（D）/模式（O）/多个（M）] <位移>：　　// 捕捉 D 点作为基点。

指定第二个点或 [阵列（A）] <使用第一个点作为位移>：a　　// 选择阵列模式。

输入要进行阵列的项目数：4　　// 指定阵列数目。

指定第二个点或 [布满（F）]：f　　// 选择布满方式。

指定第二个点或 [阵列（A）]：　　// 捕捉 C 点作为副本移动后的新位置。

命令：*取消*

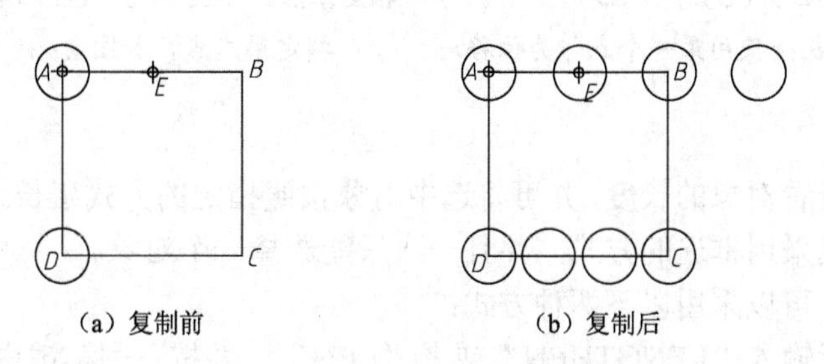

（a）复制前　　（b）复制后

图 2-87　复制命令练习示例

从上面的例子不难看出，当选择“布满”方式时，阵列后的所有对象，均匀分布在基点到终点之间；当未选择“布满”方式时，基点到终点之间的距离，只是作为阵列后相近的两个对象之间的间距。

5. 删除命令

删除图形对象，除了利用键盘上的 Delete 键以外，AutoCAD 还提供了专门的删除命令，启用该命令，可以采用以下两种方式。

- 直接在命令行输入“ERASE”或者“E”，并按下回车键进行确认；
- 在“常用”菜单栏下的“修改”工具面板上，单击“删除”命令按钮 。

执行命令后，根据命令行提示，选择对象并按回车键确认，即可将需要删除的对象删除。

6. 拉伸命令

拉伸命令可改变已有图形对象的形状，包括拉伸对象或压缩对象。执行该命令，必须采用框选的形式或者用多边形框去定义拉伸区域。框选时，选择框必须从右至左且跟拉伸对象框交，该命令才有效。如图 2-88 所示图形中，只有按照图（d）中的方式选择对象，才能执行拉伸功能，否则，该命令仅执行移动操作。

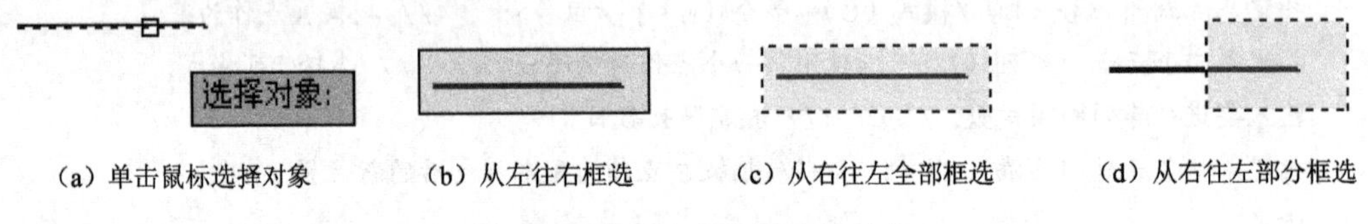

（a）单击鼠标选择对象　（b）从左往右框选　（c）从右往左全部框选　（d）从右往左部分框选

图 2-88　复制命令选择对象形式

启用复制命令，可以采用以下两种方式：

- 直接在命令行输入“STRETCH”或者“S”，并按下回车键进行确认；
- 在“常用”菜单栏下的“修改”工具面板上，单击“拉伸”命令按钮 拉伸 。

以图 2-89 中所示图形为例，介绍拉伸命令的应用，执行命令后，命令行显示如下：

```
命令: _stretch
以交叉窗口或交叉多边形选择要拉伸的对象...
选择对象: 指定对角点: 找到 1 个      // 选择对象，并按回车键确认，如图 2-89（b）所示。
选择对象:
指定基点或 [位移（D）] <位移>:        // 指定基点，如图 2-89（c）所示。
指定第二个点或 <使用第一个点作为位移>:   // 指定第二点，如图 2-89（d）所示。
```

7. 拉长命令

拉长命令可以查看对象的长度，并可将选中对象按照指定的方式延长或缩短。执行该命令，在选择对象时，不能采用框选的方式，并且一次只能选择一个对象。

启用拉长命令，可以采用以下两种方式：

- 直接在命令行输入“LENGTHEN”或者“LEN”，并按下回车键进行确认；
- 在“常用”菜单栏下，展开“修改”工具面板的下拉菜单，单击“拉长”命令按钮 。

执行拉长命令后，命令行显示如下：

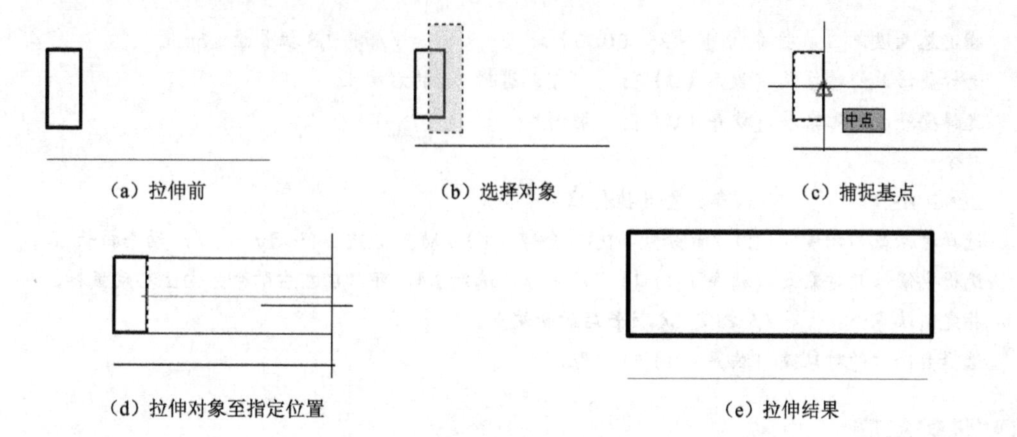

（a）拉伸前　（b）选择对象　（c）捕捉基点

（d）拉伸对象至指定位置　（e）拉伸结果

图 2-89　拉伸命令示例

命令：_lengthen

选择对象或 [增量（DE）/百分数（P）/全部（T）/动态（DY）]：　// 选项“增量（DE）”，表示输入长度增量值；选项“百分数（P）”，表示将对象长度扩减至指定的百分数；选项“全部（T）”，表示将对象的长度扩减至指定的数值；选项“动态（DY）”，表示随着鼠标的移动动态扩减对象长度。

当前长度：121.1956　// 显示选择对象的长度。

下面以图 2-90 所示图形为例介绍拉长命令的应用，操作后命令行显示如下：

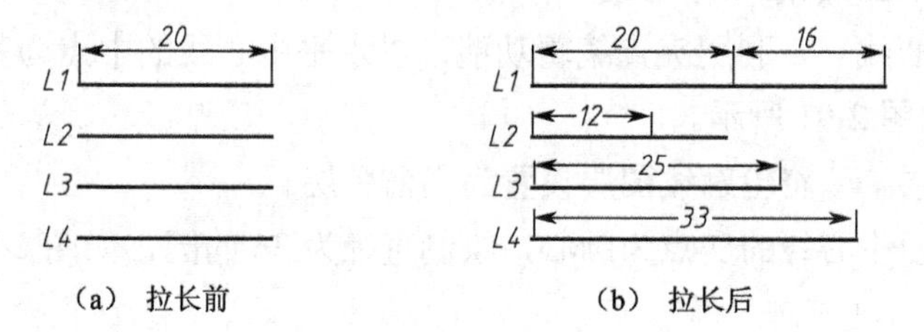

（a）拉长前　（b）拉长后

图 2-90　拉长命令示例

命令：_lengthen　// 执行拉长命令。
选择对象或 [增量（DE）/百分数（P）/全部（T）/动态（DY）]：de　// 以增量方式拉长 L1。
输入长度增量或 [角度（A）] <10.0000>：16　// 将 L1 拉长 16mm。
选择要修改的对象或 [放弃（U）]：　// 选择 L1 的右端点。
选择要修改的对象或 [放弃（U）]：*取消*　// 取消拉长命令。
命令：
LENGTHEN　// 回车，重复执行拉长命令。
选择对象或 [增量（DE）/百分数（P）/全部（T）/动态（DY）]：p　// 以百分数方式拉长 L2。
输入长度百分数 <150.0000>：60　// 将 L2 拉长至原来的 60%。
选择要修改的对象或 [放弃（U）]：　// 选择 L2 的右端点。
选择要修改的对象或 [放弃（U）]：*取消*
命令：
LENGTHEN　// 回车，重复执行拉长命令。
选择对象或 [增量（DE）/百分数（P）/全部（T）/动态（DY）]：t　// 以全部方式拉长 L3。

```
指定总长度或 [角度（A）] <25.0000）>: 25        // 将 L3 拉长至 25mm。
选择要修改的对象或 [放弃（U）]:       // 选择 L3 的右端点。
选择要修改的对象或 [放弃（U）]: *取消*
命令:
LENGTHEN      // 回车，重复执行拉长命令。
选择对象或 [增量（DE）/百分数（P）/全部（T）/动态（DY）]: dy     // 动态拉长 L4。
选择要修改的对象或 [放弃（U）]:        // 选择 L4，可以在左右两个方向上移动鼠标。
指定新端点:      // 指定 L4 拉长后的新端点。
选择要修改的对象或 [放弃（U）]: *取消*
```

任务实施

① 新建文件　启动 AutoCAD 2013，自动新建一个 CAD 文件，或者在已经打开软件的情况下，新建一个样板文件。

② 创建图层　创建“轮廓线”、“中心线”两个图层，并将“中心线”图层置为当前图层，各图层设置跟前面一样。

③ 绘制中心线　首先确认打开正交模式开关，然后利用直线命令，在图形区的适当位置，绘制一条长为 45mm 的水平中心线。

④ 复制旋转中心线　利用夹点编辑功能，以水平中心线的中点为基点，将水平中心线复制并旋转 90°，如图 2-91 所示。

⑤ 改变当前图层　将轮廓线图层设置为当前图层。

⑥ 绘制圆　以中心线的交点为圆心，绘制直径为 36 的圆，如图 2-92 所示。

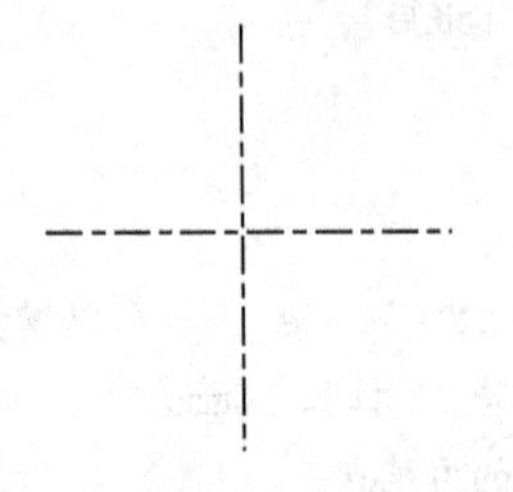

图 2-91　绘制中心线

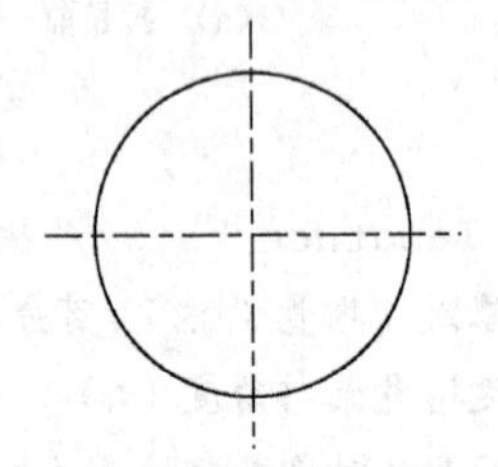

图 2-92　绘制直径为 36 的圆

重复圆命令，将鼠标悬停在圆心上（注意不要点击），利用对象捕捉追踪功能，向右缓缓移动鼠标，出现追踪线，输入 53，如图 2-93 所示。按回车键确认后，输入 4，绘制半径为 4 的圆。重复圆命令，再绘制一个半径为 7.5 的同心圆，如图 2-94 所示。利用“相切、相切、半径”方式，绘制半径为 160 的圆，重复命令，再绘制半径为 80 的圆。

⑦ 修剪处理　修剪半径为 80、160 的圆，修剪后如图 2-95 所示。

⑧ 复制中心线　利用复制命令，选择垂直中心线，以其中点为基点，右侧的圆心为终点，将垂直中心线复制，如图 2-96 所示。

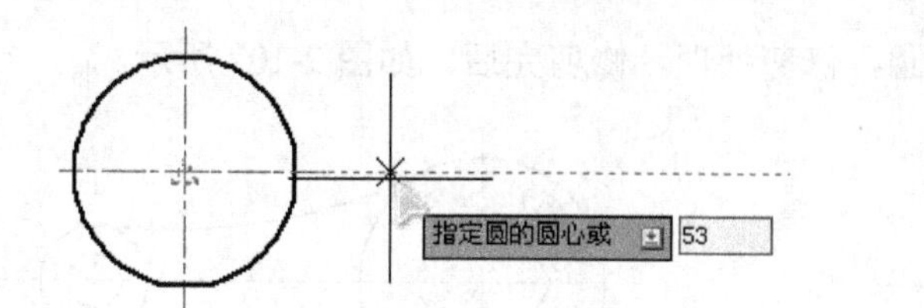

图 2-93　对象捕捉追踪功能

图 2-94　绘制同心圆

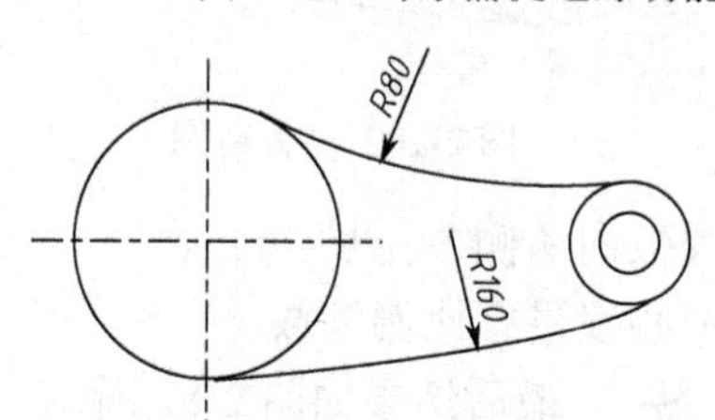

图 2-95　修剪圆

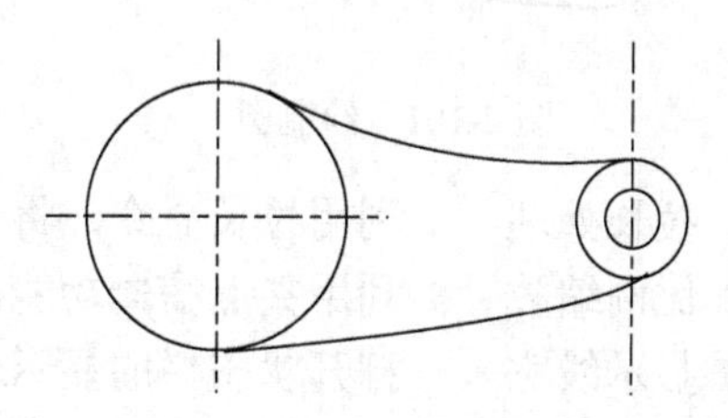

图 2-96　复制中心线

⑨ 拉伸中心线　　利用拉伸命令，将水平中心线向右拉伸，如图 2-97 所示。

⑩ 绘制正六边形　　利用正多边形命令，绘制一个正六边形，六边形外切于半径为 8 的圆，如图 2-98 所示。

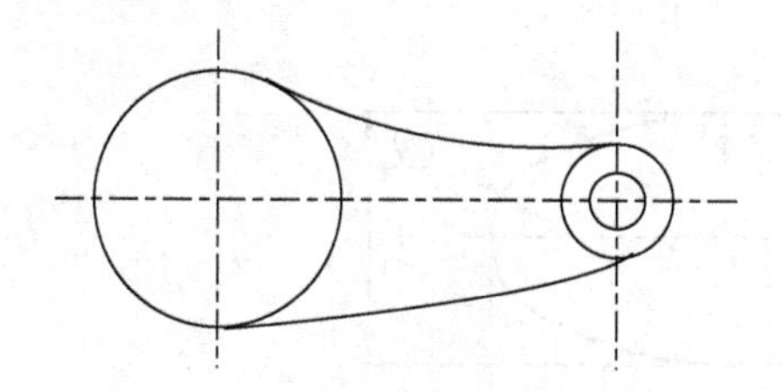

图 2-97　向右拉伸中心线

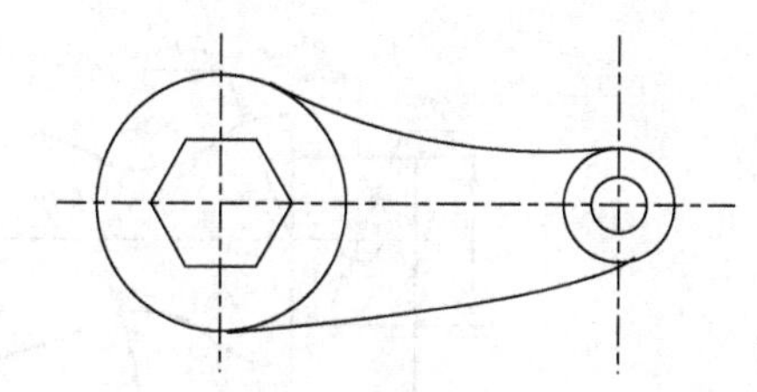

图 2-98　绘制正六边形

⑪ 绘制椭圆　　利用椭圆命令，以正六边形的中心为椭圆中心，绘制长轴为 7、短轴为 4 的椭圆。

⑫ 移动椭圆　　利用移动命令，将椭圆垂直向上移动 13mm，如图 2-99 所示。

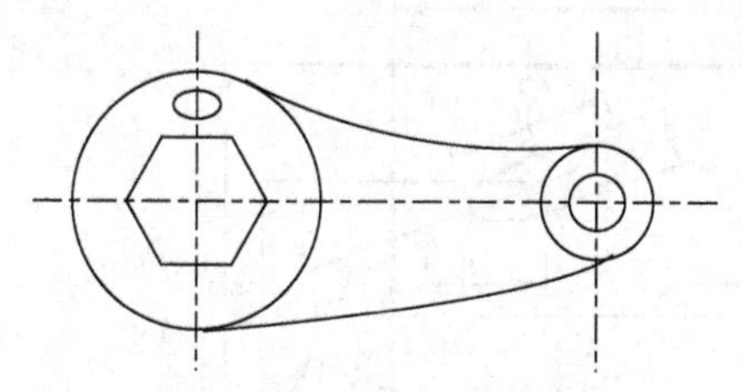

图 2-99　绘制平移椭圆

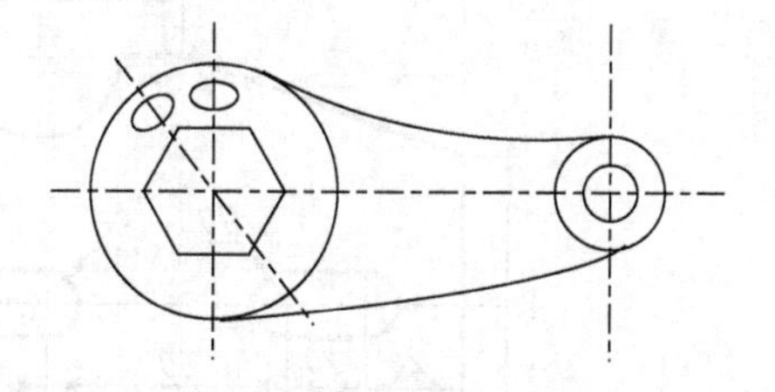

图 2-100　复制并旋转对象

⑬ 复制并旋转椭圆与中心线　　利用旋转命令，选择椭圆跟垂直中心线为旋转对象，以正六边形的中心为基点，将椭圆跟垂直中心线旋转 38°，如图 2-100 所示。

⑭ 删除多余椭圆　　将多余的椭圆删除。

⑮ 绘制圆　　将“中心线”图层设置为当前图层，以正六边形的中心为圆心，绘制半径为 13 的圆，如图 2-101 所示。

⑯ 修剪处理　　将上一步绘制的圆，修剪处理，修剪完后，如图 2-102 所示。

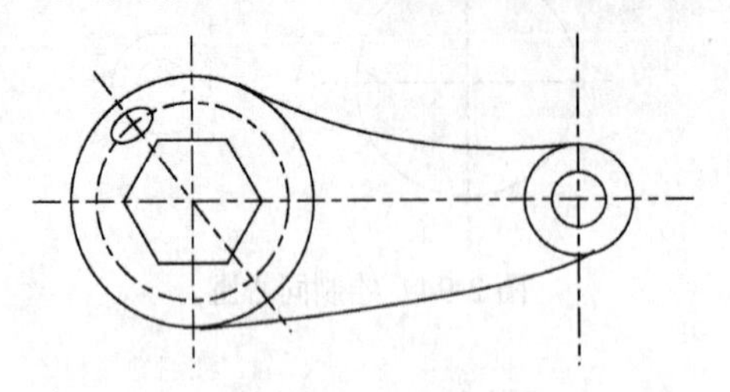

图 2-101　绘制圆

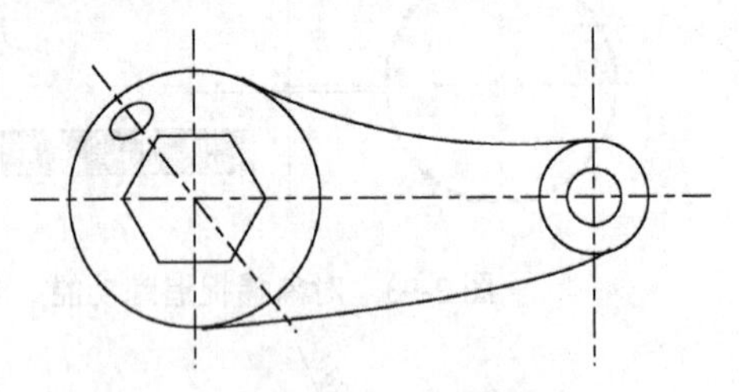

图 2-102　修剪圆

⑰ 拉长处理　　利用拉长命令，将上一步修剪的圆弧向两侧各拉长 2mm。

⑱ 比例缩放　　利用夹点编辑功能，将右侧垂直中心线进行比例缩放。

⑲ 显示线宽　　打开状态栏的显示/隐藏线宽开关 ＋，最后结果如图 2-82 所示。保存文件后退出。

拓展练习

利用本任务所学知识，绘制如图 2-103 所示图形。

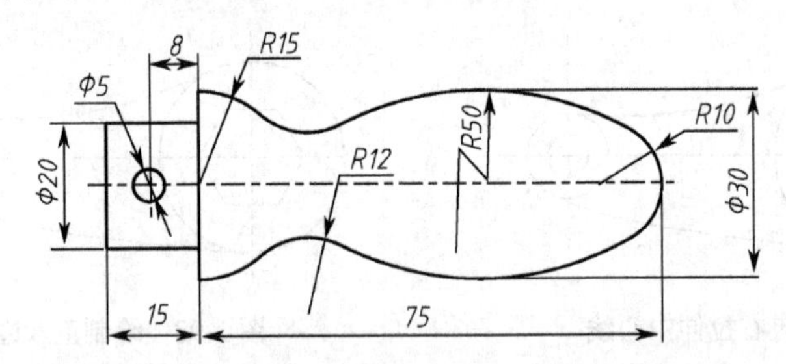

（a）练习 1

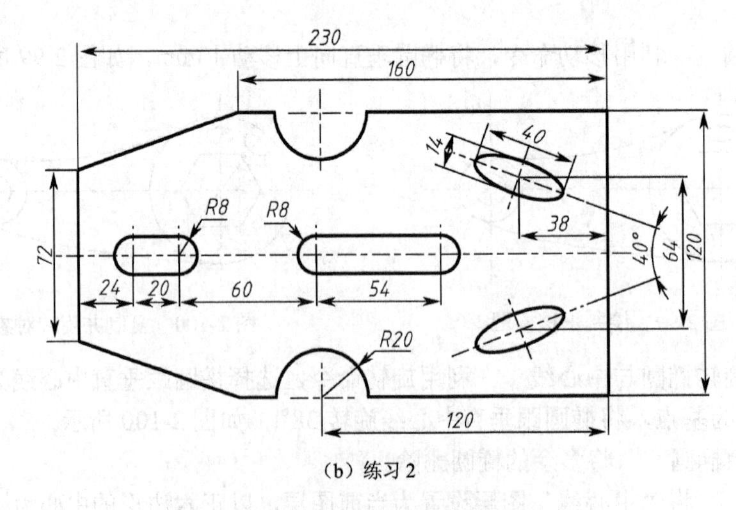

（b）练习 2

图 2-103　拓展练习

任务5　十字肋板模型的绘制与编辑

学习目标

- 进一步熟练应用修剪、复制、偏移等命令
- 掌握样条曲线、构造线、射线、图案填充等绘图命令的应用
- 掌握打断、打断于点等修改命令的应用

任务导入

在绘制如图2-104所示实例的过程中，我们除了进一步熟练应用前面所学的绘图、修改命令外，还需要用到的新知识包括：样条线、构造线、射线、图案填充等绘图命令，打断、打断于点等修改命令。我们在制作该实例之前，先来学习在本任务中将用到的新知识。

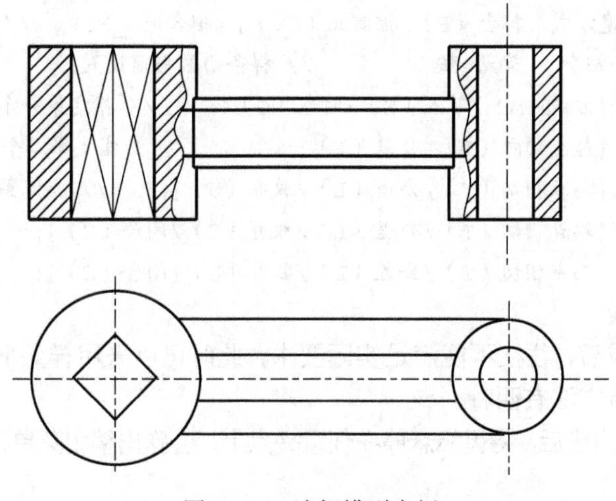

图2-104　连杆模型实例

知识准备

1．样条曲线

样条曲线是通过拟合空间一系列的点，得到的光滑曲线。在机械制图中，通常用来表示分断面的部分，下面分别就样条曲线的绘制和编辑进行详细介绍。

（1）样条曲线的绘制

启用样条曲线绘制命令，可以采用以下两种方式：

- 直接在命令行输入“SPLINE”或者“SPL”，并按下回车键进行确认，根据命令行提示选择不同的类型；
- 在“常用”菜单栏下，展开“绘图”工具面板的下拉菜单，分别单击 “样条曲线拟合”

命令图标 、"样条曲线控制点" 命令图标。

执行样条曲线命令后，可根据命令行提示，创建拟合点的样条曲线或者控制点的样条曲线，如图 2-105 所示。下面以图 2-105（a）所示图形为例，介绍样条曲线的绘制方法。操作完成后，命令行显示如下：

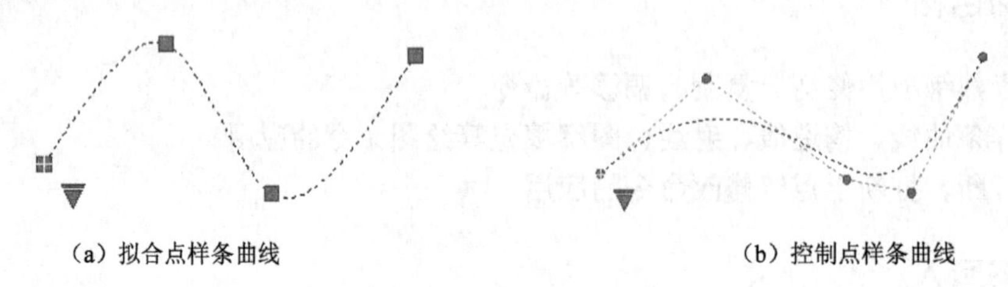

（a）拟合点样条曲线　　（b）控制点样条曲线

图 2-105　样条曲线绘制

```
命令：_SPLINE
当前设置：方式=拟合　　节点=弦
指定第一个点或 [方式（M）/节点（K）/对象（O）]：_M
输入样条曲线创建方式 [拟合（F）/控制点（CV）]<拟合>：_FIT　// 执行拟合样条曲线命令。
当前设置：方式=拟合　　节点=弦　　　　// 样条曲线当前设置。
指定第一个点或 [方式（M）/节点（K）/对象（O）]：　　// 指定第一个点。
输入下一个点或 [起点切向（T）/公差（L）]：　　　　// 指定第二个点。
输入下一个点或 [端点相切（T）/公差（L）/放弃（U）]：　// 指定第三个点。
输入下一个点或 [端点相切（T）/公差（L）/放弃（U）/闭合（C）]：　// 指定第四个点。
输入下一个点或 [端点相切（T）/公差（L）/放弃（U）/闭合（C）]：　//按回车键结束命令。
```

（2）编辑样条曲线

样条曲线绘制完成后，往往不能满足实际要求，此时可以采用样条曲线编辑功能对其进行编辑。样条曲线的编辑方法有两种。

- 一种是选择样条曲线后，将鼠标悬停在任意夹点上，会弹出编辑菜单，如图 2-106（a）所示。

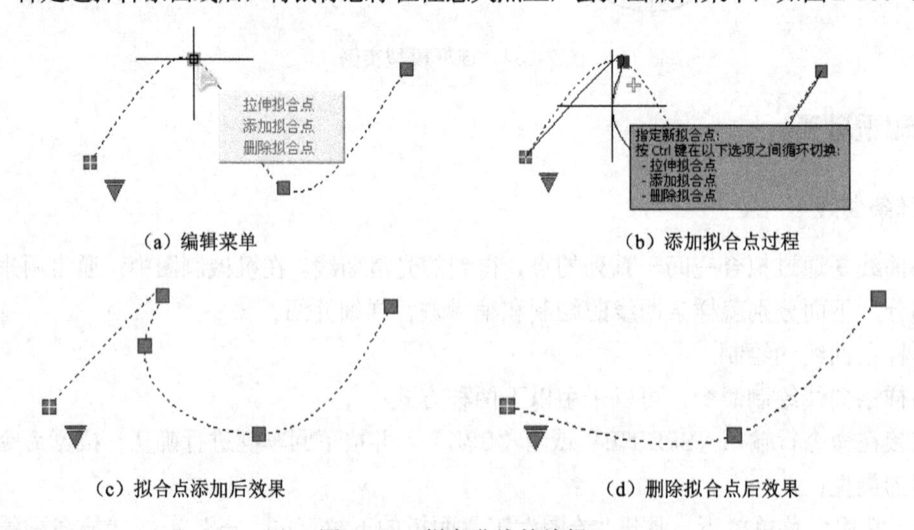

（a）编辑菜单　　（b）添加拟合点过程

（c）拟合点添加后效果　　（d）删除拟合点后效果

图 2-106　样条曲线的编辑 1

• 另一种是采用 AutoCAD 提供的样条曲线编辑功能。启用该功能的方法是展开“修改”工具面板的下拉菜单，单击“编辑样条曲线”命令图标 ，启用命令后，根据命令行提示选择要编辑的样条曲线后，便弹出编辑菜单，如图 2-107（a）所示。单击相应选项即可对样条曲线进行编辑。如图 2-107（b）所示图形，就是单击“闭合”选项后的结果。

2. 构造线

在 AutoCAD 中，构造线是指向两端无限延伸的直线，一般用作辅助线，来布置图形的位置。执行一次命令可绘制多条构造线。启用构造线命令，可以采用以下两种方式：

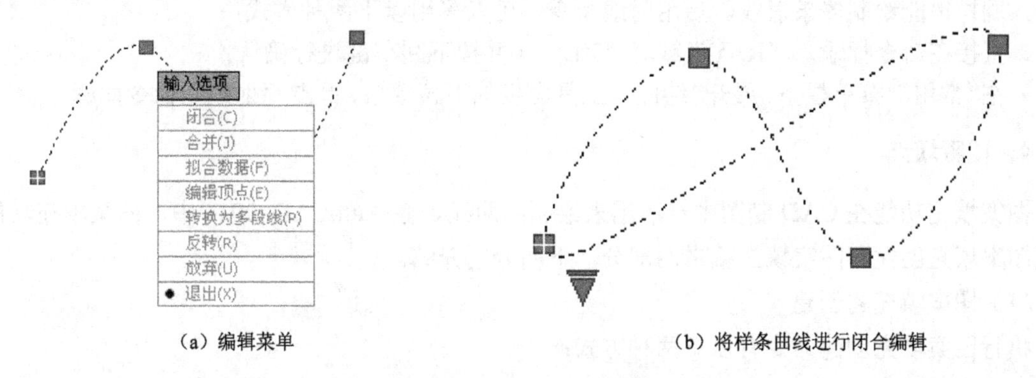

（a）编辑菜单　　（b）将样条曲线进行闭合编辑

图 2-107　样条曲线的编辑 2

• 直接在命令行输入“XLINE”或者“XL”，并按下回车键进行确认，根据命令行提示可以绘制不同的构造线；

• 在“常用”菜单栏下，展开“绘图”工具面板的下拉菜单，单击 “构造线”命令图标 。

执行命令后，命令行显示如下：

命令: _xline

指定点或 [水平（H）/垂直（V）/角度（A）/二等分（B）/偏移（O）]: // 选项“水平（H）”，表示绘制水平的构造线；选项“垂直（V）”，表示绘制垂直的构造线；选项“角度（A）”，表示绘制与 X 轴成一定夹角的构造线；选项“二等分（B）”，表示绘制某一个夹角的平分线；选项“偏移（O）”，表示绘制平行于某一条直线的构造线。

下面以如图 2-108 所示的图形为例，介绍绘制二等分构造线的方法，操作后命令行显示如下：

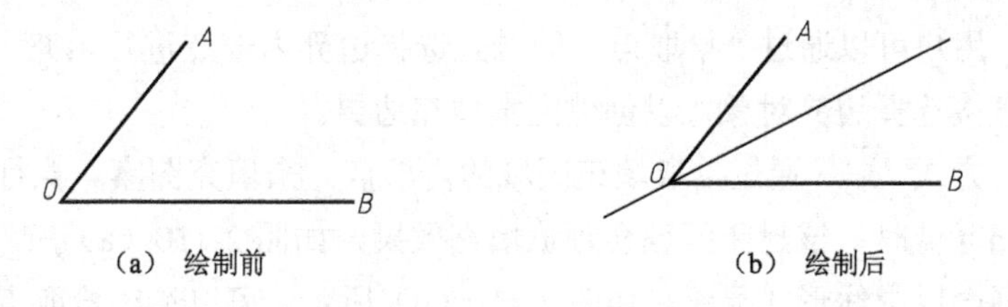

（a）　绘制前　　（b）　绘制后

图 2-108　绘制二等分构造线

命令: _xline

指定点或 [水平（H）/垂直（V）/角度（A）/二等分（B）/偏移（O）]: b　// 选择“二等分（B）”

选项。

指定角的顶点： // 选择 O 点。
指定角的起点： // 选择 A 点。
指定角的端点： // 选择 B 点。
指定角的端点：*取消* // 按下 Esc 键取消命令。

3. 射线

射线跟构造线一样，也是用作辅助线，其区别是射线只能向一端无限延伸。执行一次射线命令，同样也能绘制多条射线。启用射线命令，可以采用以下两种方式：

- 直接在命令行输入“RAY”或者“XL”，并按下回车键进行确认；
- 在“常用”菜单栏下，展开“绘图”工具面板的下拉菜单，单击“射线”命令图标 。

4. 图案填充

图案填充功能在 CAD 制图中一般用来绘制剖面线。在 AutoCAD 2013 中，图案填充功能包括图案填充创建和图案填充编辑两部分，下面分别介绍。

（1）图案填充的创建

执行图案填充创建命令有以下两种方式：

- 直接在命令行输入“HATCH”或者“H”，并按下回车键进行确认，根据命令行提示进行操作；
- 在“常用”菜单栏下，单击“绘图”工具面板上的“填充图案”命令图标 。

执行命令后，会打开“图案填充创建”功能菜单，如图 2-109 所示。下面对功能面板的部分选项进行简单介绍。

图 2-109 “图案填充创建”功能菜单

① “边界”面板

在该面板上，用户可以通过“拾取点”的方式选择边界内部点进行填充，也可以通过“选择对象”的方式直接选择边界对象，以创建图案填充边界。

- “拾取点”方式 通过拾取填充区域的内部点，来填充图案。执行该命令后，当光标停留在某一封闭区域时，该封闭区域会预览填充效果，如图 2-110（a）所示。单击鼠标后，该封闭区域的边界会以虚线形式显示，如图 2-110（b）所示。可以继续拾取点进行其他封闭区域的填充，若不再继续填充，只需按下回车键，即可完成图案填充命令，如图 2-110（c）所示，同时关闭“图案填充创建”功能菜单。

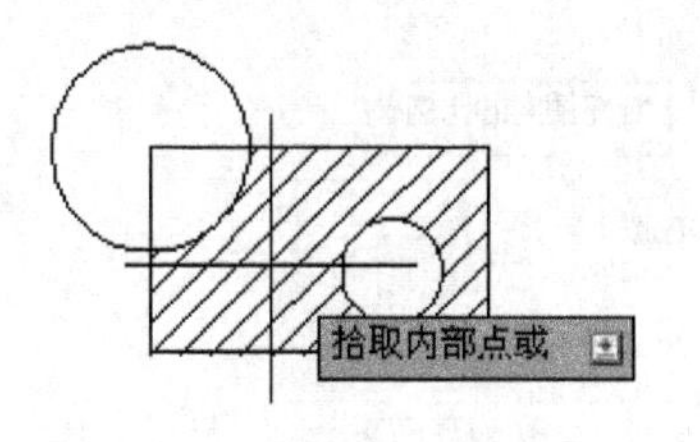

（a）在填充区域内部拾取点

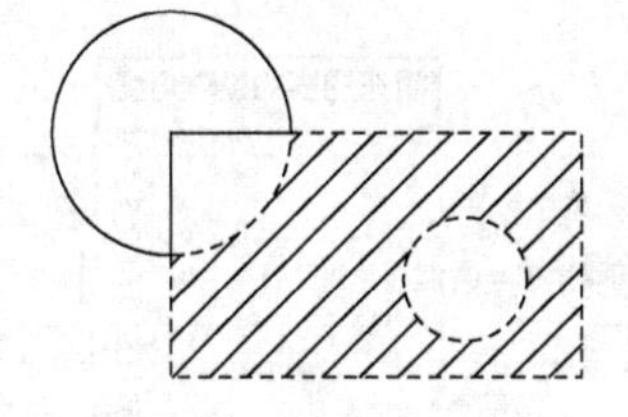

（b）生成填充边界

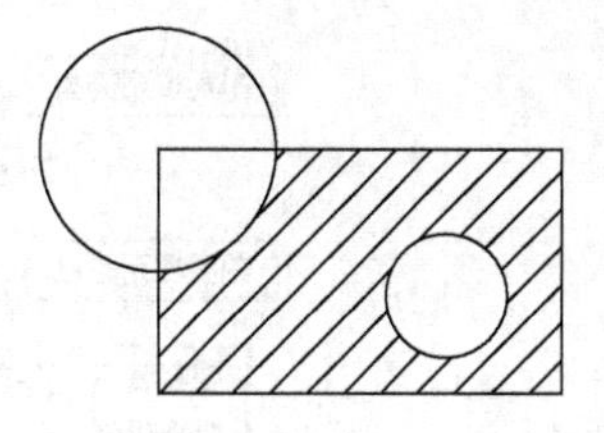

（c）填充结果

图 2-110　用“拾取点”方式填充图案

• “选择”方式 通过选择边界对象，来填充图案。执行该命令后，鼠标变成拾取框的形式，边界对象既可以框选，也可以通过单击鼠标进行选择，如图 2-111 所示。

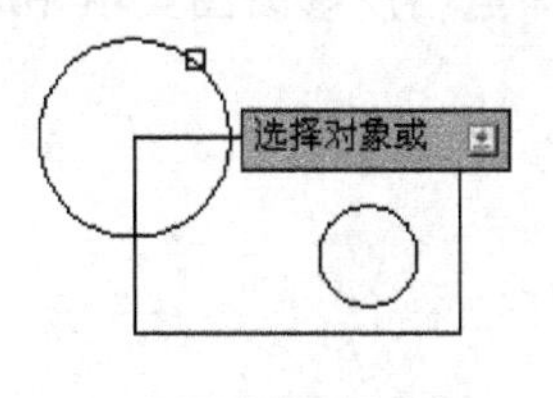

（a）选择边界对象

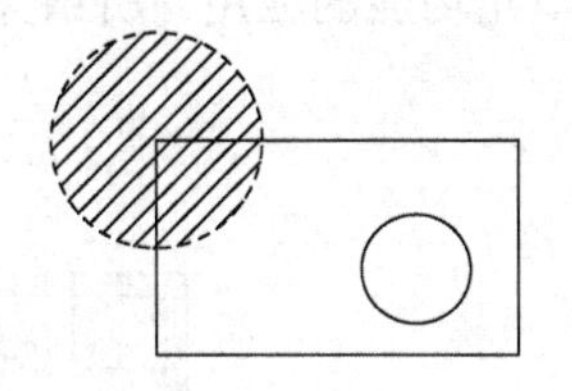

（b）生成填充边界

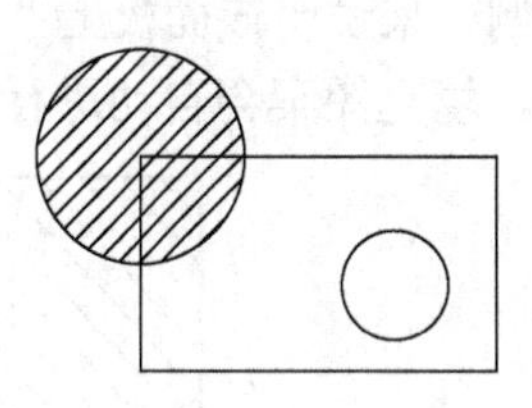

（c）填充结果

图 2-111　用“选择”方式填充图案

② “图案”面板。

该面板用来设置填充图案的形状，如图 2-112（a）所示。单击面板右侧的上、下箭头，可在面板中显示不同的图案；单击右下角的箭头，可展开图案面板，如图 2-112（b）所示。

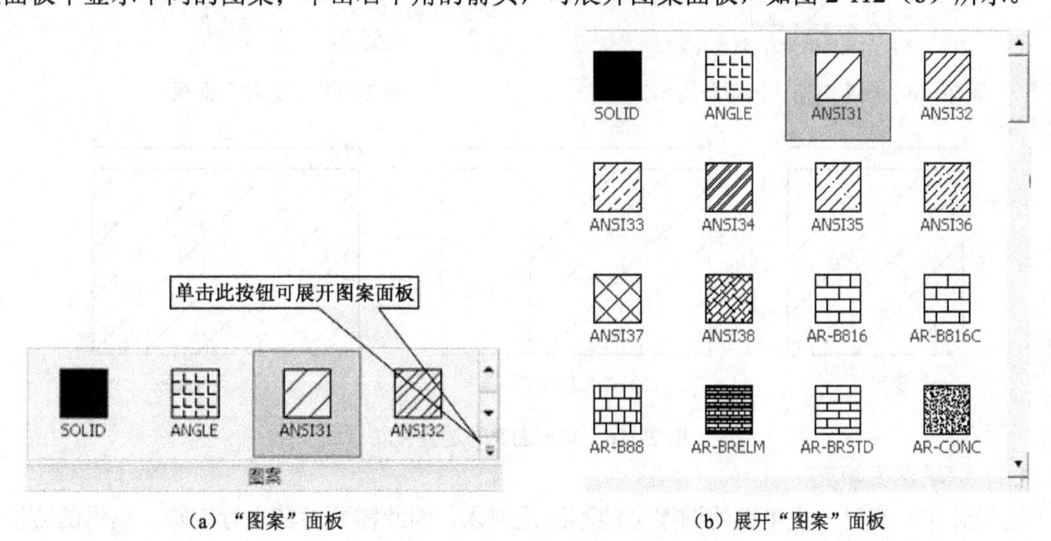

（a）“图案”面板　　（b）展开“图案”面板

图 2-112　“图案”面板

③ “特性”面板。

该面板用来设置填充图案的特性，如图 2-113 所示。如图 2-114 所示图形，即为改变旋转角度跟填充比例后的效果。

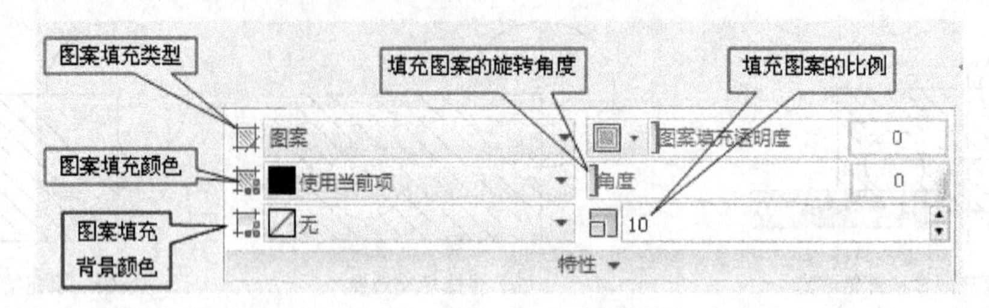

图 2-113 “特性”面板

④ “选项”面板。

该面板用来控制图案填充模式或填充选项，如图 2-115 所示。下面以如图 2-116 所示图形为例，来说明该面板上“关联”填充功能的应用。所谓关联填充，即当用户修改图案填充边界时，填充图案会自动进行更新。

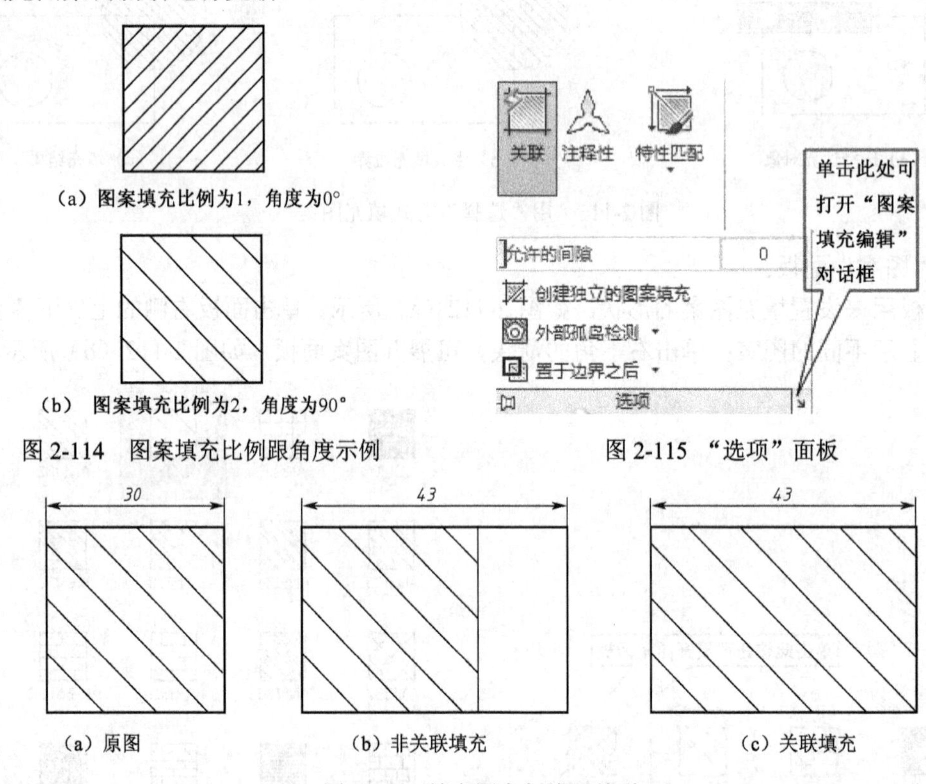

图 2-114 图案填充比例跟角度示例

图 2-115 “选项”面板

图 2-116 填充图案与边界关联

(2) 编辑图案填充

在设计中，有时一次填充的图案可能不满足要求，因此需要对其进行编辑。编辑的方法有多种，这里介绍常用的几种。

① 利用夹点编辑填充图案。

选择填充图案后，在填充图案的任一夹点上悬停鼠标，会弹出编辑菜单，如图 2-117（a）所示，在该菜单中可对填充角度及比例等进行设置。

② 右键菜单进行编辑。

选择填充图案后，在填充图案上单击鼠标右键，在右键菜单中，可以通过“图案填充编辑”、“设定原点”、“设定边界”、“生成边界”等选项进行设置，如图 2-117（b）所示。

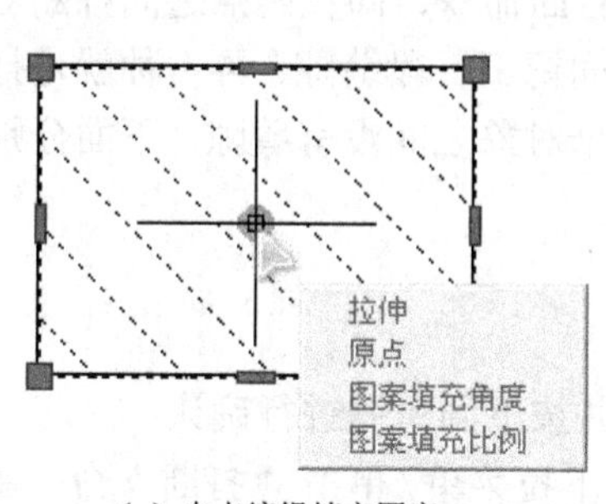

（a）夹点编辑填充图案

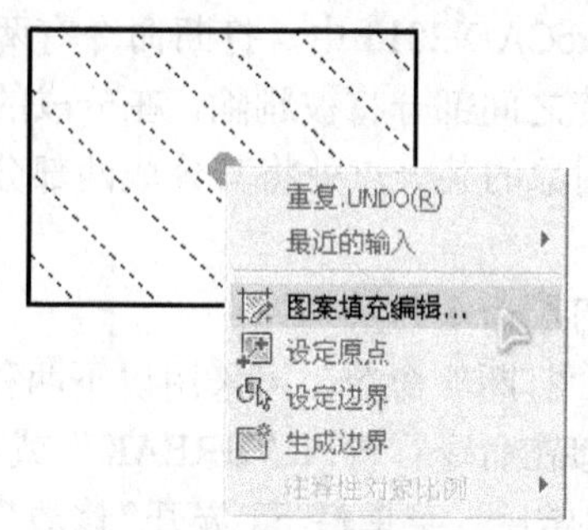

（b）右键菜单编辑填充图案

图 2-117　编辑图案填充

③ 通过命令进行编辑填充图案。

展开“常用”功能菜单下的“修改”功能面板，单击“编辑图案填充”按钮图标，根据提示，选择要编辑的填充图案，弹出如图 2-118 所示的“图案填充编辑”对话框。

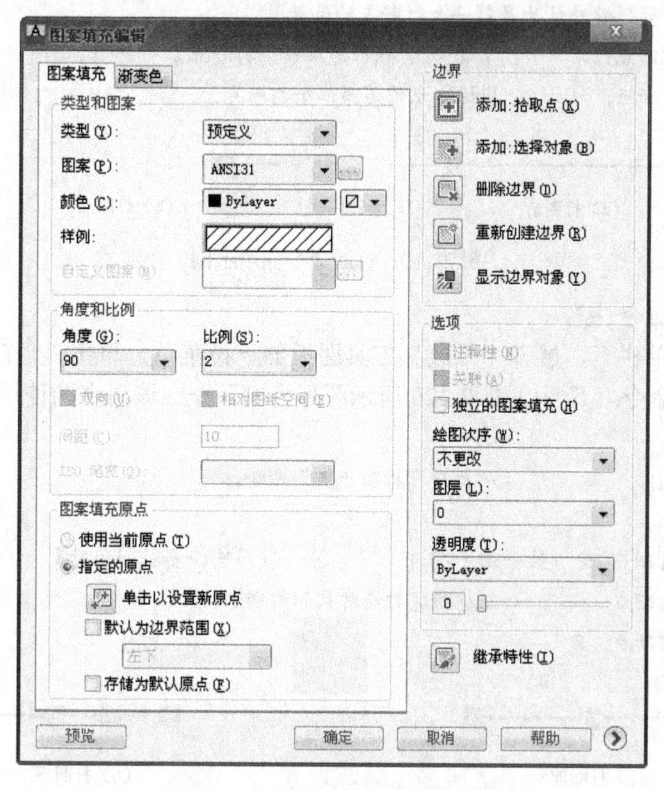

图 2-118 “图案填充编辑”对话框

说明：除了以上方法外，单击“选项”面板右下角的箭头，也可打开“图案填充编辑”对话框，如图 2-115 所示。该对话框的设置跟“图案填充创建”菜单功能相似，这里不再赘述。

5. 打断对象

所谓打断对象是指将一个对象分成两个独立的对象，而且分成的两个对象具有相同的性质。在 AutoCAD 2013 中，打断命令有两种：一种是打断命令，即在两点之间打断对象，命令完成后两点之间部分将被删除，在分成的两个对象之间留下一段缝隙；再一种就是打断于点命令，即在对象的某一点处将其分成两部分，分成的两个对象之间没有缝隙。下面分别进行简单介绍。

（1）打断命令

启用“打断”命令，可采用以下两种方式：

- 直接在命令行输入“BREAK”或者“BR”，并按下回车键进行确认；
- 在“常用”菜单栏下，展开“修改”工具面板的下拉菜单，单击“打断”命令图标 。

执行命令后，根据命令行提示进行操作。下面以如图 2-119 所示图形为例，介绍打断命令的应用。

命令：_break　　// 执行命令。

选择对象：　// 选择要打断的对象。

指定第二个打断点 或 [第一点（F）]：f　　// 选择“第一点（f）”选项，若不选择，则选择对象时，拾取框所在的位置，就默认为是第一个打断点的位置。

指定第一个打断点：　　　// 捕捉 A 点作为第一个打断点。

指定第二个打断点：　　// 捕捉 B 点作为第二个打断点。

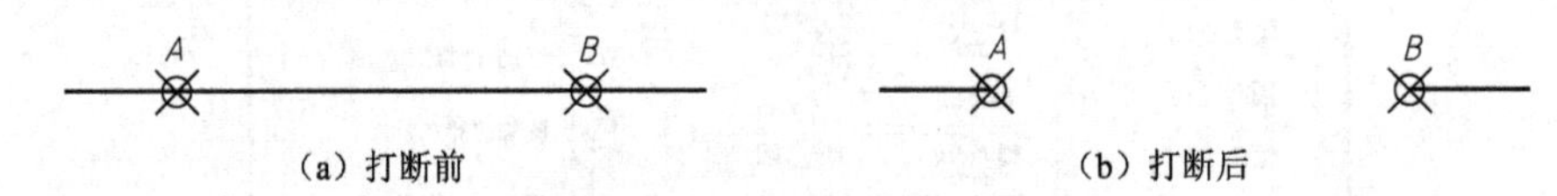

图 2-119　打断命令应用示例

（2）打断于点命令

在“常用”菜单栏下，展开“修改”工具面板的下拉菜单，单击 “打断于点”命令图标 ，即可启用该命令。下面以图 2-120 所示图形为例，介绍该命令的使用，操作后命令行显示如下：

命令：_break　　　　// 执行“打断于点”命令。

选择对象：

指定第二个打断点 或 [第一点（F）]：_f　　　// 选择要打断的对象。

指定第一个打断点：　　　// 指定打断对象的打断点。

指定第二个打断点：@

图 2-120　打断于点命令应用示例

说明：在执行“打断”命令时，若拾取的两个打断点均为同一个点，则打断命令相当于打断于点命令。

任务实施

① 新建文件　　启动 AutoCAD 2013，自动新建一个 CAD 文件，或者在已经打开软件的情况下，新建一个样板文件。

② 创建图层　　创建“轮廓线”、“中心线”、“细实线”三个图层，并将“中心线”图层置为当前图层，如图 2-121 所示。

③ 绘制中心线　　首先确认打开正交模式开关，然后利用直线命令，在图形区的适当位置，绘制一条长为 68mm 的水平中心线。

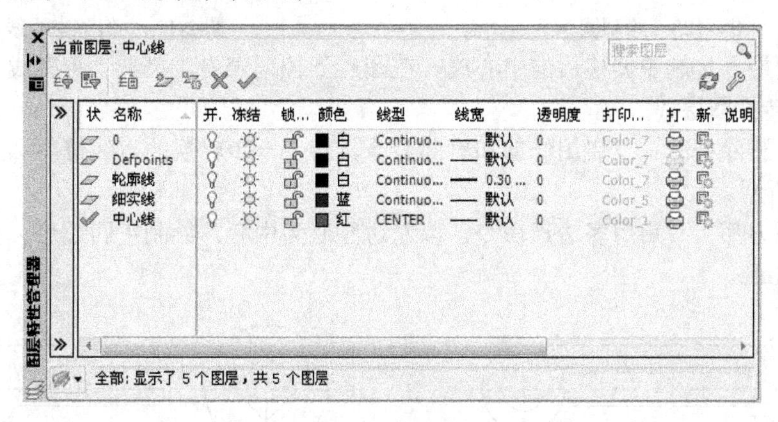

图 2-121　图层设置

④ 复制并旋转中心线　　利用夹点编辑功能，以水平中心线的中点为基点，将水平中心线复制并旋转 90°。重复命令，再将垂直中心线复制并向右水平移动 140mm ，如图 2-122（a）所示。

⑤ 拉长中心线　　启动拉长命令，根据命令行提示，将水平中心线拉长至 205mm，操作后，命令行显示如下，结果如图 2-122（b）所示。

```
命令: _lengthen
选择对象或 [增量(DE)/百分数(P)/全部(T)/动态(DY)]:
当前长度: 68.0000
选择对象或 [增量(DE)/百分数(P)/全部(T)/动态(DY)]: t
指定总长度或 [角度(A)] <160.0000)>: 205
```

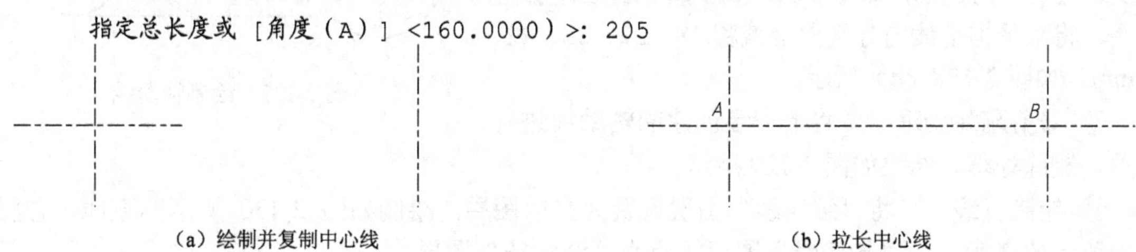

（a）绘制并复制中心线　　　（b）拉长中心线

图 2-122　绘制中心线

⑥ 绘制圆　　将“轮廓线”图层置为当前图层，启用圆命令，以如图 2-122（b）所示的 A 点为圆心绘制直径为 60 的圆，重复命令，再以 B 点为圆心分别绘制直径为 40、20 的圆，如

图 2-123 所示。

⑦ 偏移中心线　　启用偏移命令，将水平中心线垂直向上偏移 8mm、20mm，重复命令，再将水平中心线垂直向下偏移 8mm、20mm，如图 2-124 所示。

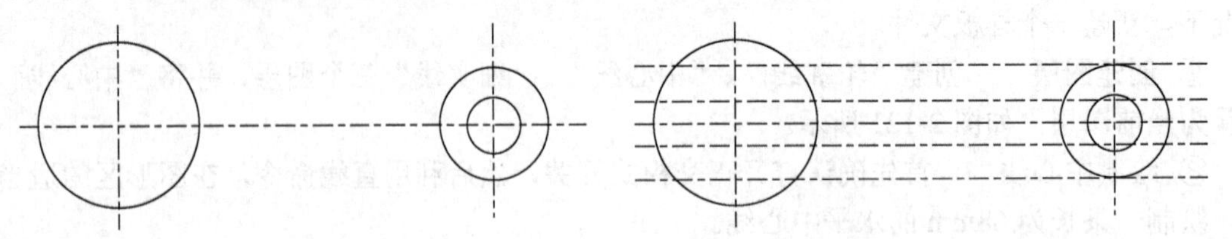

图 2-123　绘制圆　　　　图 2-124　偏移中心线

⑧ 转换图层　　选中偏移后的中心线，在图层下拉列表中，单击“轮廓线”图层，将偏移后的水平线转换图层。

⑨ 修剪、删除处理　　启用修剪和删除命令，将上一步转换的直线修剪和删除处理，结果如图 2-125 所示。

⑩ 绘制正方形　　启用多边形命令，以左边圆心为中心，绘制正四边形，正四边形的外切圆直径为 21mm。

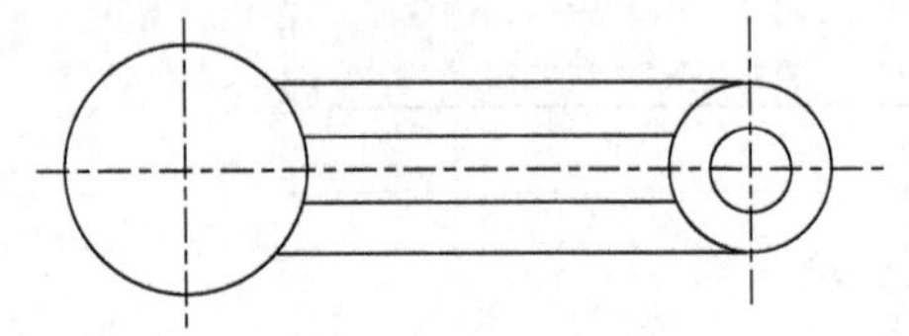

图 2-125　修剪和删除直线

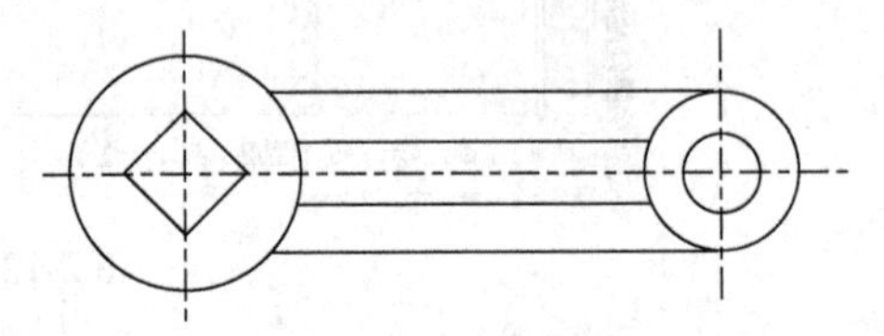

图 2-126　绘制并旋转正方形

⑪ 旋转正方形　　启用旋转命令，选择正方形，以正方形的中心为基点，选择 45°，结果如图 2-126 所示。

⑫ 绘制辅助线　　启用射线命令，在如图 2-126 所示图形的几个关键点上，绘制垂直射线，如图 2-127 所示。

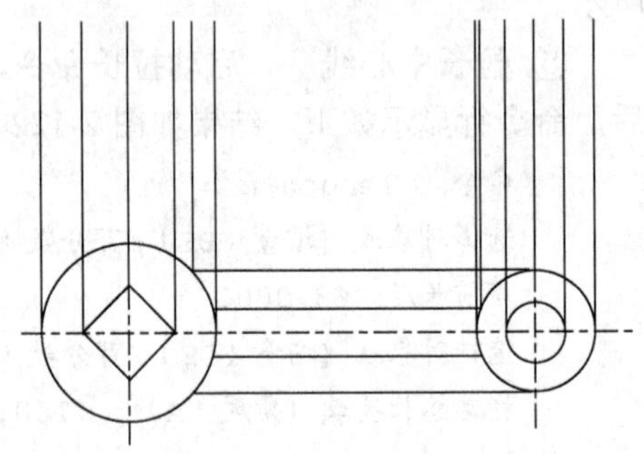

图 2-127　绘制辅助线

启用构造线命令，将光标悬停在正方形的中心上，利用对象捕捉追踪功能，绘制一条距离水平中心线为 50mm 的水平构造线，如图 2-128（a）所示。启用偏移命令，将水平构造线向分别向上偏移 18、22、38、42、60mm，如图 2-128（b）所示。

⑬ 修剪删除处理　　将上一步创建的辅助线进行修剪、删除处理，结果如图 2-129 所示。

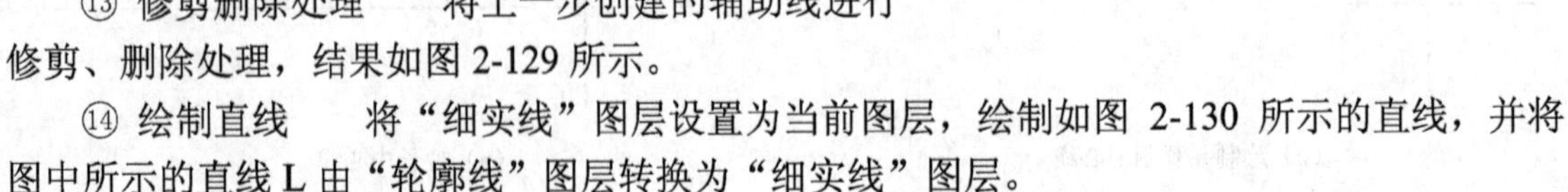

⑭ 绘制直线　　将“细实线”图层设置为当前图层，绘制如图 2-130 所示的直线，并将图中所示的直线 L 由“轮廓线”图层转换为“细实线”图层。

⑮ 绘制样条曲线　　首先关闭“正交”开关，然后启用“样条曲线拟合”命令，绘制如图 2-131 所示的样条曲线。

⑯ 修剪处理　　将图 2-131 中的多余线条做修剪处理。

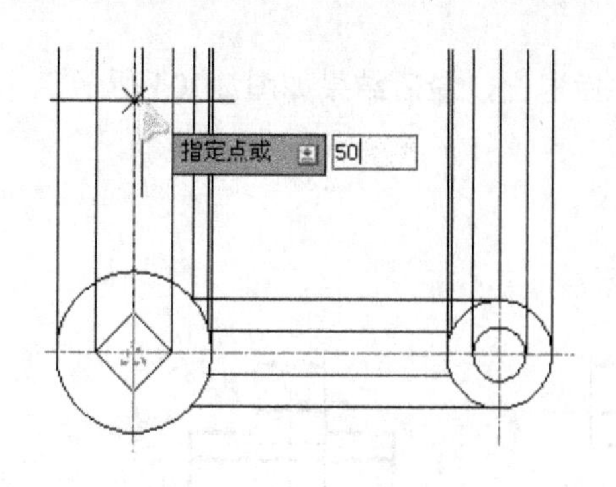

（a）利用对象捕捉追踪功能绘制构造线

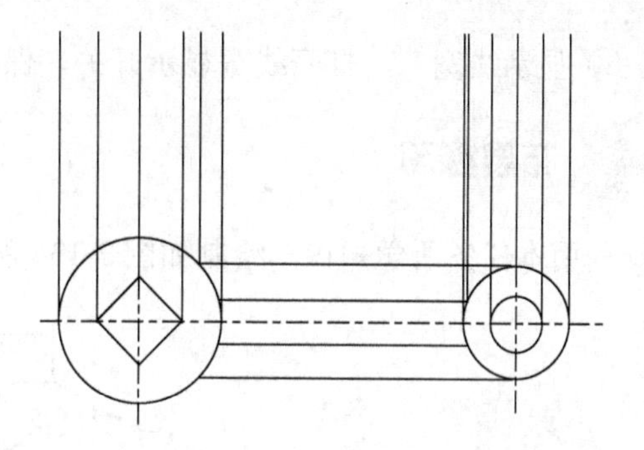

（b）绘制并偏移构造线

图 2-128　绘制构造线

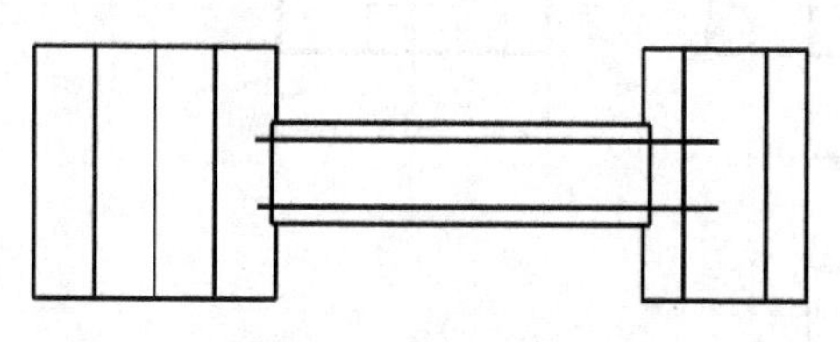

图 2-129　修剪删除处理

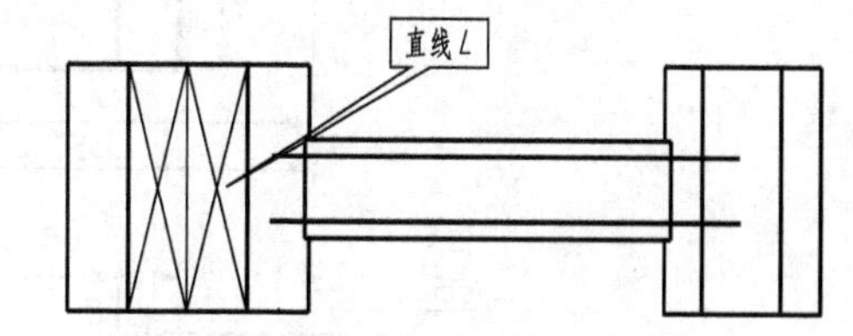

图 2-130　绘制直线

⑰ 图案填充　　启用图案填充命令，对如图 2-132 所示区域，进行图案填充，填充图案选择 ANSI31，其他保持默认设置，结果如图 2-132 所示。

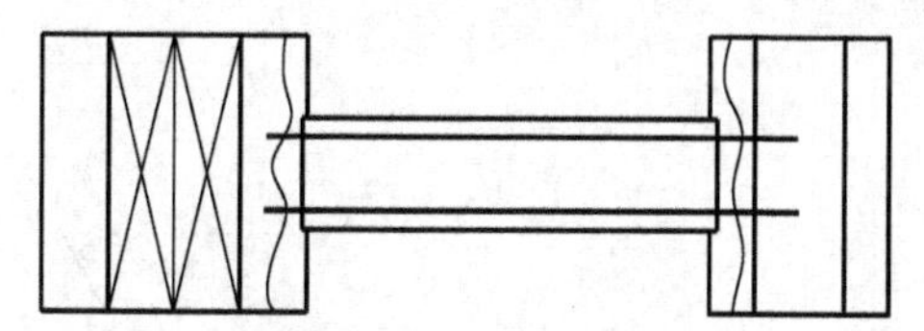

图 2-131　绘制样条曲线

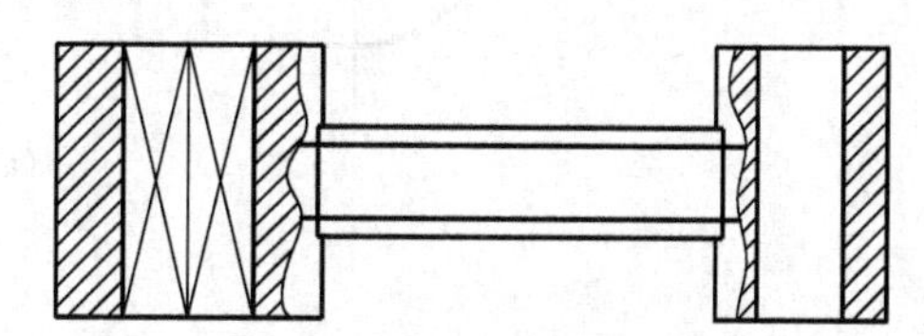

图 2-132　图案填充

⑱ 拉伸中心线　　利用夹点编辑功能，将图 2-127 中所示的垂直中心线进行拉伸，如图 2-133 所示。

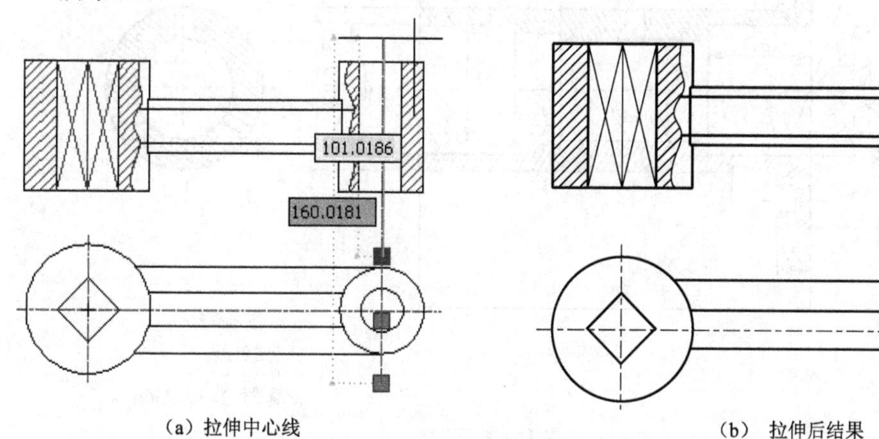

（a）拉伸中心线　　（b）拉伸后结果

图 2-133　拉伸中心线

⑲ 打断找中心线　　启用“打断”命令，将拉伸的中心线打断。

⑳ 显示线宽　　打开线宽显示开关，保存文件后退出，最后结果如图 2-104 所示。

拓展练习

利用本任务所学知识，绘制如图 2-134 所示图形。

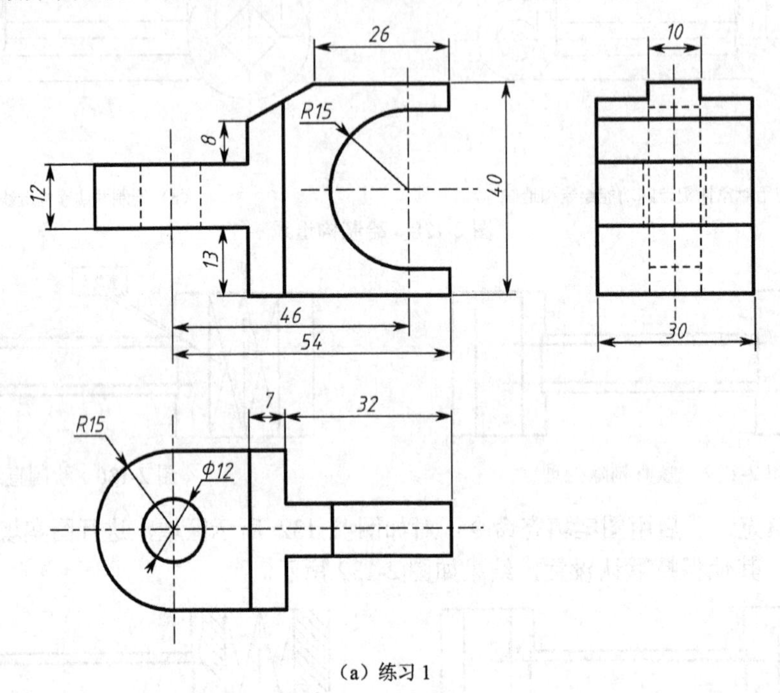

（a）练习 1

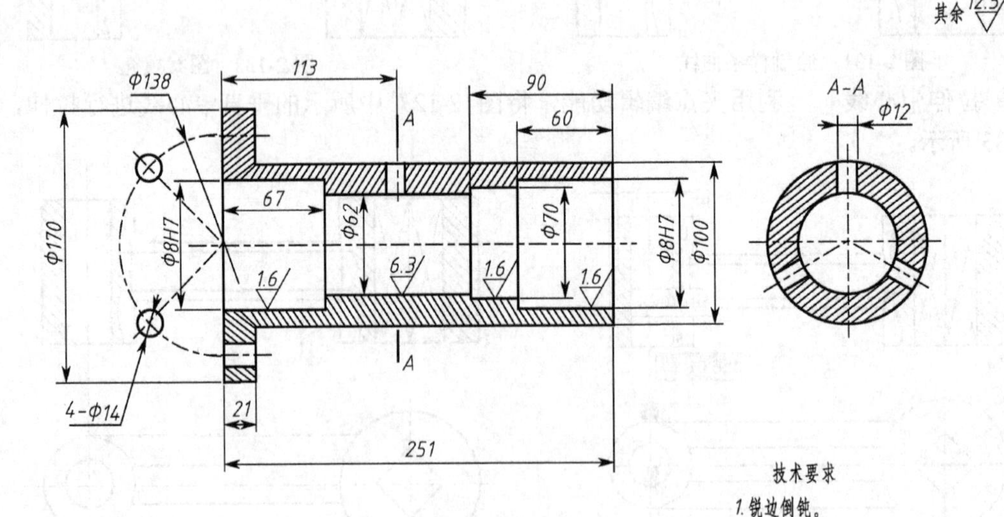

（b）练习 2

图 2-134　拓展练习

任务6 螺栓连接的法兰盘模型的绘制与编辑

学习目标

- 进一步熟练应用绘图、修改等命令
- 掌握分解、合并命令的应用
- 熟悉块的创建、插入、编辑等命令

任务导入

在绘制如图2-135所示实例的过程中，我们除了进一步熟练应用前面所学的绘图、修改命令外，还需要用到的新知识包括：分解命令、合并命令、块的创建、块的编辑、块的属性以及块的插入。我们在制作该实例之前，先来学习在本任务中用到的新知识。

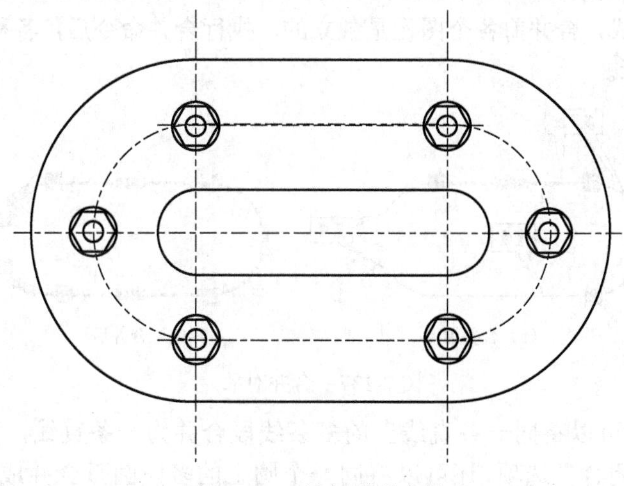

图2-135 连杆模型实例

知识准备

1. 分解命令

在前面学习的绘图命令中，有很多命令绘制的图形是一个组合对象，例如矩形、多边形、多段线等。要想对这些对象的局部进行编辑，就必须利用“分解”命令，将其分解。执行分解命令，有以下两种方式：

- 直接在命令行输入“EXPLODE”或者“EXPL”，并按下回车键进行确认，根据命令行提示进行操作；
- 在“常用”菜单栏下，单击“修改”工具面板上的“分解”命令图标 。

执行命令后，根据命令行提示，选择对象，按下回车键，即可将其分解，如图2-136所示。

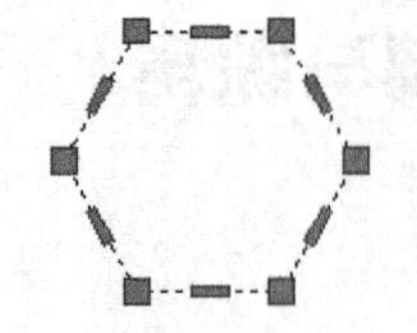
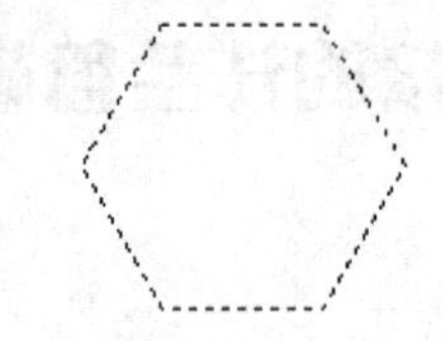
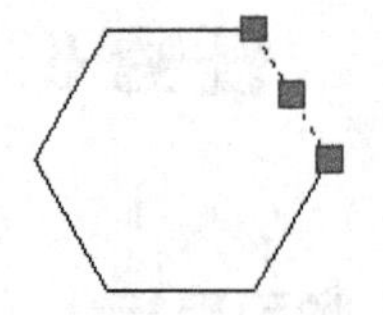
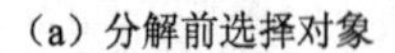

（a）分解前选择对象　　（b）执行分解命令后选择分解对象　　（c）分解后选择对象

图 2-136　分解对象

2. 合并命令

合并功能可以将多个独立对象合并成一个整体，可应用于直线、圆弧、多段线、椭圆弧、样条曲线等。启用合并命令，可采用以下两种方式：

- 直接在命令行输入“JOIN”或者“J”，并按下回车键进行确认；
- 在“常用”菜单栏下，展开“修改”工具面板，单击“合并”命令图标 ⁺⁺。

执行命令后，根据命令行提示，选择将要合并的对象并按回车键确认，即可将多个对象合并成一个整体。下面以图 2-137 所示图形为例，来说明合并命令的使用。在图 2-137（a）由多段线、直线、圆弧组成，合并前各个图元是独立的，执行合并命令后，各种图元就变成了一个整体，如图（b）所示。

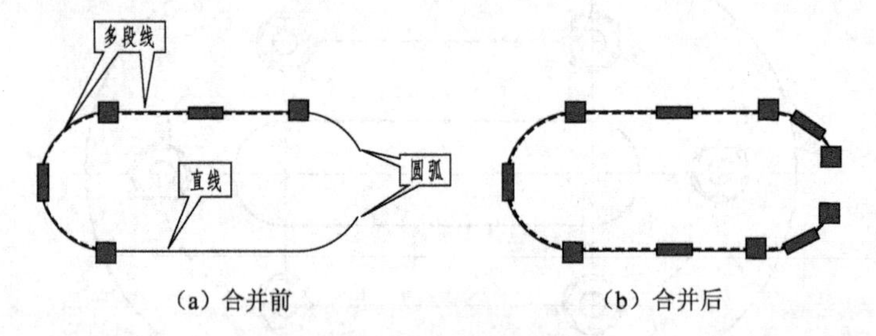

（a）合并前　　（b）合并后

图 2-137　合并对象

使用合并命令，可以将同一条直线上的多条线段合并为一条直线，如图 2-138 所示；使用命令行提示的“闭合”选项，还可以将同一个圆上的多段圆弧合并成一个圆，如图 2-139 所示。

（a）合并前　　（b）合并后

图 2-138　合并连接直线

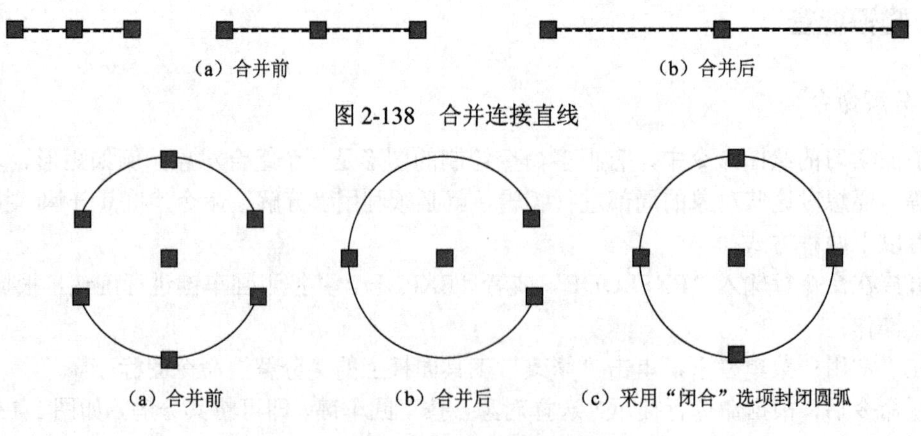

（a）合并前　　（b）合并后　　（c）采用“闭合”选项封闭圆弧

图 2-139　合并圆弧

3．块的使用

在 CAD 设计中，有很多图形元素需要大量的重复使用，例如螺钉、螺母等标准紧固件。这些多次重复使用的图形，如果每次都从头开始设计和绘制，即麻烦又费时。为了解决上述问题，AutoCAD 中提供了“块”命令，使用“块”命令，可以把上述关联的一系列图形对象定义为一个整体。

在 AutoCAD 中，块的使用包括块的创建、插入、编辑、属性等，下面分别进行简单介绍。

（1）块的创建

创建块之前，要先将组成块的图形绘制出来。启用创建块命令，可采用以下三种方式：

- 直接在命令行输入“BLOCK”或者“B”，并按下回车键进行确认；
- 在“常用”菜单栏下，单击“块”工具面板上的“创建块”命令图标 创建，如图 2-140 所示；

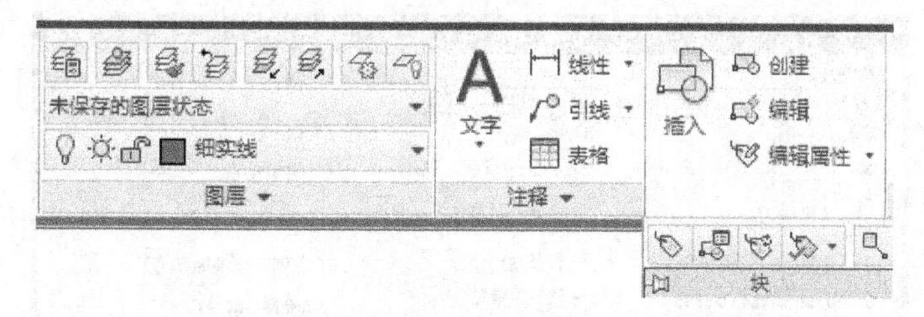

图 2-140 “常用”菜单栏下的“快”工具面板

- 在“插入”菜单栏下，单击“块定义”工具面板上的“创建块”命令图标 创建，如图 2-141 所示。

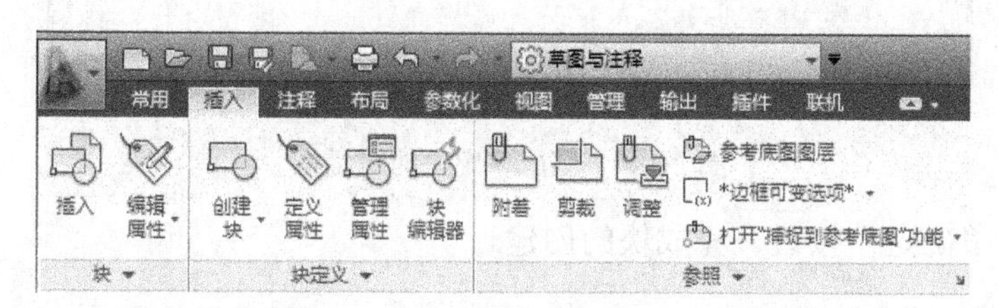

图 2-141 “插入”菜单栏下的“块定义”工具面板

下面举例说明创建块的过程。

① 打开电子资料包中“\模块 2\任务 6\创建块.dwg”文件，如图 2-142 所示。

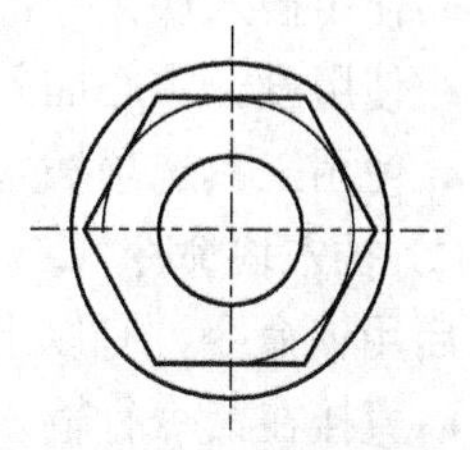

图 2-142 打开文件

② 执行“创建块”命令，弹出“块定义”对话框，如图 2-143 所示。

③ 单击“基点”选项组的“拾取点”按钮 ，返回到绘图区，捕捉圆心后，自动返回到“块定义”对话框。

④ 单击“对象”选项组的“选择对象”按钮 ，返回到绘图区，利用框选，选取所有对象，按回车键确认后，自动返回到“块定义”对话框。

⑤ 在“名称”栏，输入“螺栓”，完成后如图 2-144 所示。

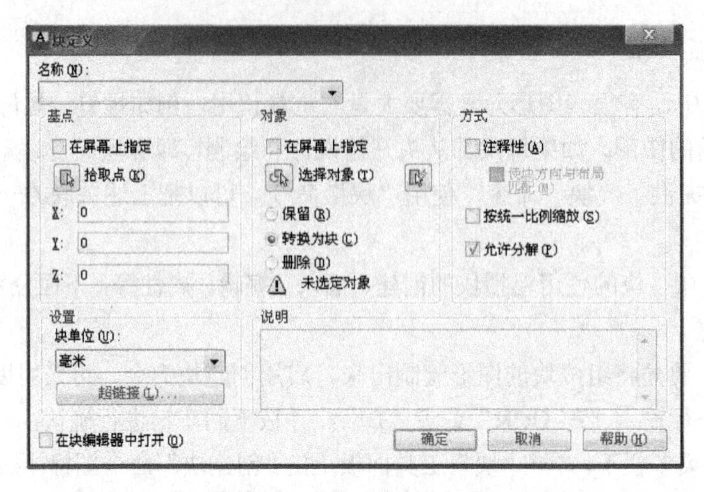

图 2-143 “块定义”对话框

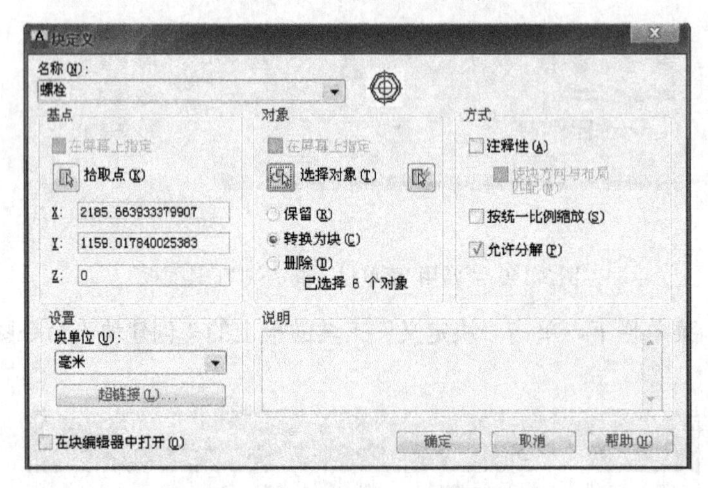

图 2-144 完成块定义的对话框

⑥ 最后单击“确定”按钮，完成块的创建。

（2）块的插入

前面我们学习了块的创建，接下来就来学习块的使用。插入块有三种方法，分别是：

- 使用插入块命令；
- 使用设计中心插入块；
- 使用工具选项插入块。

① 插入块命令 。

启用该命令，有以下三种方式：

- 直接在命令行输入“INSERT”或者“I”，并按下回车键进行确认；
- 在“常用”菜单栏下，单击“块”工具面板上的“插入块”命令图标 ；
- 在“插入”菜单栏下，单击“块”工具面板上的“插入块”命令图标 。

执行插入块命令后，弹出“插入”对话框，如图 2-145 所示，通过名称框的下拉列表，找到需要插入块的名称；也可通过“浏览”按钮 浏览(B)... 插入外部块。其他保持默认设置，

单击“确定”按钮后，即可将块插入到指定位置，如图 2-146 所示。

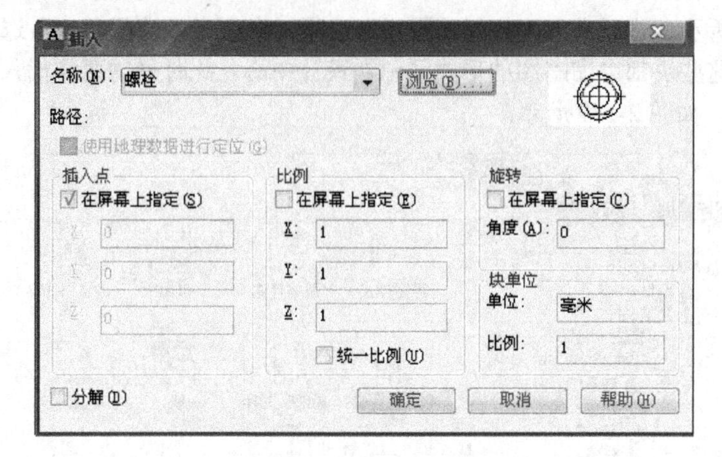

图 2-145 “插入”对话框

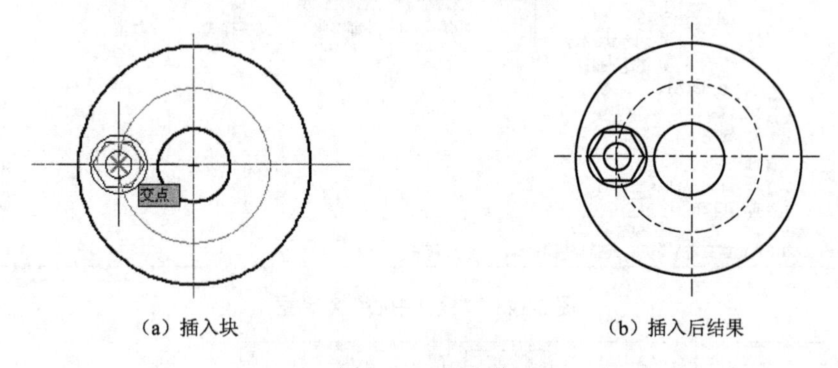

（a）插入块　　（b）插入后结果

图 2-146 插入块

② 使用设计中心插入块。

在设计中心可以打开任何包含块定义的图形文件，并将其以缩略图的形式显示出来。

在此视图中，可将需要插入的块拖动到文件中的任意位置。

激活设计中心，可采用以下几种方式。

- 直接在命令行输入“ADCENTER”或者“ADC”，并按下回车键进行确认；
- 在“视图”菜单栏下，单击“选项板”工具面板上的“设计中心”命令图标，如图 2-147 所示；
- 组合键：Ctrl+2。

图 2-147 视图—选项板—设计中心

启用命令后，弹出“设计中心”对话框。首先，从“文件夹”选项中找到具有“块”的文件，如图 2-148 所示。然后进入“打开的图形”选项，在列表中选择“块”选项，可以看到文件中定义的块，这些块都以缩略图的形式显示在设计中心，此时只需要将插入的块拖动到图形中指定位置即可，如图 2-149 所示。

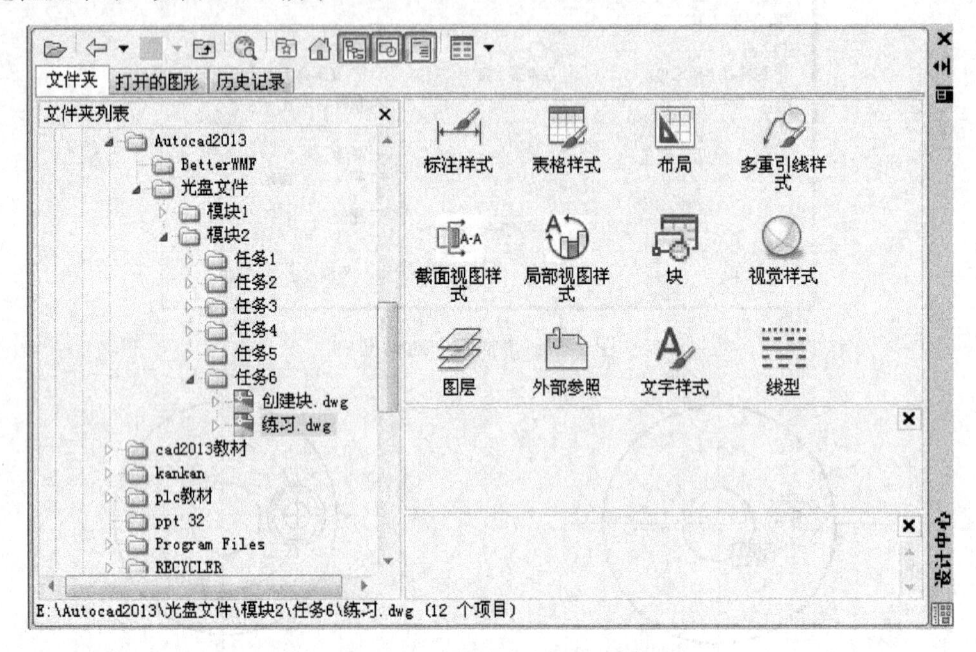

图 2-148 “设计中心”对话框

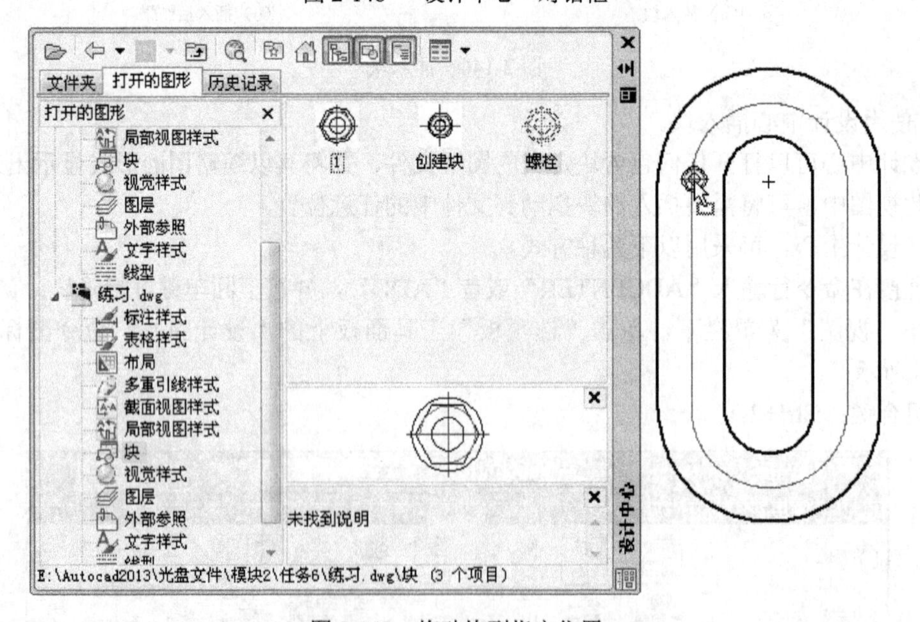

图 2-149 拖动块到指定位置

③ 使用工具选项面板。

工具选项面板是将一些常用的块及填充图案集合到一起分类放置，需要的时候，只需将其拖动到指定位置即可。激活工具选项面板，可采用以下几种方式。

- 直接在命令行输入“TOOLPALETTES”或者“TP”，并按下回车键进行确认；
- 在“视图”菜单栏下，单击“选项板”工具面板上的“工具选项板”命令图标；
- 组合键：Ctrl+3。

启用命令后，弹出工具选项面板窗口，如图 2-150 所示。在该面板窗口中已经具有机械、建筑、电力、土木等类型工具。我们可以在该面板上建立新的工具选项，方法是：在工具选项面板的选项标签处，单击鼠标右键，选择“新建选项板”，如图 2-151（a）所示；创建新的工具选项后，可通过右键菜单的“上移”、“下移”选项，更改其在工具选项面板上的位置。如图 2-151（b）所示，即为创建一个名为“紧固件”的工具选项。要想在新建的工具选项里面添加“块”，只需要打开设计中心，选择将要添加的块，拖动到工具选项面板中即可，如图 2-152 所示。

除了上面方法外，也可以直接在设计中心的“块”名称上，单击鼠标右键，在右键菜单中选择“创建工具选项板”选项，如图 2-153 所示。

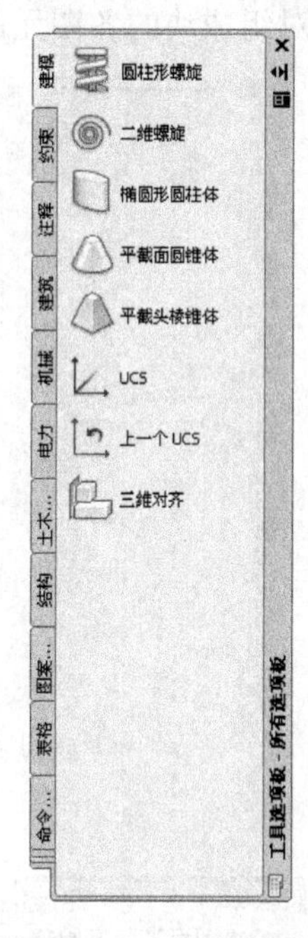

图 2-150　工具选项面板

（a）新建选项板

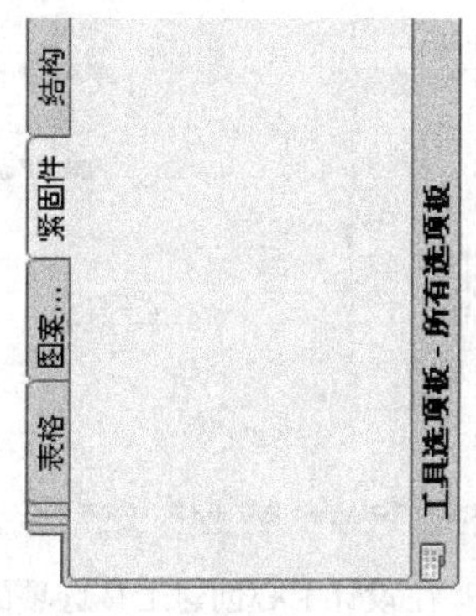

（b）建立“紧固件”选项板

图 2-151　建立新的选项板

在工具选项面板上添加块后，需要将其插入到图形文件中，只需将其拖动到图形文件的指定位置即可，如图 2-154 所示。

（3）块的编辑

块在插入图形后，表现为一个整体，不能直接对组成块的对象进行编辑。在 AutoCAD 中，提供了四中编辑块的方法，分别是：分解块、对块重定义、块的在位编辑以及块编辑器。下面分别进行简单介绍。

① 分解块。

使用分解命令将块分解后，组成块的各个图元不再是一个整体，而是独立的对象，这时就可对组成块的各图元进行编辑，如图 2-155 所示。

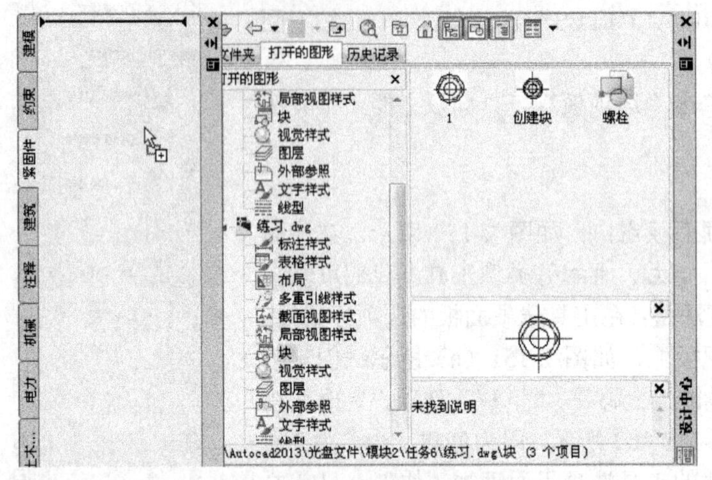

（a）从设计中心拖动“块”到工具选项面板

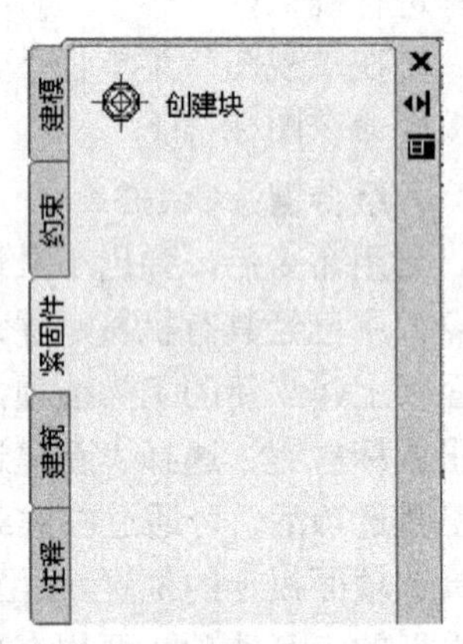

（b）拖动后效果

图 2-152　在选项面板中增加“块”

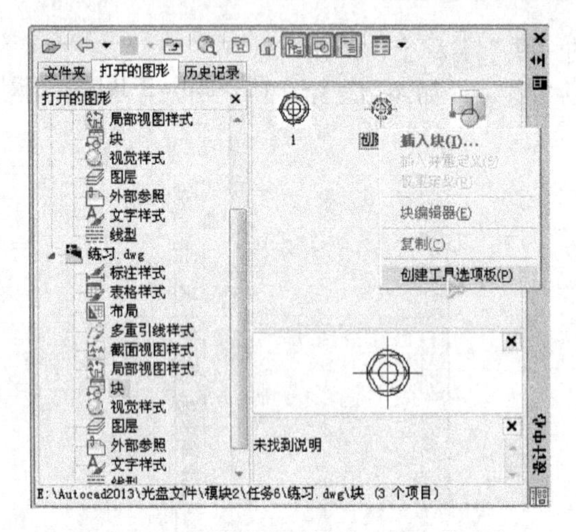

图 2-153　在设计中心创建工具选项面板

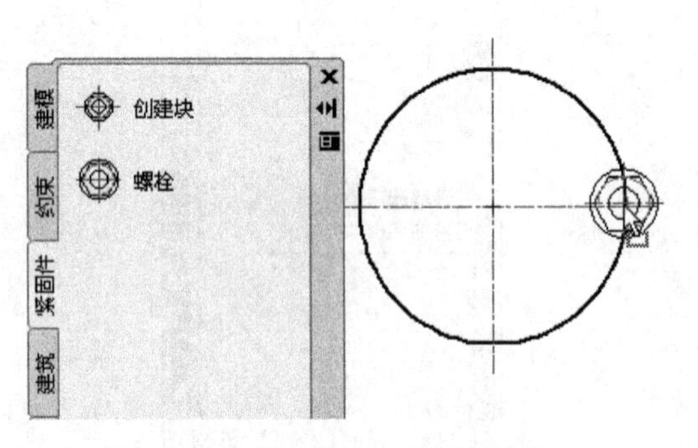

图 2-154　从工具选项面板插入块

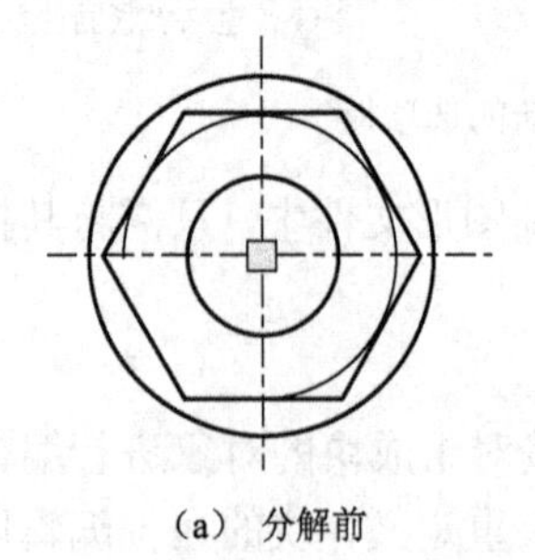

（a）分解前　　（b）分解后

图 2-155　分解块

② 块的重定义。

将块分解后的编辑，仅仅停留在图面上，并没有从真正意义上改变块的定义，也就是说当

我们再次插入这个块时，依旧是原来的样子。除非把分解并编辑后的块重新定义成跟原来同名称的块，用新的块代替原来旧的块。

块的重定义使用起来比较简单，跟创建块使用同一命令，只是在“名称”栏要从下拉列表中选择已有的块，进行重定义后，单击“确定”按钮，会弹出“块-重新定义块”信息提示框，如图 2-156 所示。选择“重新定义块”选项即可对原来的块进行重定义。

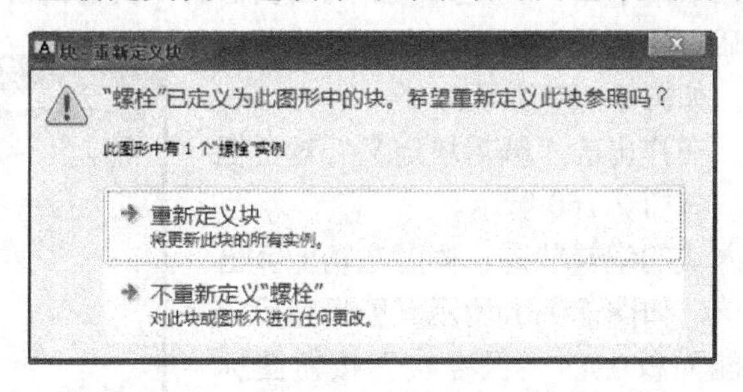

图 2-156 “块-重新定义块”信息提示框

③ 块的在位编辑。

所谓在位编辑，即在块原来位置上进行编辑。方法是：在选择块后，单击鼠标右键，在右键菜单中选择“在位编辑块”选项，如图 2-157 所示。弹出“参照编辑”对话框，如图 2-158 所示。单击“确定”按钮后，图形区除了要编辑的块以外，其他图形灰色显示，同时在功能区的当前菜单下出现“编辑参照”功能面板，如图 2-159 所示。修改完成后，单击功能面板上的“保存修改”按钮 ，会弹出 AutoCAD 的信息警告窗口，单击“确定”按钮，完成块的编辑。

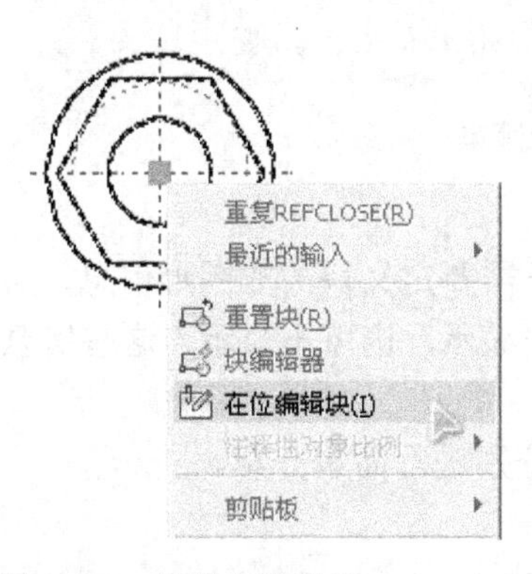

图 2-157 块的右键菜单

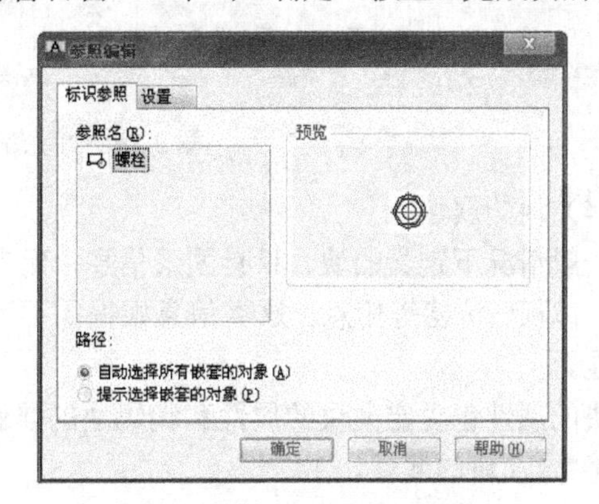

图 2-158 “参照编辑”对话框

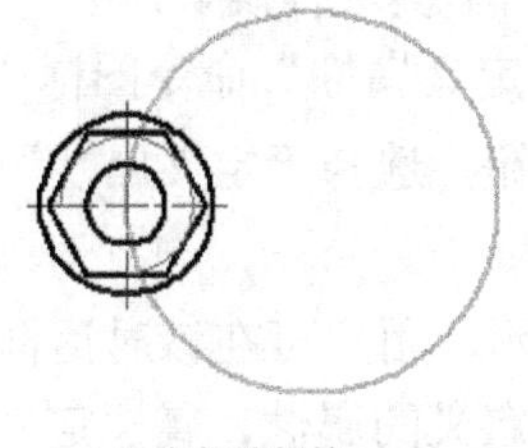

（a）在位编辑块

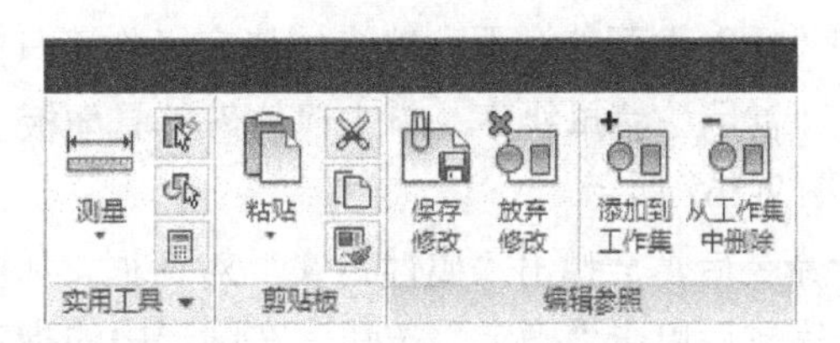

（b）“编辑参照”功能面板

图 2-159 在位编辑块

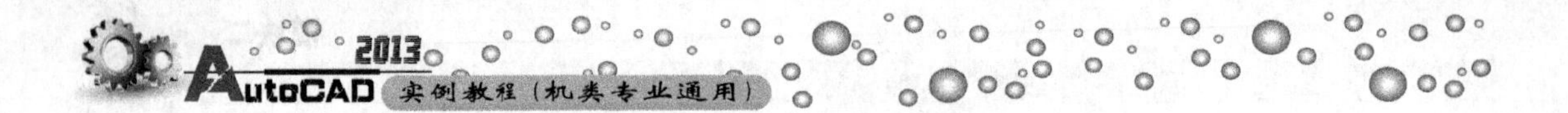

④ 块编辑器。

块编辑器的使用，跟前面学习的块的在位编辑基本相似，执行块编辑器的方法有以下四种：

- 直接在命令行输入“BEDIT”或者“BE”，并按下回车键进行确认；
- 在“插入”菜单栏下，单击“块定义”工具面板上的“块编辑器”命令图标 ；
- 选择要编辑的块后，单击鼠标右键，在右键菜单中选择“块编辑器”选项，如图 2-157 所示；
- 双击要编辑的块，在弹出的“编辑块定义”对话框中，单击“确定”按钮，如图 2-160 所示。

执行命令后，会进入块的编辑状态，同时在功能区出现“块编辑器”功能菜单，如图 2-161 所示。编辑完后，单击“打开/保存”功能面板上的“保存块”按钮图标 ，即可将编辑的块进行保存。

使用该方法还可以灵活地创建使用动态图块，这里不再详细介绍，感兴趣的读者可以自行学习。

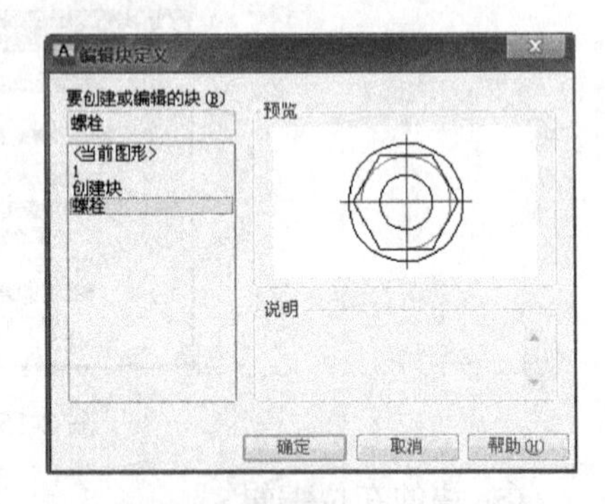

图 2-160 “编辑块定义”对话框

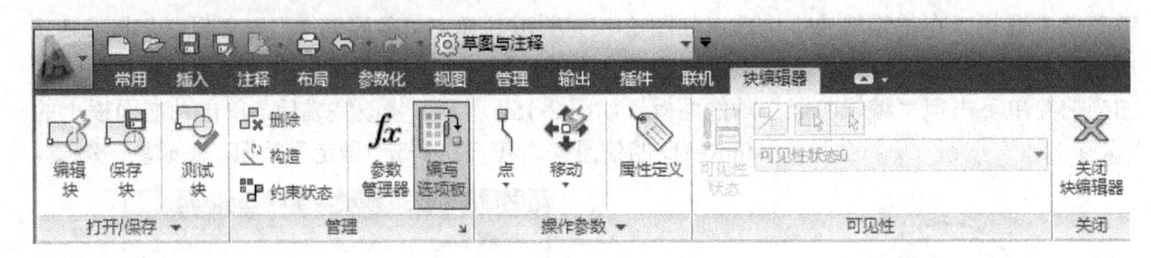

图 2-161 “块编辑器”功能菜单

（4）块的属性

一般情况下定义的块，只有图形信息，而有些情况下需要定义块的非图形信息，如零件的重量、体积、价格等信息。这类信息根据需要可在图形中显示，也可不显示，这些信息称为块的属性。

块的属性包含定义块的属性和编辑块的属性，下面分别进行简单介绍。

① 定义块的属性。

在 AutoCAD 中，定义块的属性有以下三种方法：

- 直接在命令行输入“ATTDEF”或者“ATT”，并按下回车键进行确认；
- 在“插入”菜单栏下，单击“块定义”工具面板上的“定义属性”命令图标 ；
- 在“常用”菜单栏下，单击“块”工具面板上的下拉按钮，选择“定义属性”命令图标 ，如图 2-162 所示。

执行命令后，会弹出“属性定义”对话框，如图 2-163 所示，用户可在该对话框中进行属性定义，完成后单击“确定”按钮。在图形中的指定位置放置定义的属性，属性定义后，可将其创建为块，前面已经介绍过，这里不再赘述。

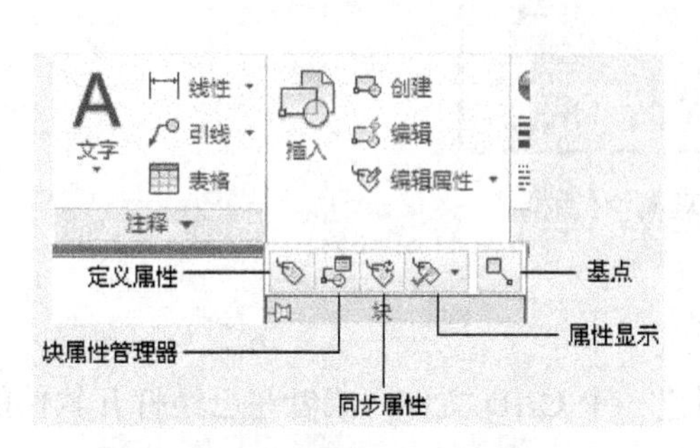

图 2-162　展开的“块”功能面板

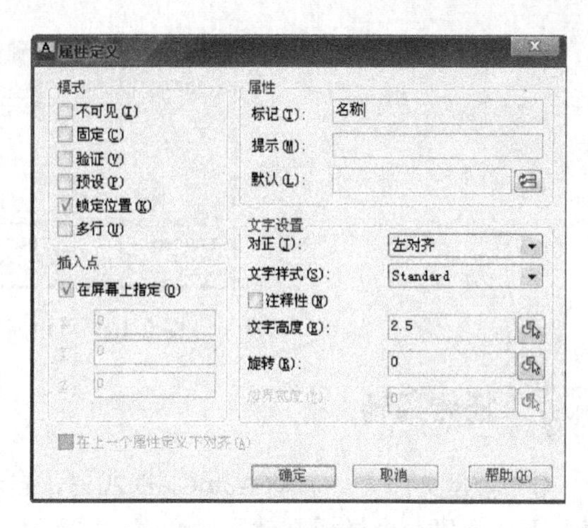

图 2-163　“属性定义”对话框

② 编辑块的属性。

属性编辑分为两个层次，即创建块之前和之后。

• 定义之前：直接在属性上双击，弹出“编辑属性定义”对话框，在这里可对属性的标记、提示、默认三个基本要素进行编辑，如图 2-164（a）所示。

• 定义之后：创建块之后，属性和块已经结合在一起，对块进行编辑即可。编辑方法有两种，一是直接在带有属性的块上双击；二是在“常用”菜单栏下的“块”功能面板上，单击“编辑属性”的下拉按钮，选择“单个”图标 。执行上述操作后，弹出“增强属性编辑器”对话框，如图 2-164（b）所示。

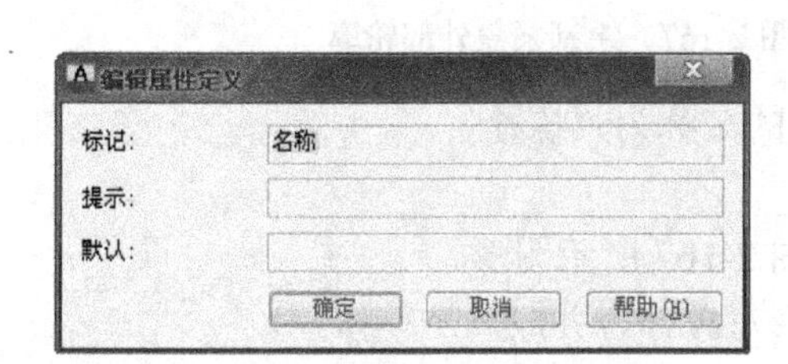

（a）“编辑属性定义”对话框

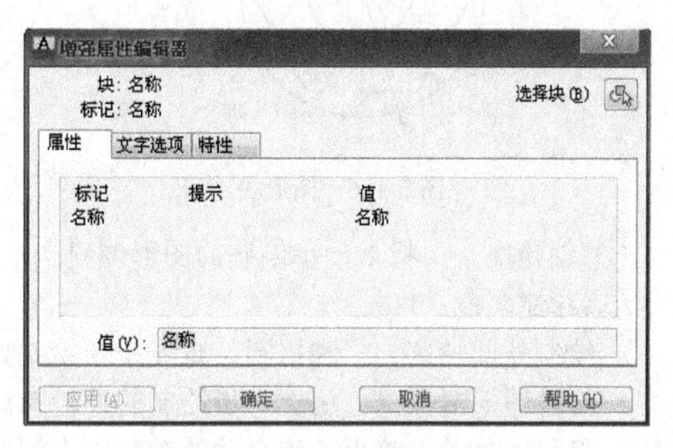

（b）“增强属性编辑器”对话框

图 2-164　编辑属性

除了上述属性编辑以外，AutoCAD 还提供了一个功能非常强的属性管理工具，即“块属性管理器”。它可以对整个图形中任意一个块中的属性标记、提示、值、模式、文字选项等进行编辑。打开块属性管理器的方法有以下两种：

• 在“常用”菜单栏下，展开“块”工具面板上，单击“块属性管理器”图标 ；

• 在“插入”菜单栏下的“块定义”工具面板上，单击“块属性管理器”图标 。

执行上述命令后，弹出“块属性管理器”对话框，如图 2-165 所示。在对话框中，选择编辑项后，单击“编辑”按钮，即可对块属性进行编辑。

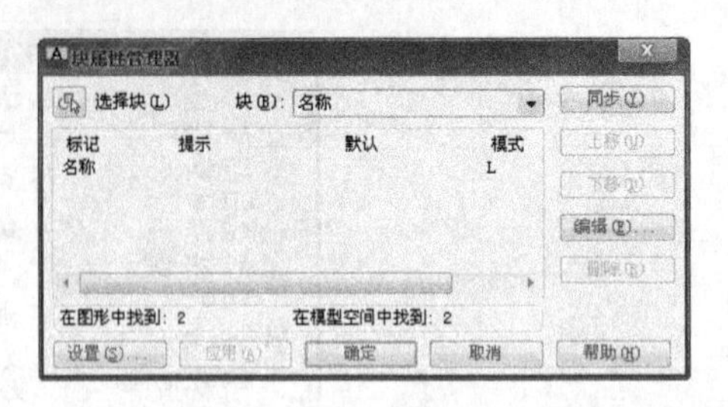

图 2-165 “块属性管理器”对话框

任务实施

① 新建文件　　启动 AutoCAD 2013，自动新建一个 CAD 文件，或者在已经打开软件的情况下，新建一个样板文件。

② 创建图层　　创建“轮廓线”、“中心线”、“细实线”三个图层，并将“中心线”图层置为当前图层，各图层设置如图 2-121 所示。

③ 绘制图形块　　绘制如图 2-166 所示的图形。

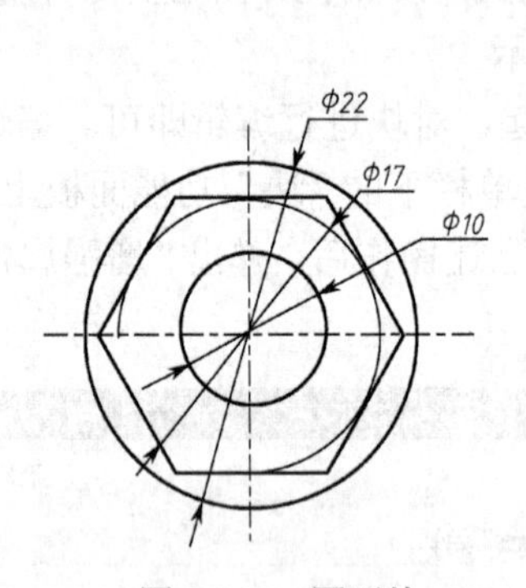

图 2-166 图形块

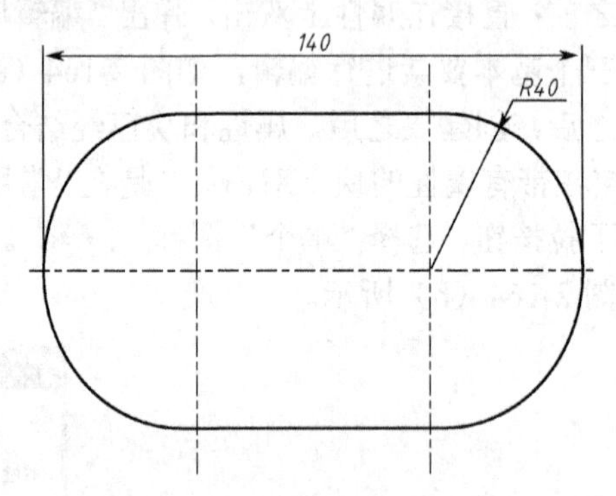

图 2-167 绘制泵盖外部轮廓

④ 创建块　　将上一步绘制的图形创建块，块的名称为“螺栓”。

⑤ 绘制泵盖

• 绘制外部轮廓　　利用圆、直线命令绘制如图 2-167 所示图形。

• 合并图形对象　　将上一步绘制的外轮廓图形对象，合并成一个整体。

• 偏移对象　　将上一步合并的对象向内侧偏移两次，偏移距离均为 15，偏移后将中间的偏移对象转换成中心线图层，结果如图 2-168 所示。

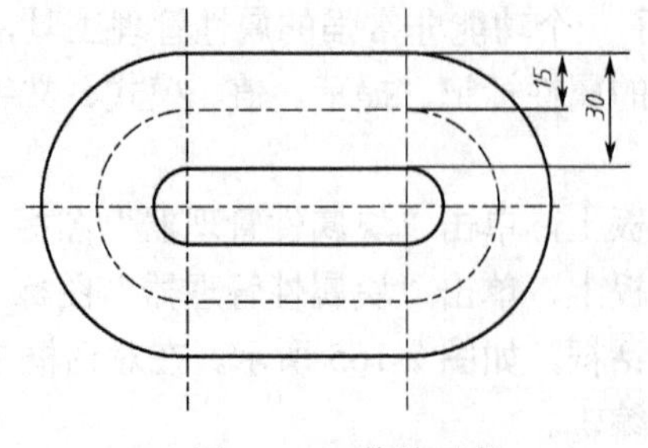

图 2-168 偏移对象

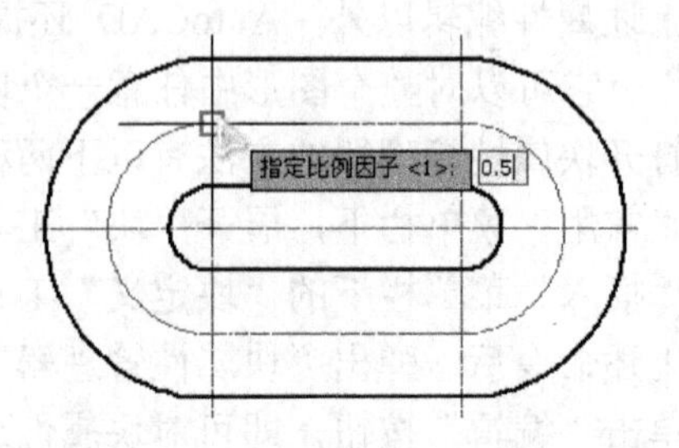

图 2-169 指定插入块的比例因子

⑥ 插入块　　在插入块时，将块的比例因子指定为 0.5，如图 2-169 所示。
⑦ 复制块　　利用夹点编辑功能，将块进行复制，并放置到指定位置，如图 2-170 所示。
⑧ 保存文件　　保存文件，退出 AutoCAD，完成泵盖的绘制。

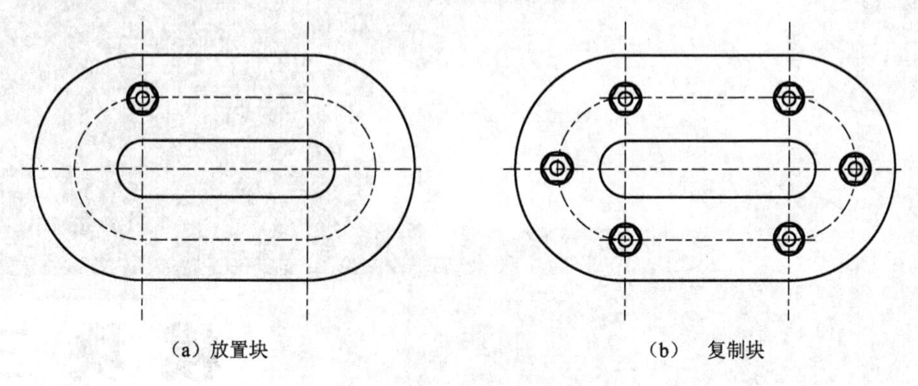

图 2-170　放置并复制块

拓展练习

利用本任务所学知识，绘制如图 2-171 所示图形。

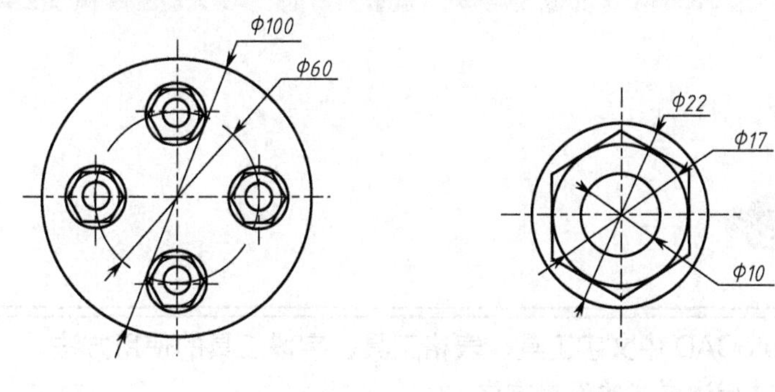

（a）练习 1

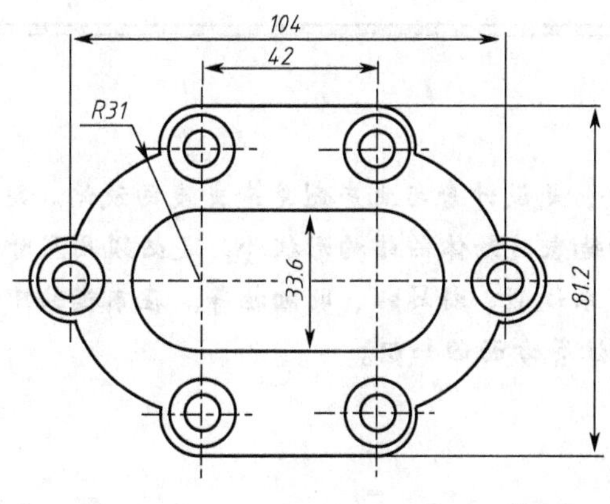

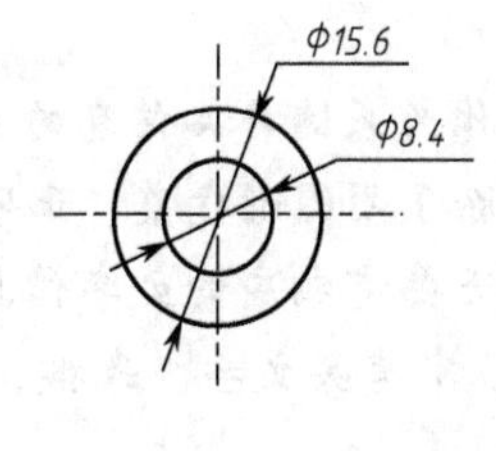

（b）练习 2

图 2-171　拓展练习

模块三

机械图形的注释与标注

学习目标

- 掌握 AutoCAD 中文字工具、表格工具、字段工具的使用方法
- 熟悉尺寸标注样式的设置方法
- 能够熟练创建各种尺寸标注

工程图作为表达产品信息的主要媒介，是设计者与生产制造者交流的载体。因此一张完整的工程图，除了用图形完整、正确、清晰地表达物体的结构形状外，还必须用尺寸表示物体的大小，另外还要有相应的文字信息，如技术说明、标题栏、明细栏等。在本模块中我们就来学习 AutoCAD 中有关文字、表格、尺寸标注等方面的知识。

任务1　蜗杆参数表的创建

学习目标

- 熟悉 AutoCAD 中文字样式的设置方法
- 学会文字的创建与编辑
- 熟悉 AutoCAD 中表格样式的设置方法
- 学会表格的创建与编辑

任务导入

在绘制如图 3-1 所示实例的过程中，我们需要用到的新知识包括：文字样式的设置、单行文字、多行文字的创建与编辑；表格的创建与编辑以及字段的使用。现在就让我们来学习在本实例中用到的新知识。

技术要求：齿部表面淬火 45～50HRC

<table>
<tr><td colspan="2">螺杆类型</td><td colspan="2">阿基米德</td></tr>
<tr><td colspan="2">棋数</td><td>m</td><td>3</td></tr>
<tr><td colspan="2">头数</td><td>Z1</td><td>2</td></tr>
<tr><td colspan="2">齿形角</td><td>α</td><td>20°</td></tr>
<tr><td colspan="2">螺旋方向</td><td></td><td>右</td></tr>
<tr><td colspan="2">导程角</td><td>ϕ</td><td>9°27′44″</td></tr>
<tr><td colspan="2">精度等级</td><td></td><td></td></tr>
<tr><td rowspan="2">配对
涡轮</td><td>圈号</td><td></td><td></td></tr>
<tr><td>齿数</td><td>Z2</td><td>Z4</td></tr>
<tr><td colspan="2">公差组</td><td>项目</td><td>公差</td></tr>
</table>

图 3-1　蜗杆参数表实例

知识准备

1. 文字样式设置

工程图中的文字可以表达许多非图形信息，图形和文字相结合才能准确地表达设计意图。为了使图形中的文字符合制图标准，因此需要根据实际情况，设置文字样式。进行文字样式设置，可采用以下两种方法：

- 直接在命令行输入“STYLE”或者“ST”，并按下回车键进行确认；
- 在“注释”菜单栏下，单击“文字”工具面板右下角的 ↘ 图标，如图 3-2 所示。

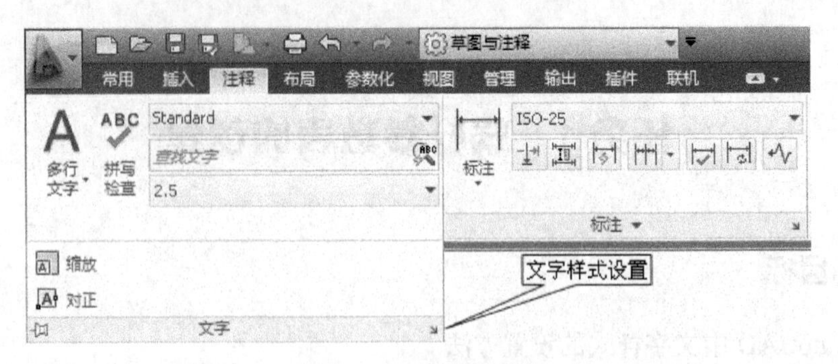

图 3-2　文字功能面板

激活文字样式命令后，弹出“文字样式”对话框，如图 3-3 所示。在该对话框中，默认的文字样式是“Standard”，另外还有个名为“Annotative”的注释性文字样式。下面举例说明文字样式的创建过程。

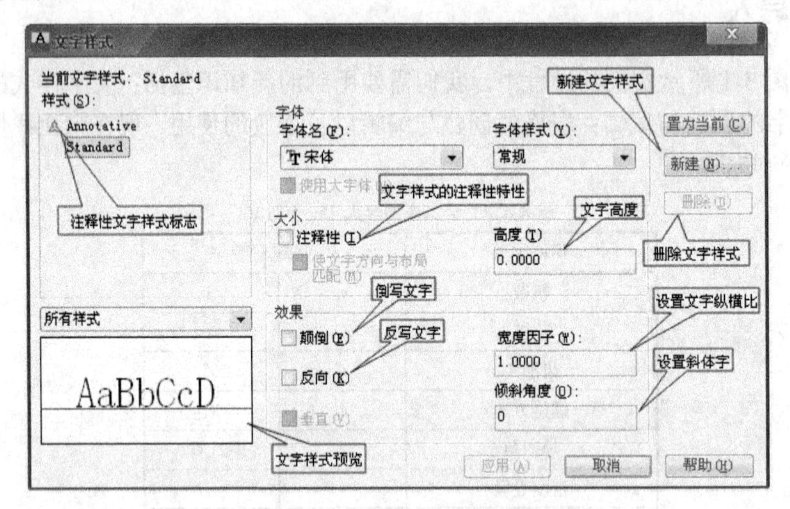

图 3-3　“文字样式”对话框

（1）单击“新建”按钮 新建(N)... ，弹出“新建文字样式”对话框，输入文字样式的名称，如图 3-4 所示。单击“确定”按钮，完成文字样式名称的创建。

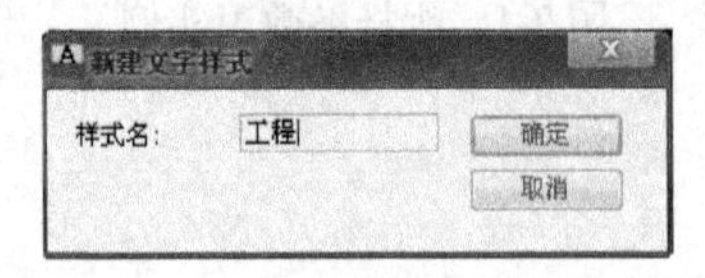

图 3-4　“新建文字样式”对话框

（2）在“文字样式”对话框的“样式”列表中，选中刚创建的文字样式。在“字体”下拉列表中，选择“gbetic.shx”选项，并勾选“使用大字体”选项，勾选该项后，右侧的“字体样式”选项变为“大字体”选项。在“大字体”选项的下拉列表中，选择“gbcbig.shx”选项；其他保持默认设置，如图 3-5 所示。单击“应用”按钮后，将对话框关闭。

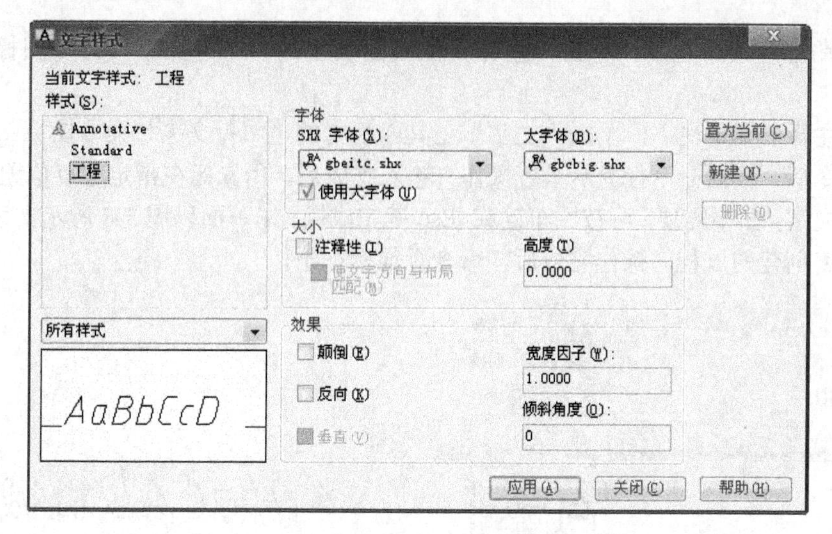

图 3-5　创建文字样式

此时进入“注释”菜单栏，可发现“文字”功能面板上的“文字样式”列表框中，有了“工程”文字样式，如图 3-6（a）所示。展开“常用”菜单栏下的“注释”功能面板，文字样式框中同样也增加了“工程”文字样式，如图 3-6（b）所示。

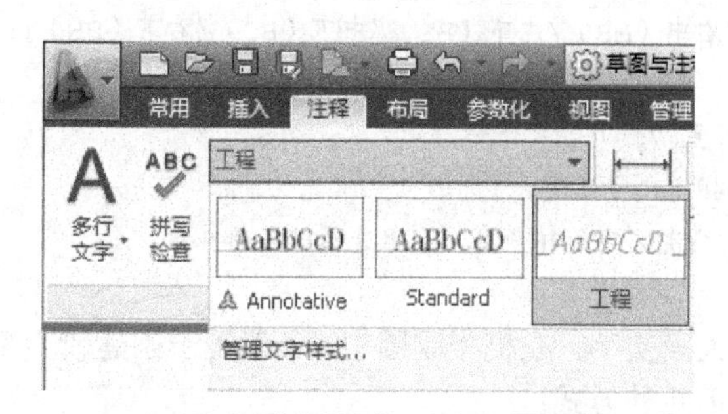

（a）“注释”菜单栏下的“文字”功能面板

（b）“常用”菜单栏下的“注释”功能面板

图 3-6　创建“工程”文字样式

创建完文字样式后，如果需要修改，只需重新打开“文字样式”对话框，选择已经创建的文字样式进行修改即可。

2．创建文字

定义好文字样式后，就可以进行文字标注了。在 AutoCAD 中，根据输入文字的多少，提供了单行文字和多行文字两种方法。

（1）创建单行文字

可以使用单行文字创建一行或多行文字，其中每行文字都是独立的对象。启用单行文字命令，可采用以下几种方式：

- 直接在命令行输入“DTEXT”或者“DT”，并按下回车键进行确认；

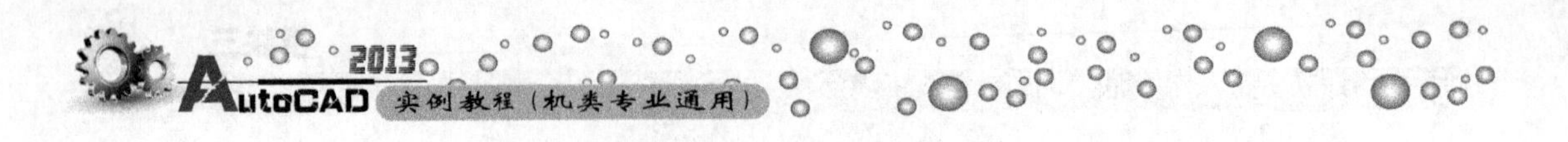

• 在“常用”菜单栏下，单击“注释”工具面板上的“单行文字”命令图标，如图 3-7 所示；

• 在“注释”菜单栏下，单击“文字”工具面板上的“单行文字”命令图标。

执行命令后，根据命令行提示进行操作，输入完成后，用鼠标在指定起点位置单击后，可以继续创建文字，如不需要，可按回车键或 Esc 键完成操作。下面以图 3-8 所示文字效果为例，介绍单行文字创建的过程。操作完成后，命令行显示如下：

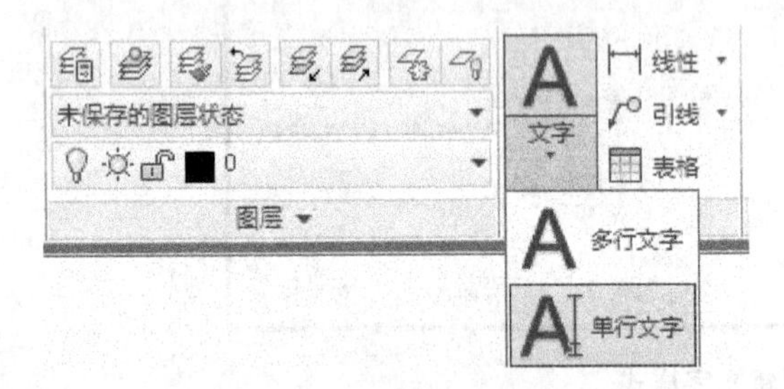

图 3-7　执行单行文字命令

AutoCAD机械制图

图 3-8　单行文字效果

```
命令: _text          // 执行命令。
当前文字样式: “工程”  文字高度: 8.0000  注释性: 否
指定文字的起点或 [对正(J)/样式(S)]: J      // 选择对正选项
输入选项 [对齐(A)/布满(F)/居中(C)/中间(M)/右对齐(R)/左上(TL)/中上(TC)/右上(TR)/左中(ML)/正中(MC)/右中(MR)/左下(BL)/中下(BC)/右下(BR)]: ML
// 选择对正方式。
指定文字的左中点:          // 指定位置。
指定高度 <8.0000>: 10          // 指定文字高度。
指定文字的旋转角度 <0>:          // 指定文字旋转角度，这里选择默认的 0 度。
```

（2）创建多行文字

多行文字命令用来输入含有多种格式的大段文字。在机械制图中，一般用于创建较为复杂的文字说明。启用多行文字命令，可采用以下几种方式：

• 直接在命令行输入“MTEXT”或者“MT”，并按下回车键进行确认；

• 在“常用”菜单栏下，单击“注释”工具面板上的“多行文字”命令图标；

• 在“注释”菜单栏下，单击“文字”工具面板上的 “多行文字”命令图标。

执行命令后，命令行显示如下：

```
命令: _mtext          // 执行命令。
当前文字样式:"工程"  文字高度: 10  注释性: 否
指定第一角点:          // 指定多行文字矩形边界的第一个角点，如图 3-9 所示图形的左上角点。
指定对角点或 [高度(H)/对正(J)/行距(L)/旋转(R)/样式(S)/宽度(W)/栏(C)]:
// 指定多行文字矩形边界的第二个角点，如图 3-9 所示图形的右下角点；其中选项“高度(H)”，表示指定文字的高度；选项“行距(L)”，表示指定多行文字的行距；选项“旋转(R)”，表示指定文字边界旋转的角度；选项“宽度(H)”，表示指定多行文字矩形的宽度；选项“栏(C)”，表示创建分栏格式的文字，可指定栏间距以及栏宽度。
```

在指定文字边界框的第二个角点后，文字边界框变为文字编辑框，如图 3-10 所示，同时打开“文字编辑器”功能菜单，如图 3-11 所示。

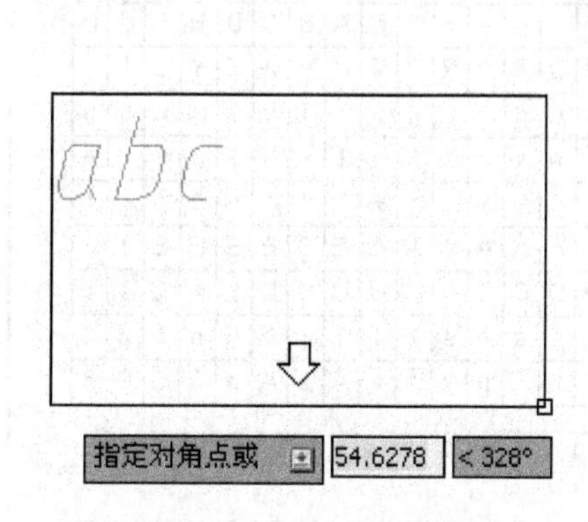

图 3-9　多行文字矩形边界框

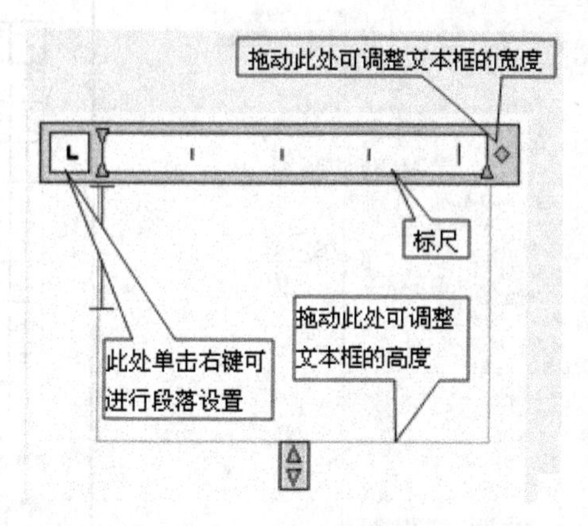

图 3-10　多行文字编辑框

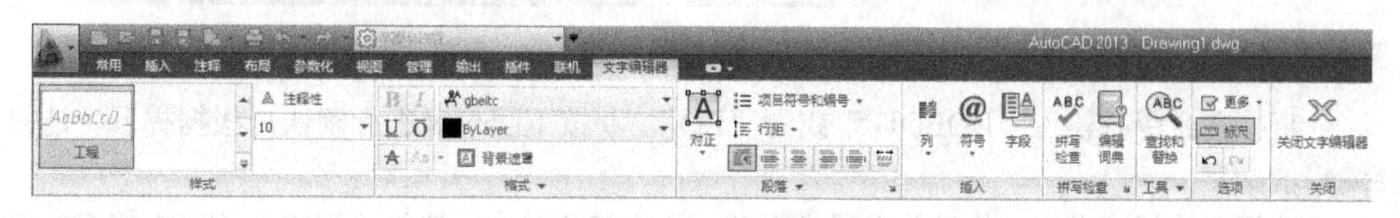

图 3-11　文字编辑器

下面以图 3-12 所示的文字堆叠效果为例，介绍多行文字的创建方法。

$\phi 5\frac{H8}{m6}$　$30^{+0.1}_{-0.05}$　$50\,{}^{0.1}/_{0.2}$

图 3-12　文字堆叠效果

① 输入直径符号 ϕ直径符号属于特殊字符。在“文字编辑器”功能菜单下的“插入”功能面板上，单击符号按钮 @ 上的下拉箭头。在下拉菜单中，选择“直径”符号，如图 3-13 所示。在图 3-13 中，每一个特殊符号 AutoCAD 都有相应的控制符，因此直接输入控制符也可得到相应的特殊符号。若列表中找不到所需要的特殊符号，可以单击下面的“其他...”选项，打开“字符映射表”窗口，如图 3-14 所示，通过字符映射表可查找所需要的特殊字符。

② 输入文字　ϕ5 H8/m6　30 +0.1^-0.05　50 0.1#0.2

③ 建立文字堆叠效果　选择 “H8/m6”，展开“格式”功能面板，单击“堆叠”按钮图标 堆叠 ，如图 3-15 所示。重复操作，将“+0.1^-0.05”、“0.1#0.2”进行堆叠，最后效果如图 3-12 所示。

3．文字编辑

文字创建后，有时不会一次就能满足要求，因此需要对其进行编辑。进行文字编辑的方法有以下几种。

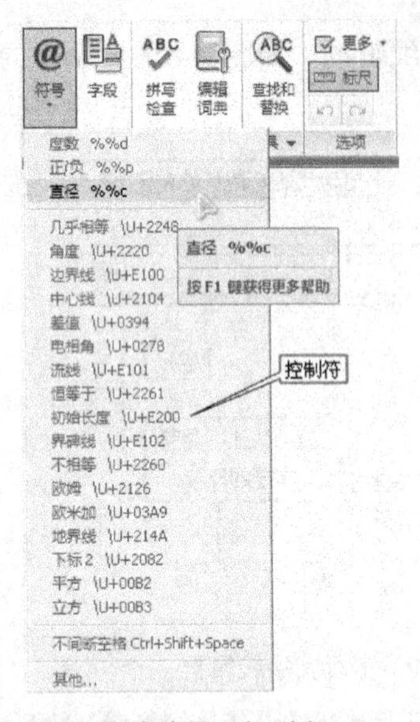

图 3-13　特殊符号下拉列表

图 3-14　字符映射表

• 直接在命令行输入“DDEDIT”或者“ED”，并按下回车键进行确认，根据提示，选择要编辑的文字；

• 选择要编辑的文字，然后单击鼠标右键，在右键菜单中，选择“编辑”或“编辑多行文字”，如图 3-16 所示；

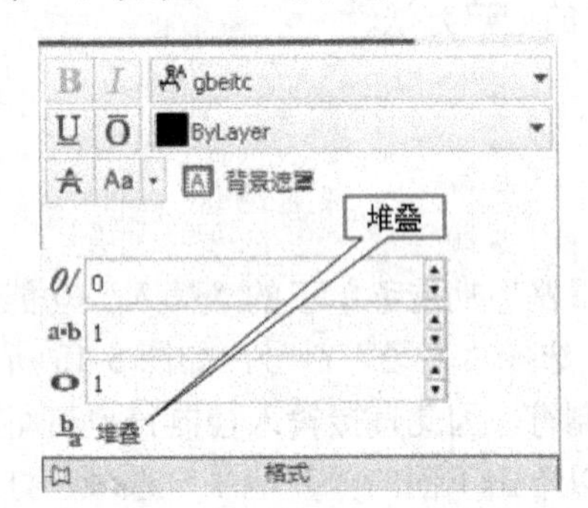

图 3-15　展开“格式”功能面板

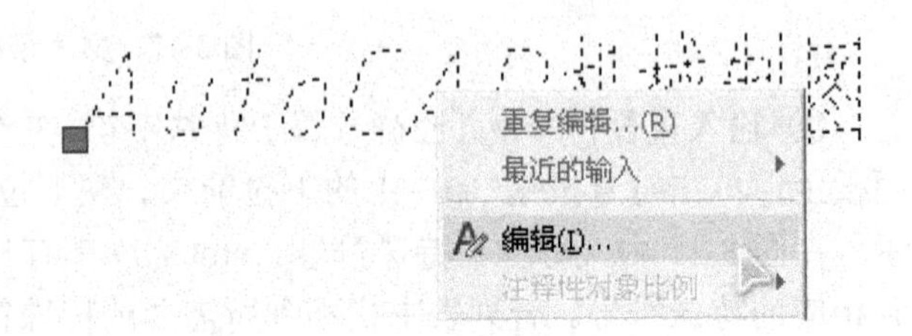

图 3-16　通过右键菜单选项编辑文字

• 直接双击要编辑的文字；

• 通过“特性”工具进行修改，首先选择要编辑的文字，然后可通过 Ctrl+1 组合键或者在右键菜单中选择“特性”选项，即可打开“特性”工具，如图 3-17 所示。在“特性”工具中，不但可以修改文字内容，而且可以对图层、样式、高度、比例等参数进行编辑。

4．创建表格样式

在工程图中，很多时候用到表格，比如标题栏、明细栏。在创建表格之前，需要先对表格的样式进行设置。激活表格样式命令，可采用以下几种方式：

• 直接在命令行输入“TABLESTY”或者“TS”，并按下回车键进行确认，根据提示选择要编辑的文字；

- 在“常用”菜单栏下，展开“注释”功能面板，单击图标，如图 3-6（b）所示；
- 在“注释”菜单栏下，单击“表格”功能面板右下角的图标 。

激活表格样式命令后，弹出“表格样式”对话框，如图 3-18 所示。在该对框中，单击“新建”按钮，弹出“创建新的表格样式”对话框，这里我们新建一个名为“明细栏”的表格样式，如图 3-19 所示。单击“继续”按钮，弹出“新建表格样式：明细栏”对话框，常规选项设置如图 3-20（a）所示；文字选项设置如图 3-20（b）所示；边框选项设置，内线线宽为 0.15mm，外框线宽为 0.4mm，如图 3-20（c）所示。

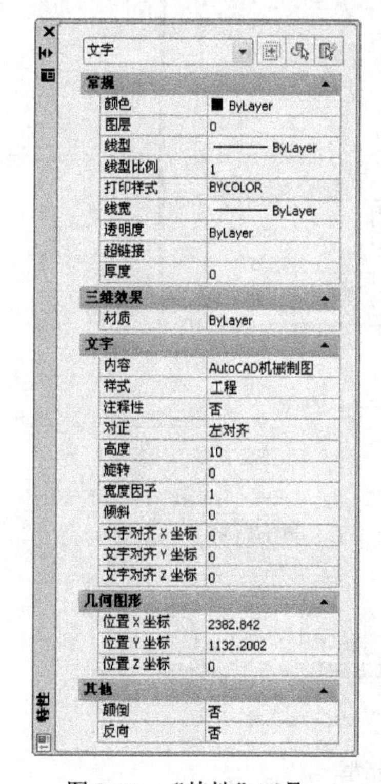

图 3-17 “特性”工具

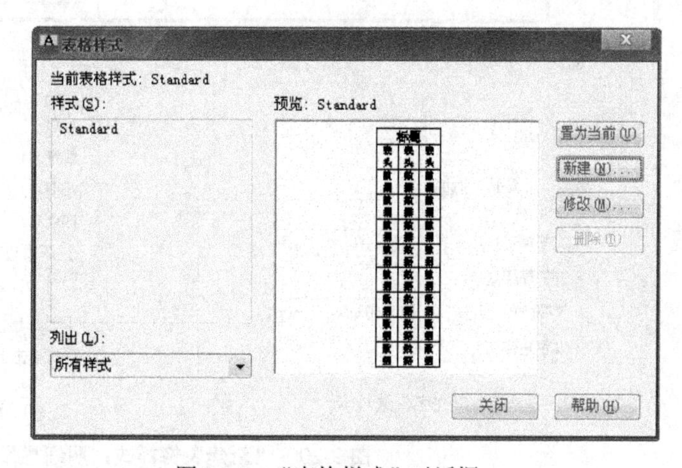

图 3-18 “表格样式”对话框

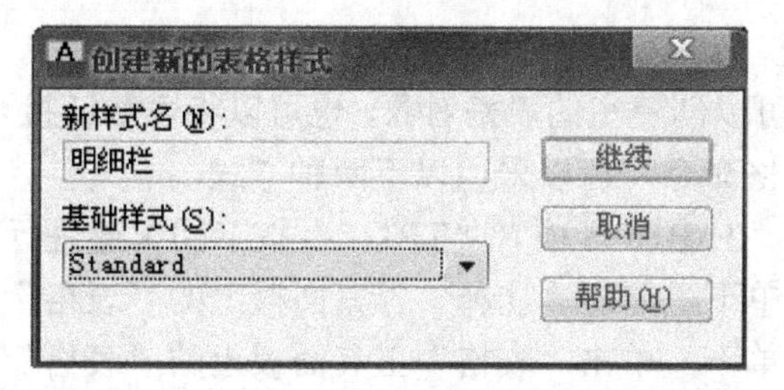

图 3-19 “创建新的表格样式”对话框

设置完成后，单击“确定”按钮，返回到“表格样式”对话框，选择新建的表格样式，将其置为当前，最后单击“关闭”按钮，完成表格样式的创建。

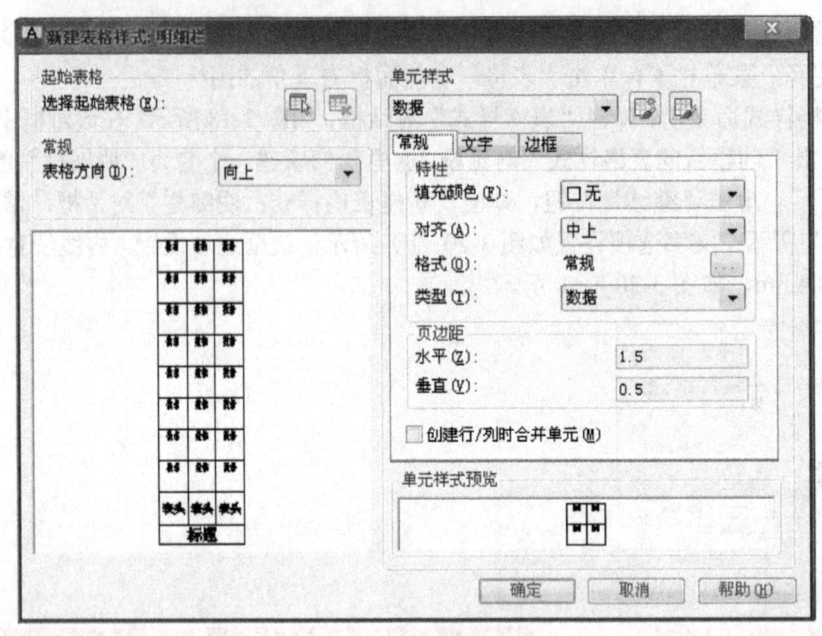

（a）“常规”选项卡

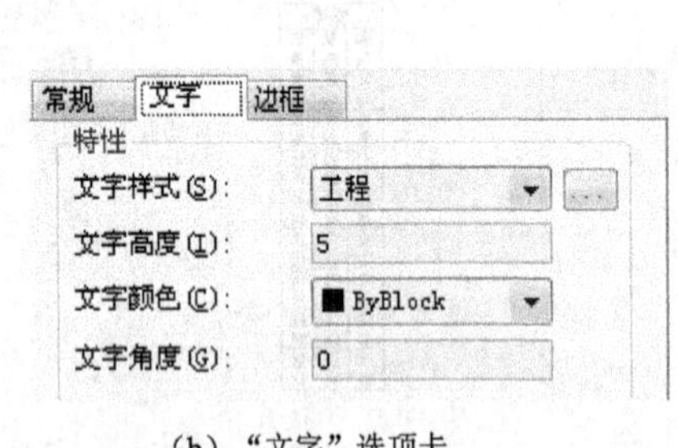

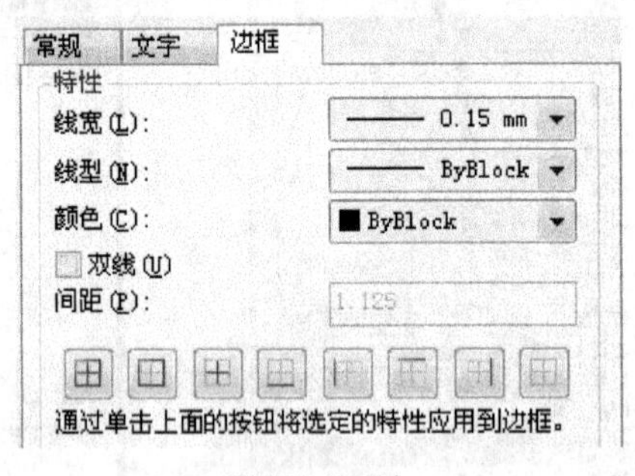

（b）“文字”选项卡　　　　（c）“边框”选项卡

图 3-20　“新建表格样式：明细栏”对话框

5. 插入表格

通过插入表格工具，可以创建空的表格对象，也可以将表格链接至 Microsoft Excel 电子表格中的数据。激活插入表格命令，可以采用以下两种方式：

- 直接在命令行输入“TABLE”或者“TB”，并按下回车键进行确认；
- 在“常用”功能菜单下，单击“注释”工具面板上的“表格”按钮图标 表格；
- 在“注释”功能菜单下，单击“表格”工具面板上的“表格”按钮图标 表格。

激活插入表格命令后，弹出“插入表格”对话框。在设计明细栏的时候，往往不需要表头，因此在“设置单元样式”栏，将“第一行单元样式”的内容设置为“表头”，其他的单元样式都设置为“数据”，其他设置如图 3-21 所示。

完成设置后，单击“确定”按钮，根据命令行提示，在绘图区的适当位置找到插入点，单击鼠标，将表格放置到指定位置。然后在空表格上添加相应的信息，最后在表格的外部单击鼠标，即完成表格的创建，最后结果如图 3-22 所示。

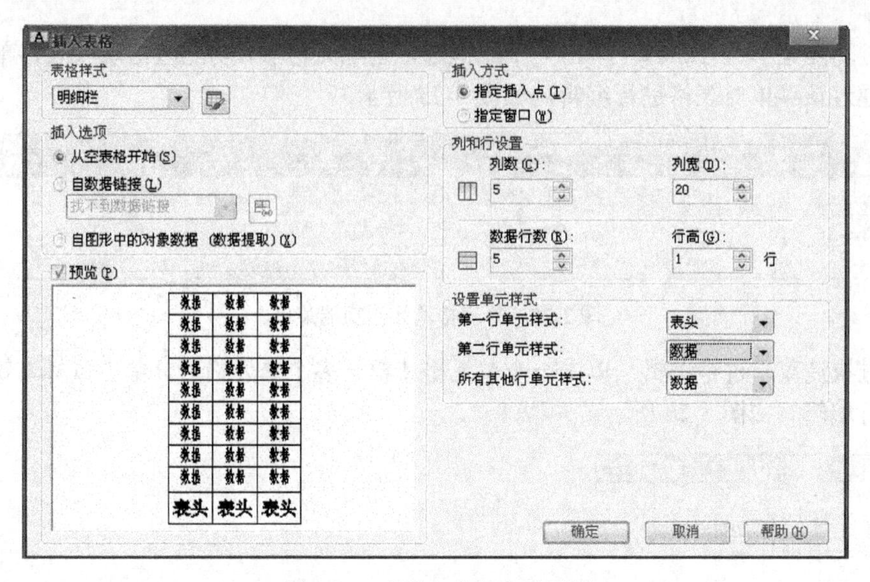

图 3-21　“插入表格”对话框

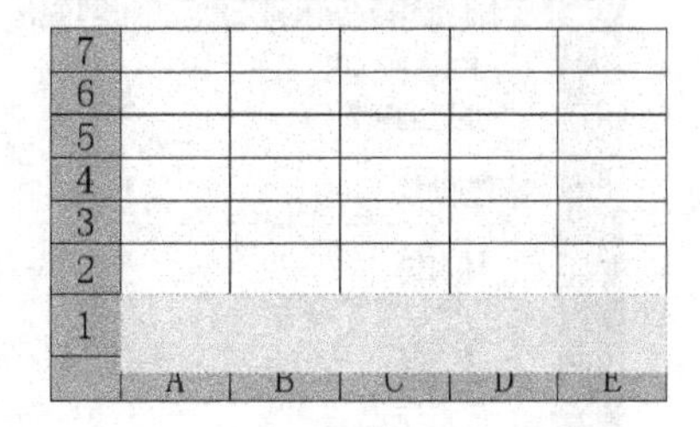

（a）放置表格

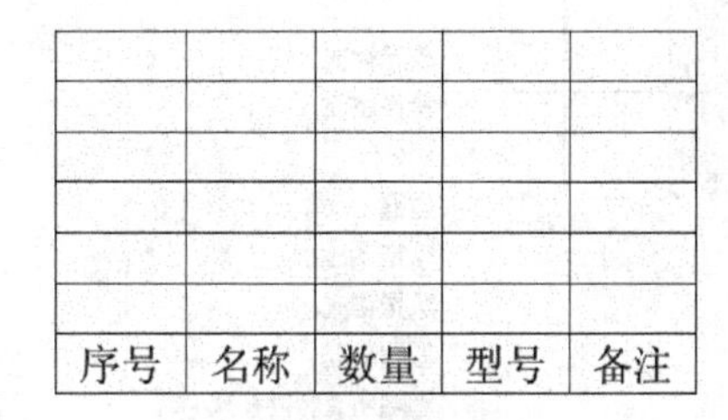

（b）创建后的表格

图 3-22　插入表格

6. 表格的编辑

创建完表格后，还可以对其进行编辑。编辑的方法很多：

- 可以通过特性工具进行编辑，如图 3-23 所示；
- 可以通过夹点进行编辑，如图 3-24 所示；

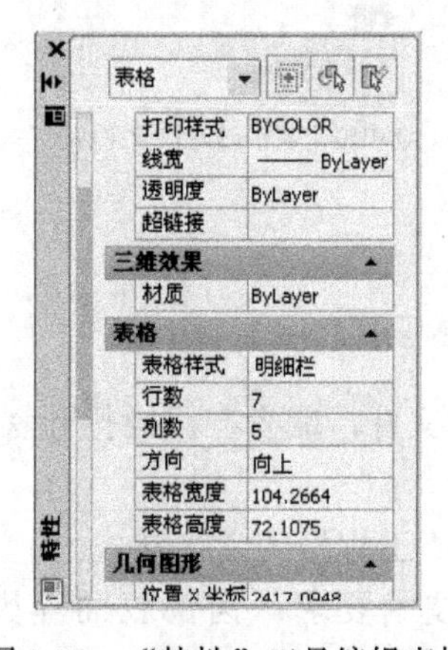

图 3-23　“特性”工具编辑表格

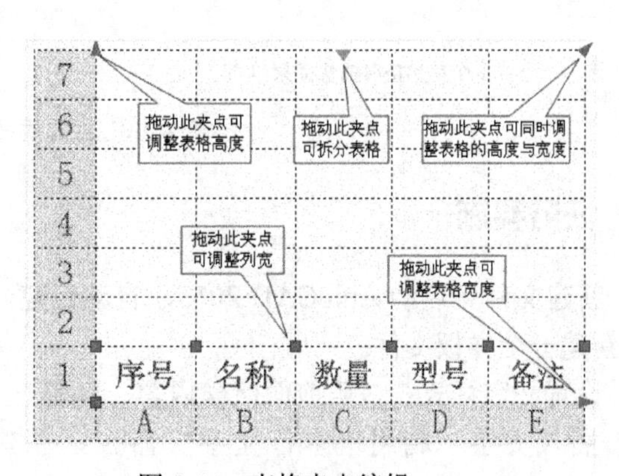

图 3-24　表格夹点编辑

• 通过功能菜单进行编辑　单击一个或框选多个单元格后，功能区出现“表格单元”功能菜单，可通过该菜单对表格进行编辑，如图 3-25 所示；

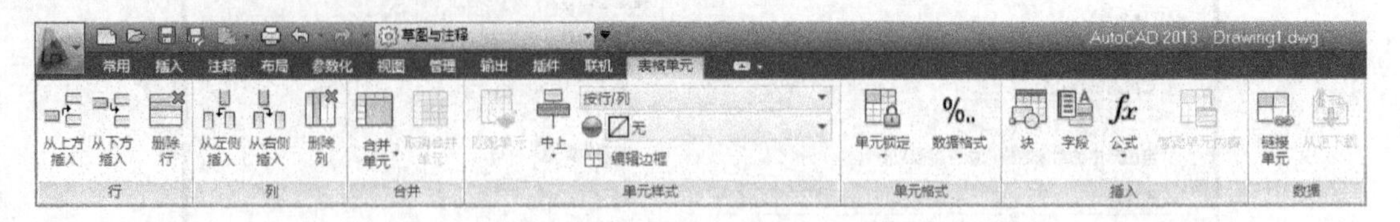

图 3-25　“表格单元”功能菜单

• 通过快捷菜单进行编辑　单击一个单元格或框选多个单元格后，单击鼠标右键，通过右键菜单进行编辑，如图 3-26 所示。

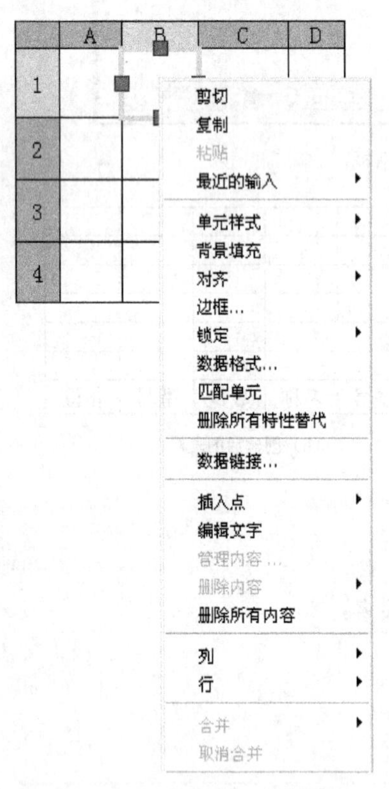

(a) 选中一个或多个单元格时的快捷菜单

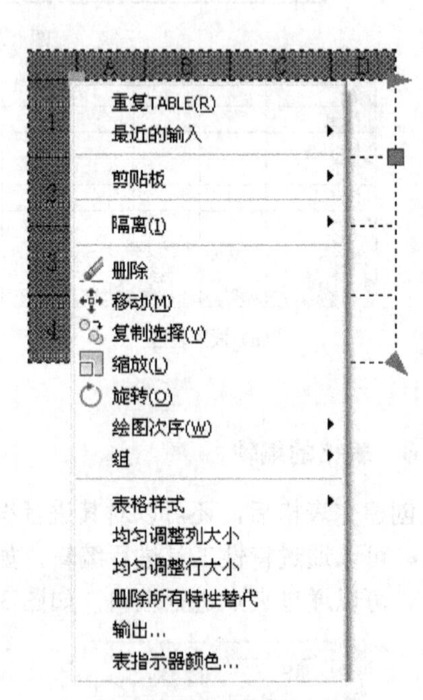

(b) 选中整个表格时的快捷菜单

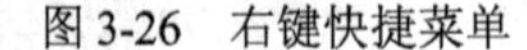

图 3-26　右键快捷菜单

任务实施

① 新建文件　启动 AutoCAD 2013，自动新建一个 CAD 文件，或者在已经打开软件的情况下，新建一个样板文件。

② 设置文字样式　按照前面所学内容，创建一个名称为“工程”的文字样式。

③ 插入文字　利用“多行文字”命令，创建文字“技术要求：齿部表面淬火 45～50HRC”。

说明：在输入符号“～”时，可采用软键盘输入，方法是在语言栏的软键盘图标 上单击鼠标右键，在右键菜单中选择“标点符号”软键盘，如图 3-27（a）所示。然后单击软键盘图标，打开软件盘，单击符号“～”，如图 3-27（b）所示。

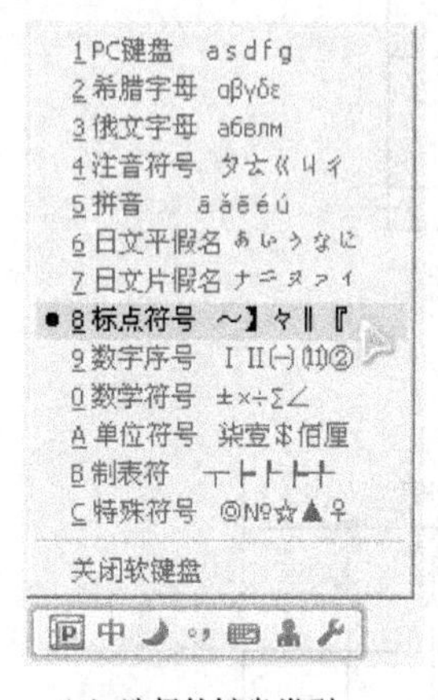

（a）选择软键盘类型

（b）软键盘

图 3-27　利用软键盘输入特殊字符

④ 设置表格样式　按照前面所学内容，创建一个名为“蜗杆参数”的表格样式，表格方向选择“向下”。

⑤ 插入表格　在“插入表格”的窗口中，单元样式全部选择“数据”，如图 3-28 所示。

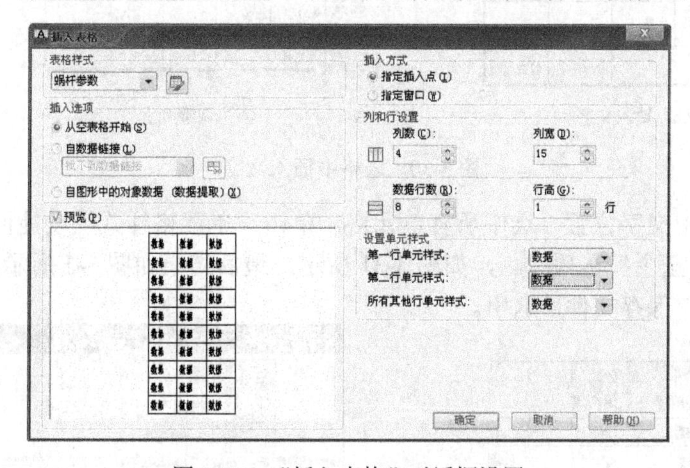

图 3-28　“插入表格”对话框设置

⑥ 合并单元格　选择表格第一行的第一列、第二列单元格，展开“合并”功能面板上的“合并单元”下拉菜单，选择“合并全部”选项 。重复命令，合并其他单元格，结果如图 3-29 所示。

⑦ 输入文字　在表格中输入文字。其中在输入特殊符号及下标时，可调整其字号，以满足大小需要；另外在单元格中，输入文字时若需换行，只需按下 Alt 键的同时按下回车键即可。若表格的列宽、行高不满足要求，可通过拖动夹点进行调节，如图 3-30 所示。

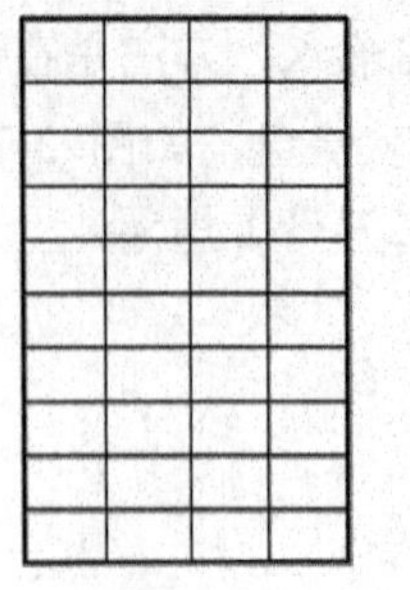

（a）合并前

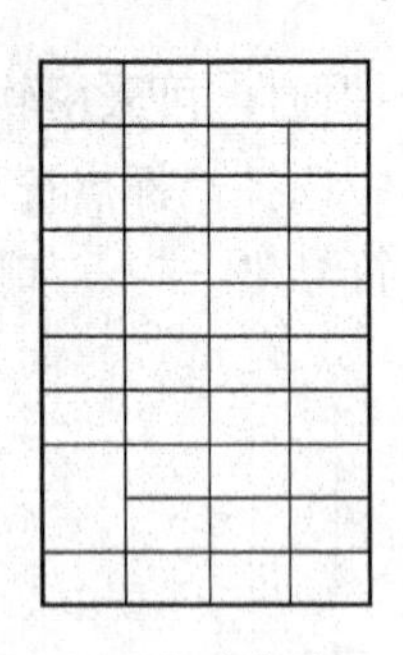

（b）合并后

图 3-29　合并单元格

蜗杆类型		阿基米德	
模数		m	3
头数		Z_1	2
齿形角		α	20°
螺旋方向			右
导程角		ϕ	9°27′44″
精度等级			
配对蜗轮	图号		
	齿数	Z_2	24
公差组		项目	公差

（a）输入文字

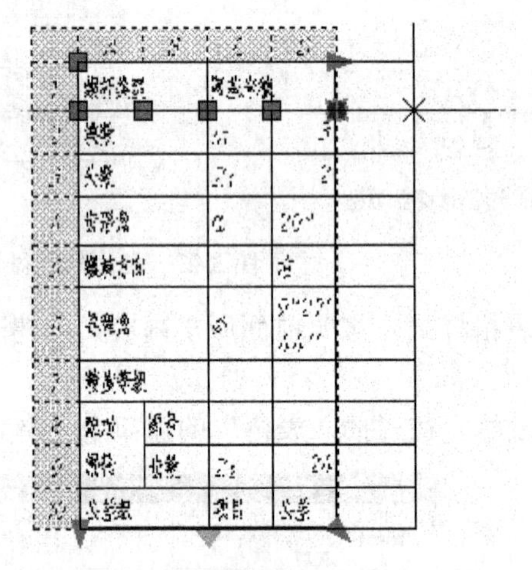

（b）调整列宽

图 3-30　表格中插入文字

⑧ 调整表格中文字位置　选中所有单元格，单击“单元格样式”功能面板上的“对齐”下拉按钮，选择“正中”选项 ，如图 3-31 所示，最后结果如图 3-1 所示。

⑨ 保存文件　保存文件后退出。

	A	B	C	D
1	蜗杆类型		阿基米德	
2	模数		m	3
3	头数		Z_1	2
4	齿形角		α	20°
5	螺旋方向			右
6	导程角		ϕ	9°27′44″
7	精度等级			
8	配对	图号		
9	涡轮	齿数	Z_2	24
10	公差组		项目	公差

（a）选择所有单元格

（b）选择单元格对齐方式

图 3-31　调整表格中文字位置

拓展练习

利用本任务所学知识，创建如图 3-32 所示表格及文字注释。

技术要求

1. 活动部位配合为 $\frac{H8}{f7}$
2. 铆钉特头、垫圈、$R8$应圆滑
3. 两脚拼合时，间隙<0.1
4. 两面120° 角
5. 脚尖淬火50～55HRC

4	调节板	1	Q235	
3	螺钉	1	Q235	车
2	铆钉	1	Q235	车
1	垫圈	1	Q235	车
序号	名称	数量	材料	备注
训练内容		制作划规		
材　料			工时	39h

图 3-32　拓展练习

任务 2　手柄模型的尺寸标注

学习目标

- 熟悉 AutoCAD 尺寸标注样式的设置方法
- 掌握线性标注的使用方法
- 掌握直径标注、半径标注的使用方法
- 掌握折弯标注的使用方法

任务导入（图 3-33）

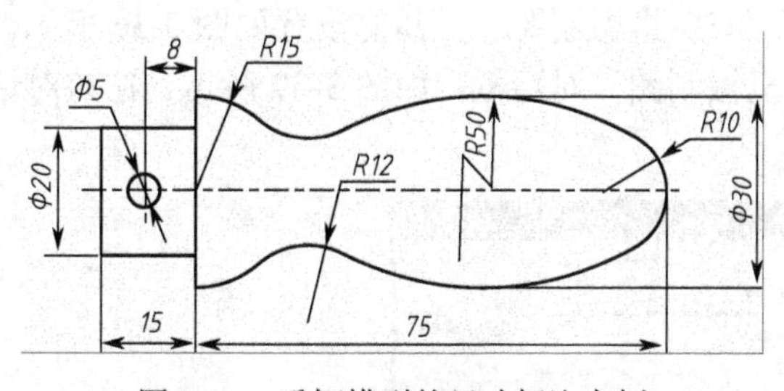

图 3-33　手柄模型的尺寸标注实例

尺寸标注是工程制图中的一项重要内容，工程图中的尺寸标注必须符合相应的制图标准。在 AutoCAD 中，提供了十几种标注样式，从本任务开始，我们将通过几个实例逐一介绍。在本任务中，我们需要用到的新知识包括：尺寸标注样式的设置、线性标注、连续标注、直径标注、半径标注、折弯标注。现在就让我们来学习在本实例中用到的新知识。

知识准备

1. 尺寸标注样式设置

由于不同行业对尺寸标注的标准不同，因此需要使用标注样式来定义不同的尺寸标注标准。如果要定义尺寸标注样式，需要激活标注样式管理器。激活的方法有如下几种：

- 直接在命令行输入“DDIM”，并按下回车键进行确认；
- 在“常用”菜单栏下，将“注释”工具面板展开，单击“标注样式”文本框前面的命令图标 ，如图 3-34（a）所示；
- 在“注释”菜单栏下，单击“标注”工具面板上的图标 ，如图 3-34（b）所示。

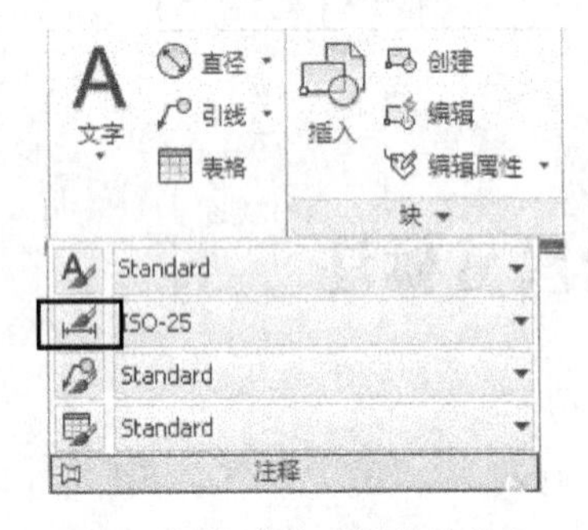

（a）“常用”菜单下激活标注样式

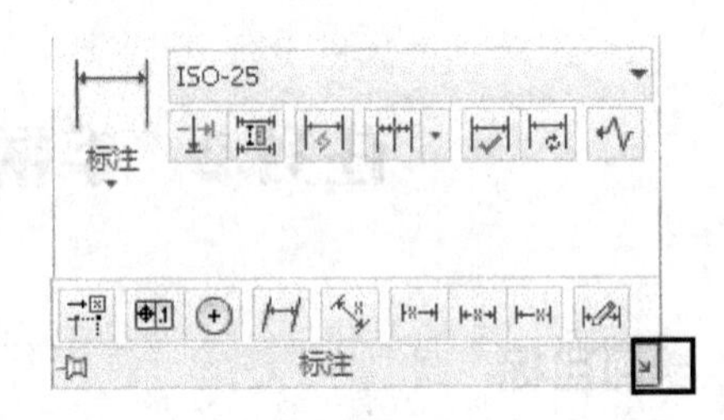

（b）“注释”菜单下激活标注样式

图 3-34　激活标注样式

激活命令后，弹出“标注样式管理器”对话框，如图 3-35 所示。若是采用 Acadiso.dwt 作为样板文件建立的图形文件，则在“标注样式管理器”的“样式”列表框中有“Annotative”、“ISO-25”和“Standard”三个标注样式，其中“Annotative”为注释性标注样式。

在对话框中，单击“新建”按钮 新建(N)... ，弹出“创建新标注样式”对话框，在“新样式名”的文本框中，输入“GB-机械制图”，其他设置如图 3-36 所示。单击“继续”按钮，打开“新建标注样式：GB-机械制图”对话框，如图 3-37 所示。在该对话框中有七个选项卡，下面我们分别介绍。

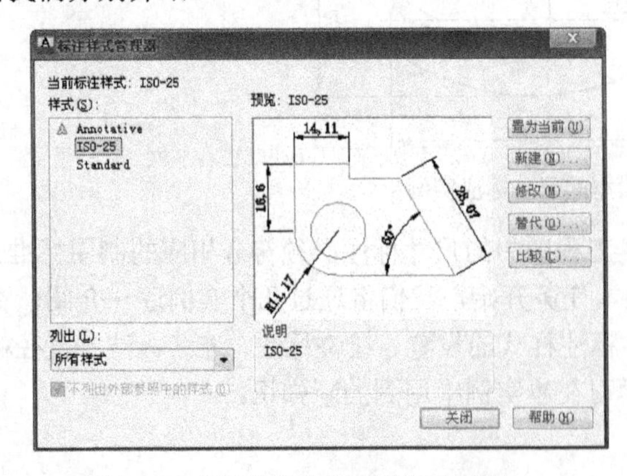

图 3-35　“标注样式管理器”对话框

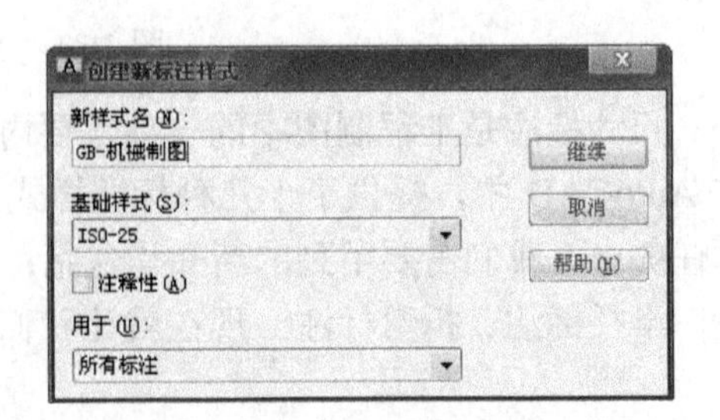

图 3-36　“创建新标注样式”对话框

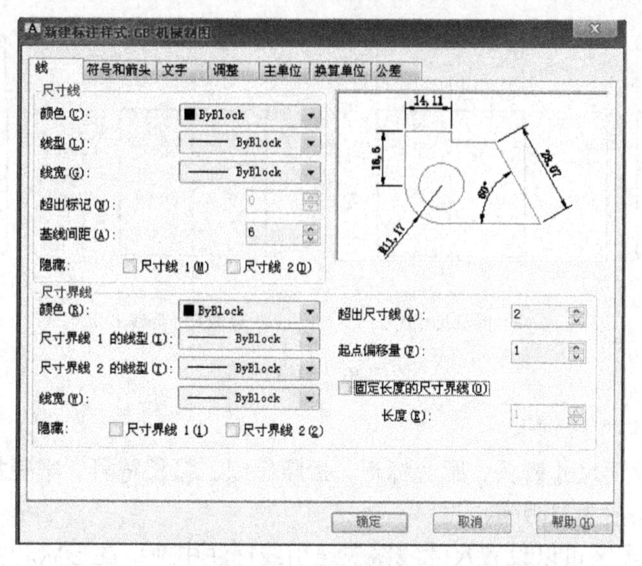

图 3-37 “新建标注样式：GB-机械制图”对话框

（1）“线”选项卡

利用该选项卡可以设置尺寸线和尺寸界线的颜色、线型、线宽等参数，如图 3-37 所示。选项卡中，部分选项含义如图 3-38 所示。下面只对其中的几项进行说明。

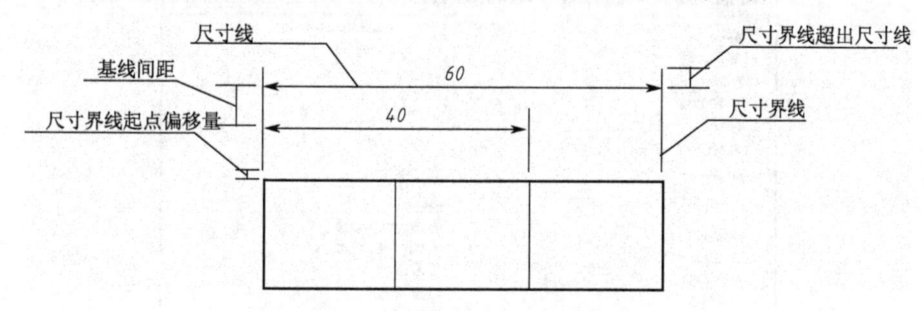

图 3-38 “线选项卡”中各项含义标示

① 尺寸线超出标记 当尺寸线的箭头采用斜线、建筑标记、小点、积分或无标记时，尺寸线超出尺寸界线的长度，如图 3-39 所示。

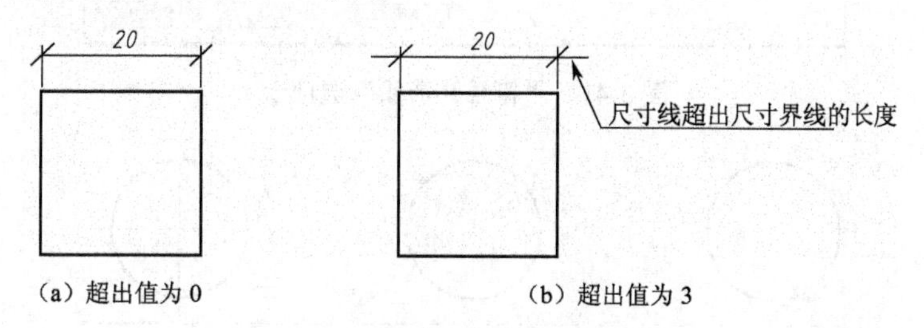

（a）超出值为 0 （b）超出值为 3

图 3-39 尺寸线超出尺寸界线的标记

② 隐藏 尺寸线 1 即靠近尺寸界线第 1 个起点的半个尺寸线；尺寸线 2 即靠近尺寸界线第 2 个起点的半个尺寸线，如图 3-40 所示。

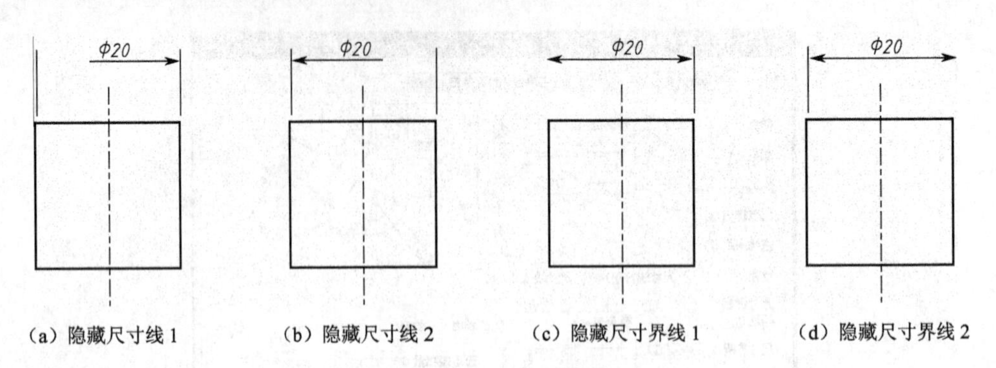

（a）隐藏尺寸线 1　（b）隐藏尺寸线 2　（c）隐藏尺寸界线 1　（d）隐藏尺寸界线 2

图 3-40　隐藏选项

（2）"符号和箭头"选项卡

该选项卡用来设置尺寸箭头、圆心标记、折断标记、弧长符号、半径折弯标记和线性折弯标记方面的格式，如图 3-41 所示。

① 箭头　该选项区可以设置尺寸线跟快速引线标注中箭头的形状和大小。机械标注中，箭头大小一般设置为 3。

② 圆心标记　该选项区可以设置尺寸标注中圆心标记的格式和大小，如图 3-42 所示。

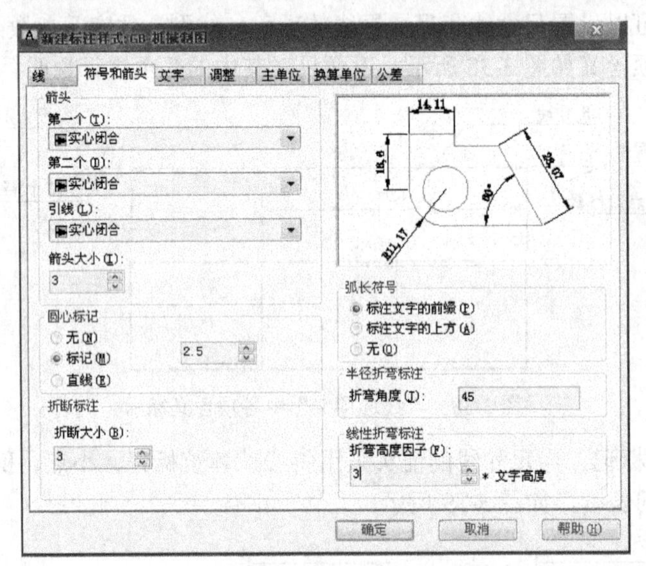

图 3-41　"符号和箭头"选项卡

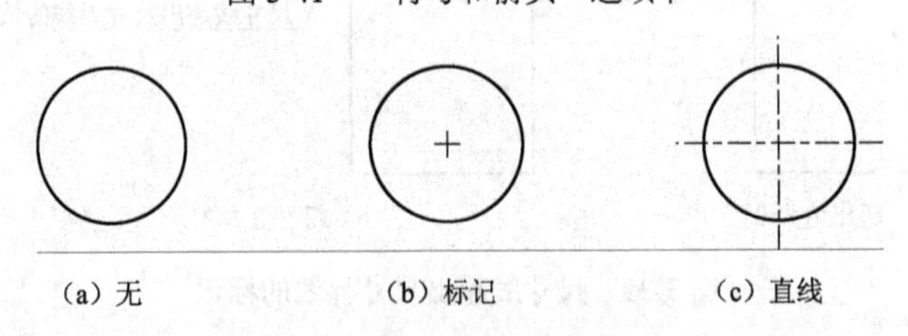

（a）无　（b）标记　（c）直线

图 3-42　圆心标记类型

③ 折断标注　在 AutoCAD 中，允许在尺寸线或尺寸界线与其他线的交汇处打断尺寸线或

尺寸界线，折断大小即为折断的距离，如图 3-43 所示。

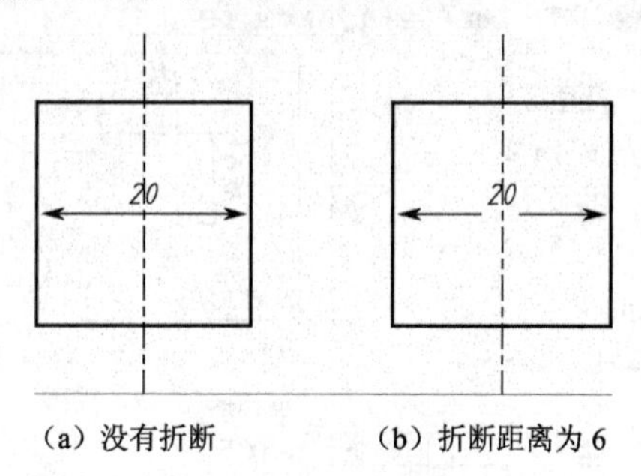

（a）没有折断　　（b）折断距离为 6

图 3-43　折断标注

④ 弧长符号　表示标注圆弧时，弧长符号所在的位置，如图 3-44 所示。

⑤ 半径折弯角度　是指当采用半径折弯标注时，尺寸界线跟尺寸线之间连接线和尺寸界线之间的角度，如图 3-45 所示。

⑥ 线性折弯标注　用来设定线性标注折弯的高度，该值等于折弯高度因子跟尺寸文字高度值的乘积。若文字高度值为 3，当采用不同折弯高度因子时，折弯高度如图 3-46 所示。

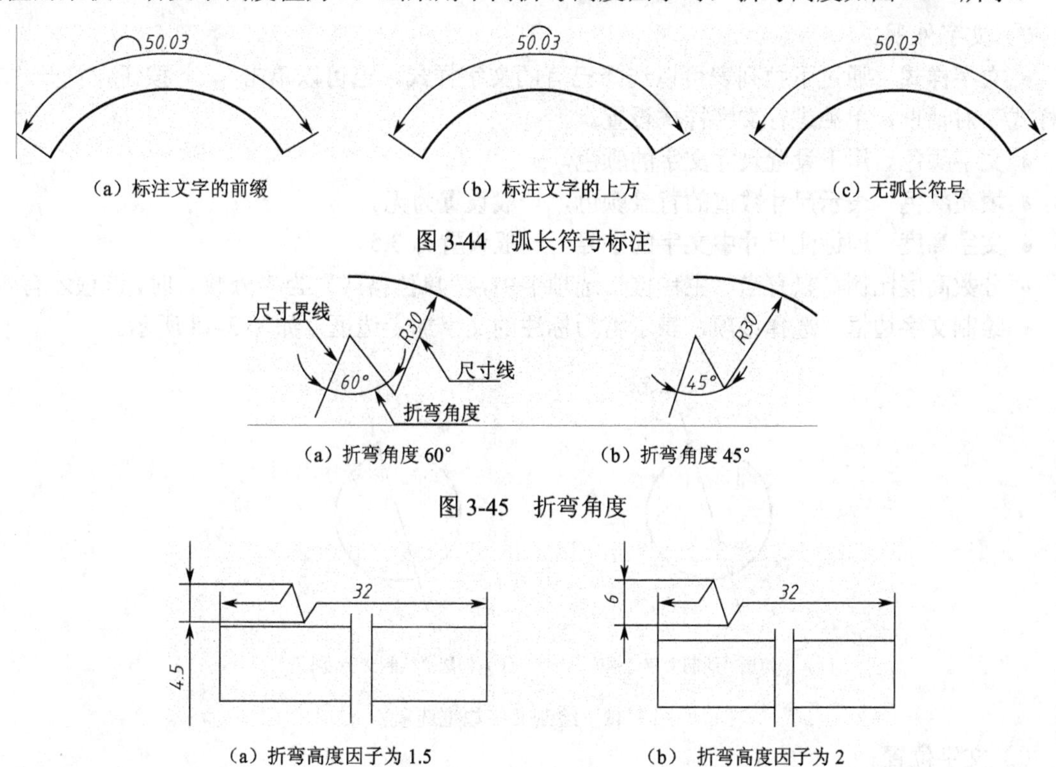

（a）标注文字的前缀　（b）标注文字的上方　（c）无弧长符号

图 3-44　弧长符号标注

（a）折弯角度 60°　（b）折弯角度 45°

图 3-45　折弯角度

（a）折弯高度因子为 1.5　（b）折弯高度因子为 2

图 3-46　线性折弯标注

（3）“文字”选项卡

该选项卡用来设置文字的外观、位置以及对齐方式，如图 3-47 所示。

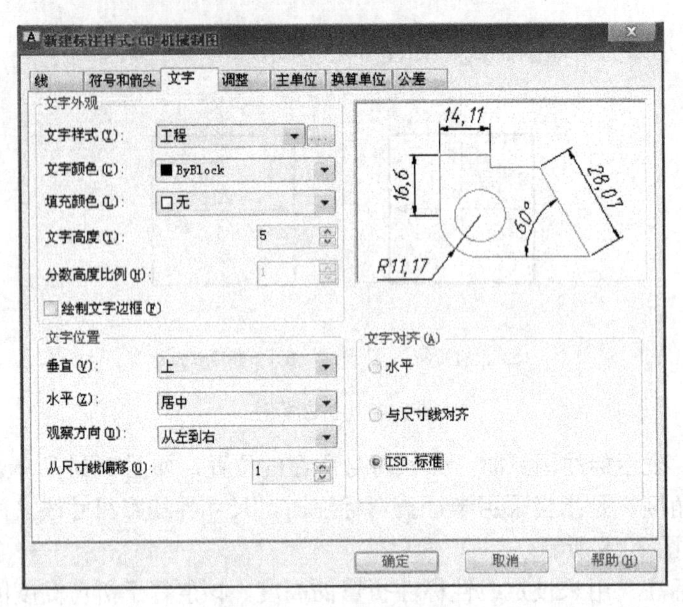

图 3-47 “文字”选项卡

① 文字外观。

• 文字样式　通过下拉列表可以选择已有的文字样式，也可以单击 [...] 按钮，打开“文字样式”对话框，单独进行文字样式设置。

• 文字颜色　用于设置尺寸文字的颜色。

• 填充颜色　表示尺寸数值的背景颜色，一般设置为无。

• 文字高度　即标注尺寸中文字的字号，一般设置为 3.5。

• 分数高度比例　只有当“主单位”选项卡中，“单位格式”为“分数”时，该项才有效。

• 绘制文字边框　选择该项，表示将为标注的文字加上边框，如图 3-48 所示。

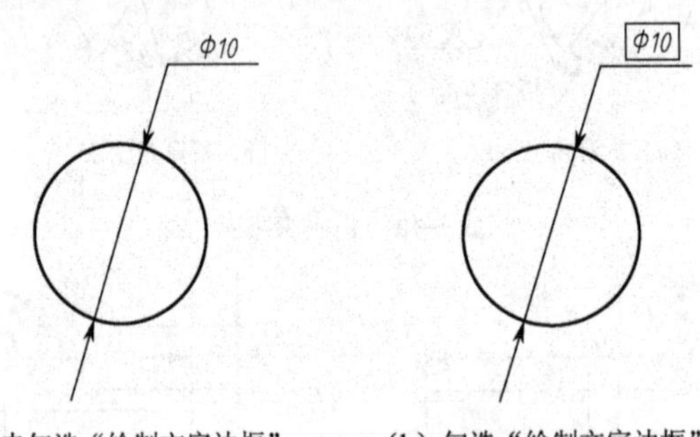

（a）未勾选“绘制文字边框”　（b）勾选“绘制文字边框”

图 3-48 绘制文字边框选项

② 文字位置。

• 垂直　在该项的下拉列表中，有五种方式可供选择，如图 3-49（a）所示。其中 JIS 为日本工业标准，另外四种方式的应用示例如图 3-49（b）、（c）、（d）、（e）所示。

• 水平　在该项的下拉列表中，也有五种方式可供选择，如图 3-50 所示。

• 观察方向　标注文字的观察方向，选择默认的“从左到右”即可。

- 从尺寸线偏移　尺寸数字与尺寸线之间的距离，如图 3-51 所示。

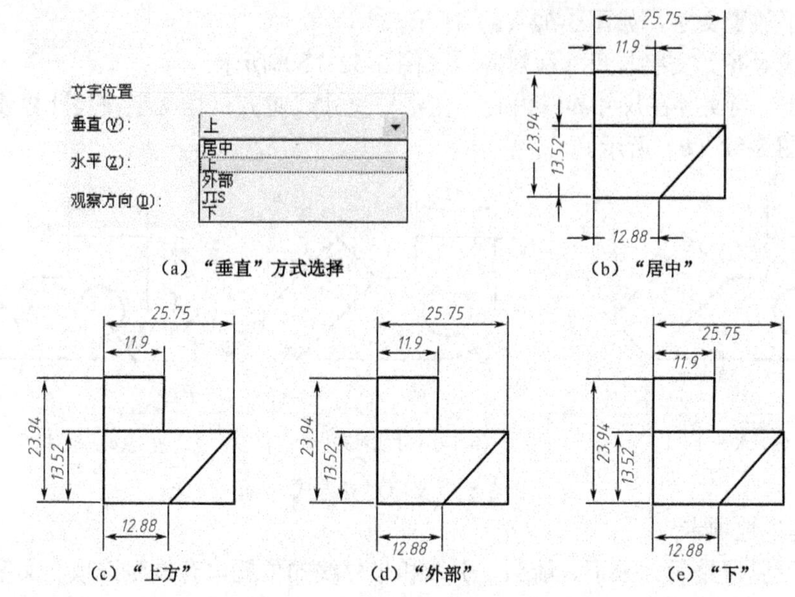

（a）“垂直”方式选择　（b）“居中”

（c）“上方”　（d）“外部”　（e）“下”

图 3-49　文字位置-垂直方式应用

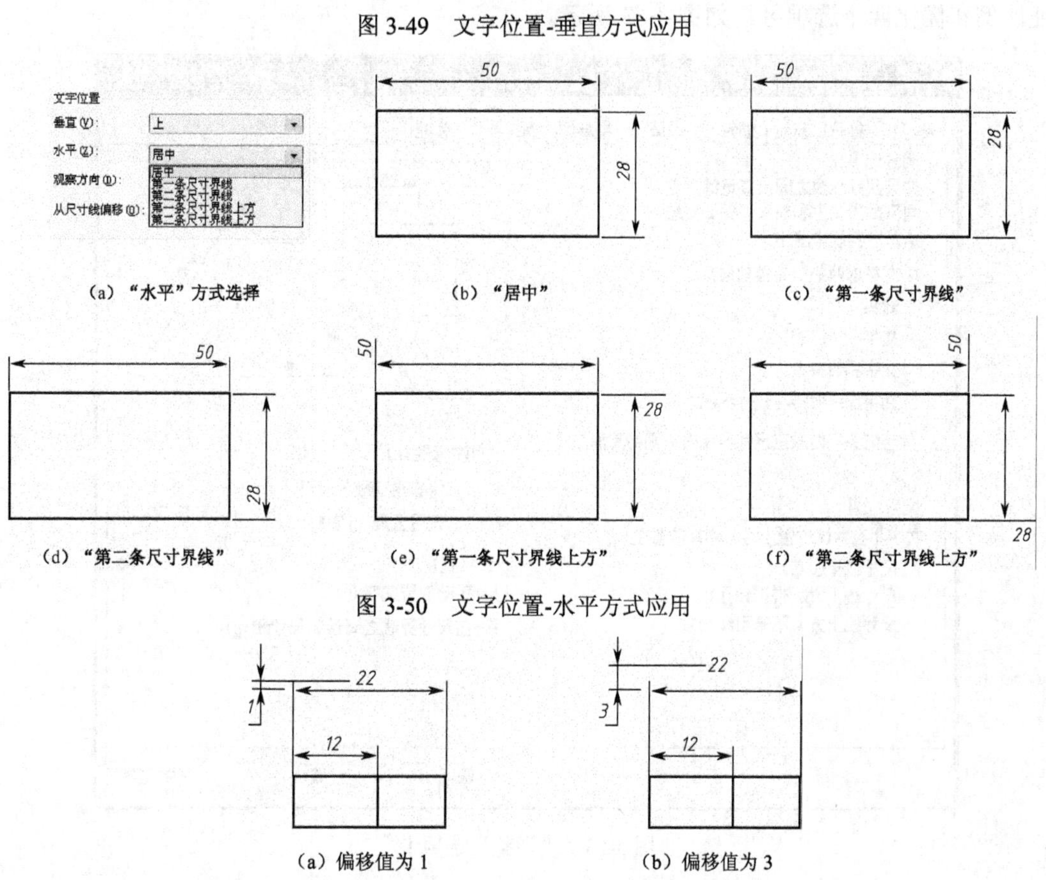

（a）“水平”方式选择　（b）“居中”　（c）“第一条尺寸界线”

（d）“第二条尺寸界线”　（e）“第一条尺寸界线上方”　（f）“第二条尺寸界线上方”

图 3-50　文字位置-水平方式应用

（a）偏移值为 1　（b）偏移值为 3

图 3-51　从尺寸线偏移

③ 文字对齐。

- 水平 平放置文字，如图 3-52（a）所示。
- 与尺寸线对齐 文字与尺寸线对齐，如图 3-52（b）所示。
- ISO 标准 当文字在尺寸界线内时，文字与尺寸线对齐；当文字在尺寸界线外时，文字水平排列，如图 3-52（c）所示。

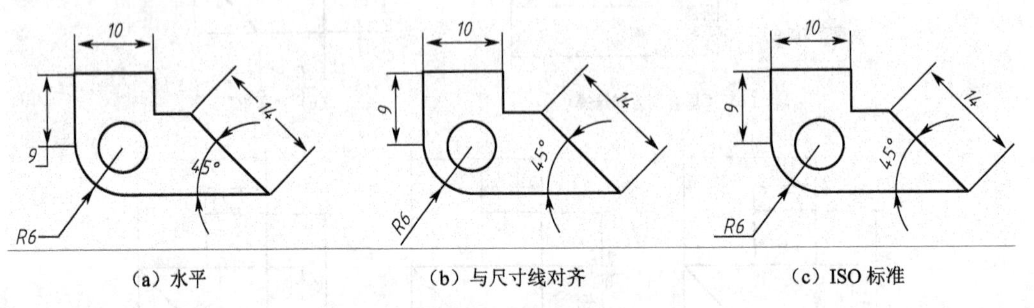

（a）水平　　（b）与尺寸线对齐　　（c）ISO 标准

图 3-52 文字对齐方式

（4）“调整”选项卡

该选项卡可以调整尺寸数字、箭头、引线和尺寸线的位置，有调整选项、文字位置、标注特征比例和优化四个选项区，如图 3-53 所示。

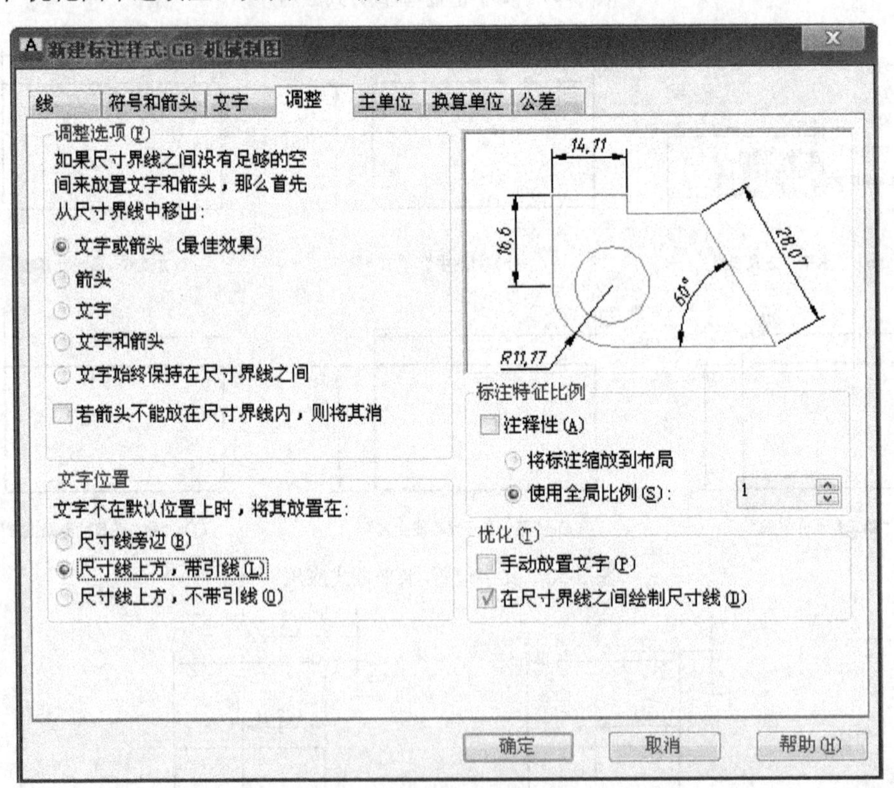

图 3-53 “调整”选项卡

① 调整选项 用来调整尺寸界线之间可用空间的文字和箭头的位置，如图 3-54 所示。

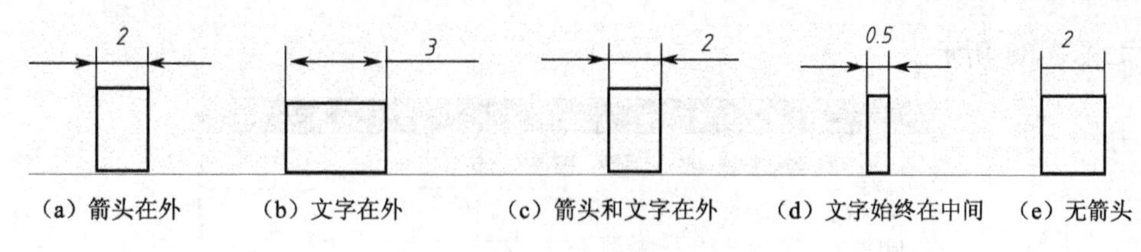

（a）箭头在外　（b）文字在外　（c）箭头和文字在外　（d）文字始终在中间　（e）无箭头

图 3-54　文字箭头调整

② 文字位置。

• 尺寸线旁边　当尺寸数字不能放在默认位置时，将在第二条尺寸界线旁边放置尺寸数字，如图 3-55（a）所示。

• 尺寸线上方且带引线　当尺寸数字不能放在默认位置，且尺寸数字和箭头都不足以放置在尺寸界线内时，CAD 会自动引出一条引线标注尺寸数字，如图 3-55（b）所示。

• 尺寸线上方且不带引线　当尺寸数字不能放在默认位置，且尺寸数字和箭头都不足以放置在尺寸界线内时，将在尺寸线上方放置数字，且不带引线，如图 3-55（c）所示。

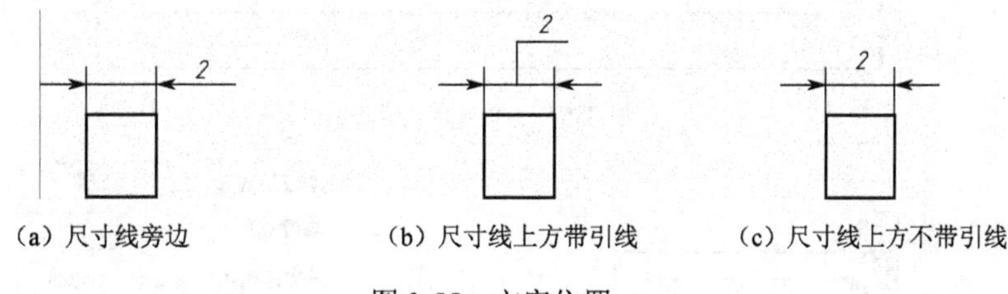

（a）尺寸线旁边　（b）尺寸线上方带引线　（c）尺寸线上方不带引线

图 3-55　文字位置

③ 标注特征比例。

• 注释性　可以将该标注定义成可注释对象。

• 将标注缩放到布局　表示可根据模型空间的口比例设置标注比例。

• 使用全局比例　表示按照指定的尺寸标注比例进行标注。例如标注文字的高度为 3，比例因子设为 2，则标注时字高即为 6mm。

④ 优化。

• 手动放置文字　选择该项，在标注时允许用户自行指定尺寸文字放置的位置。

• 在尺寸界线之间绘制尺寸线　选择该项，表示总在尺寸界线之间绘制尺寸线，否则当箭头移至尺寸界线之外时，则不绘制尺寸线。

（5）“主单位”选项卡

“主单位”选项卡用来设置标注单位的格式和精度，同时还可以设置标注文字的前缀和后缀，如图 3-56 所示。

① 线性标注。

• 单位格式　在其下拉列表中，有 6 种格式可供选择，如图 3-57 所示，一般选择默认的“小数”即可。

• 精度　设置尺寸数字中小数点后保留的位数，如果选择“0.00”，则表示小数点后保留两位。

• 分数格式　只有当单位格式选择“分数”时，该项才有效。在下拉列表中有三项可供选择，如图 3-58 所示。

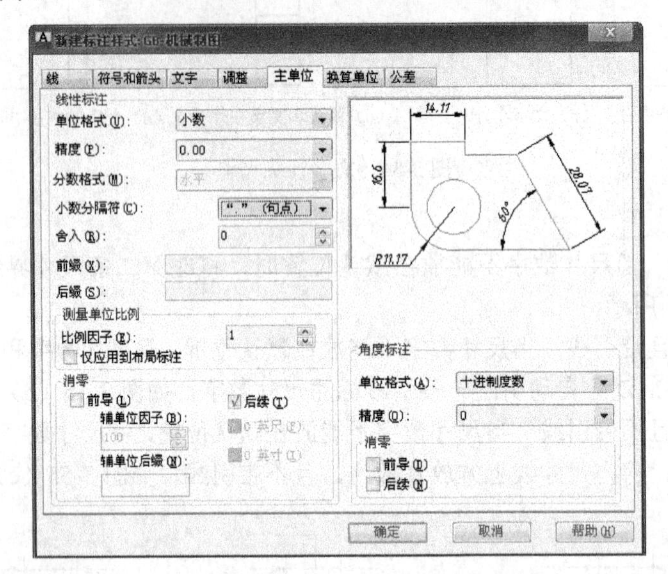

图 3-56 “主单位”选项卡

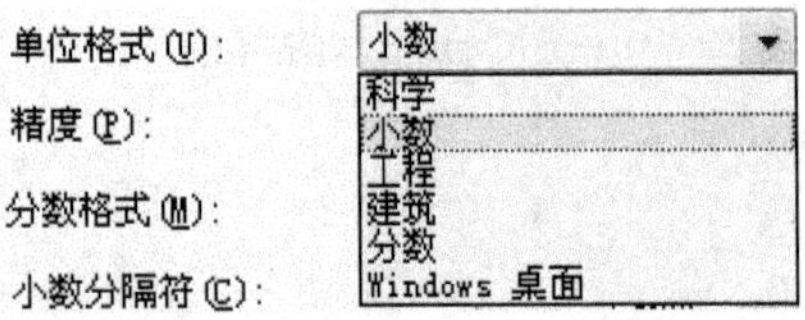

单位格式(U): 小数
科学
小数
工程
建筑
分数
Windows 桌面
精度(P):
分数格式(M):
小数分隔符(C):

图 3-57 “单位格式”下拉列表

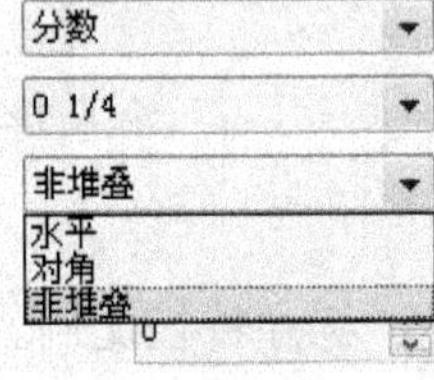

图 3-58 “分数格式”下拉列表

• 小数分隔符 用来指定十进制中小数分割符的形式，默认是“逗号”，这里改成“句点”。

• 舍入 用来设定非角度测量值的舍入规则，若设置舍入值为 0.5，那么所有长度值都将被舍入到接近 0.5 个单位的数值。

• 前缀 用来在尺寸数字前加一个符号。例如用线性尺寸标注“ϕ10”时，可以在“前缀”文本框中输入“%%c”，如图 3-59（a）所示。

• 后缀 用来在尺寸数字后加一个符号，例如用线性尺寸标注“M12×1”时，除了在“前缀”文本框中输入“M”外，还需要在“后缀”文本框中输入“\U+00d71”，其中“\U+00d7”是“×”的代码，如图 3-59（b）所示。

② 测量单位比例。

• 比例因子 用来设置线性测量值的比例因子，即用来直接标注形体的真实尺寸。例如：绘图比例为 1∶2，在这里输入比例因子 2，AutoCAD 将把测量值扩大 2 倍，使用真实的尺寸数值进行标注。

• 仅应用到布局标注 选择该项，表示比例因子仅用于布局中的尺寸标注。

③ 消零。

• 前导 用来控制前导零是否显示，若选择该项，当尺寸值为“0.50”时，只显示

“.50”，如图 3-60（b）所示。

• 后续　用来控制后续零是否显示，若选择该项，当尺寸值为“0.50”时，只显示“0.5”，如图 3-60（c）所示。

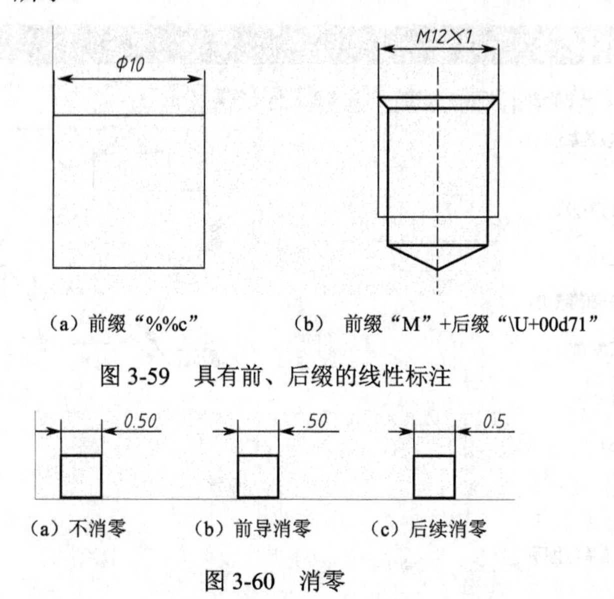

（a）前缀“%%c”　　（b）前缀“M”+后缀“\U+00d71”

图 3-59　具有前、后缀的线性标注

（a）不消零　　（b）前导消零　　（c）后续消零

图 3-60　消零

④ 角度标注。

• 单位格式　在下拉列表中有四种选项可供选择，如图 3-61 所示。

• 精度　跟前面一样，这里不再赘述。

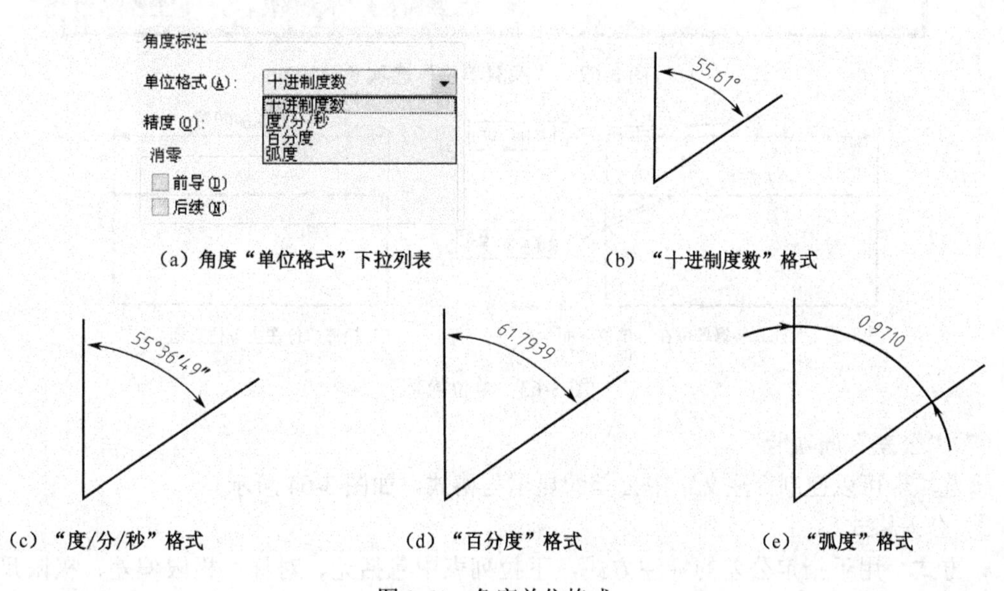

（a）角度“单位格式”下拉列表　　（b）“十进制度数”格式

（c）“度/分/秒”格式　　（d）“百分度”格式　　（e）“弧度”格式

图 3-61　角度单位格式

（6）“换算单位”选项卡

用户只有在勾选“显示换算单位”选项后，该选项卡下各项才有效，在这里保持默认即可，如图 3-62 所示。该选项卡在公制、英制图纸之间进行交流的时候是非常有用的，可以将所有标注尺寸同时标注上公制和英制的尺寸，以方便不同国家的工程人员进行交流，如图 3-63 所示。

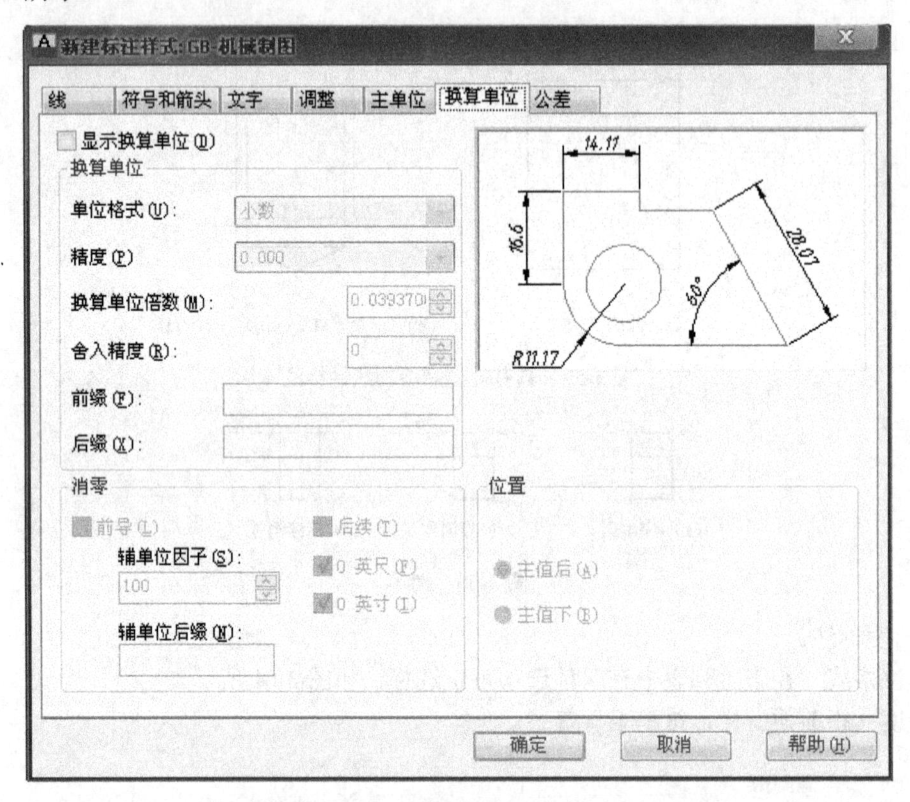

图 3-62　“换算单位”选项卡

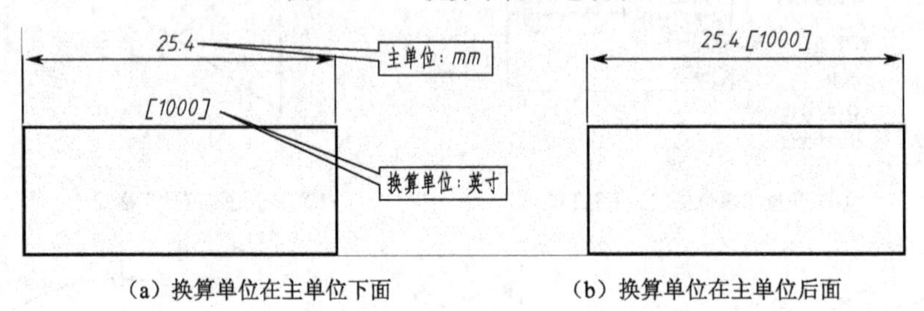

（a）换算单位在主单位下面　　（b）换算单位在主单位后面

图 3-63　单位换算

（7）“公差”选项卡

该选项卡可以控制标注文字中公差的显示与格式，如图 3-64 所示。

① 公差格式。

- 方式　用于指定公差的标注方式，下拉列表中包括无、对称、极限偏差、极限尺寸和基本尺寸五个选项。
- 无　表示无公差标注，如图 3-65（a）所示。
- 对称　表示上下偏差同值标注，如图 3-65（b）所示。

• 极限偏差　表示上下偏差不同值标注，如图 3-65（c）所示。

• 极限尺寸　表示用尺寸的上下极限值标注，如图 3-65（d）所示。

• 基本尺寸　表示在标注尺寸上加一矩形框，如同“文字”选项卡下，勾选“绘制文字边框”选项，如图 3-65（e）所示。

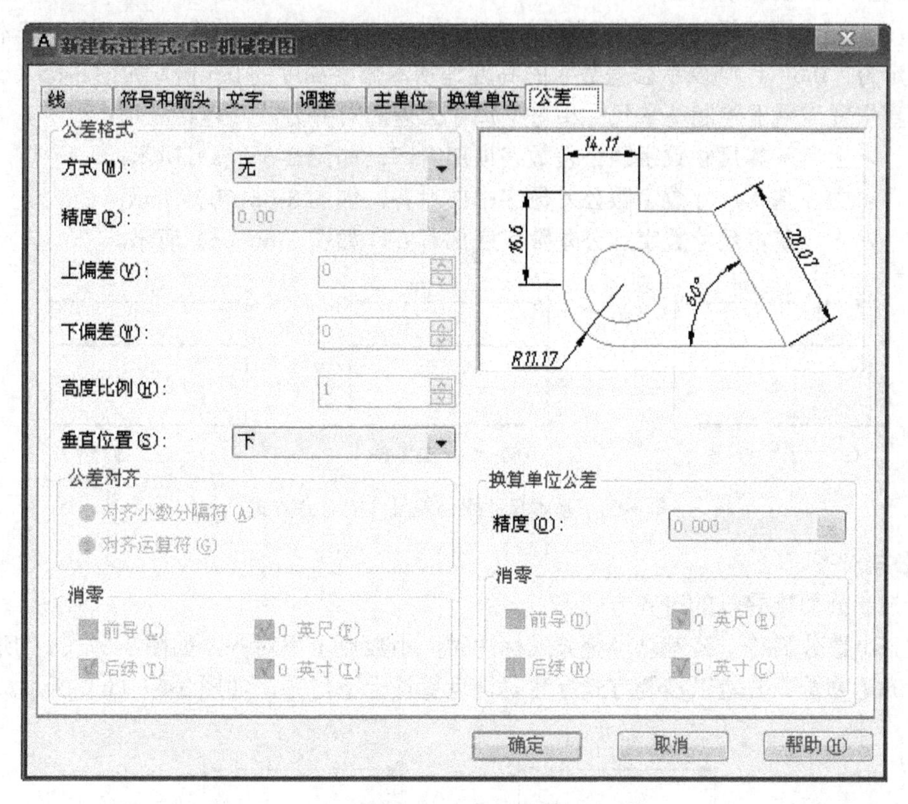

图 3-64　“公差”选项卡

25.4

（a）“无”方式

25.4±0.1

（b）“对称”方式

$25.4^{+0.05}_{-0.1}$

（c）“极限偏差”方式

25.45
25.3

（d）“极限尺寸”方式

25.4

（e）“基本尺寸”方式

图 3-65　公差方式示例

• 精度　用于指定公差值的小数位数。

• 上偏差　用于输入最大公差值或上偏差值。一般默认是正值，若为负值则在前面加“-”。若在方式里面选择了“对称”，则该值即为公差值，如图 3-65（b）所示。

• 下偏差　用于输入最小公差值或下偏差值。一般默认是负值，若为正值则在前面加“+”，如图 3-65（c）所示。

• 高度比例　用于设定尺寸公差数字的高度，该比例即为公差数字高度比上基本数字高度。若设定为“0.6”，则表示公差数字的高度是基本数字高度的 0.6 倍，如图 3-65（c）所示。

• 垂直位置　用于控制基本尺寸相对于尺寸公差的对齐方式，包括三项：

➢ 上　基本尺寸数字跟公差数字顶部对齐，如图 3-66（a）所示；

➢ 中　基本尺寸数字跟公差数字中部对齐，如图 3-66（b）所示；

➢ 下　基本尺寸数字跟公差数字底部对齐，如图 3-66（c）所示。

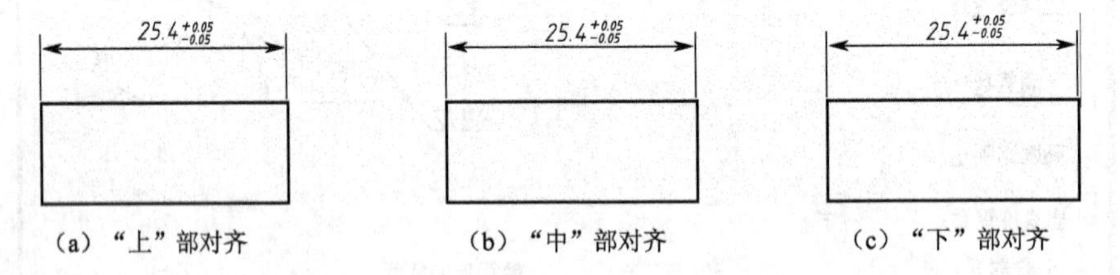

（a）“上”部对齐　　（b）“中”部对齐　　（c）“下”部对齐

图 3-66　基本尺寸跟公差尺寸的对齐方式

② 公差对齐。

用于控制公差堆叠时的对齐方式。

• 对齐小数分隔符　公差以堆叠方式标注时，小数点上下对齐，如图 3-67（a）所示。

• 对齐运算符　公差以堆叠方式标注时，运算符上下对齐，如图 3-67（b）所示。

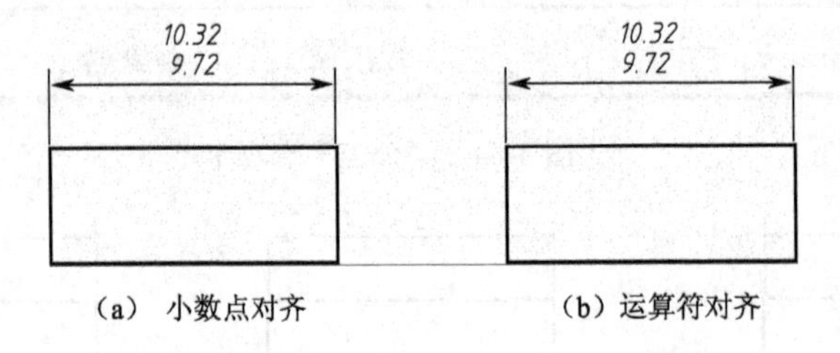

（a）小数点对齐　　（b）运算符对齐

图 3-67　公差对齐

2．尺寸标注样式的应用、修改与替代

（1）尺寸标注样式的应用

创建好尺寸标注样式后，在“标注样式管理器”对话框中，选择需要应用的样式，单击“置为当前”按钮，在图形中标注尺寸时，即使用该样式进行标注。

（2）尺寸标注样式的修改

若修改尺寸样式，在“标注样式管理器”对话框中，选择需要修改的样式，单击“修改”按钮，弹出“修改标注样式”对话框，在该对话框中，即可对标注样式的各项特性进行修改。修改标注样式后，图形中按照该样式标注的尺寸都将自动更新。

（3）替代标注样式

当个别尺寸与已有的标注样式相近，但不完全相同时，若修改相近的标注样式，则所有应用该样式的尺寸都将改变，而创建新样式又很繁琐。为此 AutoCAD 提供了尺寸标注样式替代功能，即设置一个临时的标注样式替代相近的标注样式。

方法是：在“标注样式管理器”对话框中，选择相近的标注样式，先后单击“置为当前”按钮、“替代”按钮，系统弹出“替代当前样式”对话框，如图 3-68 所示。在该对话框中，对需要调整的选项进行修改后，单击“确定”按钮，返回“标注样式管理器”对话框，此时在窗口中的标注样式下显示“<样式替代>”字样，如图 3-69 所示。

单击“关闭”按钮，即可在“样式替代”方式下进行标注。此时也可选中已有的尺寸，进入“注释”功能菜单，单击“标注”工具面板上的“标注更新”按钮，即可将该尺寸样式更新为替代样式。

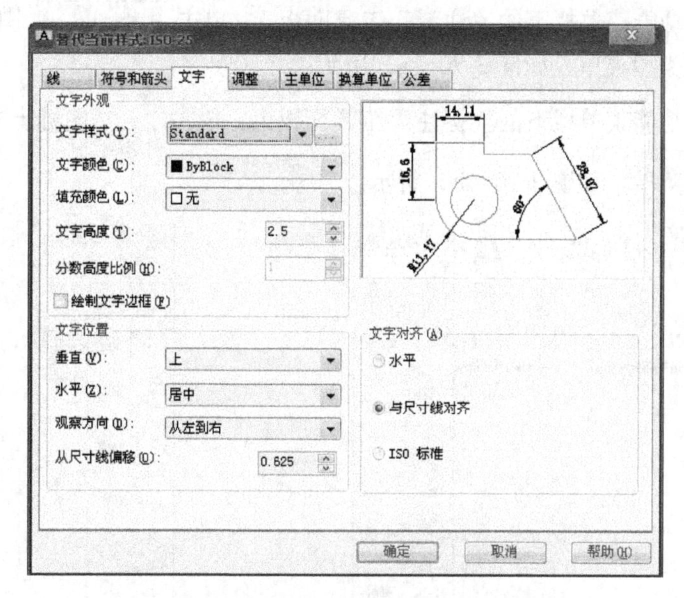

图 3-68 “替代当前样式”对话框

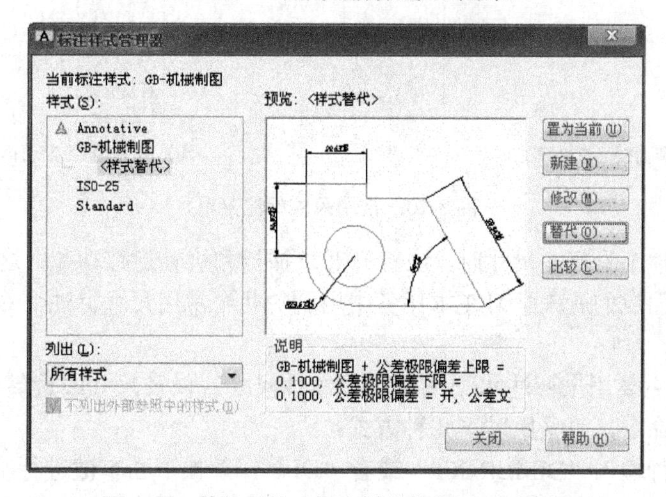

图 3-69 替代后的“标注样式管理器”对话框

若要回到原来的标注样式，则只需在标注样式列表中选择原来的标注样式即可。

说明：AutoCAD 中自动标注的尺寸、公差受许多因素影响，只有熟练掌握“尺寸标注样式”的设置，才能随心所欲的标注。

需要注意的是：标注中含有上下偏差的尺寸时，应使用尺寸标注样式中的“替代”选项进行标注。

3. 基本尺寸标注

在学习了尺寸标注样式的设置方法后，就可以对图形进行尺寸标注了。在进行尺寸标注前，我们先来了解常用的尺寸标注类型。

打开常用的尺寸标注类型工具菜单有如下两种方法。

- 在“常用”功能菜单栏下的“注释”工具面板上，单击 线性 图标上的下拉箭头，展开常用尺寸标注类型菜单，如图 3-70（a）所示；
- 在“注释”功能菜单栏下的“标注”工具面板上，单击 标注 图标上的下拉箭头，展开常用尺寸标注类型菜单，如图 3-70（b）所示。

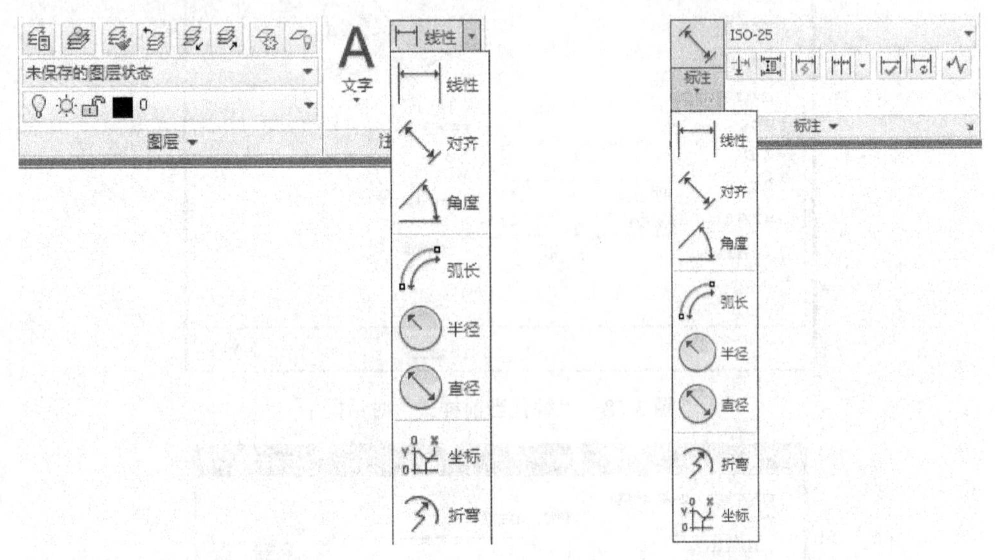

（a）注释面板上常用标注工具　　（b）标注面板上常用标注工具

图 3-70　常用尺寸标注菜单

在使用常用标注工具标注尺寸时，应打开对象捕捉和极轴追踪功能，这样可准确、快速地进行尺寸标注。下面我们就来学习在本任务中用到的几个常用尺寸标注命令。

（1）线性标注

线性标注命令主要用来标注水平或垂直的线性尺寸，以及尺寸线旋转一定角度的倾斜尺寸。启用线性标注命令，可采用以下几种方式：

- 直接在命令行输入“DIMLINXT”或者“DLI”，并按下回车键进行确认；
- 在常用标注工具菜单中，选择“线性”标注按钮图标 。

下面以图 3-71 中所示图形的尺寸标注为例，来介绍线性尺寸标注的使用方法。标注斜线 AB 的尺寸时，命令行显示如下：

```
DIMLINEAR
指定第一个尺寸界线原点或 <选择对象>:     // 捕捉A点。
指定第二条尺寸界线原点:          // 捕捉B点。
创建了无关联的标注。
指定尺寸线位置或
[多行文字（M）/文字（T）/角度（A）/水平（H）/垂直（V）/旋转（R）]: r     // 选择“旋转”选项；其中选项“多行文字（M）”，表示在文字编辑器中可以输入多行文字作为尺寸文字，用户可以输入尺寸数字跟文字相结合的内容；选项“文字（T）”，表示在文字编辑器中可以输入单行文字作为尺寸文字；选项“角度（A）”，表示设置尺寸文字的旋转角度，使文字倾斜；选项“水平(H)”，表示尺寸线水平标注；选项“垂直(V)”，表示尺寸线垂直标注；选项“旋转(R)”，表示尺寸线与水平线所成的夹角。
指定尺寸线的角度 <0>: 45          // 输入旋转角度。
指定尺寸线位置或
[多行文字（M）/文字（T）/角度（A）/水平（H）/垂直（V）/旋转（R）]:
标注文字 = 42.43
```

（2）半径标注

半径标注命令用来标注圆或者圆弧的半径，如图 3-72 所示。启用半径标注命令，可采用以下几种方式。

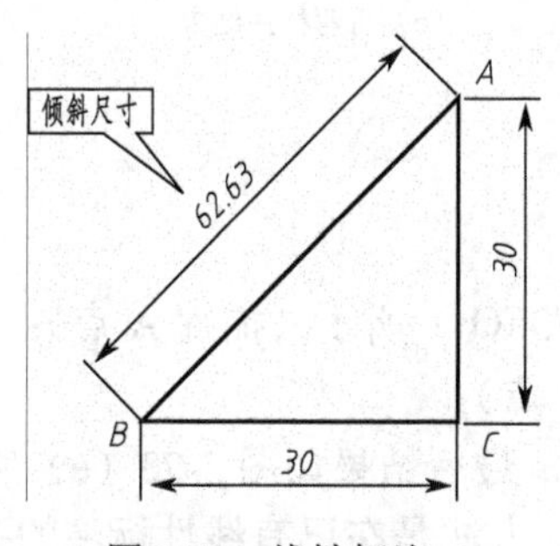

图 3-71　线性标注

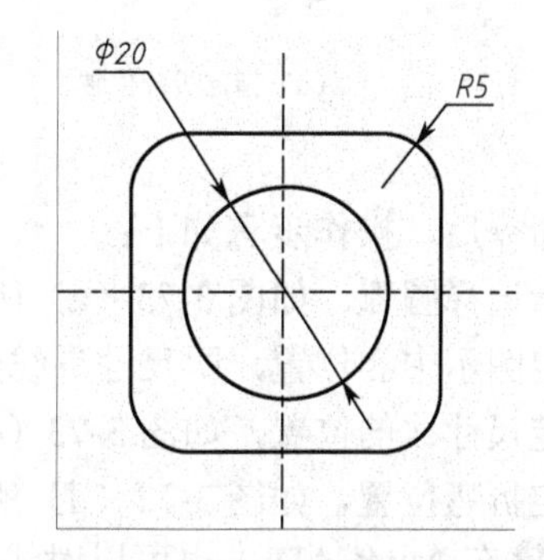

图 3-72　半径、直径标注

- 直接在命令行输入“DIMRADIUS”或者“DRA”，并按下回车键进行确认；
- 在常用标注工具菜单中，选择“半径标注”按钮图标 。

执行命令后，根据命令行提示，单击要标注的圆或者圆弧，然后引导光标到指定位置后，单击鼠标即可。

（3）直径标注

直径标注命令用来标注圆或者圆弧的直径，如图 3-72 所示。启用直径标注命令，可采用以下几种方式。

- 直接在命令行输入“DIMDIAMETER”或者“DDI”，并按下回车键进行确认；
- 在常用标注工具菜单中，选择“直径标注”按钮图标 。

标注方法同半径标注，这里不再赘述。

（4）折弯标注

折弯标注命令用来对大圆弧进行标注，如图 3-73 所示。启用折弯标注命令，可采用以下几种方式。

- 直接在命令行输入“DIMJOGGED”或者“DJO”，并按下回车键进行确认；
- 在常用标注工具菜单中，选择“折弯标注”按钮图标 。

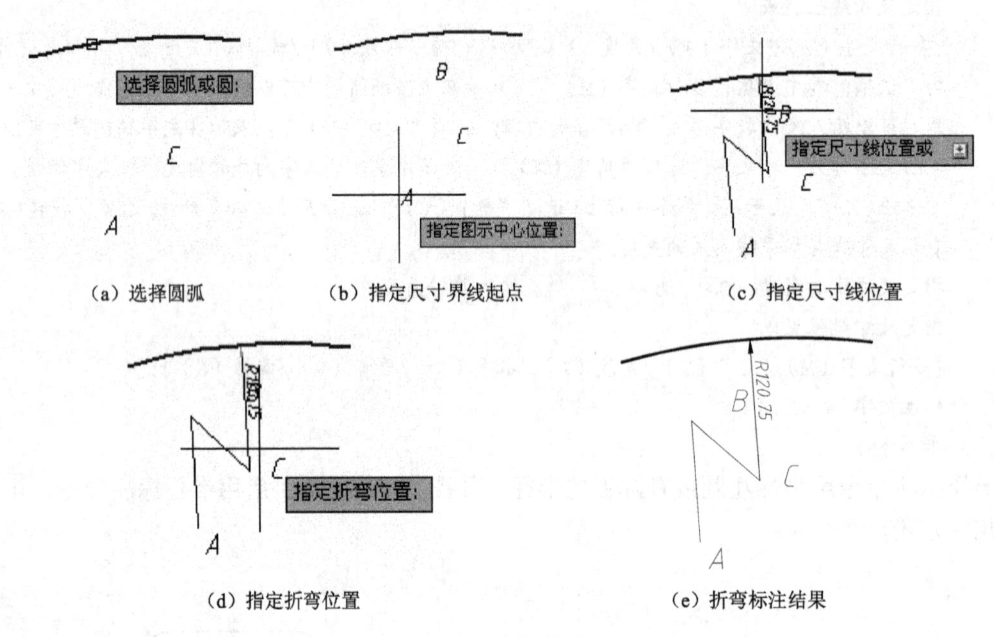

（a）选择圆弧　（b）指定尺寸界线起点　（c）指定尺寸线位置

（d）指定折弯位置　（e）折弯标注结果

图 3-73　折弯标注

执行命令后，操作步骤如下：

- 提示选择圆弧，如图 3-73（a）所示；
- 指定图示中心位置，即尺寸界线的起点，如图 3-73（b）所示（捕捉 A 点）；
- 指定尺寸线的位置，如图 3-73（c）所示（捕捉 B 点）；
- 指定折弯位置，如图 3-73（d）所示（捕捉 C 点），最后结果如图 3-73（e）所示。

说明：在 AutoCAD 中也可以对线性标注进行折弯，方法是在已有线性标注的条件下，在“注释”功能菜单下的“标注”工具面板上，单击“折弯”标注图标按钮 ，然后根据提示选择要折弯的线性标注，然后指定一个折弯位置即可，如图 3-46 所示。

任务实施

① 打开文件　启动 AutoCAD 2013，打开教材配套电子资料包中的“\模块 3\任务 2\手柄.dwg”文件。

② 设置尺寸标注样式　按照前面所学的内容，创建一个名为“GB-机械制图”的尺寸标注样式，具体设置如下。

- 在“线”选项卡中：“基线间距”设置为 6；“超出尺寸线”设置为 2；“起点偏移量”

设置为 1；其他保持默认设置，如图 3-37 所示。

• 在“符号和箭头”选项卡中：“箭头大小”设置为 3；“折弯高度因子”设置为 3；“折断大小”设置为 3；“弧长符号”选择“标注文字的上方”；其他保持默认设置，如图 3-41 所示。

• 在“文字”选项卡中：设置“文字样式”为“工程”；“文字高度”设置为 5；“从尺寸线偏移”设置为 1；“文字对齐”设置为“ISO 标准”；其他保持默认设置，如图 3-47 所示。

• 在“调整”选项卡：“文字位置”设置为“尺寸线上方，带引线”；其他保持默认设置，如图 3-53 所示。

• 在“主单位”选项卡：“精度”设置为 0.00；“小数分隔符”设置为“句点”；其他保持默认设置，如图 3-56 所示。

• 在“公差”选项卡：“方式”选择“无”，其他保持默认设置，如图 3-64 所示。

• 设置完毕，单击“确定”按钮，返回到“样式管理器”对话框，将“GB-机械制图”样式置为当前。

③ 线性标注　　利用线性标注命令，标注如图 3-74（a）所示尺寸。

④ 编辑线性标注　　双击测量值为 20 的标注尺寸，将标注置于编辑状态，并自动打开文字编辑器功能菜单，如图 3-74（b）所示。在“插入”工具面板上，单击“符号”图标 @ 符号 上的下拉箭头，选择“直径%%c”，如图 3-74（c）所示。然后在编辑框外单击鼠标，完成标注尺寸的编辑。

重复操作，完成测量值为 30 的尺寸标注编辑，结果如图 3-74（d）所示。

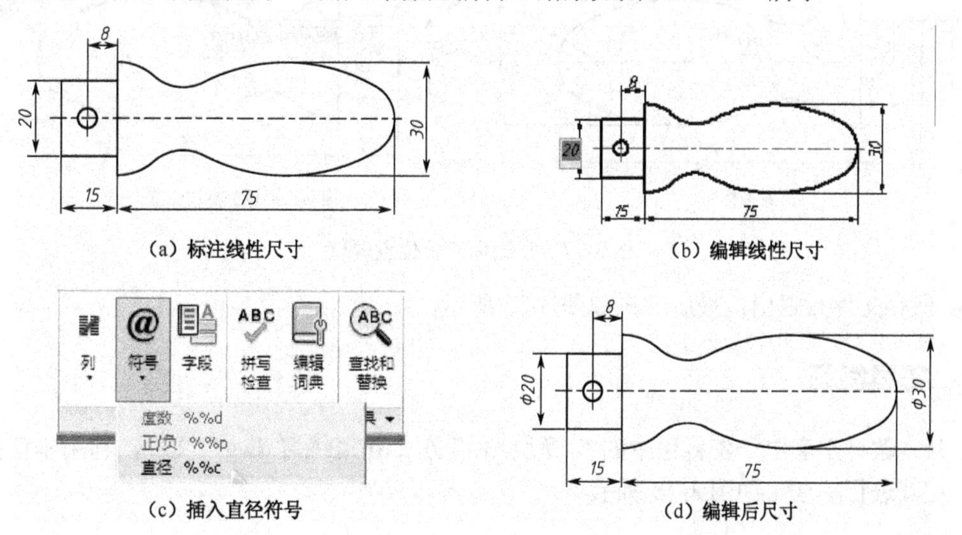

图 3-74　线性尺寸的标注跟编辑

说明：除了通过上述方法编辑尺寸外，也可以通过标注特性进行修改，即先选择要编辑的标注，然后在标注上单击鼠标右键，选择“特性”，弹出特性窗口，在“文字替代”项，输入“%%c20”，然后关闭特性窗口，如图 3-75 所示。

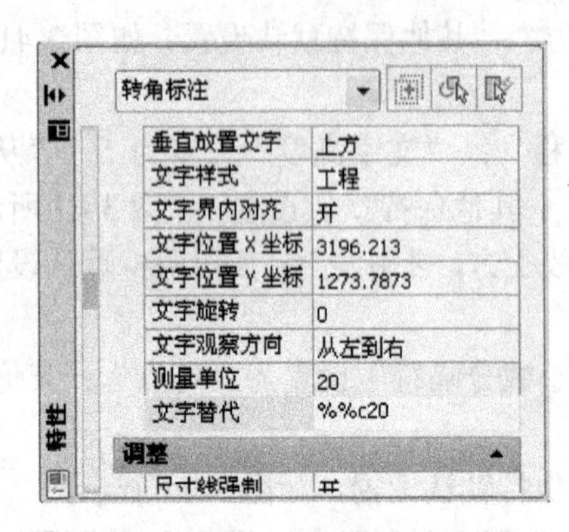

图 3-75　标注特性窗口

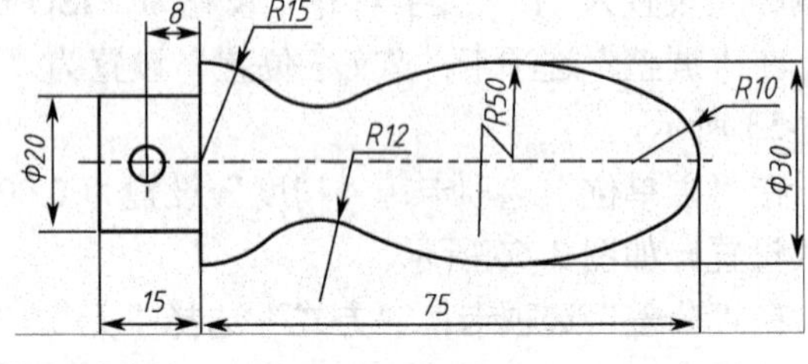

图 3-76　半径标注

⑤ 标注半径　　利用半径标注命令，对图形中的圆弧进行标注，如图 3-76 所示。

⑥ 直径标注　　利用直径标注命令对图形中的圆进行标注，如图 3-77（a）所示。标注后如果感觉尺寸位置不合适，可以对其进行调整，方法是：选择要调整的标注尺寸，拖动夹点至合适位置即可，如图 3-77（b）所示。

⑦ 折弯标注　　利用折弯标注命令标注图形中的大圆弧。

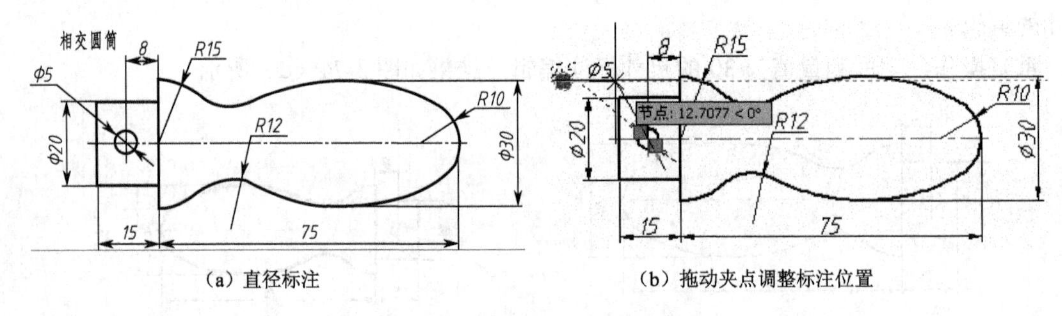

（a）直径标注　　　　（b）拖动夹点调整标注位置

图 3-77　直径标注及位置调整

⑧ 保存文件后退出，最后结果如图 3-33 所示。

拓展练习

打开本教材配套电子资料包中的“\模块 3\任务 2\拓展练习.dwg”文件，利用本任务所学知识，对其进行标注，如图 3-78 所示。

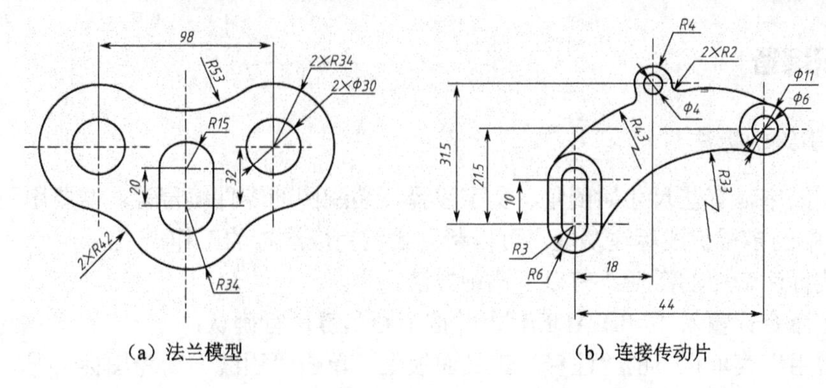

（a）法兰模型　　（b）连接传动片

图 3-78　拓展练习

任务 3　阀杆模型的尺寸标注

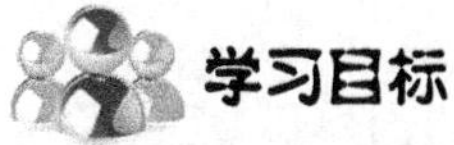

学习目标

- 熟悉 AutoCAD 多重引线样式的设置方法
- 掌握多重引线的标注、添加、删除、对齐、合并等方法
- 掌握对齐标注、角度标注、弧长标注、坐标标注的使用方法
- 掌握公差、极限偏差、表面粗糙度的标注方法

任务导入

在该任务中，我们结合如图 3-79 所示阀杆的尺寸标注来学习：多重引线的样式设置、多重引线的标注、添加、删除、对齐以及合并；常用标注命令中的角度标注、对齐标注、弧长标注、坐标标注；以及公差、极限偏差的标注。在制作该实例之前，我们先来学习在本任务中用到的新知识。

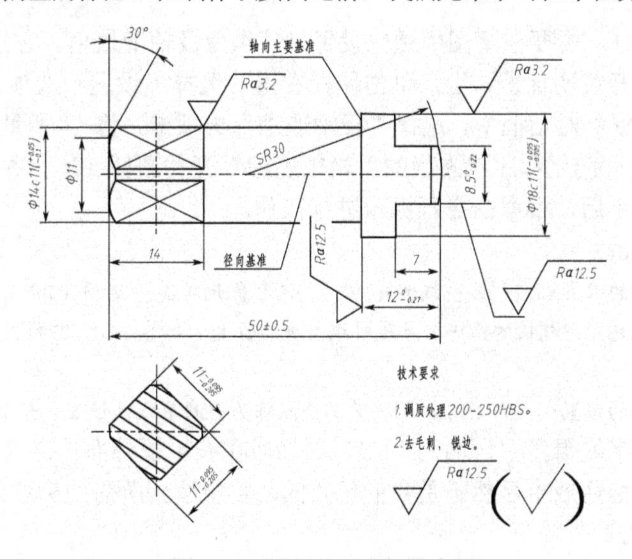

图 3-79　阀杆的尺寸标注实例

知识准备

1．多重引线的标注

在机械制图中，有些尺寸如倒角、文字注释、装配图的零件编号等，需要用引线来标注。在 AutoCAD 中的多重引线标注功能，可以帮助我们完成这样的工作。

多重引线标注命令的激活，有以下几种方法：

- 直接在命令行输入“MLEADER”，并按下回车键进行确认；
- 在“常用”菜单栏下的“注释”工具面板上，单击“引线”命令图标 ，如图 3-80（a）所示；
- 在“注释”菜单栏下的“引线”工具面板上，单击“引线”命令图标 ，如图 3-80（b）所示。

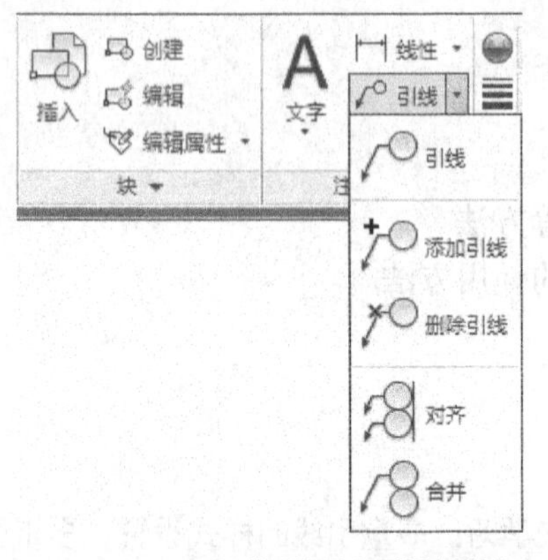

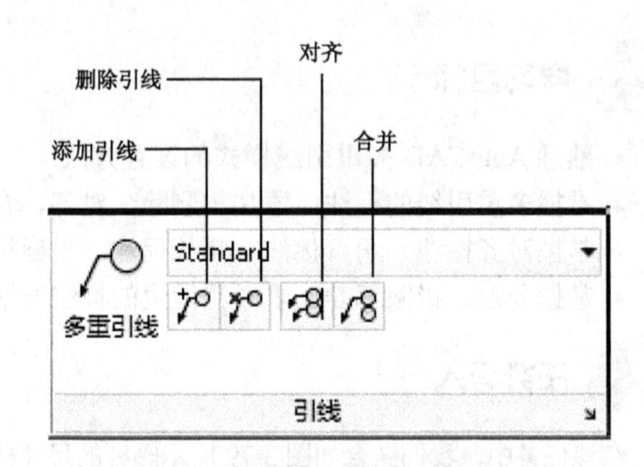

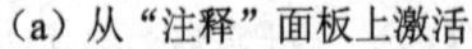
（a）从“注释”面板上激活　　（b）从“引线”面板上激活

图 3-80　多重引线命令的激活方法

在标注 45° 倒角时，需要在草图中预先设置 45° 作为极轴增量角。方法是：在应用程序状态栏的“对象捕捉”开关图标 上，单击鼠标右键，选择“设置”选项，打开“草图设置”对话框。在“草图设置”对话框中，选择“极轴追踪”选项卡，将 “增量角”设置为 45°，如图 3-81 所示。然后打开应用程序状态栏的“极轴追踪”开关图标 ，并关闭“正交”开关。

激活多重引线命令后，根据命令行提示进行操作。

命令: _mleader

指定引线箭头的位置或 [引线基线优先（L）/内容优先（C）/选项（O）] <选项>:　　// 默认是引线箭头优先，即捕捉的第一个点是引线箭头的位置，如图 3-82 中的 A 点，其他选项读者可自行练习操作。

指定引线基线的位置:　　// 捕捉第二个点作为引线基线的位置，如图 3-82 中的 B 点。

在弹出的多行文字编辑器中，输入“C2”，然后在编辑框外面单击鼠标，完成倒角标注。但是可以看到图中的标注效果显然不是我们想要的，要想达到所需的标注效果，需要对多重引线标注样式进行设置。

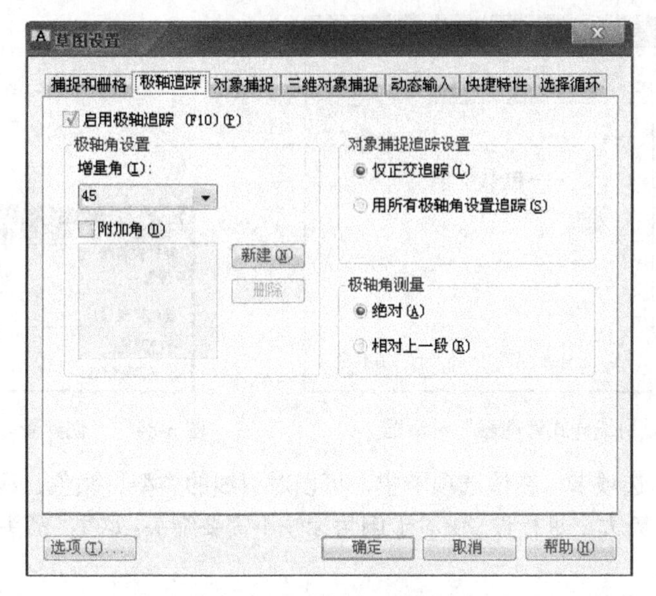

图 3-81　极轴增量角设置

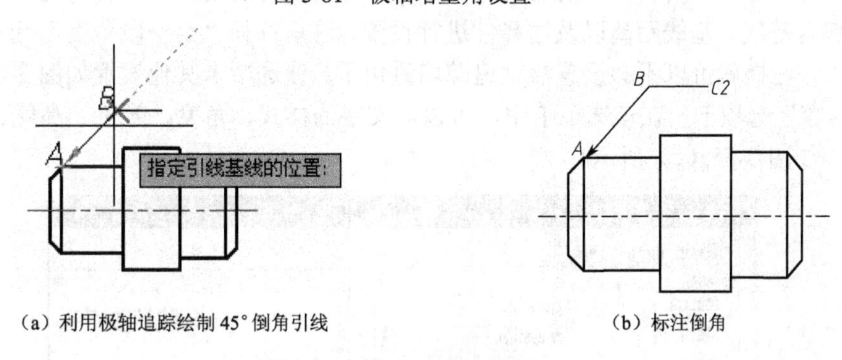

（a）利用极轴追踪绘制 45° 倒角引线　　（b）标注倒角

图 3-82　利用引线标注倒角

2. 多重引线的标注样式设置

设置多重引线的标注样式，可在“多重引线样式管理器”对话框中进行设置。打开该对话框的方法有以下两种：

- 在命令行输入“MLEADERSTYLE”或者“MLS”，并按下回车键进行确认；
- 在“常用”菜单栏下，将“注释”工具面板展开，单击“标注样式”文本框前面的命令图标 ，如图 3-80（a）所示；
- 在“注释”菜单栏下，单击“引线”工具面板上的图标 ，如图 3-80（b）所示。

执行命令后，弹出“多重引线样式管理器”对话框，如图 3-83 所示。单击“新建”按钮，弹出“创建新多重引线样式”对话框，输入新样式名“倒角”，如图 3-84 所示，单击“继续”按钮，弹出“修改多重引线样式：倒角”对话框，如图 3-85 所示。在该对话框中有三个选项卡，分别是“引线格式”、“引线结构”、“内容”，下面分别介绍。

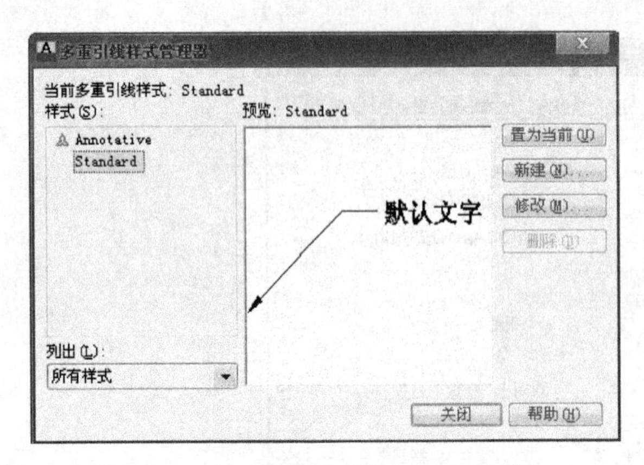

图 3-83 “多重引线样式管理器”对话框

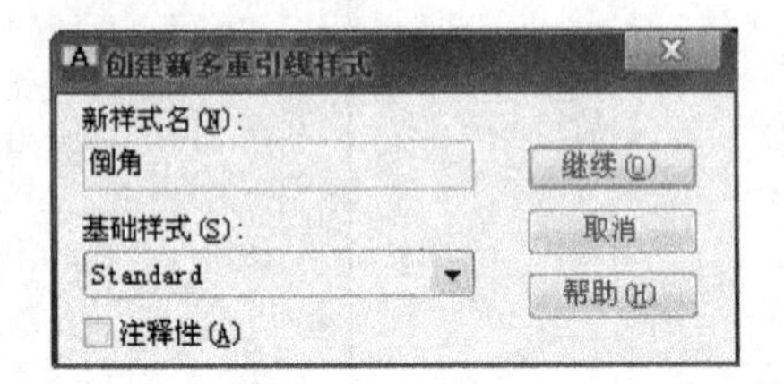

图 3-84 “创建新多重引线样式”对话框

- “引线格式”选项卡 在该选项卡中，可以对引线的类型、颜色、线宽、线型、符号类型及大小、引线的打断大小进行设置。对于倒角标注不需要箭头，这里“箭头符号”选择“无”，如图 3-85（a）所示。
- “引线结构”选项卡 在该选项卡中，可以对引线的点数、第一段角度、第二段角度、是否自动包含基线、基线距离以及注释性进行设置。这里选择“第一段角度”选项，并设置其角度为 45°，这样就可以不必设置极轴追踪增量角了。该选项卡其他设置如图 3-85（b）所示。
- “内容”选项卡 在该选项卡中，可以对文字的样式、角度、颜色、高度、引线连接等进行设置，如图 3-85（c）所示。

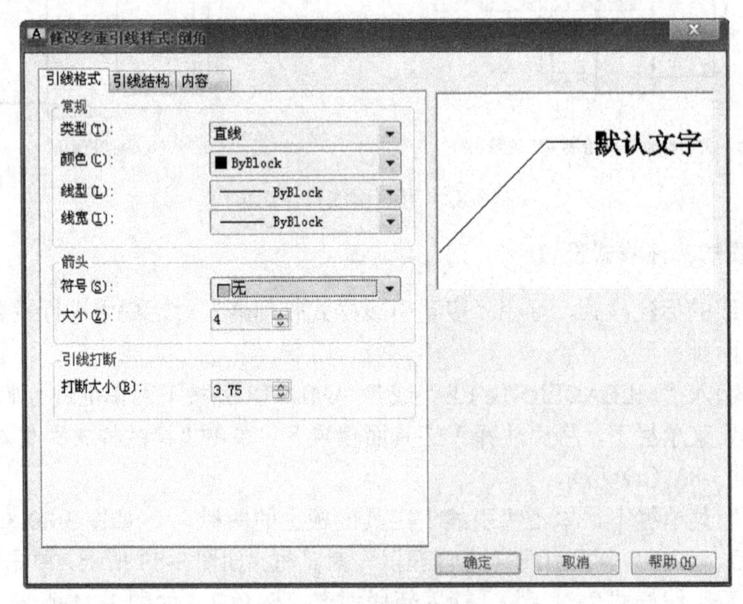

（a）“引线格式”选项卡

图 3-85 “修改多重引线样式：倒角”对话框

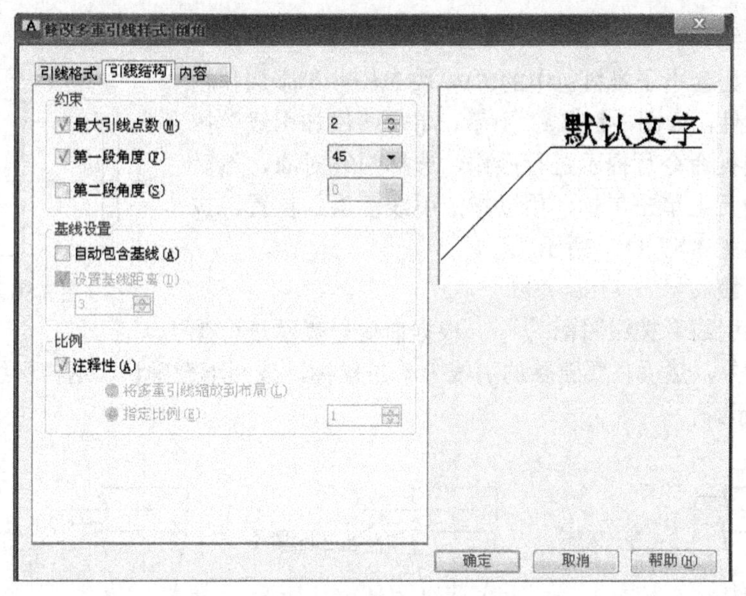

（b）“引线结构”选项卡

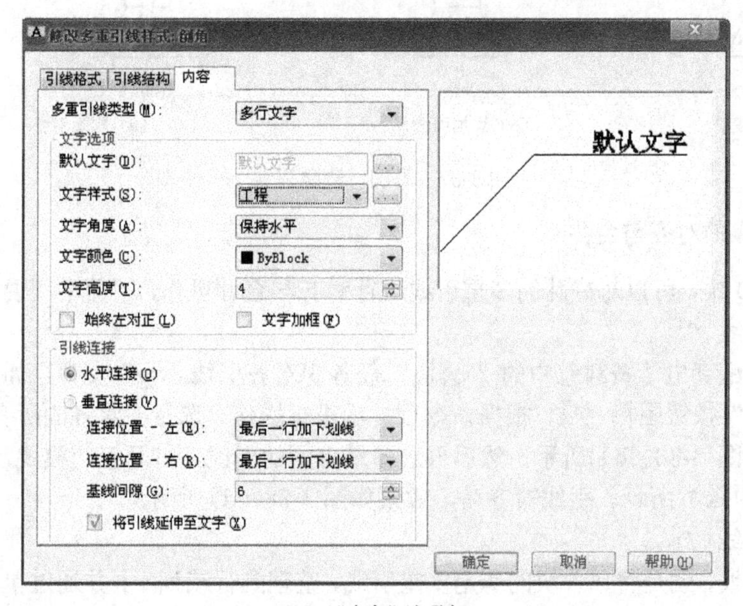

（c）“内容”选项卡

图 3-85 “修改多重引线样式：倒角”对话框（续）

设置完后，单击“确定”按钮，返回“多重引线样式管理器”对话框，选择新建的“倒角”样式，单击“置为当前”按钮，关闭对话框。此时再标注如图 3-82 所示图形的倒角，效果如图 3-86 所示。

3．多重引线的添加与删除

在 AutoCAD 中，可以对已经创建的多重引线进行添加与删除，下面举例说明其操作步骤。

（1）添加引线

打开本教材配套电子资料包中的“\模块 3\任务 3\添加和删除引线.dwg”文件，如图 3-87（a）所示。单击“添加引线”按钮图标，根据命令行提示进行操作，选择引线对象，然后在需要引线的图元上单击鼠标，用以指定引线箭头的位置，按回车键确认，如图 3-87（b）所示。

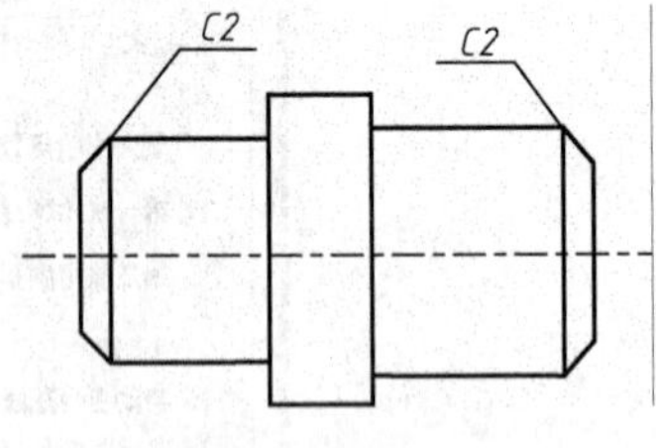

图 3-86　倒角标注

（2）删除引线

单击“删除引线”按钮图标，根据命令行提示进行操作，选择引线对象，然后在要删除的引线上单击鼠标，按回车键确认，这样引线即被删除，如图 3-87（c）所示。

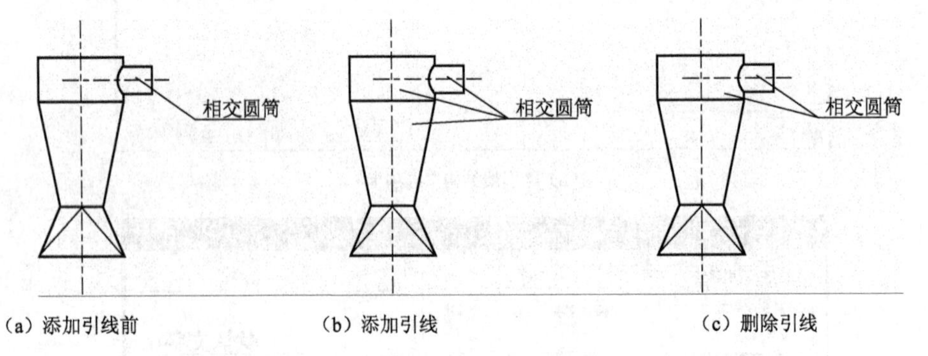

（a）添加引线前　（b）添加引线　（c）删除引线

图 3-87　添加、删除引线

4．多重引线的对齐与合并

在 AutoCAD 中，可以对凌乱的多重引线进行对齐与合并操作，下面举例说明其操作步骤。

（1）对齐引线

打开本教材配套电子资料包中的“\模块 3\任务 3\对齐引线.dwg”文件，如图 3-88（a）所示。单击“对齐”按钮图标，根据命令行提示进行操作，选择要对齐的所有引线对象并按回车键确认，如图 3-88（b）所示。然后再选择最上面的引线，打开正交模式，垂直向下拾取一点，如图 3-88（c）所示。引线对齐后，效果如图 3-88（d）所示。

（2）合并引线

所谓合并引线，就是将包含块的选定多重引线，整理到行或列中，并通过单引线显示结果，因此需要将引线的内容设置为块。方法就是打开“多重引线样式管理器”对话框，选择我们创建的“倒角”引线样式，单击“修改”按钮，弹出“修改多重引线样式：倒角”对话框。进入“内容”选项卡，在“多重引线类型”的下拉列表中选择“块”，“源块”下拉列表选择“圆”，其他保持默认设置，如图 3-89 所示。单击“确定”按钮，返回到“修改多重引线样式：倒角”对话框，最后关闭对话框。

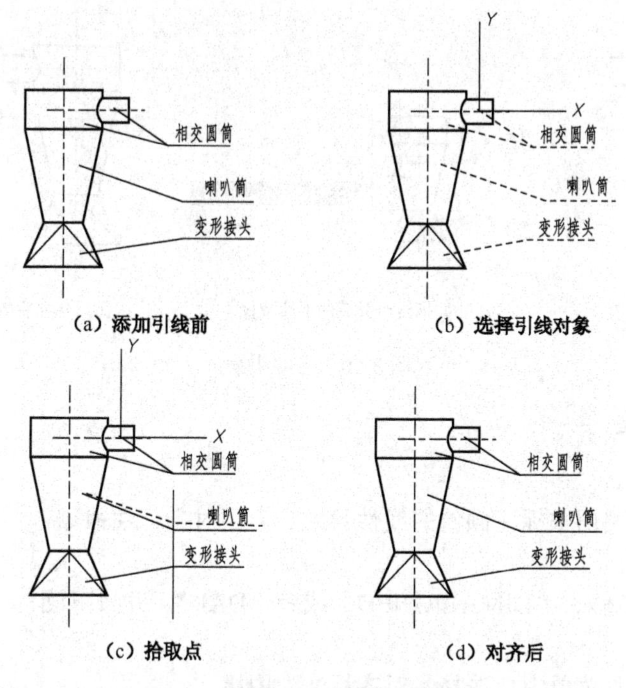

图 3-88 对齐引线

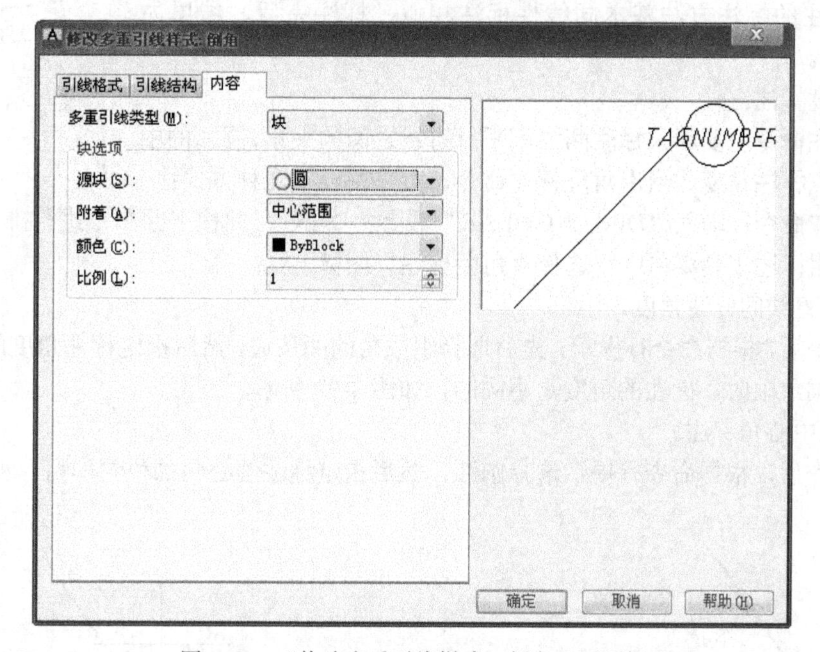

图 3-89 “修改多重引线样式：倒角”对话框

打开本教材配套电子资料包中的“\模块 3\任务 3\合并引线.dwg”文件，如图 3-90（a）所示。单击“合并”按钮图标 ，根据命令行提示进行操作，按照①、③、②的顺序选择引线对象，并按回车键确认，如图 3-90（b）所示。然后在指定的位置单击鼠标，即可完成多重引线的合并，如图 3-90（c）所示。

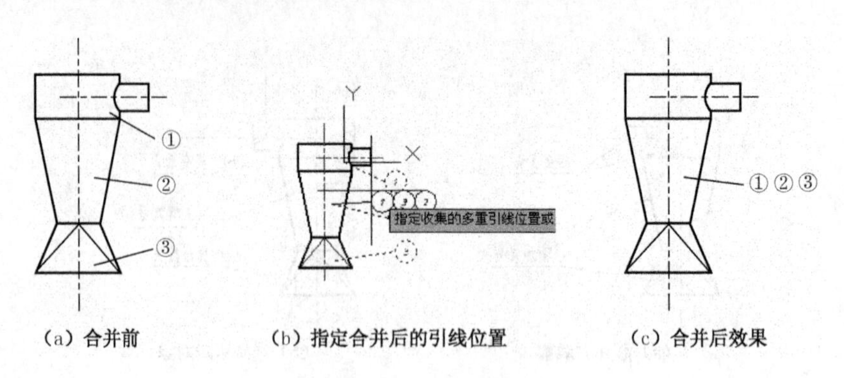

（a）合并前　（b）指定合并后的引线位置　（c）合并后效果

图 3-90　合并引线

5. 基本尺寸标注

（1）对齐标注

对齐标注命令主要用来标注倾斜的线性尺寸。启用对齐标注命令，可采用以下几种方式：

- 直接在命令行输入 “DIMALIGNED”或者“DAL”，并按下回车键进行确认；
- 在常用标注工具菜单中，选择“对齐标注”图标 。

对齐标注的标注方法基本同线性标注相似，标注完后，结果如图 3-91 所示。

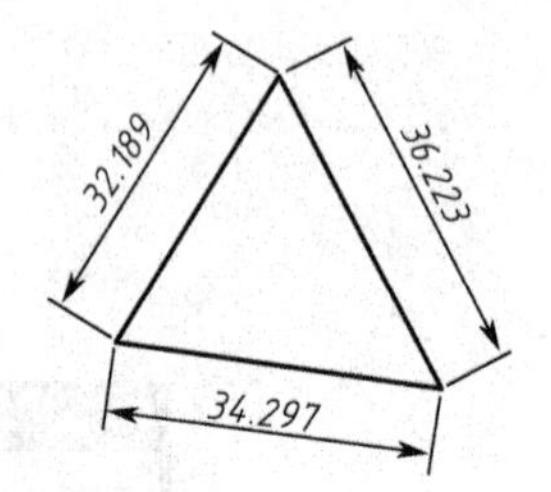

图 3-91　对齐标注

（2）角度标注

角度标注命令主要用来标注两条不平行直线之间的夹角、圆弧的中心角以及三点标注角度。启用角度标注命令，可采用以下几种方式：

- 直接在命令行输入“DIMANGULAR”或者“DAN”，并按下回车键进行确认；
- 在常用标注工具菜单中，选择“角度标注”图标 。

① 两条直线间标注角度。

执行命令后，根据命令行提示，先后选择组成角的两条边，然后指定标注角度的位置即可。当鼠标在不同象限时，标注的角度是不同的，如图 3-92 所示。

② 圆弧中心角标注。

执行命令后，根据命令行提示选择圆弧，然后指定标注圆心角的位置即可，如图 3-93 所示。

（a）第一象限　（b）第二象限

图 3-92　圆弧中心角的角度标注

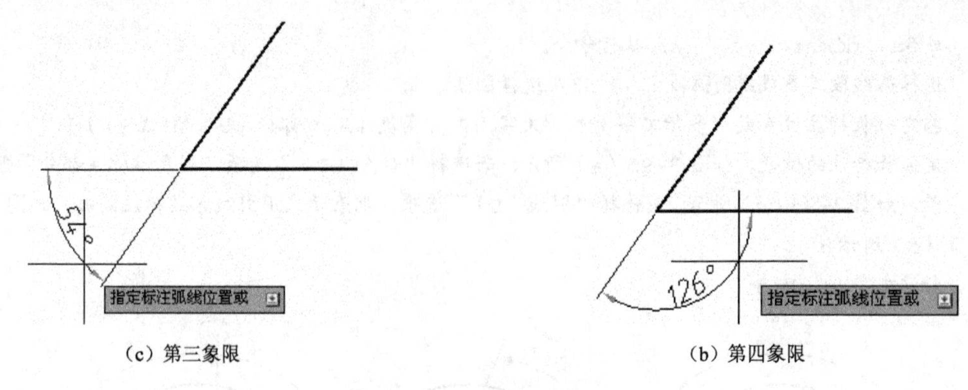

（c）第三象限　　（b）第四象限

图 3-92　直线间的角度标注（续）

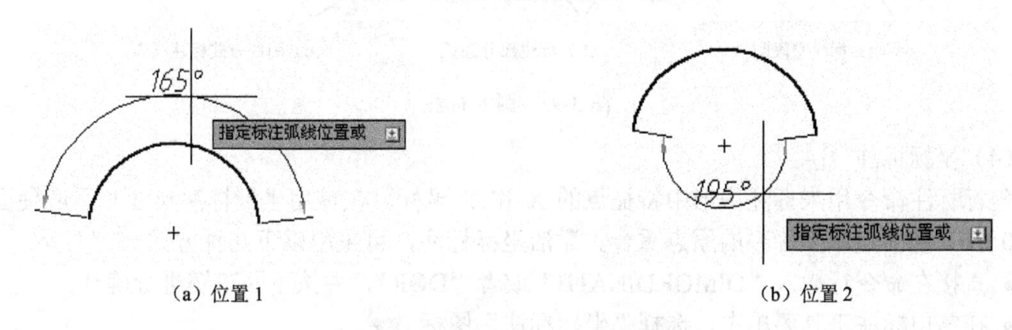

（a）位置 1　　（b）位置 2

图 3-93　圆弧中心角的角度标注

③ 三点形式的角度标注。

执行命令后，先按回车键，再捕捉组成角度的顶点（B 点）。重复操作，再捕捉另外两个端点（A 点、C 点），如图 3-94 所示。

（a）位置 1　　（b）位置 2

图 3-94　三点形式的角度标注

（3）弧长标注

弧长标注命令用来测量圆弧或者多段线弧线的长度。启用弧长标注命令，可采用以下几种方式：

- 直接在命令行输入“DIMARC”或者“DAL”，并按下回车键进行确认；
- 在常用标注工具菜单中，选择“弧长标注”按钮图标 。

激活命令后，命令行显示如下：

```
命令: _dimarc            // 执行命令。
选择弧线段或多段线圆弧段:         // 选择圆弧。
指定弧长标注位置或 [多行文字(M)/文字(T)/角度(A)/部分(P)/引线(L)]:    // 指定弧长标注的位置，如图 3-95(a)所示；若选择“部分(P)”选项，则表示标注部分圆弧的弧长，如图 3-95(b)所示；若选择“引线(L)”选项，则表示采用引线方式标注圆弧，如图 3-95(c)所示。
标注文字 = 52.8
```

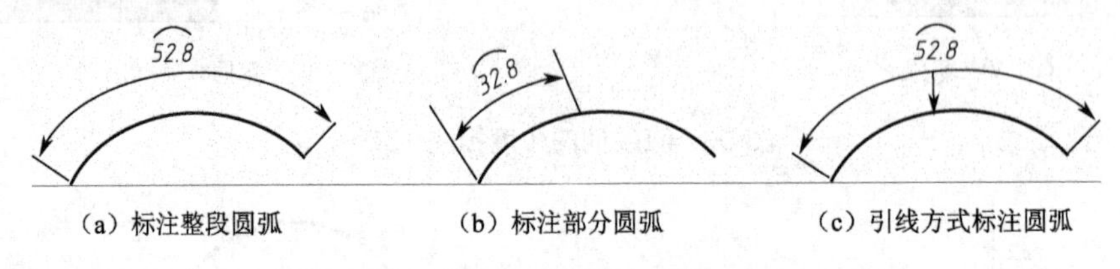

（a）标注整段圆弧　　（b）标注部分圆弧　　（c）引线方式标注圆弧

图 3-95　弧长标注

（4）坐标标注

坐标标注命令用来标注图形中特征点的 X 和 Y 坐标。在使用坐标标注尺寸时，应使图形的（0，0）基准点跟坐标系的原点重合。激活坐标标注，可采用以下几种方式：

- 直接在命令行输入“DIMORDINATE”或者“DOR”，并按下回车键进行确认；
- 在常用标注工具菜单中，选择“坐标标注”图标 。

激活命令后，先捕捉要测量坐标的点，然后拖动引线。若垂直拖动，则标注 *X* 坐标；若水平拖动，则标注 *Y* 坐标值，如图 3-96 所示。

任务实施

① 打开文件　　启动 AutoCAD 2013，打开教材配套电子资料包中的“\模块 3\任务 3\阀杆.dwg”文件，如图 3-97 所示。

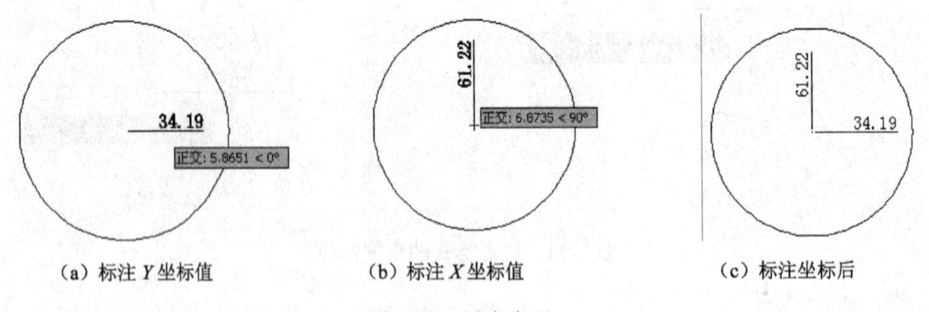

（a）标注 *Y* 坐标值　　（b）标注 *X* 坐标值　　（c）标注坐标后

图 3-96　坐标标注

② 利用线性标注、半径标注命令，标注如图 3-98 所示图形尺寸。

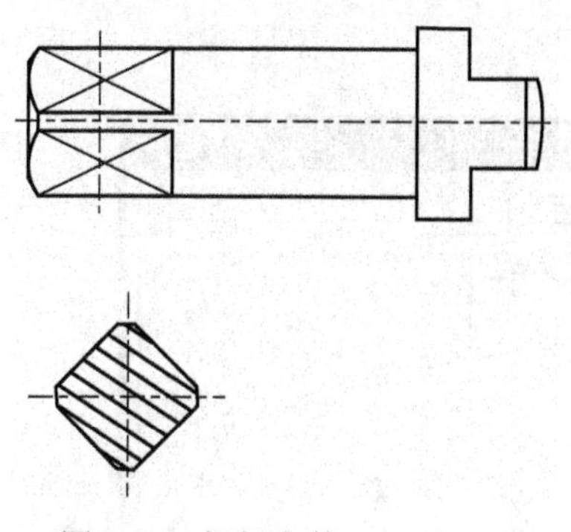

图 3-97　阀杆文件

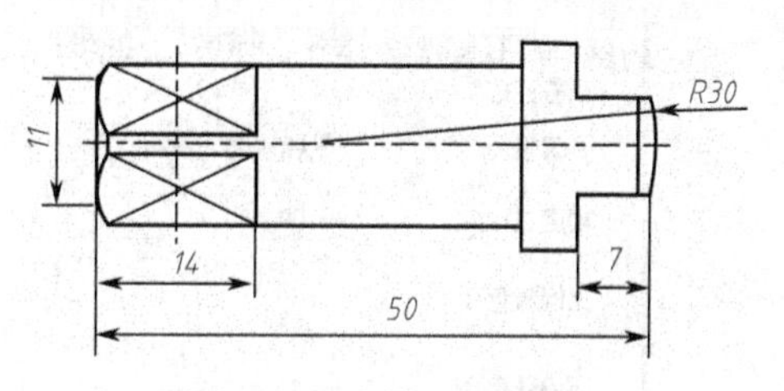

图 3-98　线性、半径标注

③ 调整并编辑尺寸　　选中 $R30$ 的尺寸标注，拖动夹点，进行调整，如图 3-99（a）所示；调整完后，再次选择该尺寸，将光标悬停在尺寸文字处的夹点上，弹出快捷菜单，选择“仅移动文字”选项，如图 3-99（b）所示；将尺寸移动到如图 3-99（c）所示位置。

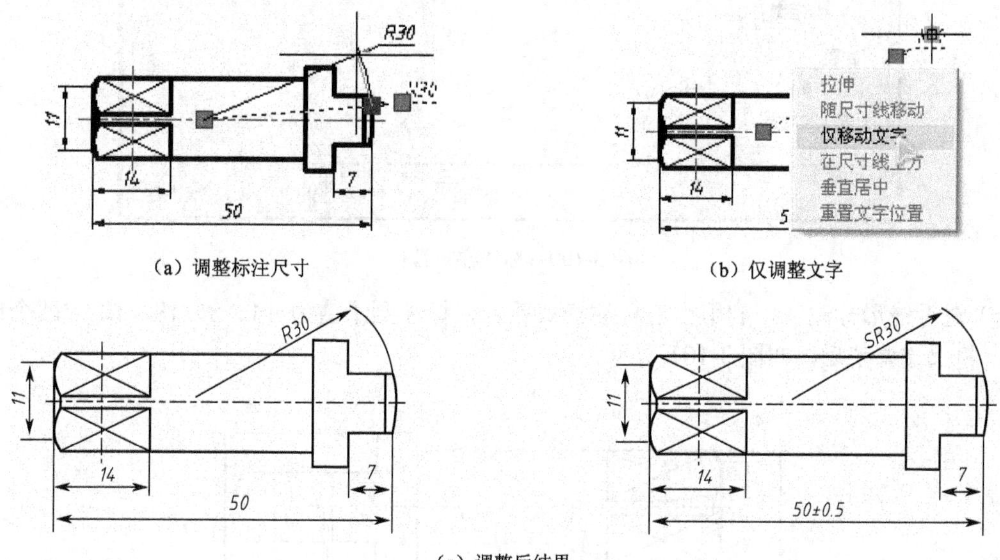

（a）调整标注尺寸　（b）仅调整文字

（c）调整后结果

图 3-99　调整并编辑尺寸

编辑尺寸，双击测量值为 11 的线性尺寸标注，激活文字编辑器，在其值前面加上直径符号“ϕ”；重复操作，双击测量值为 30 的半径标注，在其值前面加上字母“S”；双击测量值为 50 的线性尺寸标注，在测量值后面，插入“正负”符号，然后输入 0.5，结果如图 3-99（d）所示。

④ 替代标注样式设置　　打开“标注样式管理器”，选择当前标注样式，并单击“替代”按钮，打开“替代当前样式：ISO-25”对话框。在“公差”选项卡中，“方式”设置为“极限偏差”，“上偏差”设置为 0，“下偏差”设置为 0.22，“高度比例”设置为 0.5，如图 3-100 所示。单击“确定”按钮，返回到样式管理器，选择“样式替代”选项后，关闭样式管理器。

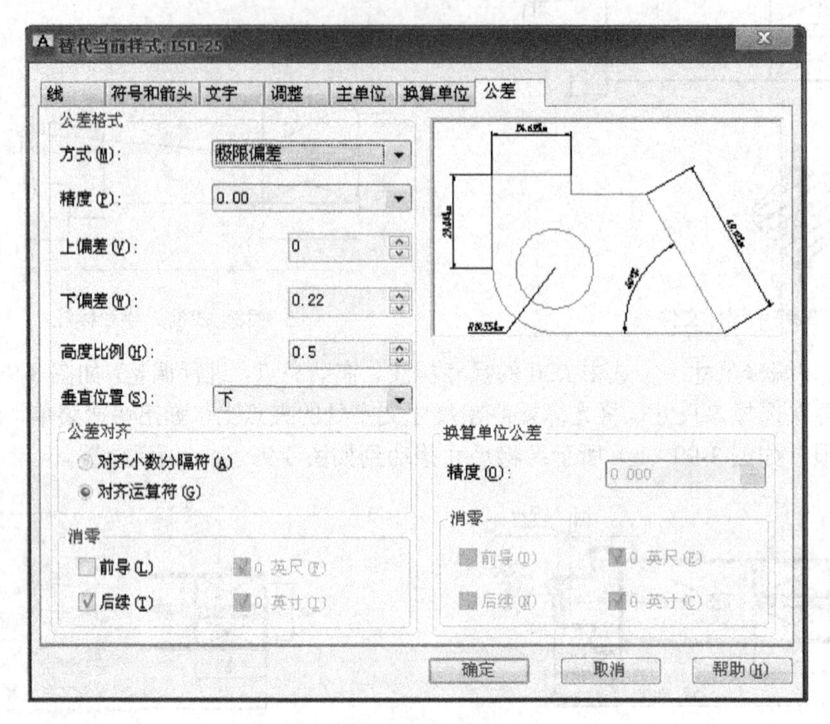

图 3-100　标注样式替代

⑤ 进行线形标注　　利用当前标注样式替代，标注测量值为 14、8、18、12 的四个线性尺寸，将尺寸调整后，如图 3-101 所示。

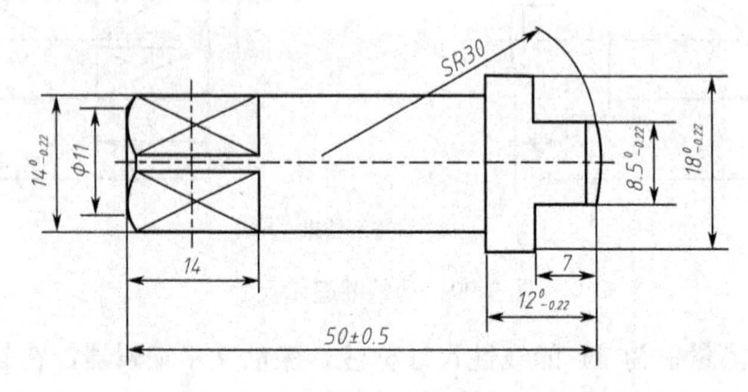

图 3-101　利用样式替代进行线性标注

⑥ 尺寸编辑

• 打开测量值为 12 的线性标注的特性面板，在“公差”选项组，将“公差下偏差”的值改为 0.27。

• 双击测量值为 18 的线性标注，在文本框中将原来的测量值删除，重新输入“%%c18c11（-0.095^-0.205）”，然后将文字“-0.095^-0.205”的字号修改为 2，并将其进行堆叠。

• 重复上述操作，对测量值为 14 的线性标注进行修改。

完成编辑后，效果如图 3-102 所示。

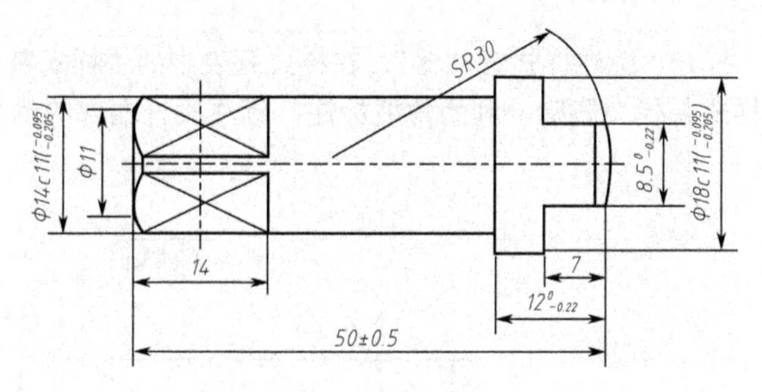

图 3-102　编辑尺寸

⑦ 标注断面　打开“标注样式管理器”，选择“样式替代”选项，单击“修改”按钮，如图 3-103（a）所示。打开“替代当前样式：ISO-25”对话框，在主单位选项卡中，将“精度”选项设置为 0.000，如图 3-103（b）所示；在“公差”选项卡中，将“上偏差”设置为-0.095，“下偏差”设置为 0.205，如图 3-103（c）所示。利用对齐标注，标注断面，如图 3-104 所示。

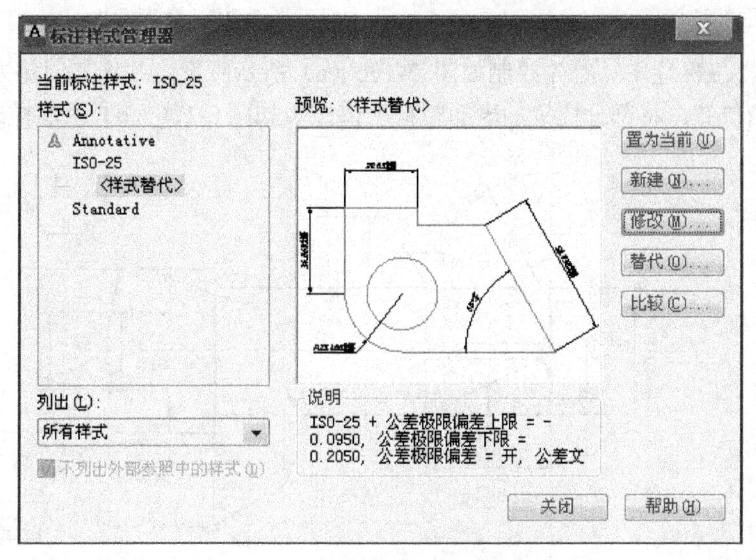

（a）标注样式管理器

（b）“主单位”选项卡修改“精度”

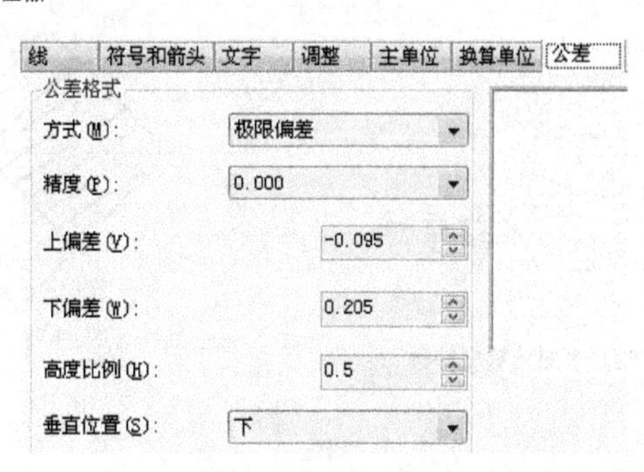

（c）“公差选项卡”修改“偏差”

图 3-103　修改样式替代

⑧ 角度标注　打开“标注样式管理器”，在样式列表中的“样式替代”上，单击右键，选择“删除”，将“样式替代”删除。利用角度标注，标注阀杆端部的倒角角度，如图 3-105 所示。

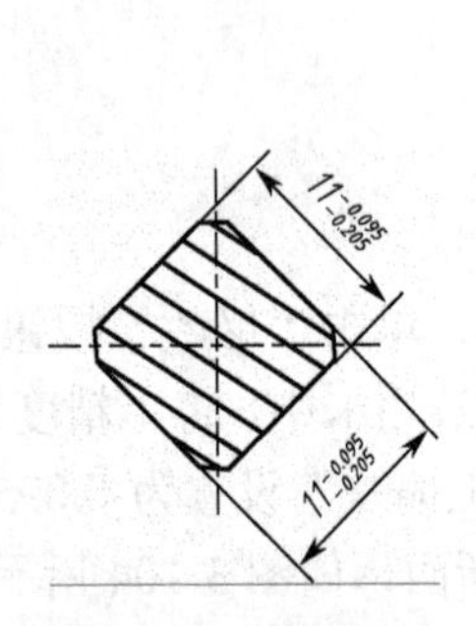

图 3-104　断面标注

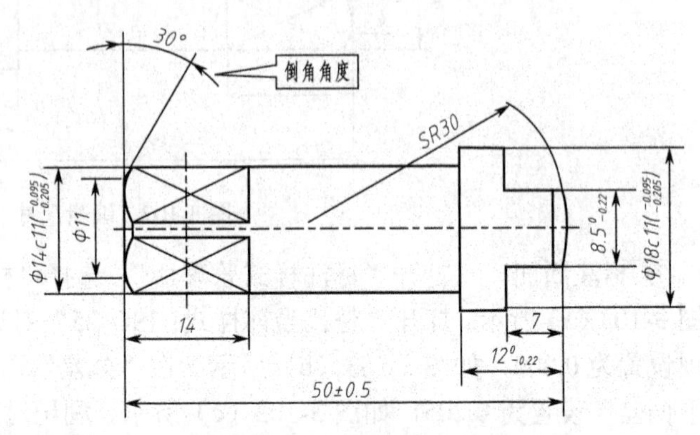

图 3-105　角度标注

⑨ 表面粗糙度标注　首先绘制如图 3-106（a）所示图形，并将其创建为“块”，插入到图形中的适当位置。将部分位置的表面粗糙度值按照如图 3-106（b）所示样式编辑。

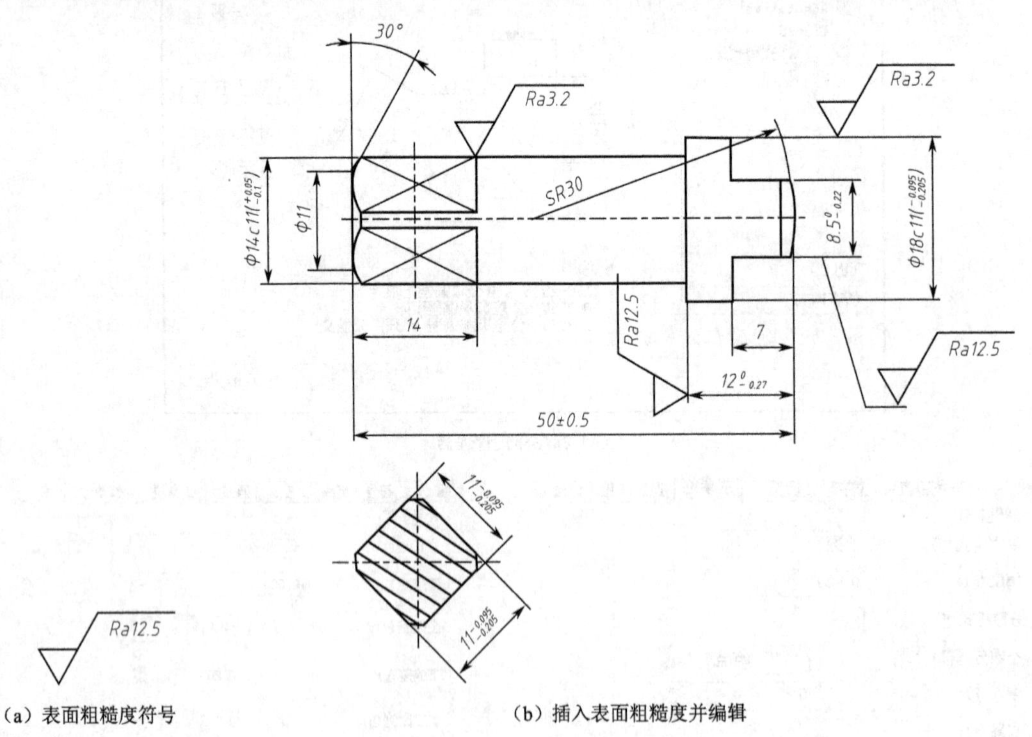

（a）表面粗糙度符号　　（b）插入表面粗糙度并编辑

图 3-106　标注表面粗糙度

⑩ 标注文字注释　标注基准注释和技术要求，如图 3-107 所示。

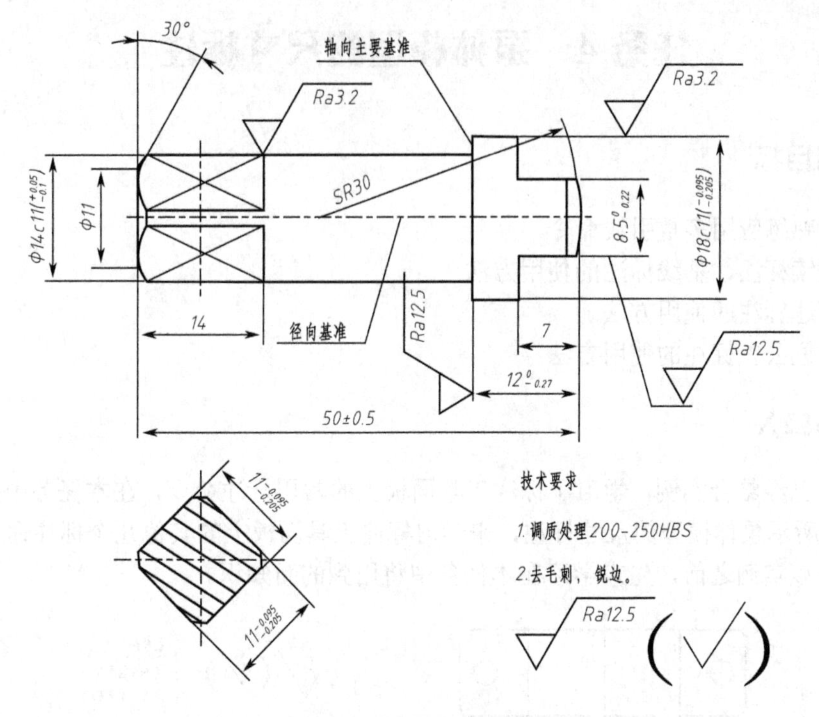

图 3-107　文字注释标注

⑪ 打断处理　　将尺寸标注跟图形图元相交的地方，进行打断处理，最后结果如图 3-79 所示。

⑫ 保存文件　　保存文件后退出。

拓展练习

打开本教材配套电子资料包中的“\模块 3\任务 3\拓展练习.dwg”文件，利用本任务所学知识，按照如图 3-108 所示样式进行标注。

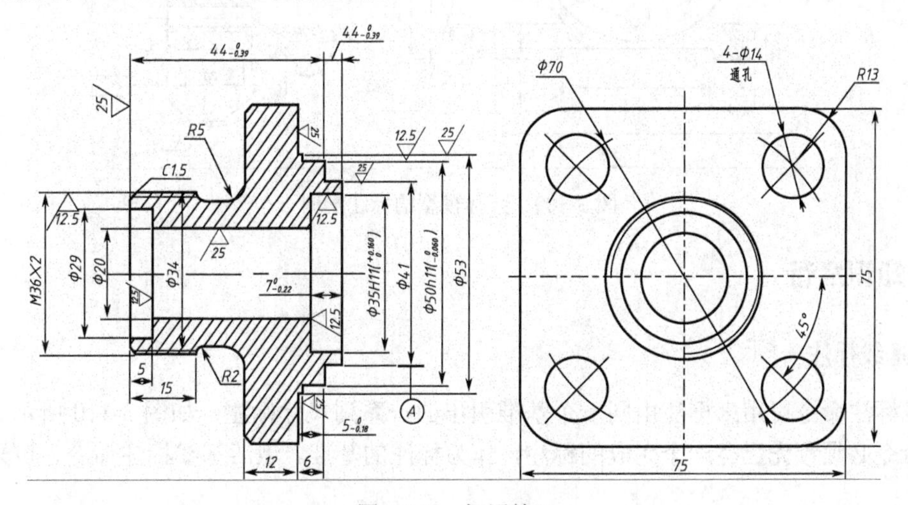

图 3-108　拓展练习

任务 4　泵体模型的尺寸标注

学习目标

- 进一步熟练应用多重引线命令
- 掌握连续标注、基线标注的使用方法
- 掌握快速标注的使用方法
- 掌握形位公差标注的使用方法

任务导入

前面我们已经结合实例，学习了标注工具面板上的常用标注命令，在本任务中，我们将结合如图 3-109 所示泵体模型的尺寸标注，来学习标注工具面板上的其他几个标注命令。下面就让我们在制作该实例之前，先来学习在本任务中将用到的新知识。

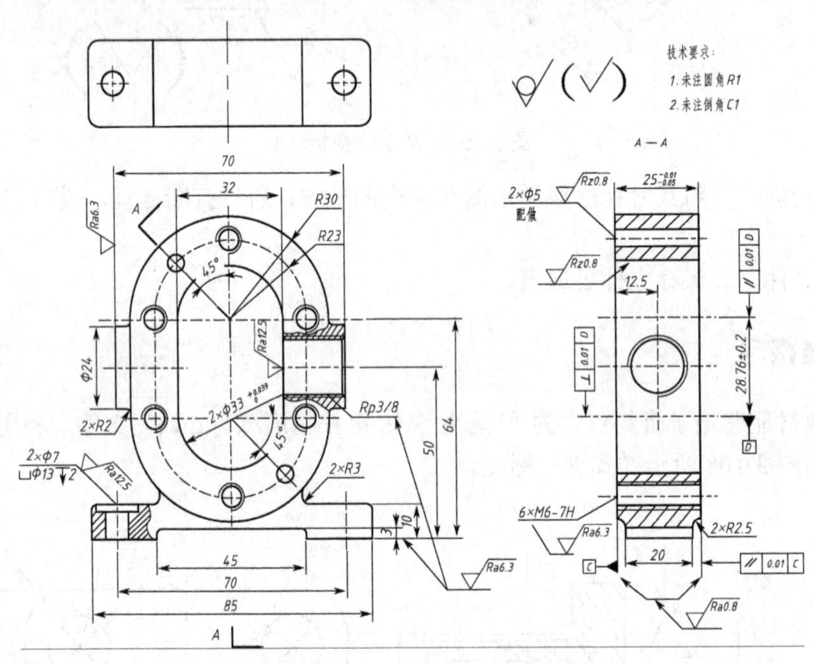

图 3-109　泵体模型的标注实例

知识准备

1. 基线标注

基线标注命令可用来标注由同一个基准引出的一系列尺寸标注，如图 3-110 所示。采用基线标注命令必须预先已有一个完成的标注，作为标注的基准。激活基线标注命令，可采用以下方式。

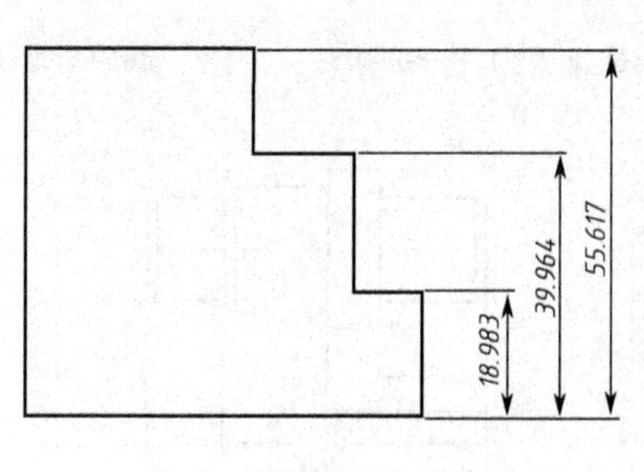

（a）线性基线标注　　　　（b）角度基线标注

90°
62°
28°

图 3-110　基线标注示例

- 直接在命令行输入“DIMBASELINE”，并按下回车键进行确认；
- 在“注释”菜单栏下，单击“标注”工具面板上的的图标 ，如图 3-111 所示。

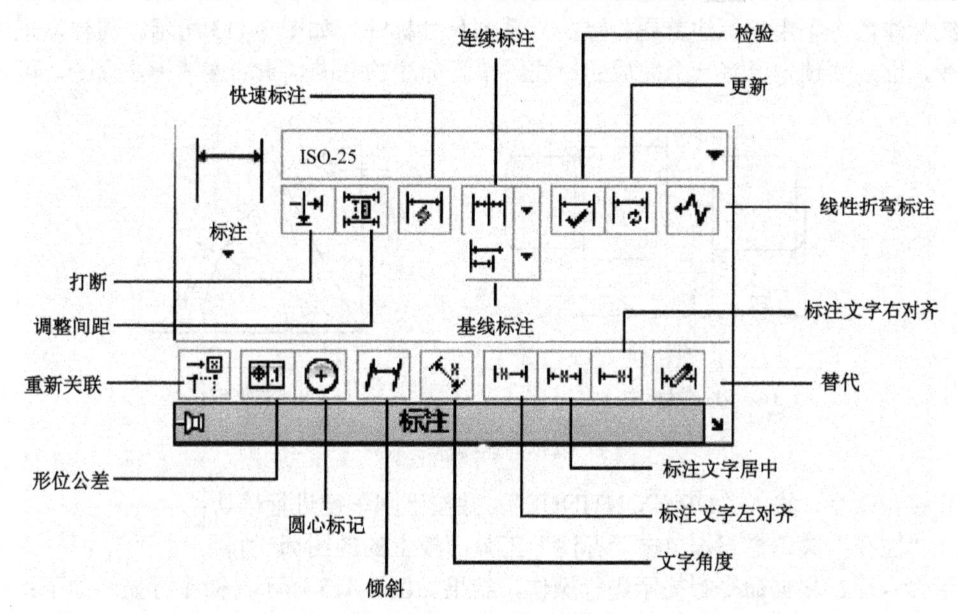

图 3-111　标注工具面板

激活命令后，根据命令行提示进行操作，结果如图 3-112 所示，命令行显示如下：

命令：_dimbaseline　　　　// 执行命令。

选择基准标注：　　// 选择图 3-112（a）中的左尺寸界线。

指定第二条尺寸界线原点或 [放弃（U）/选择（S）] <选择>:　　// 捕捉 C 点；选项“选择（S）”，表示重新选择基准线。

标注文字 = 30

指定第二条尺寸界线原点或 [放弃（U）/选择（S）] <选择>:　　// 捕捉 D 点。

标注文字 = 50

指定第二条尺寸界线原点或 [放弃（U）/选择（S）] <选择>:　　// 捕捉 E 点。

标注文字 = 65

指定第二条尺寸界线原点或 [放弃（U）/选择（S）] <选择>:　　　// 按回车键结束，结果如图 3-112（b）所示。

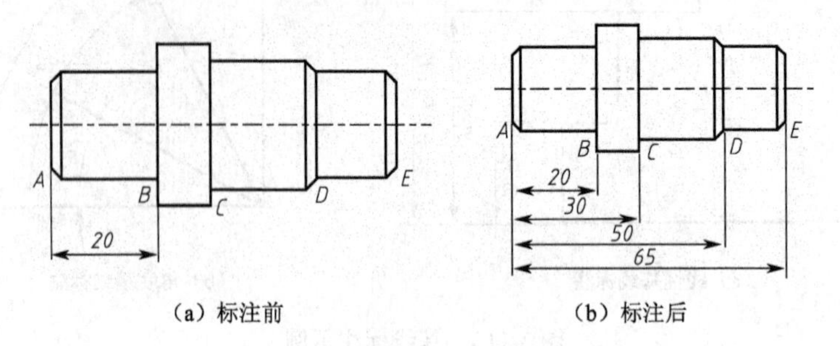

（a）标注前　　（b）标注后

图 3-112　阶梯轴的基线标注

2. 连续标注

连续标注命令可用来标注首尾相接的一系列尺寸标注，如图 3-113 所示。同样，采用连续标注命令，也必须预先已有一个完成的标注，作为标注的基准。激活连续标注命令，可采用以下方式。

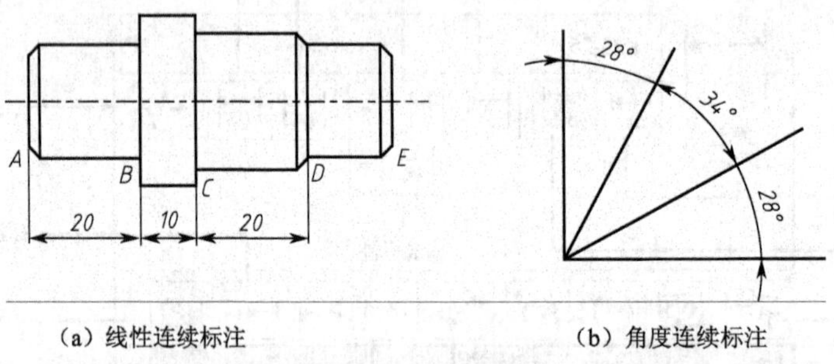

（a）线性连续标注　　（b）角度连续标注

图 3-113　连续标注示例

- 直接在命令行输入"DIMCONTINUE"，并按下回车键进行确认；
- 在"注释"菜单栏下，单击"标注"工具面板上的的图标 。

激活命令后，根据命令行提示进行操作，结果如图 3-113 所示，命令行显示如下：

命令: _dimcontinue　　　　// 执行命令。

选择连续标注:　　　　// 选择图 3-112（a）中的右尺寸界线。

指定第二条尺寸界线原点或 [放弃（U）/选择（S）] <选择>:　　// 捕捉 C 点。

标注文字 = 10

指定第二条尺寸界线原点或 [放弃（U）/选择（S）] <选择>:　// 捕捉 D 点。

标注文字 = 20

指定第二条尺寸界线原点或 [放弃（U）/选择（S）] <选择>:　　// 按回车键结束，结果如图 3-113（a）所示。

3. 快速标注

当需要创建一系列的基线、连续或并列标注、或者为一系列的圆或圆弧创建标注时，可采用快速标注命令。激活快速标注命令，可采用以下方式：

- 直接在命令行输入“QDIM”，并按下回车键进行确认；
- 在“注释”菜单栏下，单击“标注”工具面板上的的图标 。

激活命令后，根据命令行提示进行操作，选择要标注的几何图形，按回车键确认后，引导尺寸线到适当位置后，单击鼠标即可。

（1）连续标注

如图 3-114 所示。命令行显示如下：

命令：_qdim

关联标注优先级 = 端点

选择要标注的几何图形：指定对角点：找到 9 个

选择要标注的几何图形：

指定尺寸线位置或 [连续（C）/并列（S）/基线（B）/坐标（O）/半径（R）/直径（D）/基准点（P）/编辑（E）/设置（T）] <连续>:　　// 确保是在“连续”选项的前提下，指定尺寸线位置。

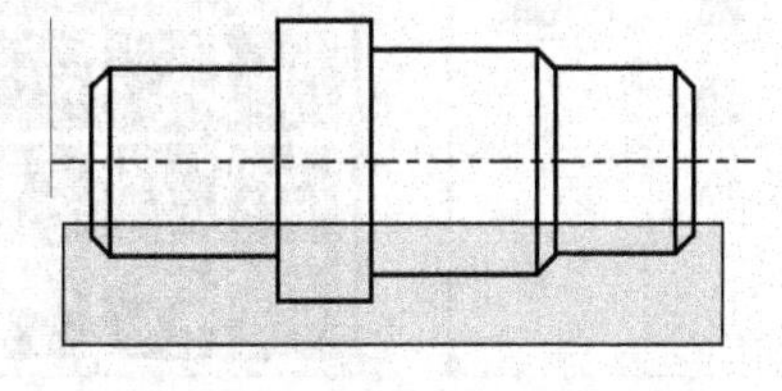

（a）框选要标注的图形　　（b）标注后

图 3-114　快速连续标注

（2）并列标注

如图 3-115 所示。命令行显示如下：

命令：_qdim

关联标注优先级 = 端点

选择要标注的几何图形：指定对角点：找到 21 个

选择要标注的几何图形：

指定尺寸线位置或 [连续（C）/并列（S）/基线（B）/坐标（O）/半径（R）/直径（D）/基准点（P）/编辑（E）/设置（T）] <并列>:　　// 确保是在“并列”选项的前提下，指定尺寸线位置。

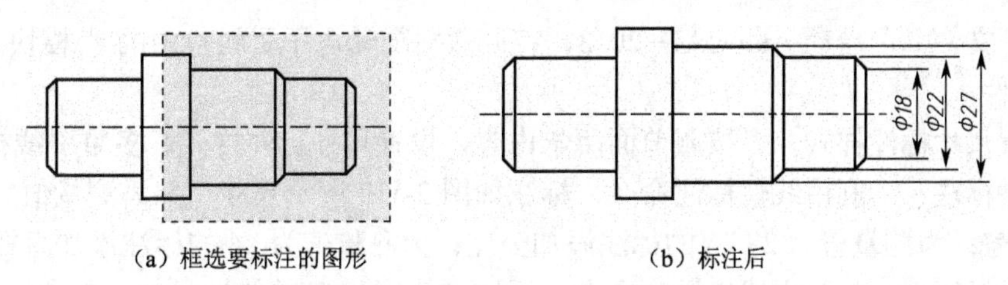

（a）框选要标注的图形　　（b）标注后

图 3-115　快速并列标注

4. 形位公差标注

形位公差是机械制图中表明尺寸在理想尺寸中几何关系的偏差，比如垂直度、同轴度、平行度等。激活形位公差标注命令，可采用以下方式：

- 直接在命令行输入“TOLERANCE”，并按下回车键进行确认；
- 在“注释”菜单栏下，展开“标注”工具面板，单击图标 。

激活命令后，会弹出“形位公差”对话框，如图 3-116（a）所示。单击符号图框，弹出“特征符号”对话框，如图 3-116（b）所示。选择一个符号，例如垂直符号；关闭“特征符号”对话框；在“公差 1”栏输入 0.01；在“基准 1”栏输入“A”；单击“确定”按钮后，关闭“形位公差”对话框；在图形中拾取一个位置，就可以创建出如图 3-116（c）所示的形位公差。

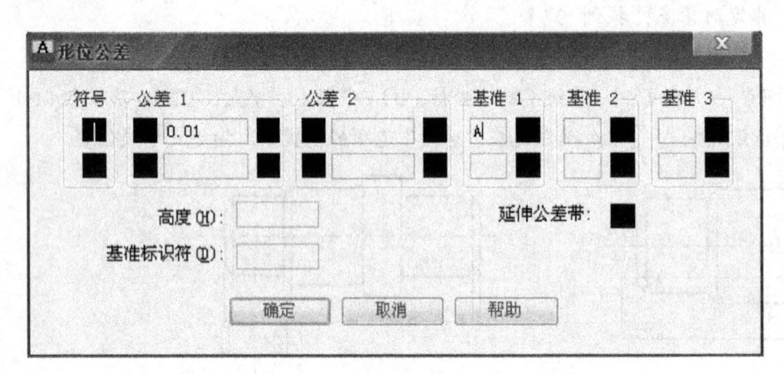

(a)“形位公差”对话框　　(b)“特征符号”对话框

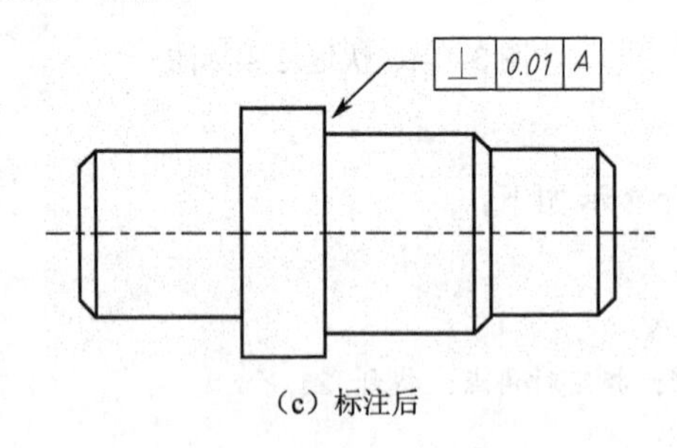

(c) 标注后

图 3-116　形位公差标注

任务实施

① 打开文件　　启动 AutoCAD 2013，打开教材配套电子资料包中的“\模块 3\任务 4\泵体.dwg”文件。

② 设置尺寸标注样式　　按照前面所学内容，设置尺寸标注样式、多重引线样式。

③ 线性标注　　利用线性标注命令，标注如图 3-117 所示尺寸，并为测量值为 25 的标注添加极限偏差；为测量值为 28.76 的标注添加公差；为测量值为 24 的标注添加直径符号。

④ 基线标注　　先利用线性标注命令，标注测量值为 3 的线性尺寸，再利用基线标注命令，标注测量值为 10、50、64 的标注尺寸，尺寸调整后如图 3-118 所示。

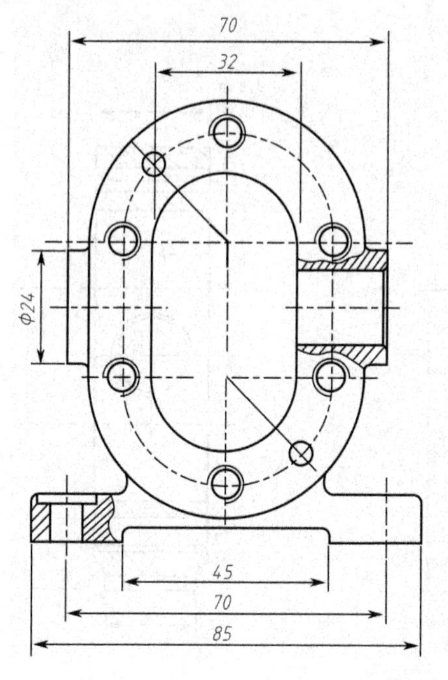

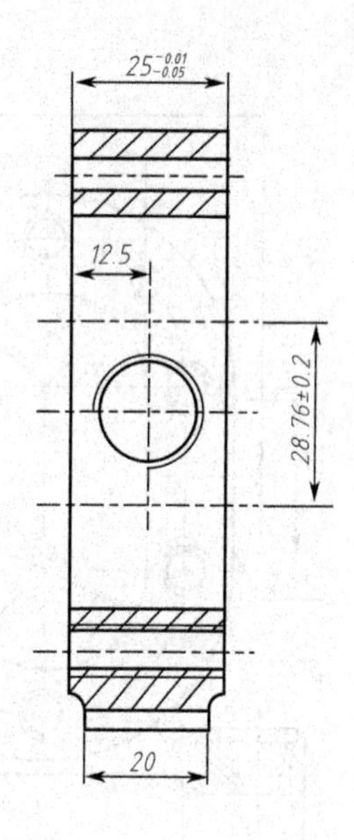

图 3-117　线性标注

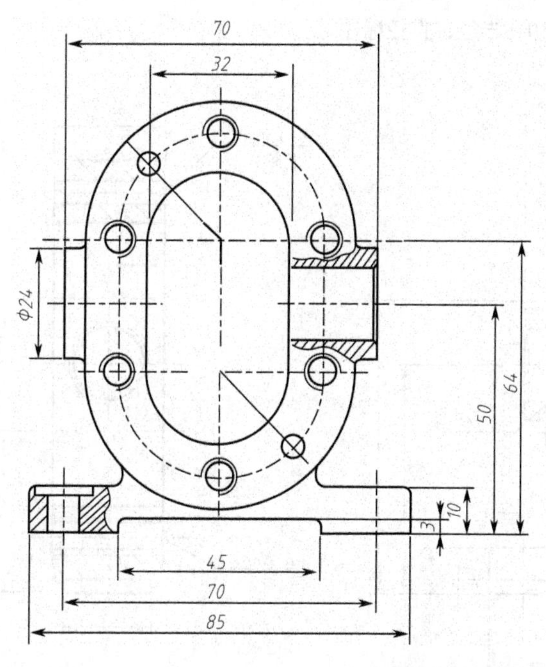

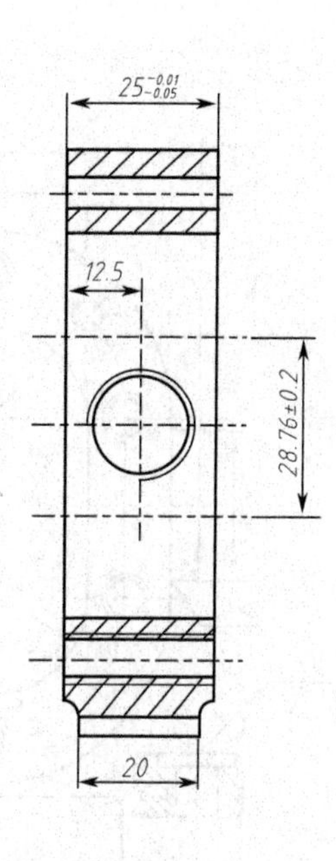

图 3-118　基线标注

⑤ 半径、直径标注　　利用半径、直径标注命令，标注如图 3-119 所示尺寸，并按照图示样式进行编辑，最后将直径标注尺寸跟中心线相交部分进行打断处理。

⑥ 引线标注　　利用引线标注命令，标注如图 3-120 所示尺寸，并按照图示样式进行编辑。

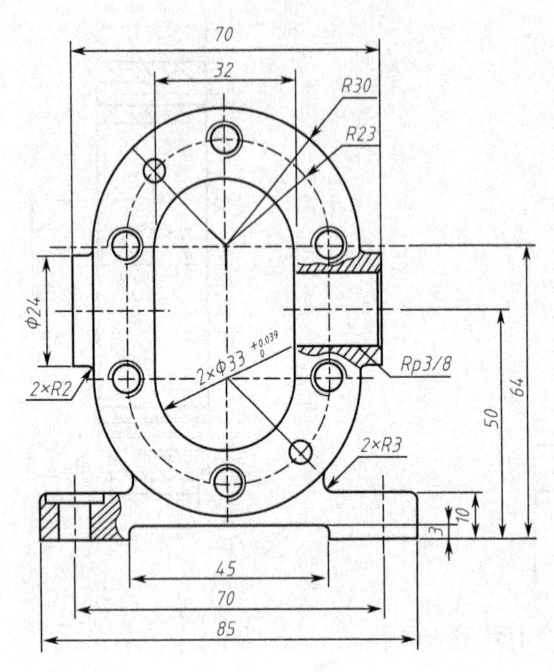

图 3-119　半径、直径标注

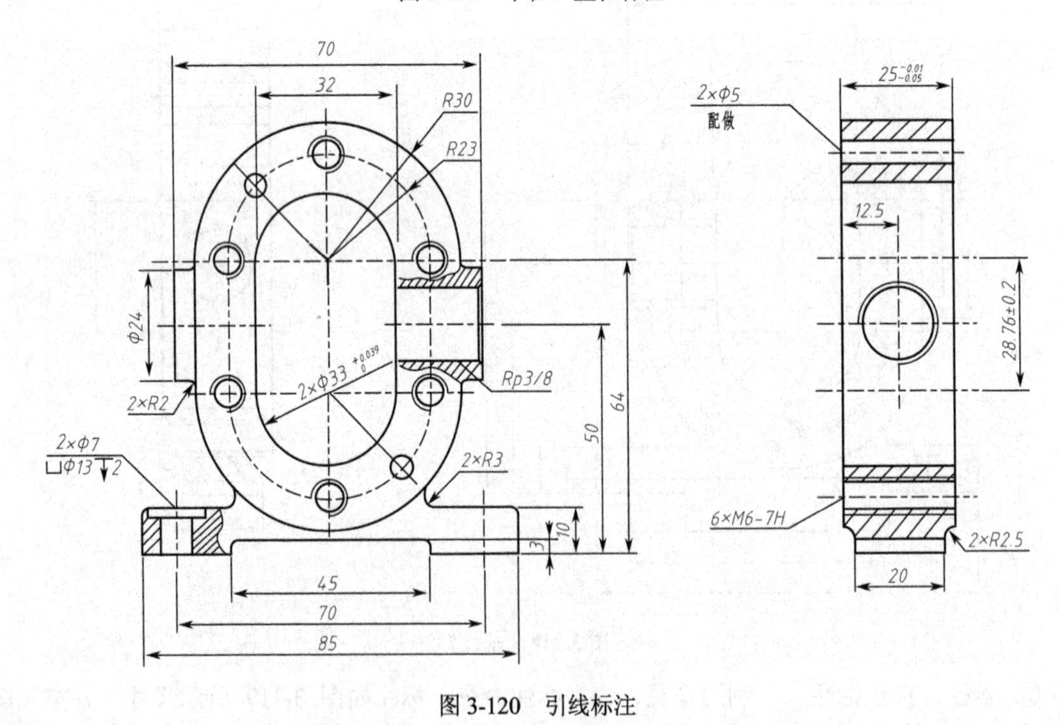

图 3-120　引线标注

⑦ 角度标注　　利用角度标注命令，标注图中$\phi 5$孔所在位置的角度，并将尺寸标注跟轮廓线相交部分进行打断处理。

⑧ 创建表面机构要求符号　　绘制如图 3-121（a）所示的表面粗糙度符号，并将其创建为“块”。

⑨ 创建基准符号　　绘制如图 3-121（b）所示的基准符号，并将其创建为“块”。

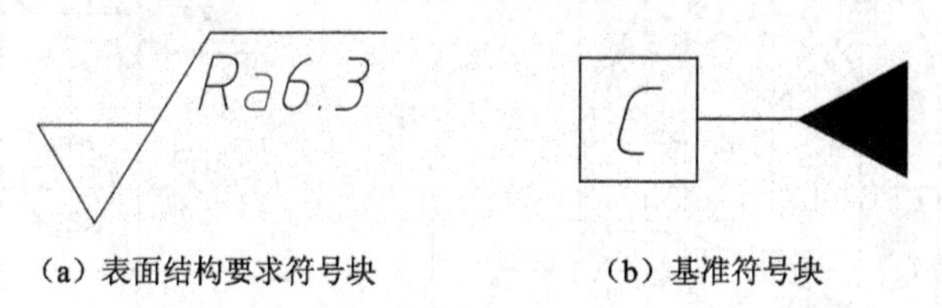

（a）表面结构要求符号块　　（b）基准符号块

图 3-121　创建符号块

⑩ 标注表面结构要求符号跟基准标注　　利用插入块以及引线标注命令，在图 3-122 中所示位置插入符号块，并将部分位置的“块”分解后，按照图示进行编辑处理。

⑪ 形位公差标注　　利用形位公差标注命令以及引线标注命令，进行形位公差标注，结果如图 3-123 所示。

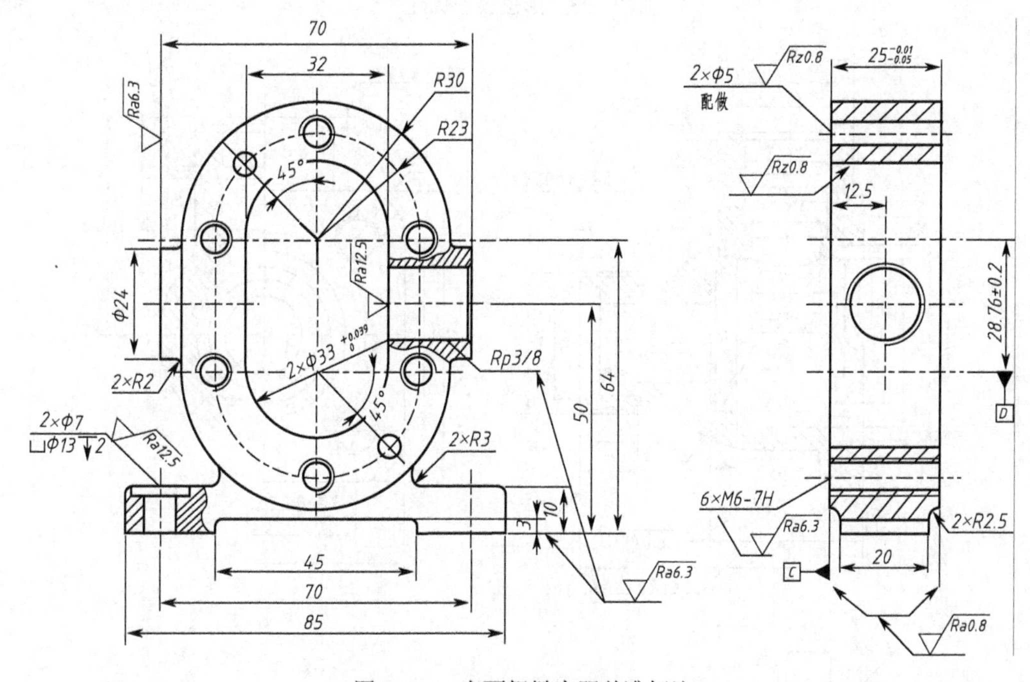

图 3-122　表面粗糙度跟基准标注

⑫ 绘制剖切符号　　利用直线命令及引线标注命令，绘制剖切符号，结果如图 3-109 所示。

⑬ 保存文件　　最后添加文字注释，完成标注后，保存文件退出。

拓展练习

打开本教材配套电子资料包中的“\模块 3\任务 4\拓展练习.dwg”文件，利用本任务所学知识，按照如图 3-124 所示样式进行标注。

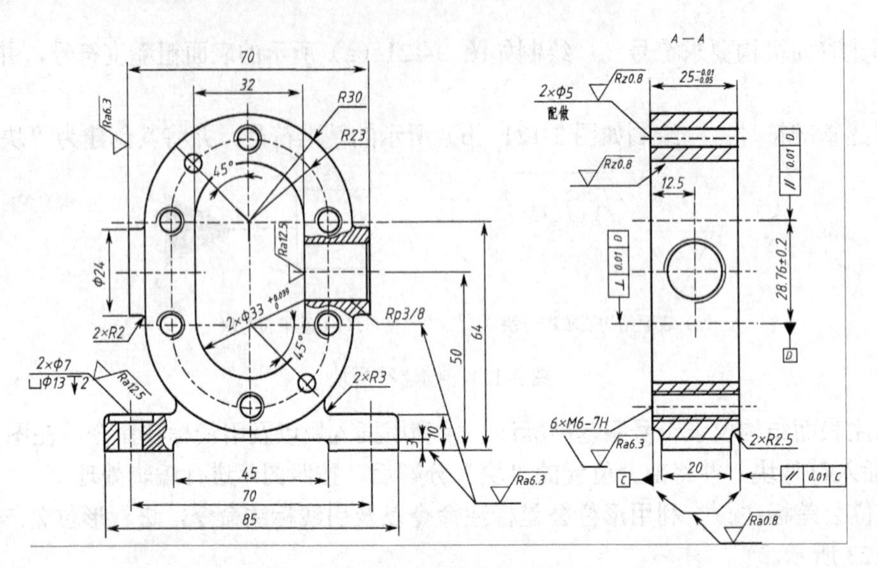

图 3-123　形位公差标注

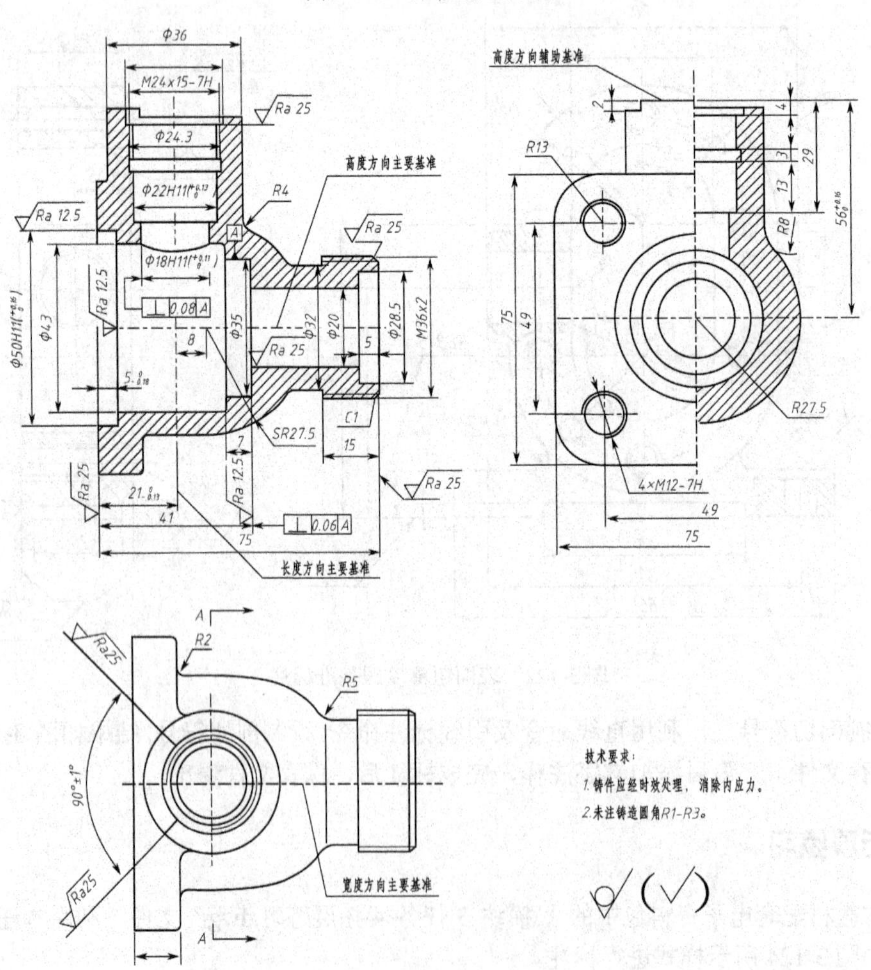

图 3-124　拓展练习

模块四

操作杆模型的参数化设计

学习目标

- 熟练应用几何约束工具和尺寸约束工具进行绘图
- 熟练使用参数管理器进行二维图形设计

利用 AutoCAD 的参数化设计，可以通过对图形对象的约束来表达自己的设计意图，该功能是从 2010 版本以后才具有的新功能。这就极大地改变了设计者的思路和方式，也使得设计更加方便。参数化设计是今后 CAD 设计领域的发展趋势。在 AutoCAD 2013 中常用的约束有两种，即几何约束跟尺寸约束。其中几何约束用来控制图形对象的相对位置关系，尺寸约束用来控制图形对象的距离、角度等。

通过如图 4-1 所示实例的制作，来熟悉 AutoCAD 中参数化设计的相关知识。在制作该实例之前，让我们先来学习本实例中将用到的新知识：几何约束的创建与编辑，以及标注约束的创建与编辑。

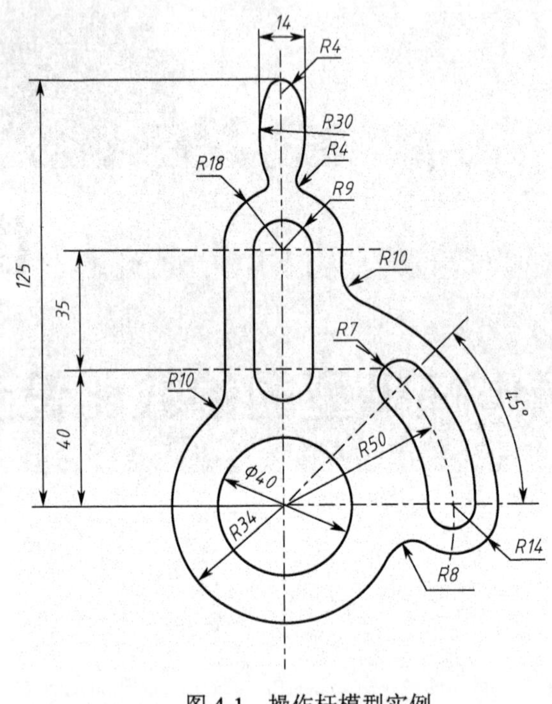

图 4-1 操作杆模型实例

1. 几何约束的创建

几何约束可以确定对象之间以及对象上的点与点之间的关系。在参数化绘图时，通常先添加几何约束，来确定图形之间的位置关系；再添加尺寸约束，来确定图形的大小及图形之间的距离。

几何约束类型的相关命令位于“参数”功能菜单栏下的“几何”工具面板上，如图 4-2 所示。下面我们对“几何”功能面板上的各个命令逐一进行介绍。

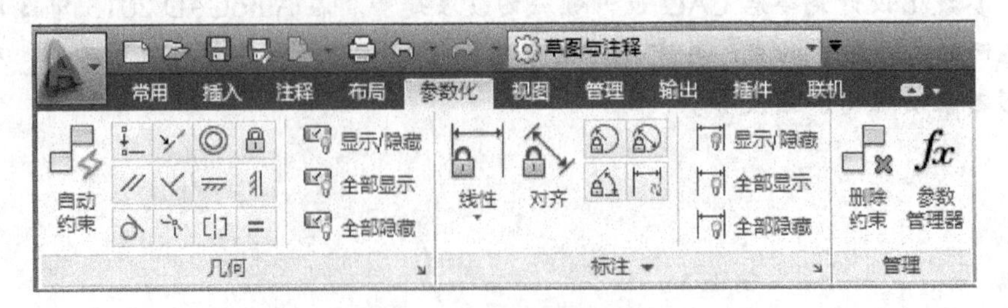

图 4-2 “参数化”选项卡

（1）重合约束 执行该命令可将两个点重合，也可将一个点约束在某一条直线上。执行命令后，重合的点上有个蓝色方框，表示该点是几个点的重合，如图 4-3 所示。将点约束在直线上时，操作后命令行显示如下：

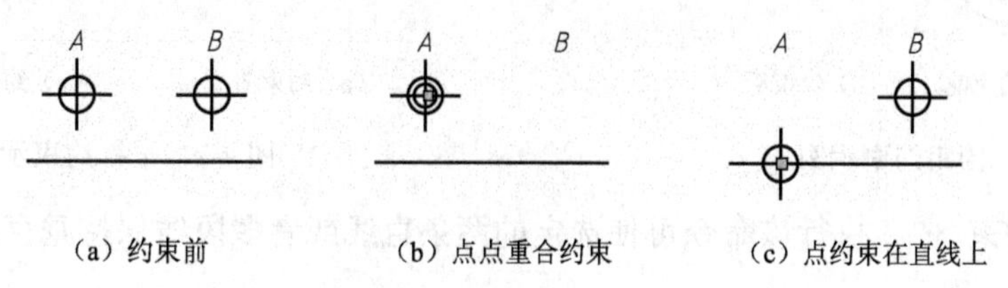

（a）约束前　（b）点点重合约束　（c）点约束在直线上

图 4-3　重合约束示例

```
命令: _GcCoincident        // 执行命令。
选择第一个点或 [对象(O)/自动约束(A)] <对象>: o        // 选择“对象(O)”选项。
选择对象:          // 选择直线。
选择点或 [多个(M)]:        // 选择点 A。
```

说明：在执行命令后，选择对象的先后顺序不一样，执行重合约束后，图元的位置也是不同的。第一次选择对象所在位置作为基准位置，如图 4-3（b）所示，即为执行命令后，先选择 A 点，再选择 B 点后的结果；如图 4-3（c）所示，即为执行命令后，先选择直线，再选择 A 点后的结果。对于其他几何约束命令也是如此，以后不再单独介绍。

（2）共线约束 该命令可将两条直线置于同一条直线的延长线上。执行命令后，在共线约束的两条直线上显示共线图标，如图 4-4 所示。

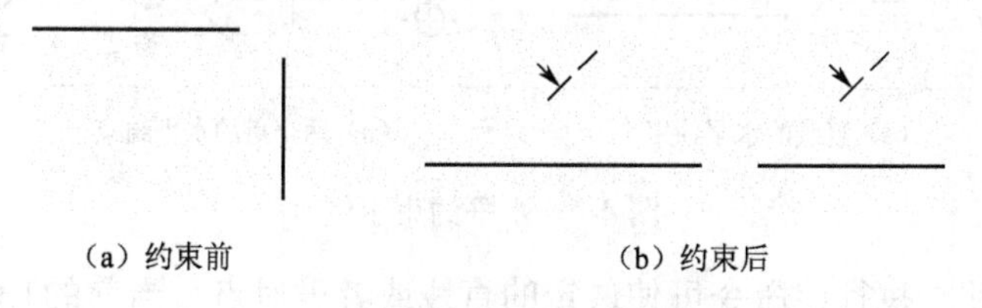

（a）约束前　（b）约束后

图 4-4　共线约束示例

（3）同心约束 执行该命令可使得选定的圆、圆弧、椭圆保持同一个中心点，如图 4-5 所示。

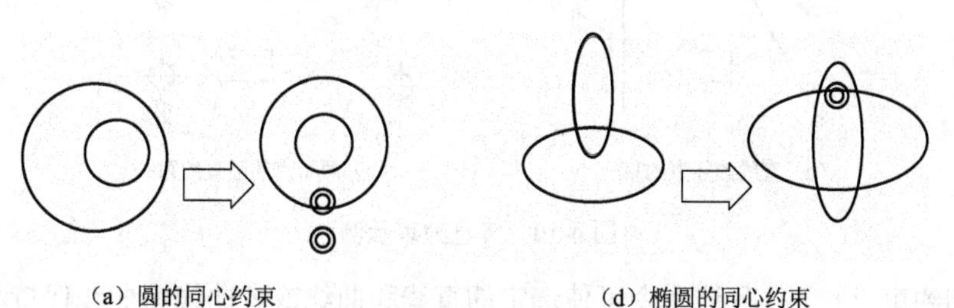

（a）圆的同心约束　（d）椭圆的同心约束

图 4-5　同心约束示例

（4）固定约束 执行该命令可使选定的几何图元固定到相对于世界坐标系的指定位置和方向上。执行固定约束的图元，不能再进行移动操作，如图 4-6 所示。

（5）平行约束 执行该命令可使选定的两条直线保持平行，如图 4-7 所示。

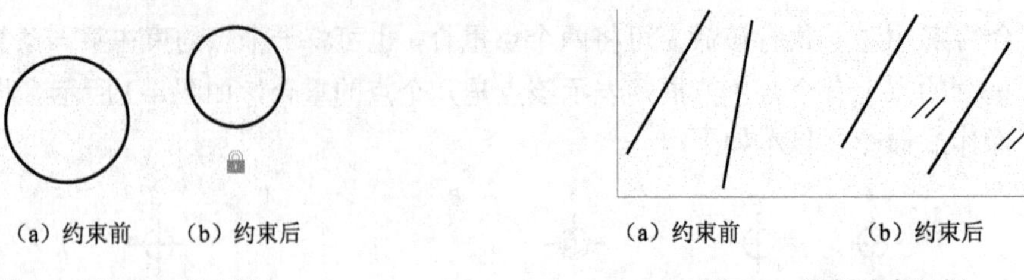

（a）约束前　（b）约束后　　　　（a）约束前　（b）约束后

图 4-6　固定约束示例　　　　图 4-7　平行约束示例

（6）垂直约束　执行该命令可使选定的两条直线或者多段线保持垂直，如图 4-8 所示。

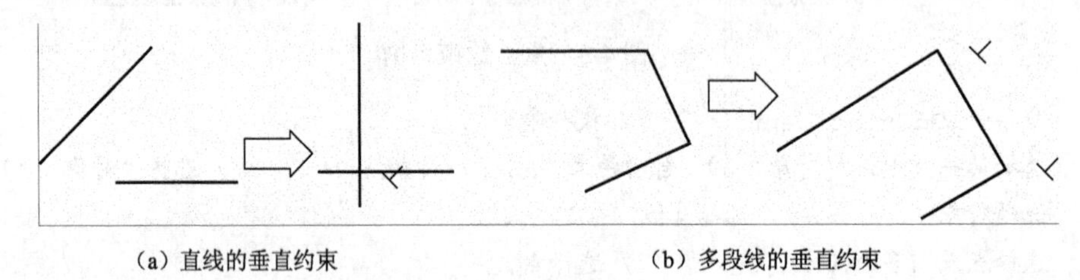

（a）直线的垂直约束　　（b）多段线的垂直约束

图 4-8　垂直约束示例

（7）水平约束　执行该命令可使选定的直线或者一对点与当前的UCS的*X*轴保持平行，如图 4-9 所示。

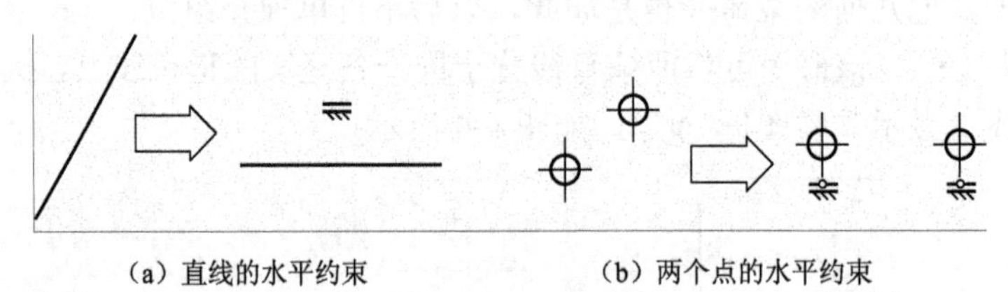

（a）直线的水平约束　　（b）两个点的水平约束

图 4-9　水平约束示例

（8）竖直约束　执行该命令可使选定的直线或者一对点与当前的UCS的*Y*轴保持平行，如图 4-10 所示。

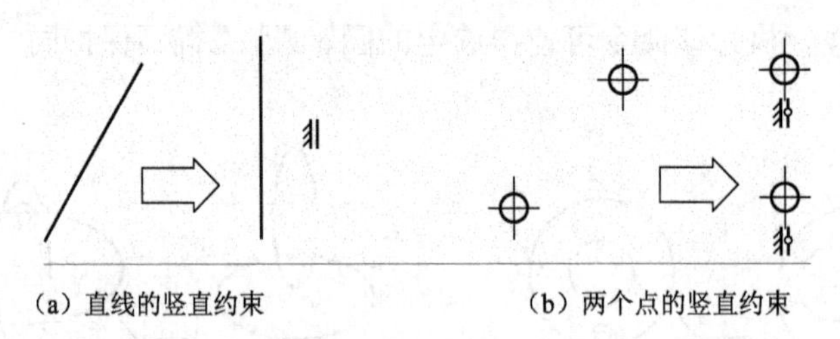

（a）直线的竖直约束　　（b）两个点的竖直约束

图 4-10　竖直约束示例

（9）相切约束　执行该命令可使选定的直线和曲线或者曲线跟曲线保持相切，或者与延长线保持相切，如图 4-11 所示。

（10）平滑约束　执行该命令可使选定的样条曲线与其他样条曲线、直线、弧线等彼此相连接，并保持平滑连续，如图 4-12 所示。

（11）对称约束　执行该命令可使选定的两个对象关于指定直线对称，如图 4-13 所示。

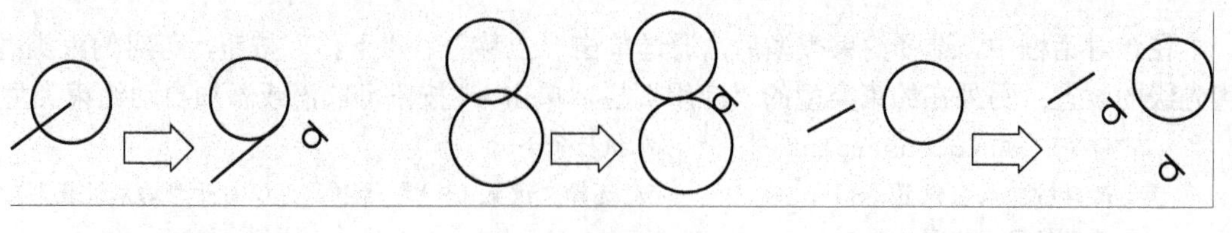

图 4-11　相切约束示例

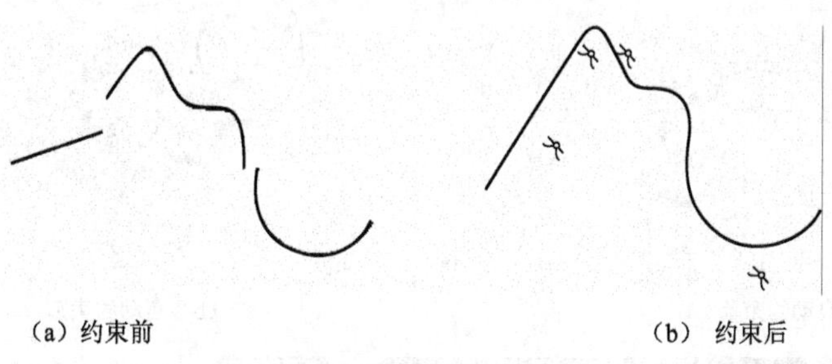

图 4-12　平滑约束示例

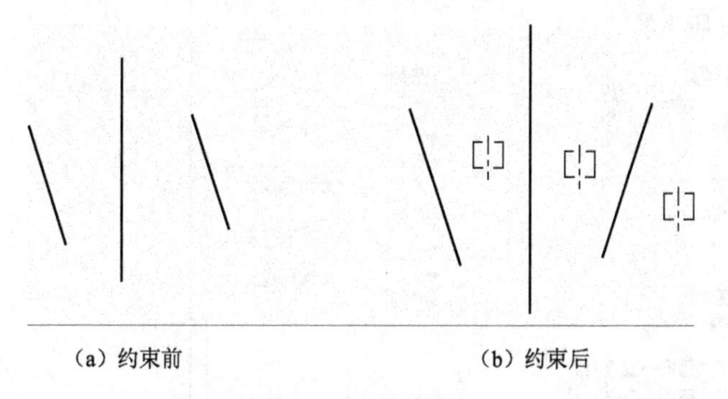

图 4-13　对称约束示例

（12）相等约束 = 执行该命令可使选定的两条直线具有相等的长度，选定的两个圆或圆弧具有相等的半径，如图 4-14 所示。

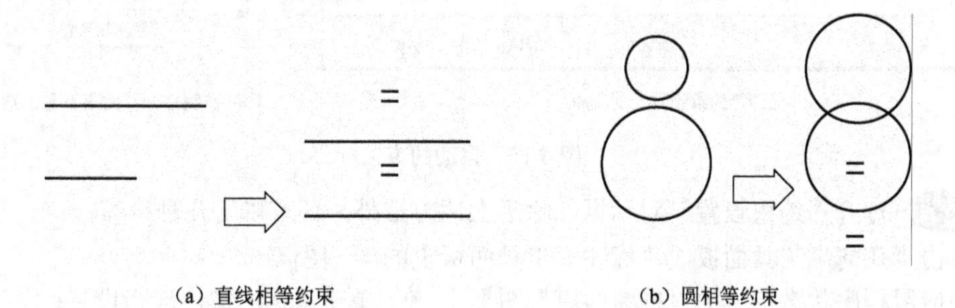

图 4-14　相等约束示例

（13）自动约束 使用该约束，可以使以前绘制的一组对象，根据用户需要自动对其进行约束，如图 4-15（a）、（b）所示。使用该命令，也可以打开“约束设置”对话框，进入“自动约束”选项卡，对自动约束的优先级进行设置，如图 4-15（c）所示。

在该对话框中，选择约束类型后，通过单击“上移”、“下移”按钮，可对约束类型进行优先级的设置；另外在约束类型的“应用”栏，单击✔按钮可取消或添加自动约束类型。

命令：_AutoConstrain　　　　// 执行命令。
选择对象或 [设置（S）]：s　　　　// 选择“设置（S）”选项，可以打开“约束设置”对话框。
选择对象：指定对角点：

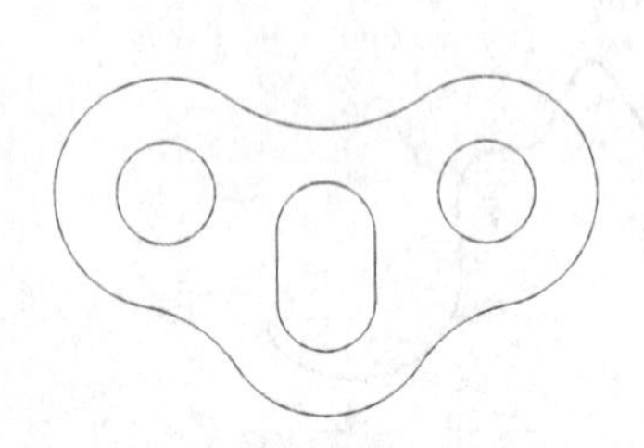

（a）自动约束前

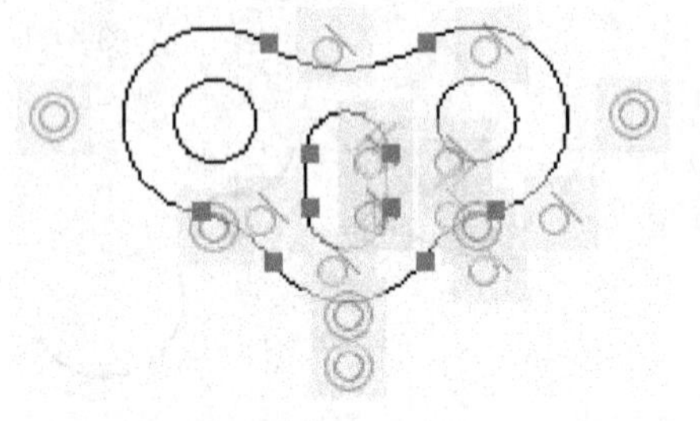

（b）自动约束后

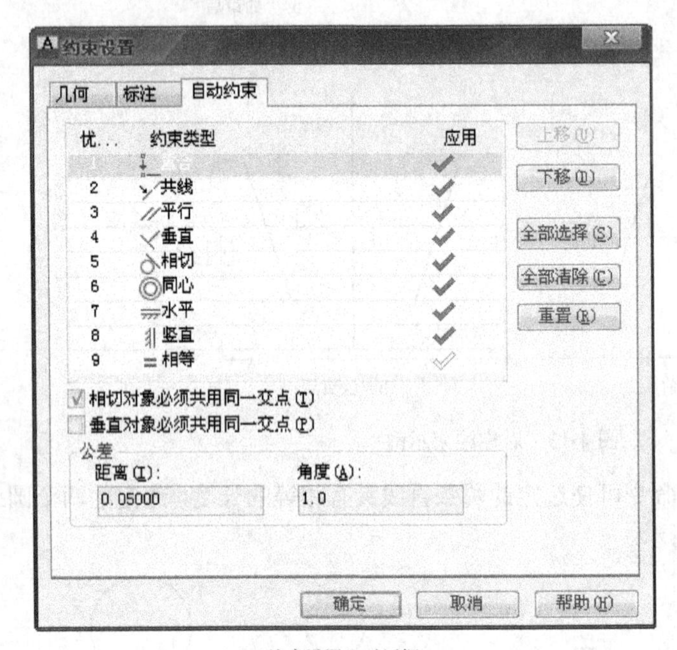

（c）“约束设置”对话框

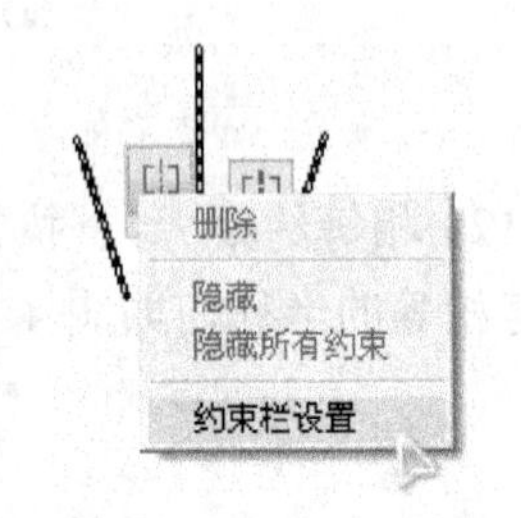

（d）右键打开“约束设置”对话框

图 4-15　自动约束

说明：打开“约束设置”对话框，除了上述方法外，还有以下几种：

- 单击“几何”工具面板或“标注”工具面板上的 ↘ 图标；
- 在应用程序状态栏上的“推断约束”图标上 单击鼠标右键，选择设置；
- 在任何一个已添加的约束名称上单击鼠标右键，在右键菜单中选择“约束栏设置”，如图 4-15（d）所示。

（14）推断几何约束　　　“推断几何约束”命令开关位于应用程序状态栏的左侧，如图 2-2 所示。若激活该命令，用户在绘制或编辑几何图形时，AutoCAD 会自动在关联对象上

添加约束，如图 4-16 所示，即为绘制圆角矩形后，自动添加的约束。

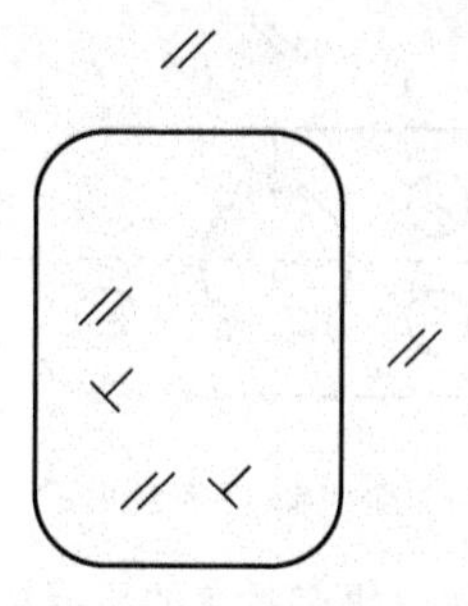

图 4-16　推断约束

说明：如果对已经添加的约束，进行约束添加时，会弹出如图 4-17（a）所示的警告窗口；同样如果添加的约束跟其他约束发生冲突，会弹出如图 4-17（b）所示的警告窗口。

（a）重复创建几何约束警告窗口

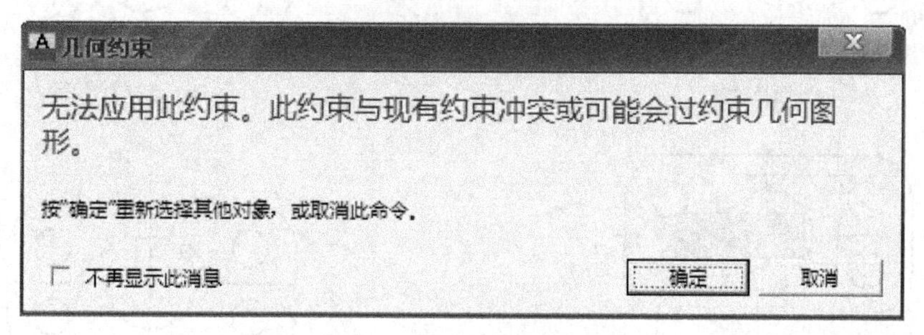

（b）过几何约束或几何约束冲突警告窗口

图 4-17　几何约束警告窗口

2．几何约束的编辑

添加几何约束后，在对象的旁边会出现约束图标，将光标移动到图标或图形对象上，图形对象以及约束图标将亮显，并显示约束名称，如图 4-18 所示。对已添加的几何约束，可对其进行隐藏、显示、删除、设置等编辑。

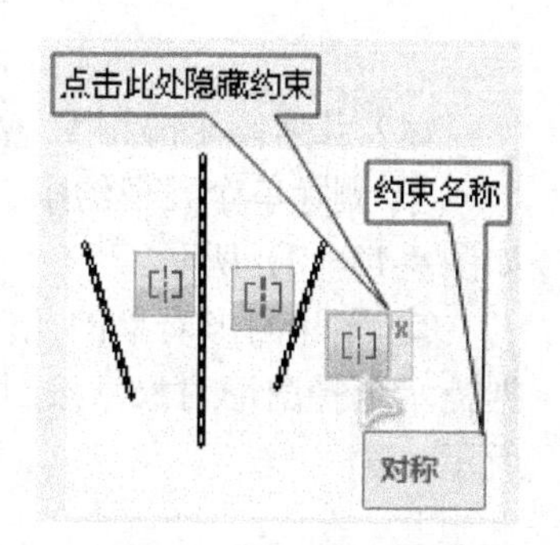

图 4-18　约束名称亮显

（1）全部显示几何约束 执行该命令可将图形中的所有约束显示出来，如图 4-19（b）所示。

（2）全部隐藏几何约束 执行该命令可将图形中的所有约束进行隐藏，如图 4-19（c）所示。

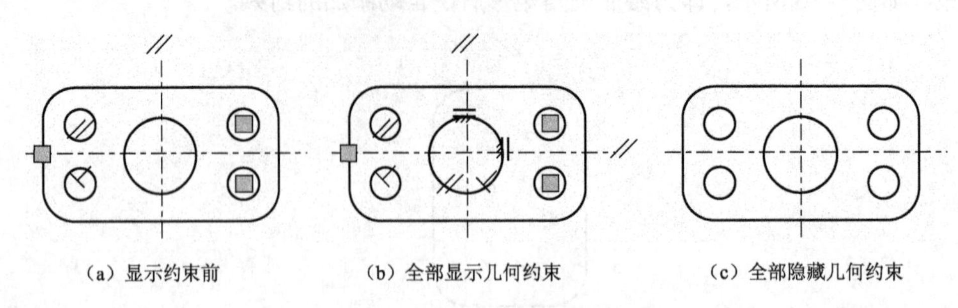

图 4-19　几何约束的显示与隐藏

(3) 显示/隐藏几何约束　执行该命令既可隐藏部分几何约束，也可显示部分几何约束。

① 隐藏几何约束　将光标移动到需要隐藏的几何约束名称，该约束名称亮显，单击鼠标右键，在右键菜单中选择“隐藏”，即可将几何约束隐藏，如图 4-15（d）所示。

② 显示几何约束　执行命令后，选择要显示几何约束的图形对象，按回车键确认后，弹出快捷菜单，选择“显示”，即可显示图形对象的几何约束，如图 4-20 所示。

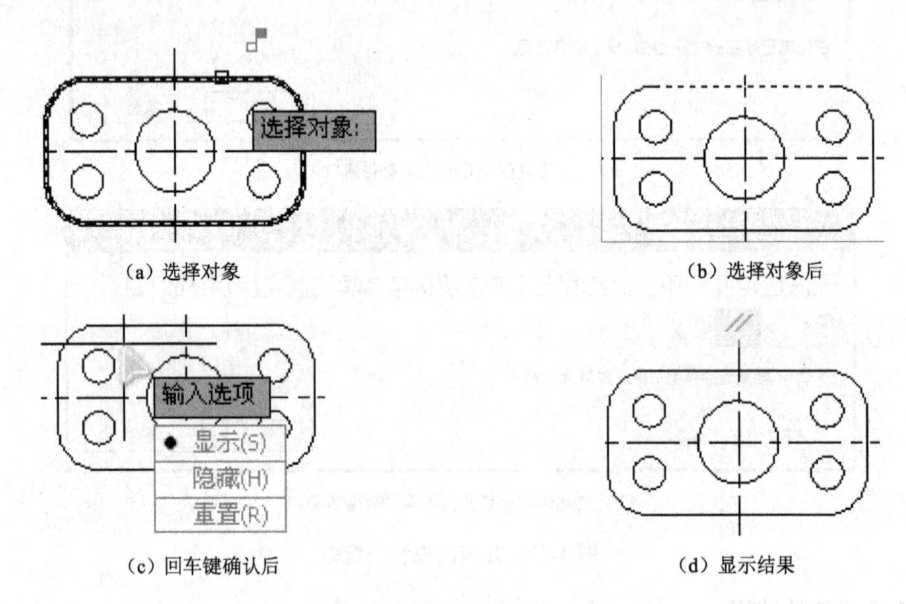

图 4-20　显示部分几何约束

（4）几何约束的删除　几何约束的删除有以下两种情况。

① 删除单个几何约束　在约束名称上单击鼠标右键，在右键菜单中选择“删除”即可，如图 4-15（d）所示。

② 删除图形对象的几何约束　单击“管理”功能面板上的“删除约束”图标 ，根据提示选择图形对象，按回车键确认后，即可将所选择图形对象的几何约束删除，如图 4-21 所示。

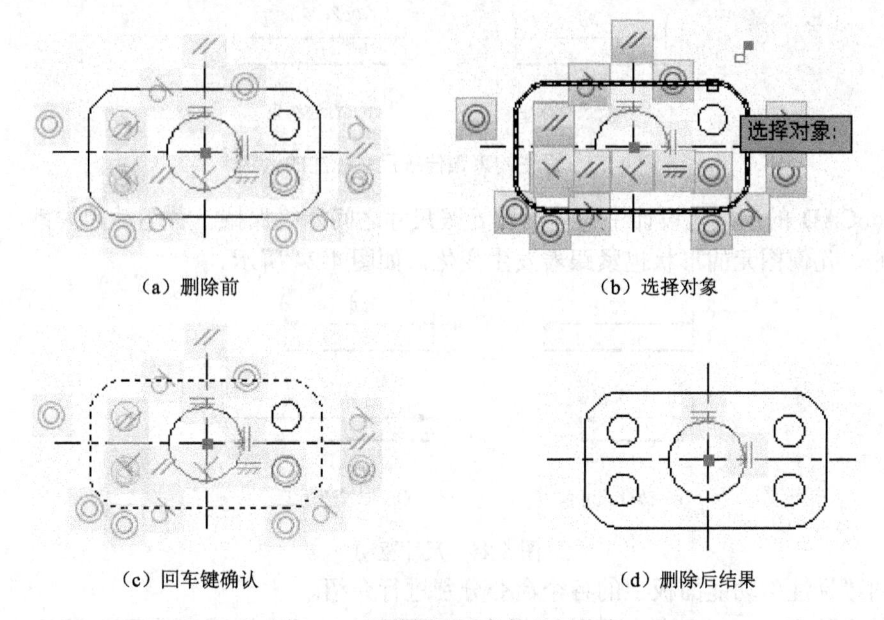

（a）删除前　（b）选择对象

（c）回车键确认　（d）删除后结果

图 4-21　删除图形对象的几何约束

（5）几何约束的设置　打开如图 4-15（c）所示的对话框，进入“几何”选项卡，在该选项卡下，可对约束栏的显示以及约束栏的透明度等进行设置，如图 4-22 所示。

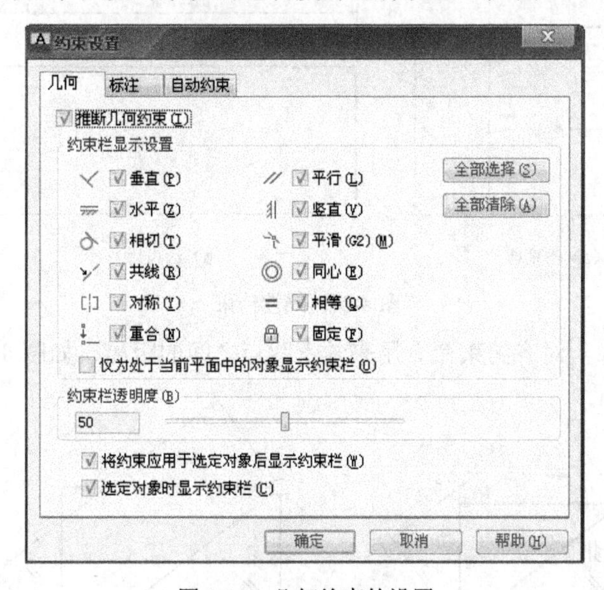

图 4-22　几何约束的设置

3．标注约束的创建

标注约束即尺寸约束，用来确定对象、对象上的点之间的距离或角度，也可以确定对象的大小。标注约束的相关命令，位于“参数”功能菜单栏下的“标注”工具面板上，如图 4-2 所示。在系统默认状态下，标注约束跟传统的尺寸标注在表现形式上是有区别的，那就是在标注约束上，有个锁定图标 🔒 ，如图 4-23 所示。

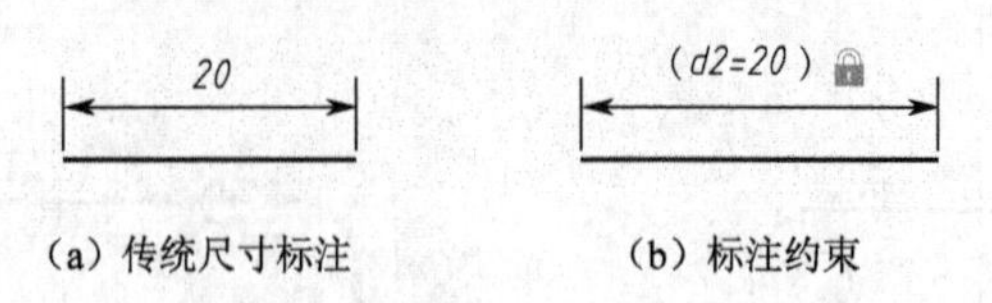

（a）传统尺寸标注　　（b）标注约束

图 4-23　标注约束跟传统尺寸标注的区别

在 AutoCAD 的参数化设计中，几何图元跟尺寸之间始终保持一种驱动的关系，即当尺寸发生变化时，几何图元的形状也紧跟着发生变化，如图 4-24 所示。

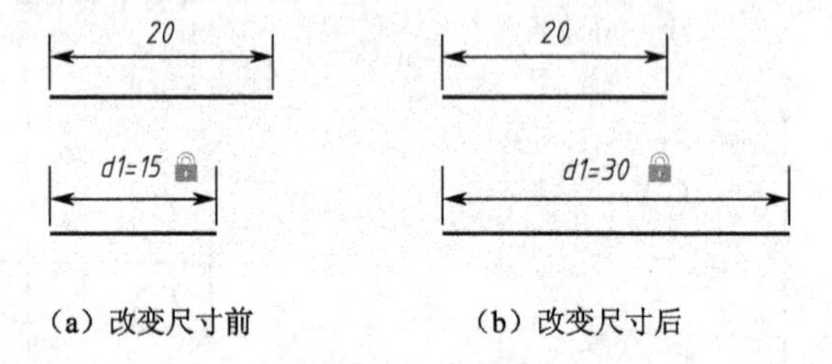

（a）改变尺寸前　　（b）改变尺寸后

图 4-24　尺寸驱动

下面对“标注”功能面板上的各个命令分别进行介绍。

（1）线性约束 线性约束命令用来约束两点之间的水平距离或竖直距离，如图 4-25 所示。

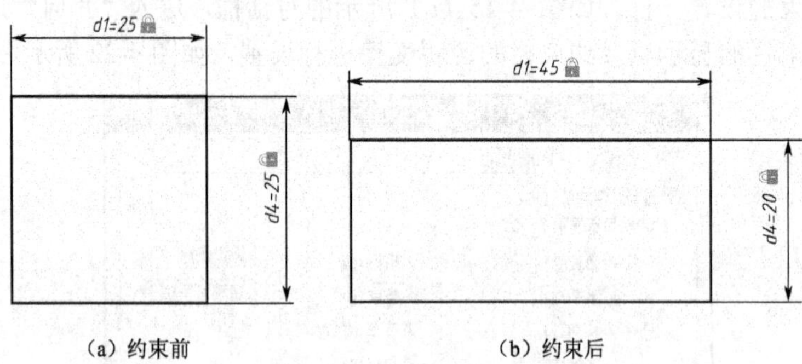

（a）约束前　　（b）约束后

图 4-25　线性约束

（2）对齐约束 对齐约束命令用来约束两点之间的距离，如图 4-26 所示。

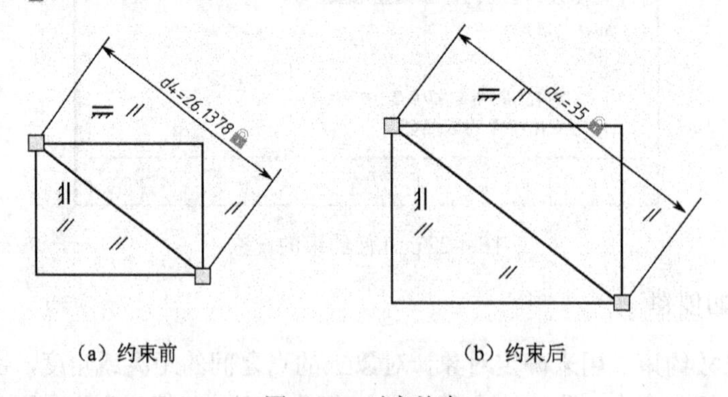

（a）约束前　　（b）约束后

图 4-26　对齐约束

（3）半径约束 半径约束命令用来约束圆或圆弧的半径，如图 4-27 所示。

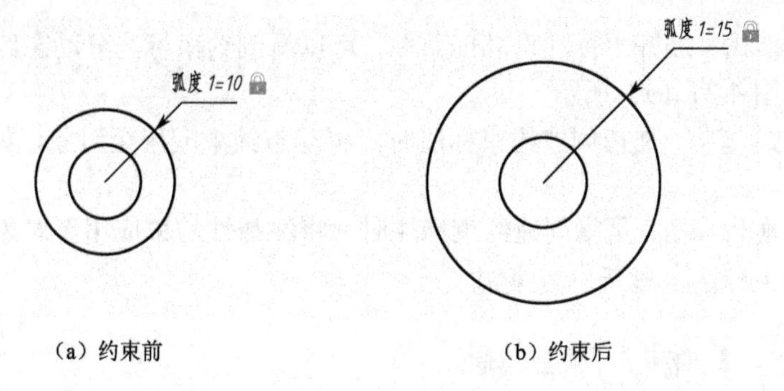

（a）约束前　　（b）约束后

图 4-27　半径约束

（4）直径约束　直径约束命令用来约束圆或圆弧的直径，如图 4-28 所示。

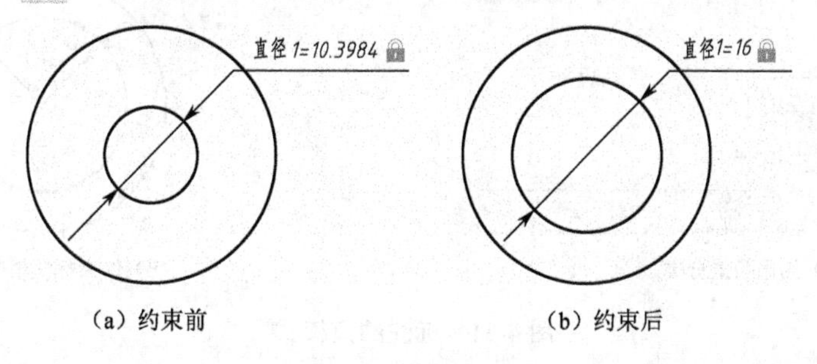

（a）约束前　　（b）约束后

图 4-28　直径约束

（5）角度约束　角度约束命令用来约束直线之间的夹角或者圆弧的包含角，如图 4-29 所示。

（a）约束前　　（b）约束后

图 4-29　角度约束

（6）转换　转换命令可用来将传统的尺寸标注转换为新的约束尺寸，如图 4-30 所示。

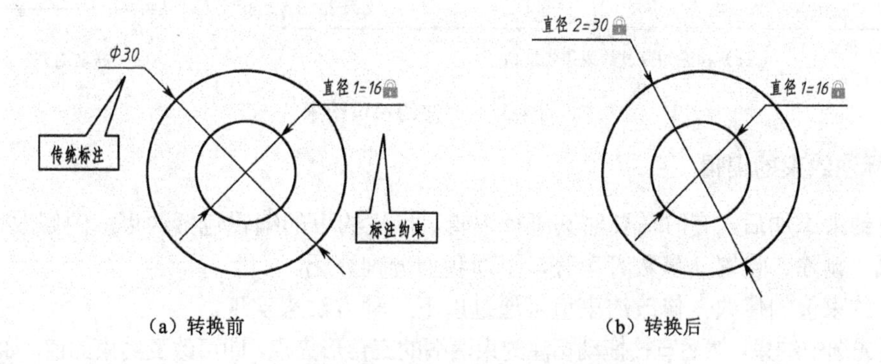

（a）转换前　　（b）转换后

图 4-30　将传统尺寸标注转换为尺寸约束

（7）约束标注模式　展开“标注”功能菜单，可以看到约束标注分动态约束模式和注释性约束模式两种，如图 4-31（a）所示。

- 动态约束模式 是指创建约束标注时，将动态约束应用至对象，如图 4-31（b）所示。
- 注释性约束模式 是指创建约束标注时，将注释性约束应用至对象，如图 4-31（b）所示，在注释性约束标注上显示 标志。

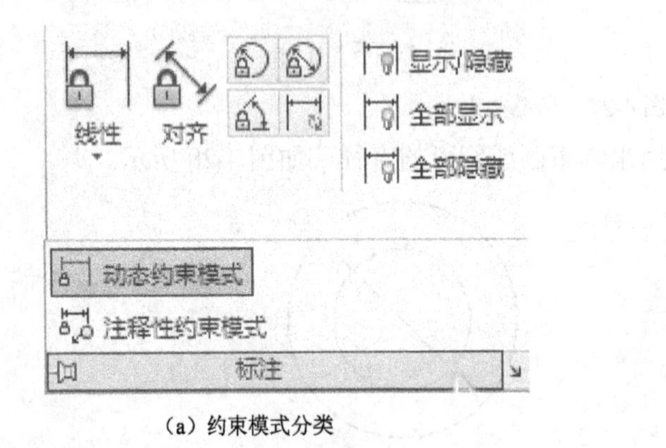

（a）约束模式分类

（b）约束标注模式示例

图 4-31　标注约束模式

说明：如果对已经添加约束的几何图元进行约束标注时，会弹出如图 4-32（a）所示的警告窗口。在该窗口中，如果选择“创建参照标注”，可以继续给几何图元进行标注，但添加的约束标注是联动标注尺寸，联动标注不能约束几何图形，并且在其标注的名称和表达式上有个括号，如图 4-32（b）所示。

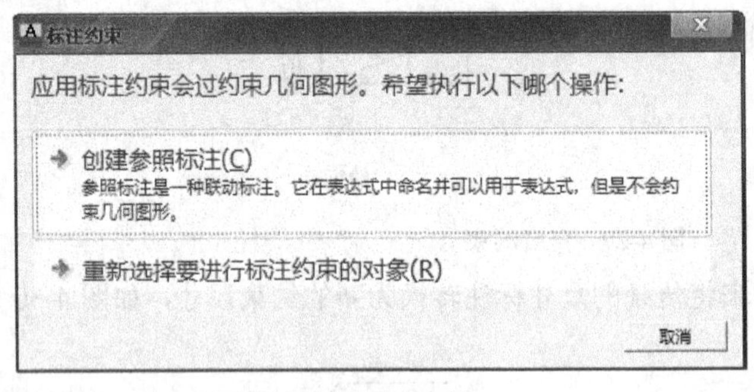

（a）标注约束过约束警告窗口

（b）联动约束

图 4-32　标注约束过约束

4．标注约束的编辑

标注约束添加后，有时需要对其进行编辑。标注约束的编辑包括约束值的修改、约束的显示、隐藏、删除、设置、参数管理等，下面我们分别介绍。

（1）约束值的修改　修改约束值可通过以下三种方法来实现。

- 首先选中约束，然后直接拖动标注约束两端的三角形夹点，即可改变约束的值，如图 4-33（a）所示；

• 直接在标注约束上双击鼠标，在激活的文本编辑框中输入数值即可，如图 4-33（b）所示；

• 先单击需要编辑的标注约束，然后单击鼠标右键，选择“编辑约束”，即可激活文本编辑框，输入数值即可。

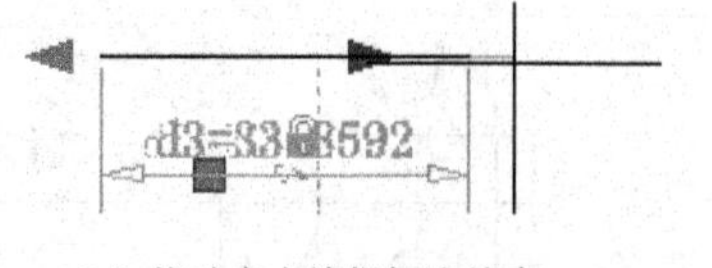

（a）拖动夹点编辑标注约束

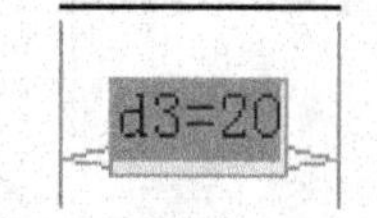

（b）双击编辑标注约束

图 4-33　改变标注约束的数值

（2）标注约束的显与隐藏　标注约束的显示与隐藏是针对动态约束标注而言的，跟几何约束一样，也分全部显示、全部隐藏、显示/隐藏三种。

• 显示/隐藏　显示或隐藏选定对象的动态标注约束。

• 全部显示　显示图形中所有的动态标注约束。

• 全部隐藏　隐藏图形中所有的动态标注约束。

（3）标注约束的删除　标注约束的删除跟几何约束的删除方法一样，这里不再赘述。

（4）标注约束的设置　打开“约束设置”对话框，进入“标注”选项卡，如图 4-34 所示。在“标注名称格式”的下拉列表中，有“名称和表达式”、“名称”、“值”三种选项，其标注形式的区别如图 4-35 所示。

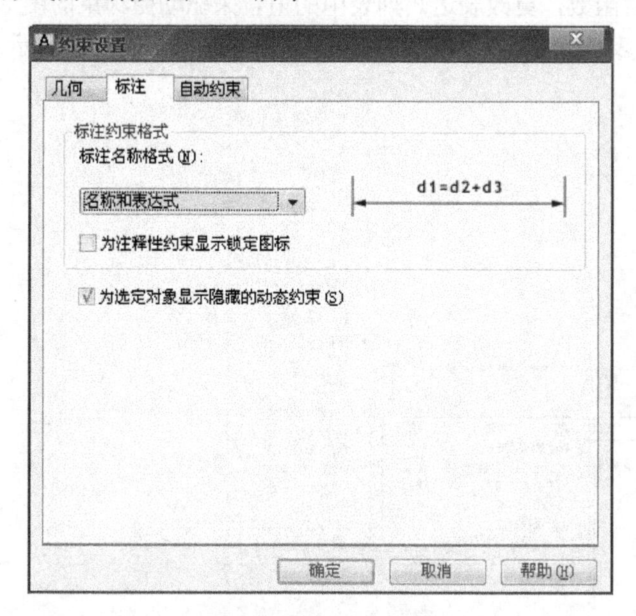

图 4-34　“约束设置”对话框

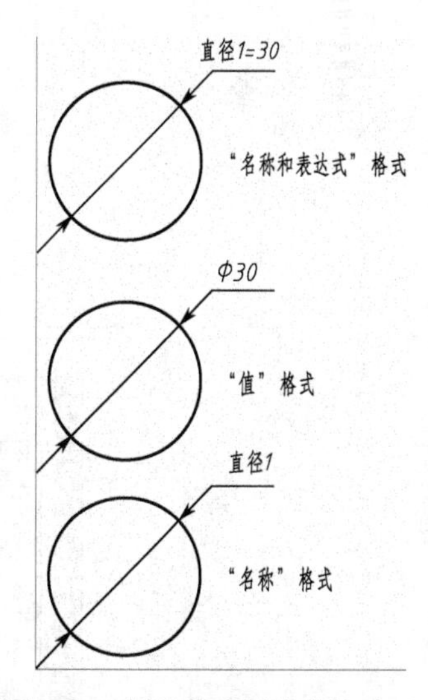

图 4-35　标注约束的名称格式

（5）参数管理器 fx 在 AutoCAD 中，每一个标注约束都是一个参数，我们可以通过“管理”工具面板上的“参数管理器”对参数进行管理。激活参数管理器后，打开如图 4-36（a）

所示的窗口。该窗口的参数表所对应的图形标注约束，如图 4-36（b）所示。

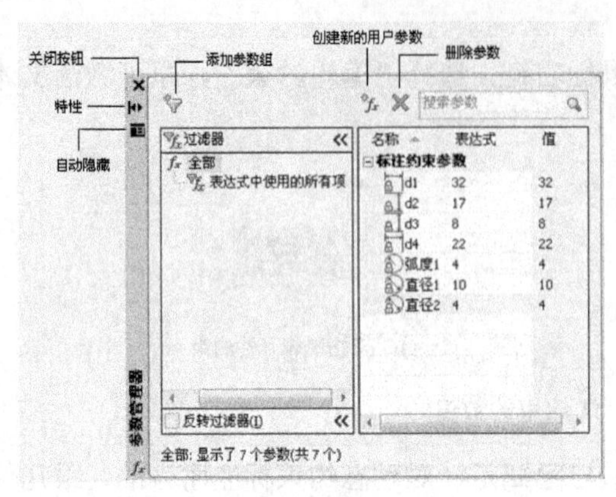

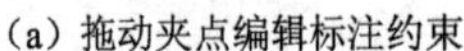
（a）拖动夹点编辑标注约束

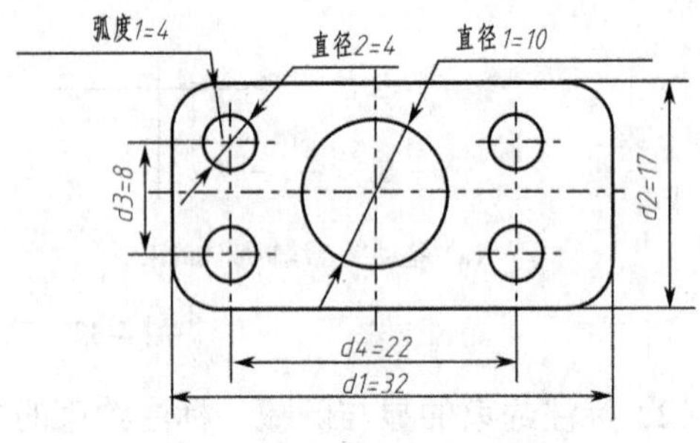

（b）参数管理器控制的标注约束

图 4-36 参数管理

在参数管理器中，用户可以编辑、重命名、删除、创建和过滤图形中的所有标注约束变量和用户自定义变量。变量的表达式可以是数值、公式，也可以引用其他参数而形成关联变量，还可以对变量进行分组管理。

① 编辑参数　　双击参数的名称或表达式栏，可对其内容进行修改。在表达式栏，双击将文本框激活后，再单击右键，在弹出的快捷菜单中，可以对表达式进行复制、粘贴、删除等操作，若选择“表达式”，还可以引用函数，更改表达式列表中的值，来驱动受约束的图形，如图 4-37（a）所示。将参数的名称、表达式修改后，控制的图形如图 4-37（b）、（c）所示。

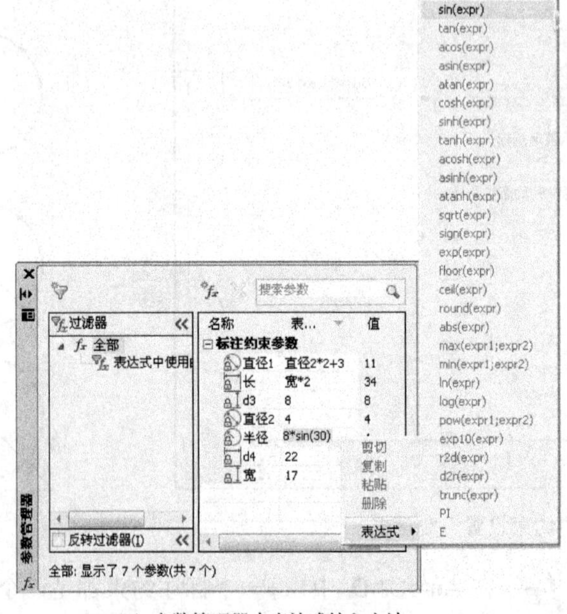

（a）参数管理器中表达式输入方法

图 4-37 编辑参数

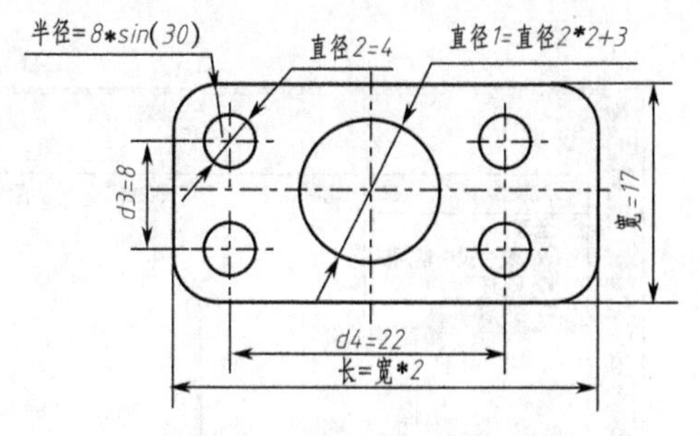

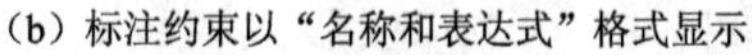

（b）标注约束以“名称和表达式”格式显示

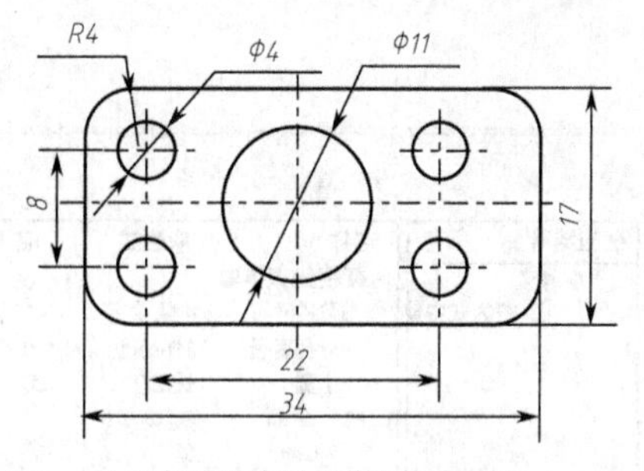

（c）标注约束以“值”格式显示

图 4-37　编辑参数（续）

说明：除了在编辑器中更改标注约束的名称和表达式外，其实在标注图形的约束尺寸时，在尺寸文本框内可直接输入所需要的名称和表达式，或者双击标注约束，激活标注文本框，输入所需名称和表达式，名称和表达式将会自动加入到参数管理器，如图 4-38 所示。

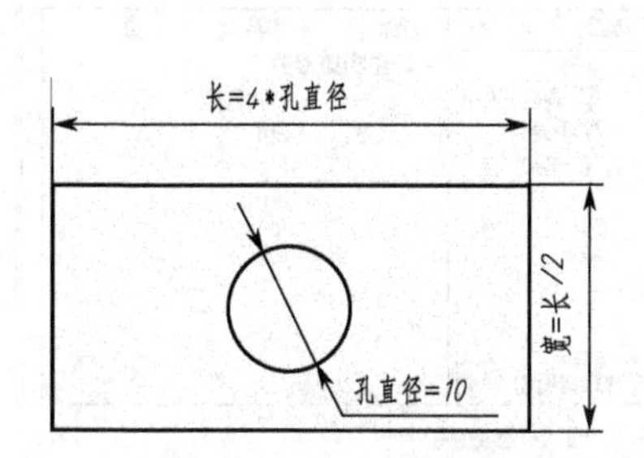

（a）标注约束时直接使用所需名称和表达式

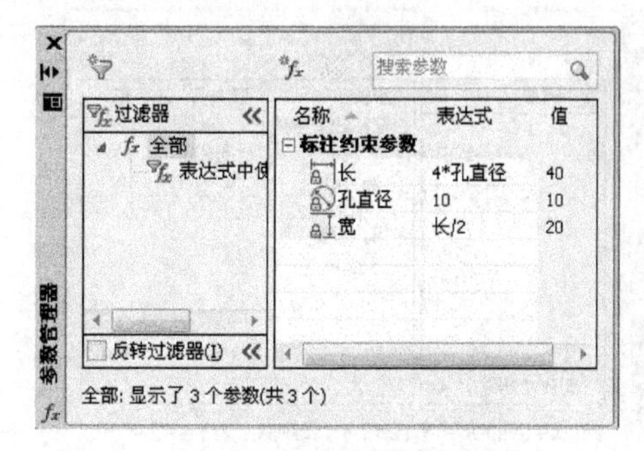

（b）对应的参数管理器式

图 4-38　标注约束文本框中编辑参数

② 创建参数 　在参数管理器中，单击“创建新的用户参数”图标 ，可以为用户创建新的用户变量。创建的新用户参数，默认的用户名称为“user1”，表达式和值均为“1”。在标注约束参数的表达式中，可直接引用用户参数，如图 4-39 所示。这样，所有的参数都将和用户参数 user1 关联，只需修改用户参数的数值，整个图形都将跟着变化。当然用户参数的名称、表达式也可以编辑，这里不再赘述。

③ 删除参数 　选择用户参数后，单击“删除选定参数”按钮 ，即可将选定的参数删除。除此方法之外，也可以直接在需要删除的参数上，单击右键，选择删除。

④ 创建新的参数组。　在参数管理器中，单击“创建新参数组”图标 ，可以为用户创建新的参数组。在参数组的右键快捷菜单中，可对参数组进行重命名、删除等编辑操作，如图 4-40 所示。

在过滤器的浏览器中，如果选择“全部”选项，，右侧列表中将显示所有的参数。我们可以拖动右侧列表中的参数到定义的参数组中，实现参数的分类显示。例如可将“长”、“宽”两个约束参数，拖拽到“毛坯”参数组中，如图 4-41 所示。

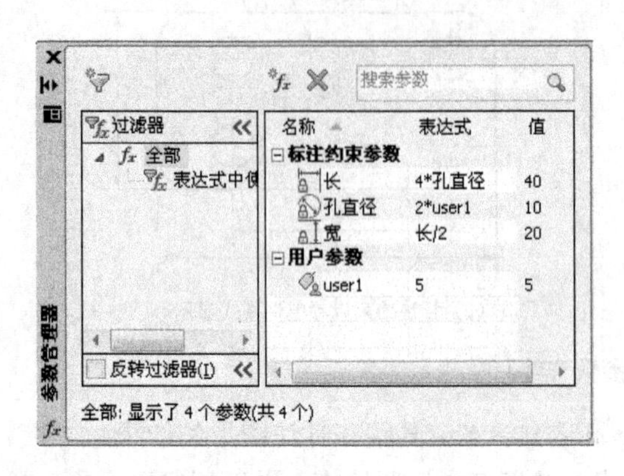

图 4-39　创建新的用户参数

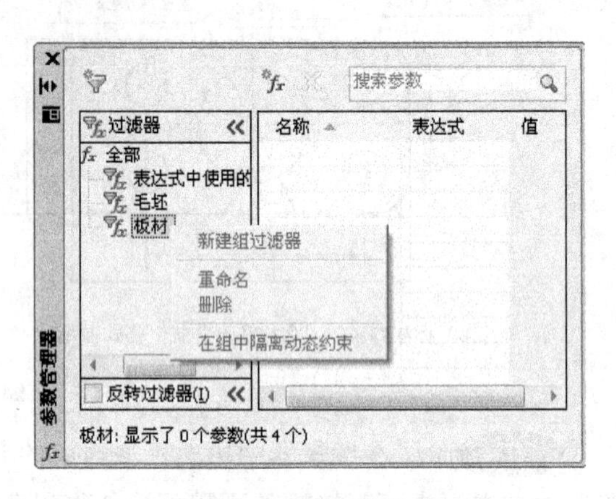

图 4-40　创建新的参数组

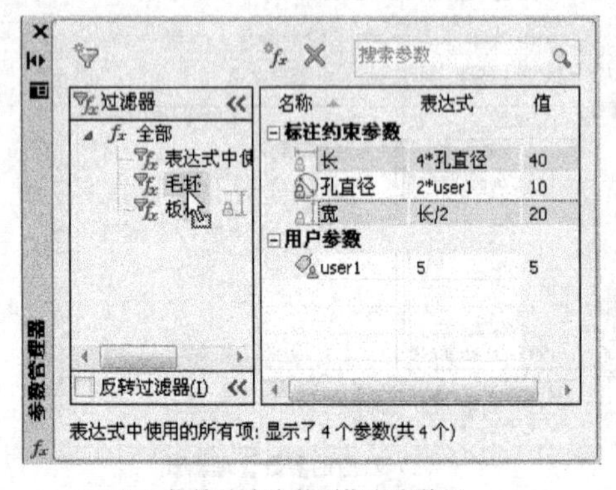

（a）拖拽约束参数到指定参数组

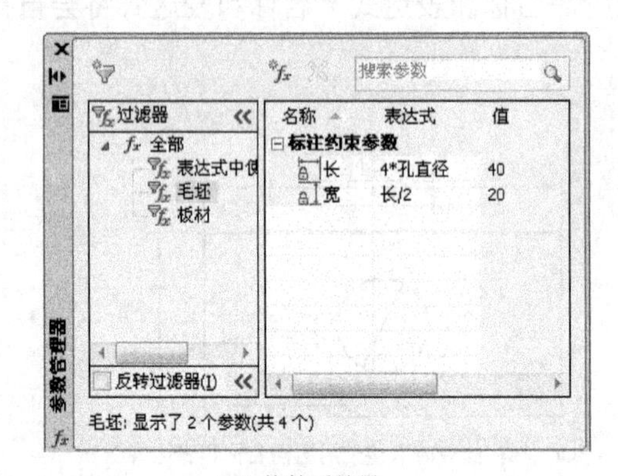

（b）拖拽后结果

图 4-41　参数组的分类管理

任务实施

① 新建文件　　启动 AutoCAD 2013，自动新建一个 CAD 文件，并打开状态栏上的“推断约束”开关 。

② 创建图层　　创建“轮廓线”、“中心线”、“标注”三个图层，并将“中心线”图层置为当前图层，各图层设置跟以前一样。

③ 绘制中心线　　绘制如图 4-42 所示的中心线。

④ 添加几何约束　　首先进入“参数化”功能菜单选项卡，然后对图形添加以下几何约束。

- 固定约束　利用固定约束，将圆固定。
- 重合约束　将圆心固定在水平、垂直中心线上，如图 4-43 所示。

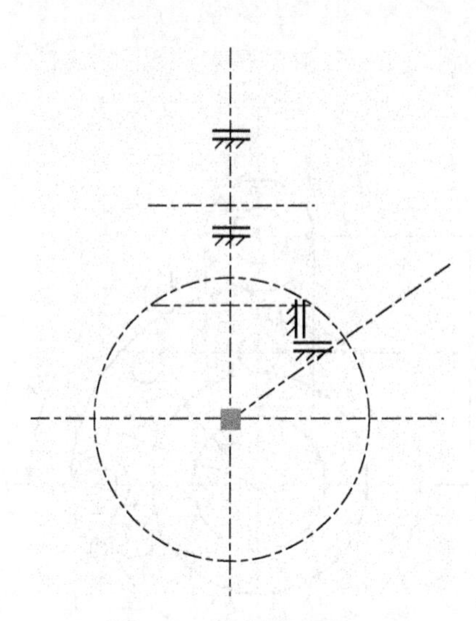

图 4-42　绘制中心线

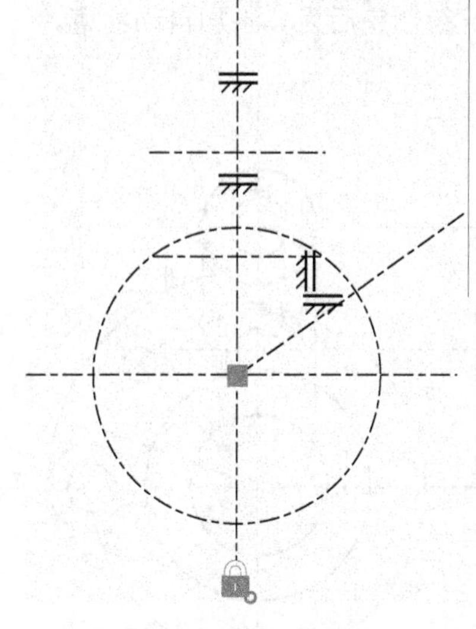

图 4-43　中心线几何约束

⑤ 添加标注约束　　将“标注”图层设置为当前层，给中心线添加标注约束，如图 4-44 所示。

⑥ 绘制主体轮廓线　　将“轮廓线”图层设置为当前图层，大体绘制如图 4-45 所示的主体轮廓。绘制完后，先为所有图形添加自动约束，再为个别图元添加几何约束。

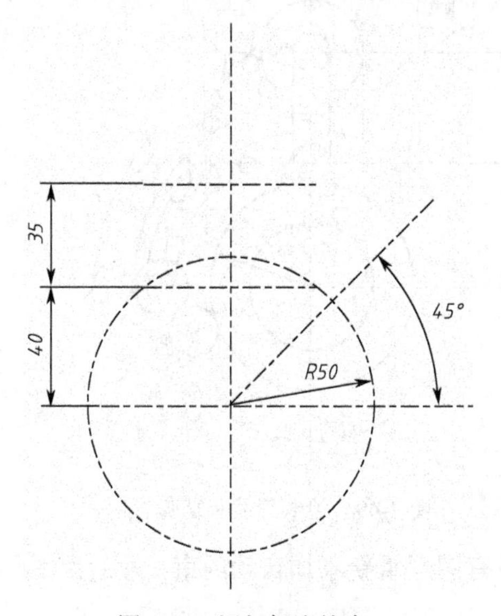

图 4-44　添加标注约束

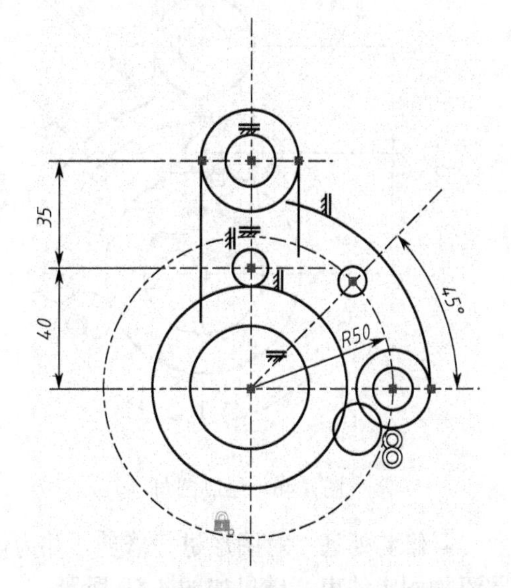

图 4-45　绘制主体轮廓并添加自动约束

- 添加相等约束　为图 4-46 中的 A、B 两个圆添加相等约束；重复操作再为 C、D 两个圆添加相等约束。
- 添加相切约束　为图 4-47 中的 A 圆跟 B、C 两个圆添加相切约束。
- 圆角　在如图 4-48 所示位置添加圆角，圆角半径设置为 10，圆角方式选择不修剪。
- 绘制切线和切弧　绘制如图 4-49 所示的切线或切弧，绘制切弧时，采用起点、圆心、端点方式，绘制完后为其添加自动约束。

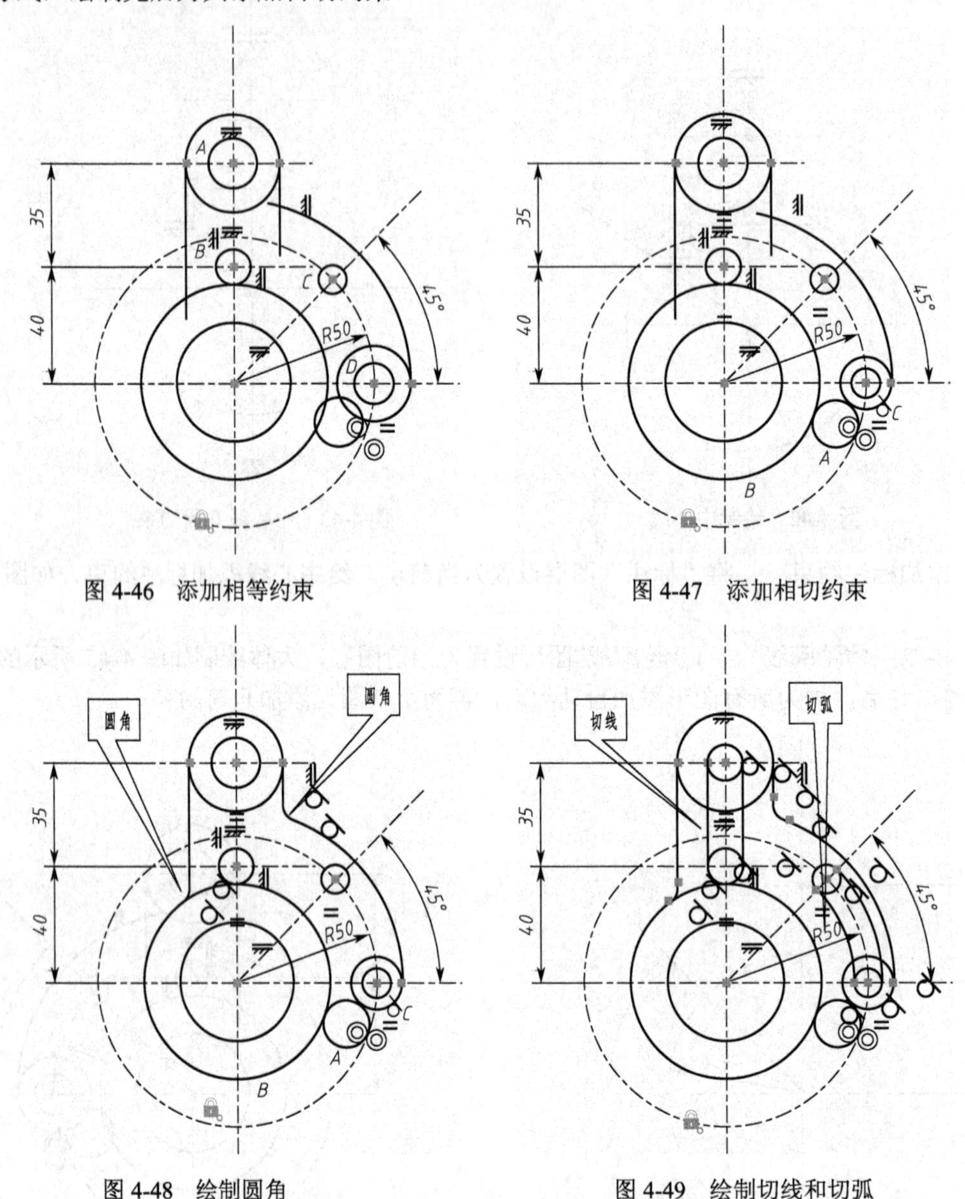

图 4-46　添加相等约束　　图 4-47　添加相切约束

图 4-48　绘制圆角　　图 4-49　绘制切线和切弧

- 修剪处理　对图形进行修剪，并为修剪后的所有图形重新添加自动约束，最后为中心孔圆添加固定约束，结果如图 4-50 所示。
- 添加标注约束　将“标注”图层设置为当前图层，添加标注约束，完成后将所有几何约束隐藏，结果如图 4-51 所示。

⑦ 绘制操作杆的手柄

- 偏移垂直中心线　将垂直中心线各向两侧偏移 7，然后为偏移后的中心线添加对称约束、垂直约束和标注约束，如图 4-52 所示。

• 绘制手柄基本轮廓　将“轮廓线”图层设置为当前图层，绘制如图 4-53 所示的大体轮廓。

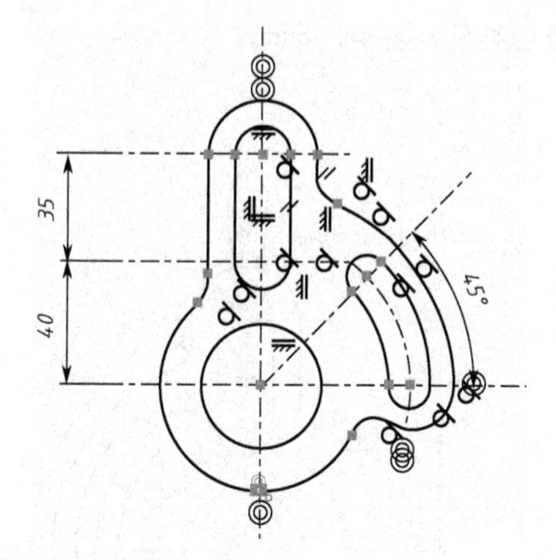

图 4-50　修剪处理

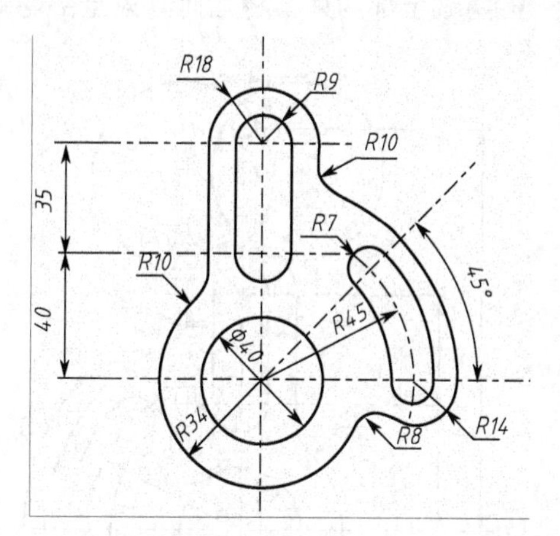

图 4-51　添加标注约束并全部隐藏几何约束

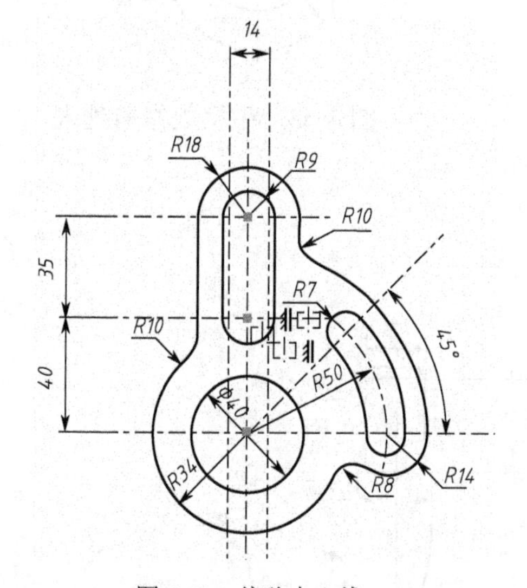

图 4-52　偏移中心线

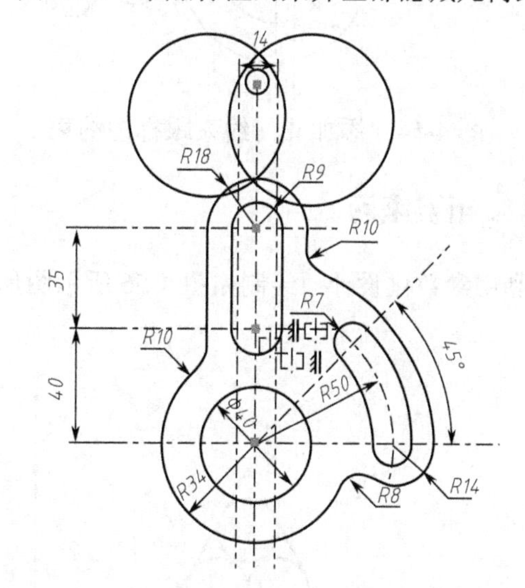

图 4-53　绘制手柄大体轮廓

• 添加几何约束　对上一步绘制的基本图元添加如下几何约束：

➢　两个大圆添加相等约束；

➢　两个大圆以垂直中心线为中心添加对称约束；

➢　其中任一大圆跟小圆添加相切约束；

➢　其中任一大圆跟偏移后的中心线添加相切约束。

• 添加标注约束　　将小圆的半径约束为 4，大圆的半径约束为 30，小圆圆心到中心孔圆的距离约束为 119，如图 4-54 所示。

• 修剪处理　对手柄处图形进行修剪，如图 4-55 所示。

• 圆角处理　将手柄跟基本轮廓的连接处进行圆角处理，圆角半径为 4。

- 添加标注约束　在修剪后的手柄处重新添加标注约束。
- 编辑中心线　将中心线调整到合适位置。
- 隐藏全部约束　将几何约束全部隐藏，最后结果如图 4-1 所示。

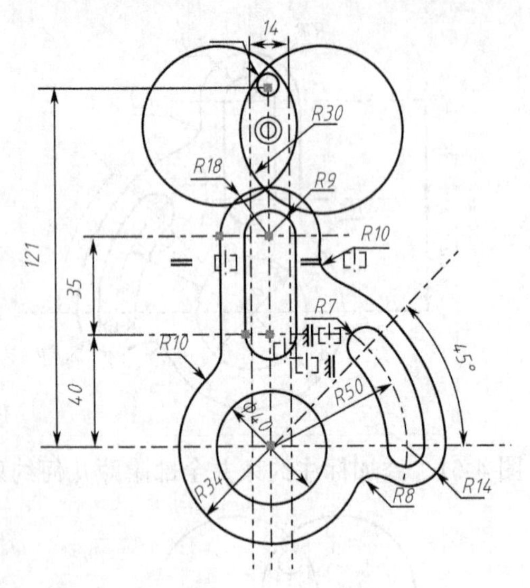

图 4-54　添加几何约束跟标注约束

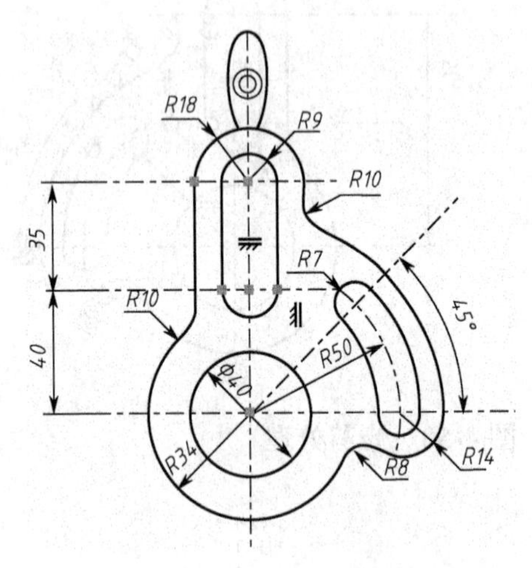

图 4-55　手柄处修剪处理

拓展练习

利用参数化设计，绘制如图 4-56 所示图形。

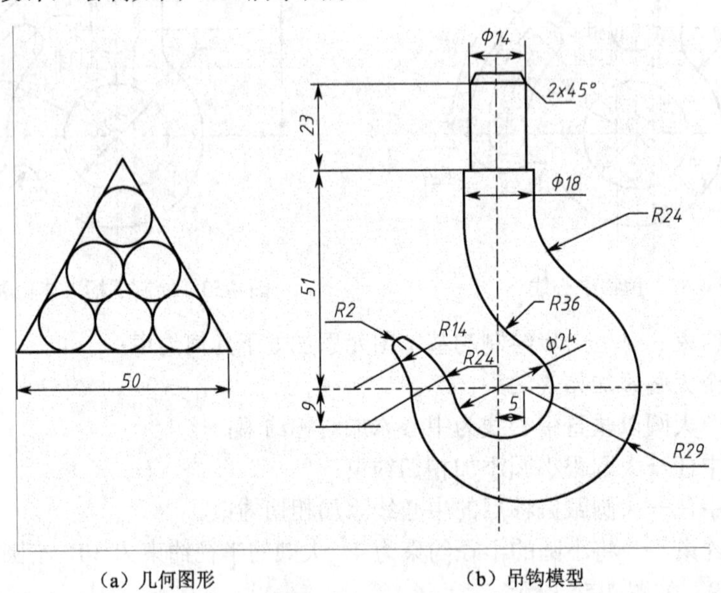

(a) 几何图形　　(b) 吊钩模型

图 4-56　拓展练习

模块五

机械轴测模型绘制

学习目标

- 掌握 AutoCAD 中轴测环境的设置方法
- 掌握轴测环境下视图平面的切换方法
- 学会用椭圆命令绘制等轴测圆
- 学会轴测环境下的尺寸标注方法

在机械设计中，许多机械零件的内部及外观都比较复杂，正交视图的数量也很多，使用轴测模型可以清楚展现物体的立体结构，从而辅助用户读懂正交视图。本模块我们将通过两个实例来学习轴测模型的绘制方法以及尺寸标注方法。

任务 1　马鞍形底座轴测模型的绘制

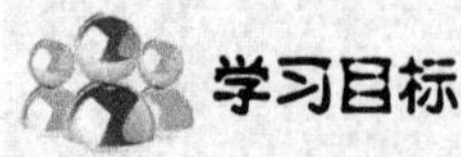

学习目标

- 学会 AutoCAD 中轴测环境的设置方法
- 掌握在轴测环境中视图平面切换的方法
- 学会用椭圆命令绘制等轴测圆

任务导入

在制作如图 5-1 所示实例的过程中，需要用到的新知识包括轴测环境的设置方法，轴测环境下视图平面的切换方式，利用椭圆命令进行等轴测圆的绘制。在制作该实例之前，先让我们来学习在本任务中将用到的新知识。

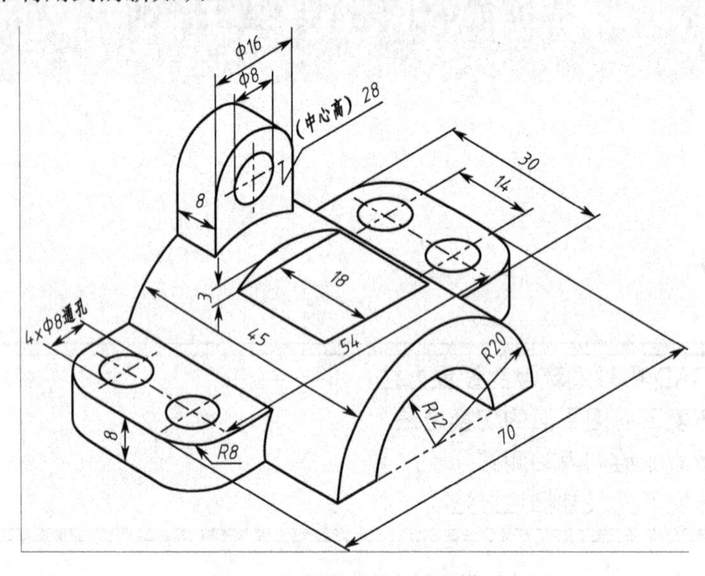

图 5-1　马鞍形底座轴测模型实例

知识准备

1. 轴测环境的设置

在 AutoCAD 中绘制轴测图，需要进行绘图环境的设置。方法是打开“草图设置”对话框，进入“捕捉和栅格”选项卡，勾选“启用捕捉”选项；在“捕捉类型”栏，勾选“等轴测捕捉”选项，如图 5-2（a）所示；进入“极轴追踪”选项卡，将增量角设置为 30°，如图 5-2（b）所示。

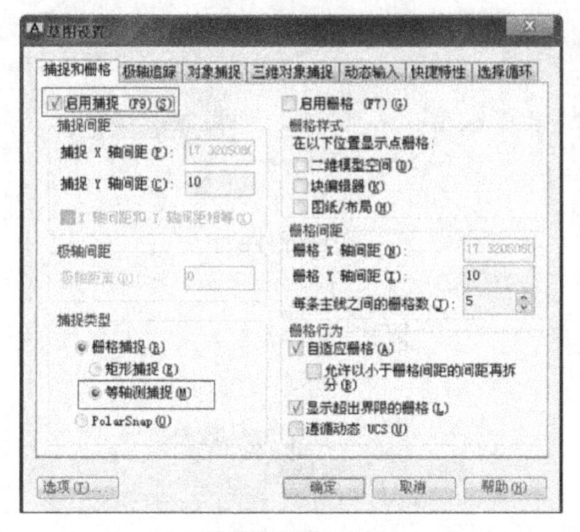

（a）“捕捉和栅格”选项卡

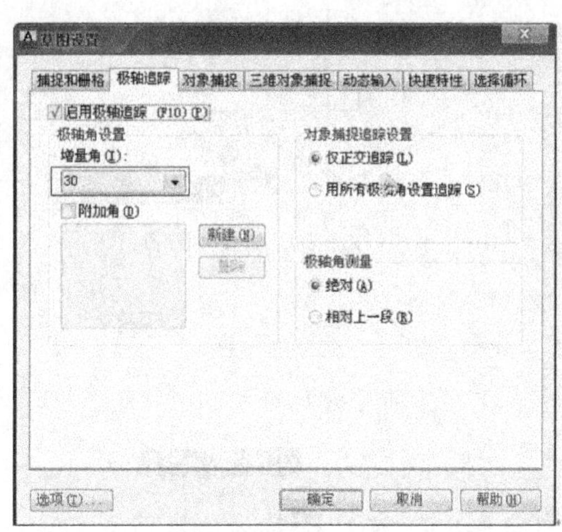

（b）“极轴追踪”选项卡

图 5-2　草图设置对话框

设置完后关闭对话框，打开任务状态栏上的极轴追踪开关 和捕捉模式开关 。此时绘图区的十字光标由如图 5-3（a）所示形式变成如图 5-3（b）所示形式。下面我们以图 5-4（a）所示的长方体为例，介绍轴测环境下利用直线绘制轴测模型的过程。

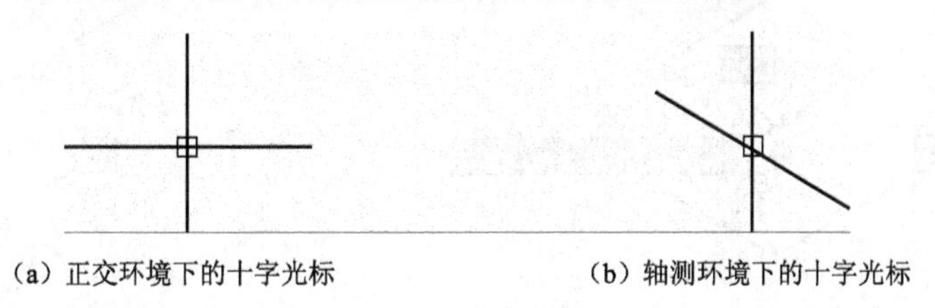

（a）正交环境下的十字光标　　（b）轴测环境下的十字光标

图 5-3　十字光标形状

① 利用直线命令，在绘图区合适位置捕捉一点（A 点），沿着 330° 极轴追踪线，绘制长为 20 的线段，即 AB 边，如图 5-4（b）所示。

② 继续绘制 BF、FE、EG、GC、CD、DB 边，如图 5-4（c）～图 5-4（h）所示。

③ 重复直线命令，分别连接 A、C 两点和 D、E 两点，结果如图 5-4（a）所示。

（a）长方体轴测模型示例　　（b）绘制 AB 边

图 5-4　直线绘制长方体示例

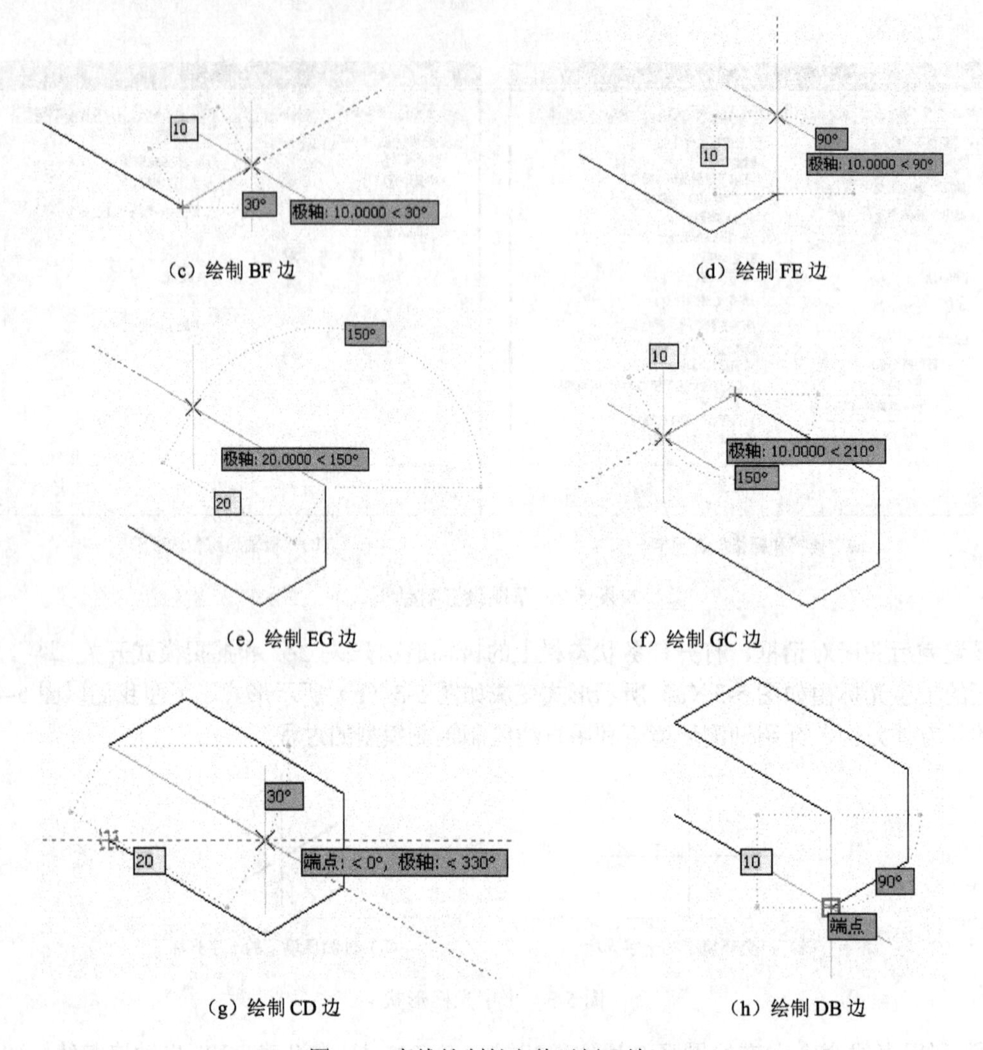

（c）绘制 BF 边　　（d）绘制 FE 边

（e）绘制 EG 边　　（f）绘制 GC 边

（g）绘制 CD 边　　（h）绘制 DB 边

图 5-4　直线绘制长方体示例（续）

2. 绘图平面切换

在绘制轴测视图的过程中，需要不断地在上平面、左平面和右平面之间切换。在轴测环境中切换视图平面，可以采用以下几种方法。

- 在命令行输入“ISOPLANE”命令，根据命令行提示选择相应的字母即可，执行命令后命令行显示如下：

```
命令: ISOPLANE          // 执行命令。
当前等轴测平面: 俯视          // 当前视图平面。
输入等轴测平面设置 [左视（L）/俯视（T）/右视（R）] <右视>:  // 输入选项，选择视图平面。
```

- 直接按 F5 键进行切换。
- 按 Ctrl+5 组合键进行切换。

三种视图平面状态下，光标显示如图 5-5 所示。

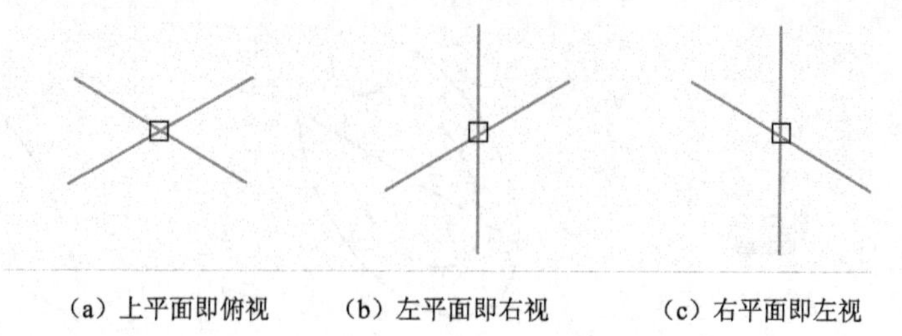

（a）上平面即俯视　　（b）左平面即右视　　（c）右平面即左视

图 5-5　三种视图平面下的光标显示

3．绘制等轴测圆

圆的投影是椭圆，当圆位于不同的轴测面时，椭圆长、短轴的位置是不同的。在轴测环境下，可以使用轴、端点模式下的椭圆命令来绘制等轴测圆。

单击轴、端点方式绘制椭圆图标 ，将命令激活后，根据命令行提示进行操作，命令行显示如下：

```
命令: _ellipse          // 执行命令。
指定椭圆轴的端点或 [圆弧(A)/中心点(C)/等轴测圆(I)]: I  // 选择“等轴测圆”选项。
指定等轴测圆的圆心:        // 在绘图区捕捉等轴测圆的圆心。
指定等轴测圆的半径或 [直径(D)]:      // 输入等轴测圆的半径。
```

在不同视图平面下，绘制的等轴测圆如图 5-6 所示。

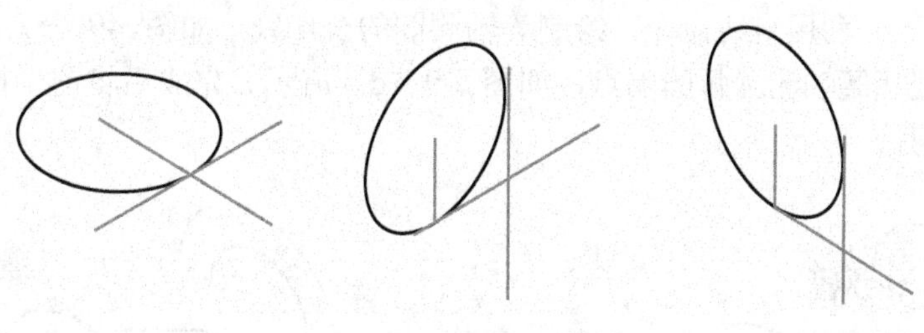

（a）俯视图下等轴测圆　　（b）右视图下等轴测圆　　（c）左视图下等轴测圆

图 5-6　三种视图平面下的等轴测圆

任务实施

① 新建文件　　启动 AutoCAD 2013，自动新建一个 CAD 文件，按照前面所学内容，将绘图环境设置成等轴测环境。

② 创建图层　　参照以前实例，创建“轮廓线”图层和“中心线”图层，并将“轮廓线”图层设置为当前图层。

③ 绘制直线、等轴测圆　　利用极轴追踪，绘制一条长度为 40 的线段，如图 5-7（a）所示。切换到等轴测平面的右视环境，然后以该线段的中点为圆心，绘制半径为 20、12 的同心等轴测圆，结果如图 5-7（b）所示。按如图 5-7（c）所示形式进行修剪。

④ 复制、偏移处理　　利用夹点编辑功能，将上一步修剪后的图形，在 330° 极轴线上进行偏移，偏移距离为 45，如图 5-8（a）所示。利用直线命令，将偏移前后等轴测圆弧的圆心进行连接，并将连接线由“轮廓线”图层转换成“中心线”图层，如图 5-8（b）所示。

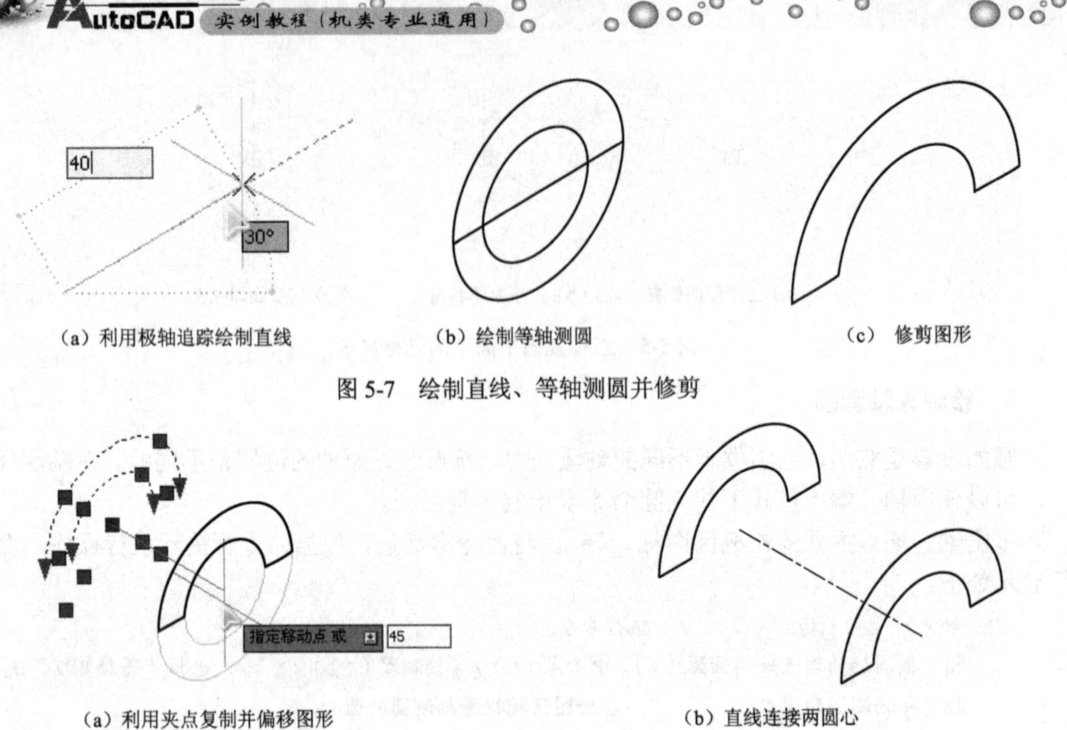

（a）利用极轴追踪绘制直线　（b）绘制等轴测圆　（c） 修剪图形

图 5-7　绘制直线、等轴测圆并修剪

（a）利用夹点复制并偏移图形　（b）直线连接两圆心

图 5-8　复制、偏移图形

⑤ 线段连接　　利用直线命令，绘制等轴测圆的公切线，如图 5-9（a）、（b）、（c）所示。重复直线命令，连接等轴测圆弧的端点，如图 5-9（d）所示。完成后将图形按照如图 5-9（e）所示形式进行修剪。

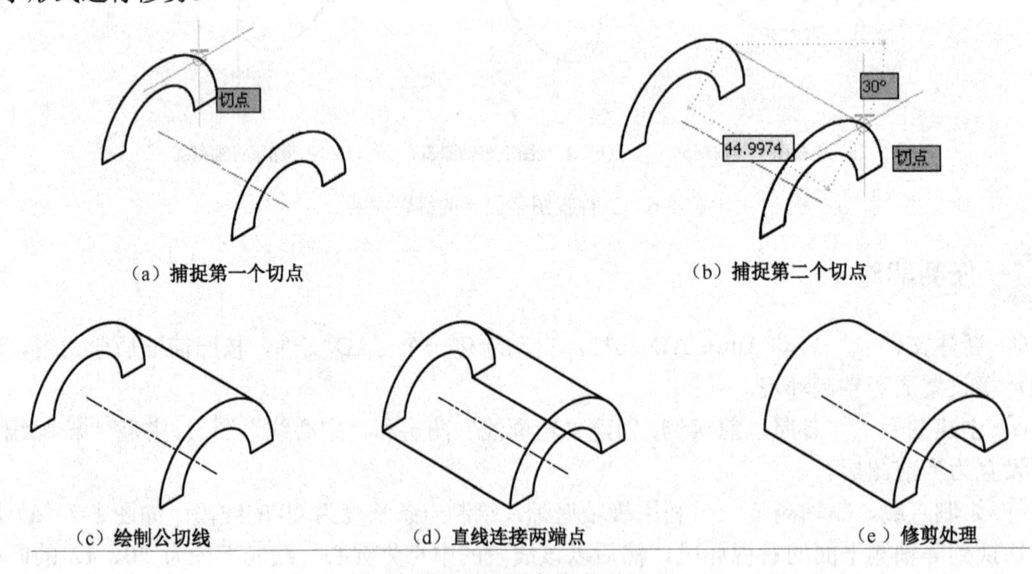

（a）捕捉第一个切点　（b）捕捉第二个切点

（c）绘制公切线　（d）直线连接两端点　（e）修剪处理

图 5-9　线段连接并修剪处理

⑥ 偏移处理　　利用夹点编辑功能，在 210° 极轴追踪线上，将中心线偏移 27，如图 5-10（a）所示。利用直线命令，绘制线段 AB，如图 5-10（b）所示。然后利用夹点编辑功能，将线段 AB 复制、偏移三次，偏移距离分别为 8、22、30，如图 5-10（c）所示。

⑦ 绘制等轴测圆　以偏移后的直线跟中心线的交点为圆心，分别绘制半径为 4 和 8 的等轴测圆两组，如图 5-11（a）所示。然后按照如图 5-11（b）所示形式修剪。

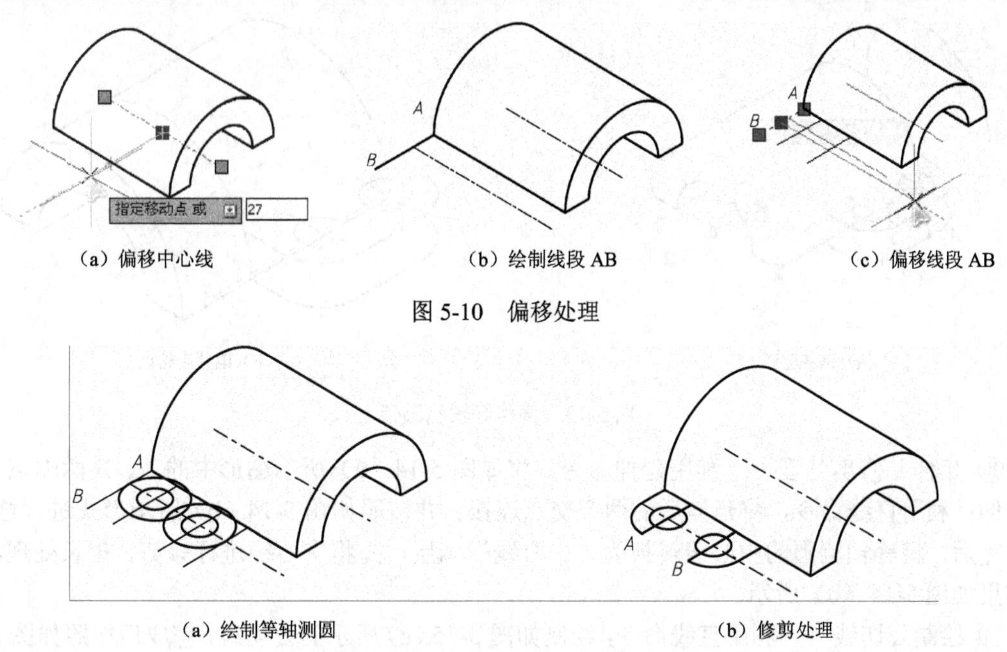

（a）偏移中心线　（b）绘制线段 AB　（c）偏移线段 AB

图 5-10　偏移处理

（a）绘制等轴测圆　（b）修剪处理

图 5-11　绘制等轴测圆并修剪处理

⑧ 绘制直线并进行偏移处理　利用直线命令，连接端点 A、B，如图 5-12（a）所示。利用夹点编辑功能，将步骤 6、7 绘制的图形在 90° 极轴追踪线上进行偏移，偏移距离为 8，如图 5-12（b）、（c）所示。偏移后按照如图 5-12（d）所示形式进行修剪。

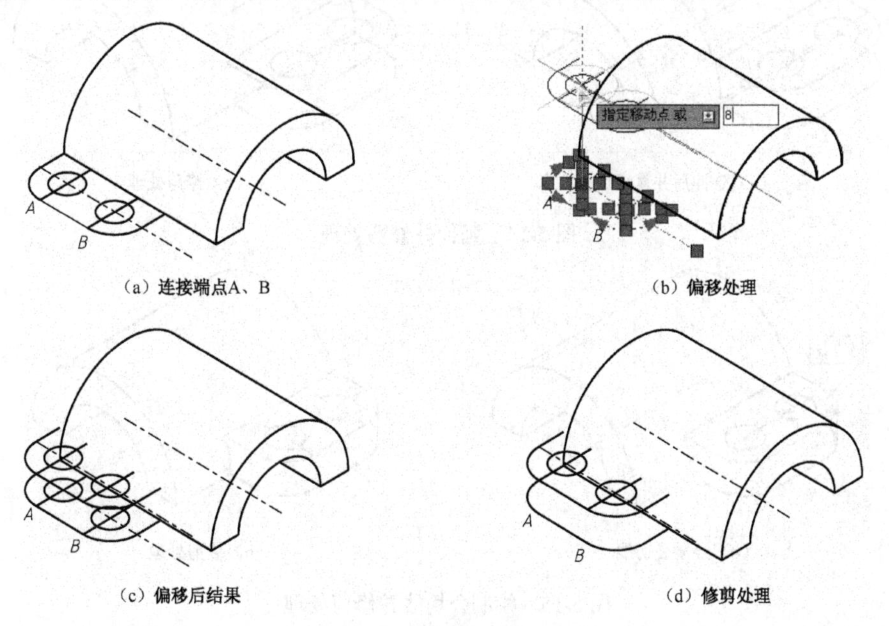

（a）连接端点A、B　（b）偏移处理

（c）偏移后结果　（d）修剪处理

图 5-12　偏移并修剪处理

⑨ 偏移等轴测圆弧　利用夹点编辑功能，将如图 5-13（a）所示的圆弧在 150° 极轴追踪线上进行偏移，偏移距离为 15，结果如图 5-13（b）所示。

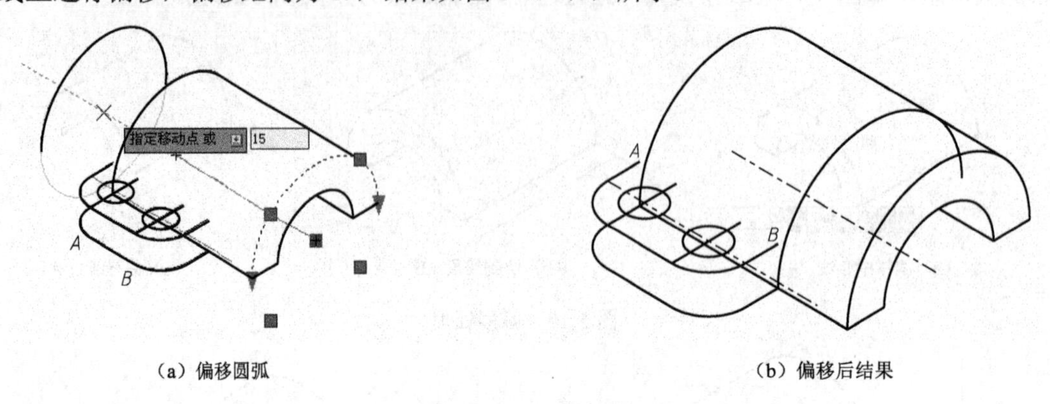

（a）偏移圆弧　　（b）偏移后结果

图 5-13　偏移等轴测圆弧

⑩ 延伸并修剪处理　利用延伸命令，将如图 5-14（a）所示图形中的 A、B 两端点，进行延伸；利用直线命令，将延伸后的两个交点连接；并按照如图 5-14（b）所示形式进行修剪。修剪完后，将等轴测圆的中心线转换为“中心线”图层，并将中心线进行修剪、拉长处理，最后结果如图 5-14（b）所示。

⑪ 绘制公切线　利用直线命令，绘制如图 5-15（a）所示的公切线，完成后按照如图 5-15（b）所示样式进行修剪。

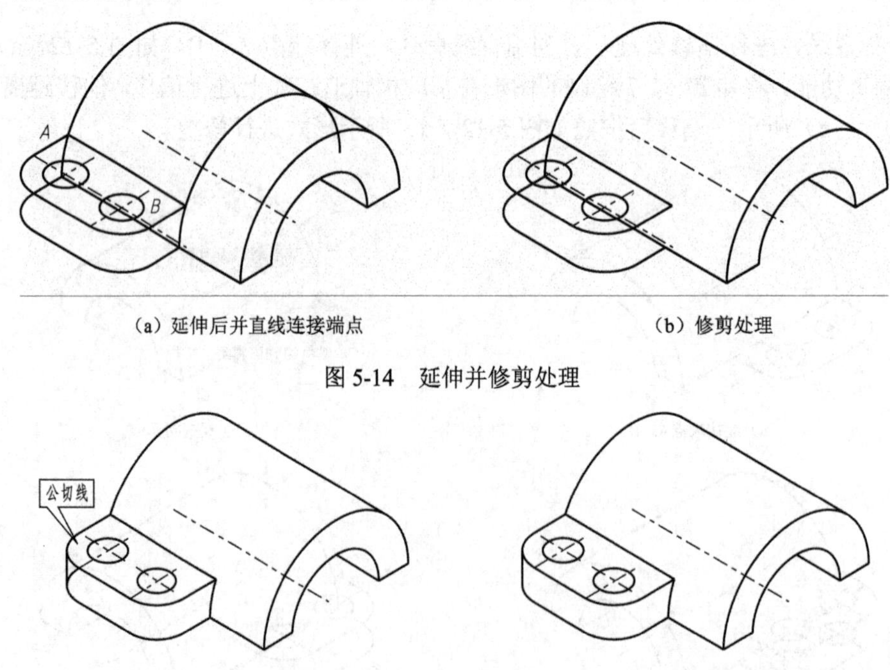

（a）延伸后并直线连接端点　　（b）修剪处理

图 5-14　延伸并修剪处理

（a）绘制公切线　　（b）修剪处理

图 5-15　绘制公切线并修剪处理

⑫ 偏移处理　　将如图 5-16（a）所示图形，在 30° 极轴追踪线上进行偏移，偏移距离为 54。

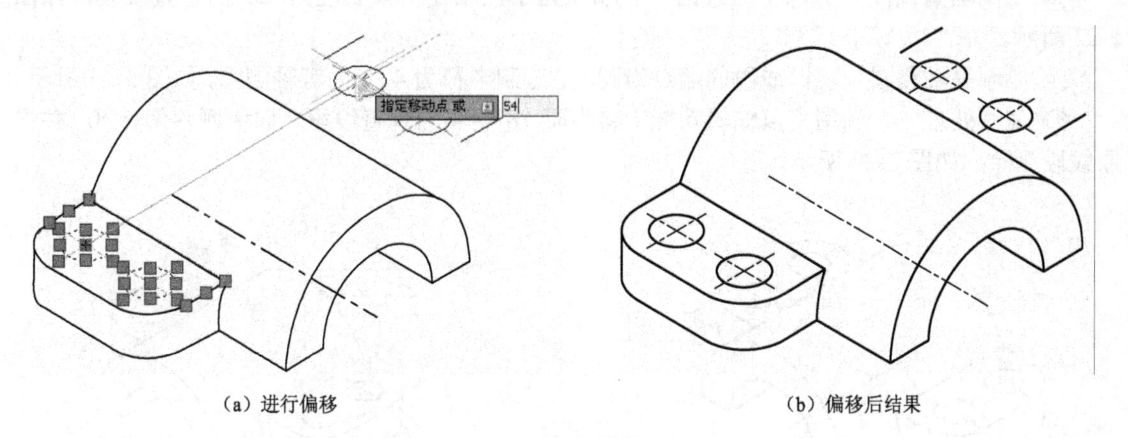

（a）进行偏移　　（b）偏移后结果

图 5-16　偏移处理

⑬ 延伸处理　　将偏移后的直线进行延伸处理，如图 5-17 所示。

⑭ 绘制等轴测圆并延伸中心线　　在偏移后的等轴测圆的圆心上，绘制半径为 8 的等轴测圆，并将等轴测圆的中心线进行延伸，如图 5-18 所示。

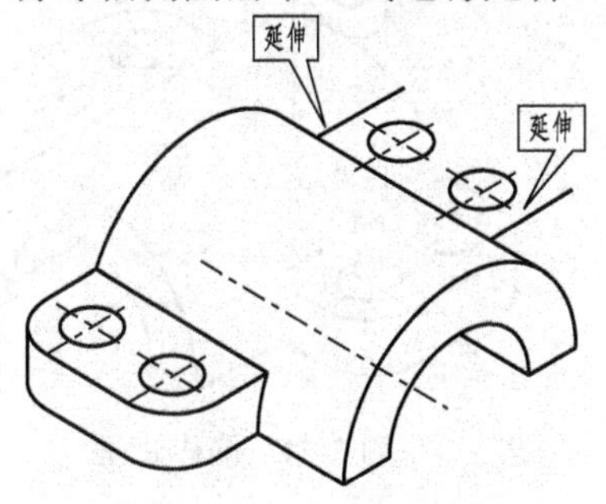

图 5-17　延伸处理

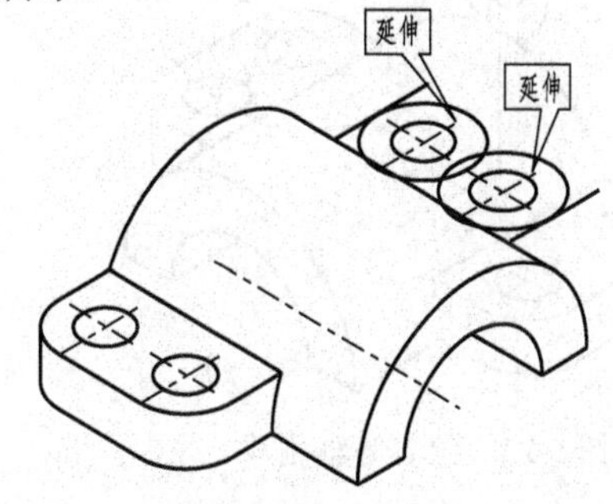

图 5-18　绘制等轴测圆并延伸中心线

⑮ 修剪处理　　按照如图 5-19 所示图形进行修剪，然后，利用直线命令连接 A、B 两个端点。

⑯ 偏移处理　　将如图 5-20 所示圆弧进行偏移，偏移距离为 8。

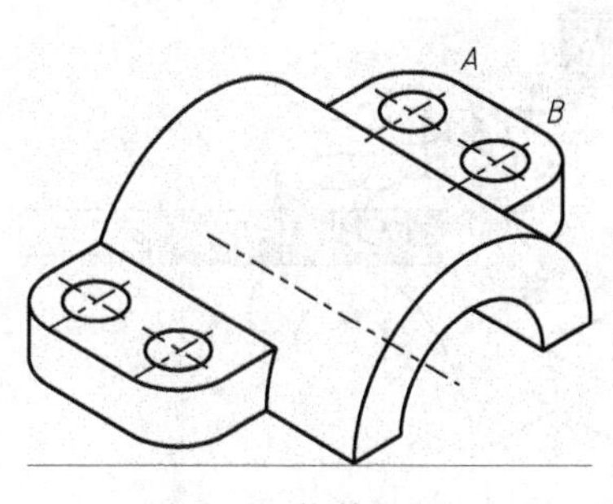

图 5-19　修剪处理

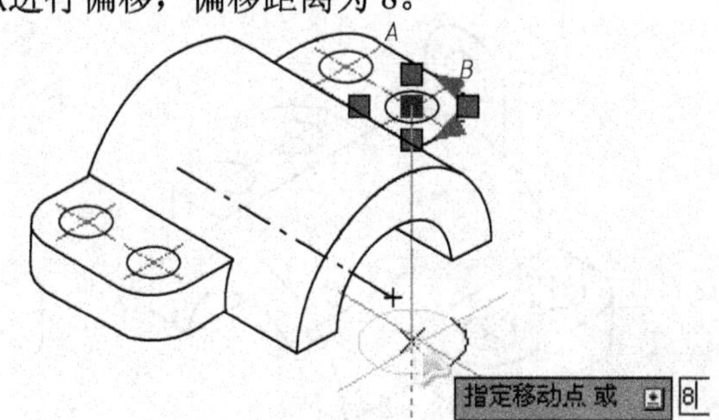

图 5-20　偏移圆弧

⑰ 绘制公切线　　在上一步偏移的圆弧之间创建公切线，并进行修剪处理，如图 5-21 所示。

⑱ 绘制垂直线段　　以中心线的一个端点为基点绘制一条长度为 28 的垂直线段，如图 5-22 所示。

⑲ 绘制等轴测圆　　以线段的端点为圆心，绘制半径为 4、8 的等轴测圆，如图 5-23 所示。

⑳ 偏移处理　　利用夹点编辑功能，将步骤 18 绘制的垂直线段，向两侧各偏移 8，并将原线段删除，如图 5-24 所示。

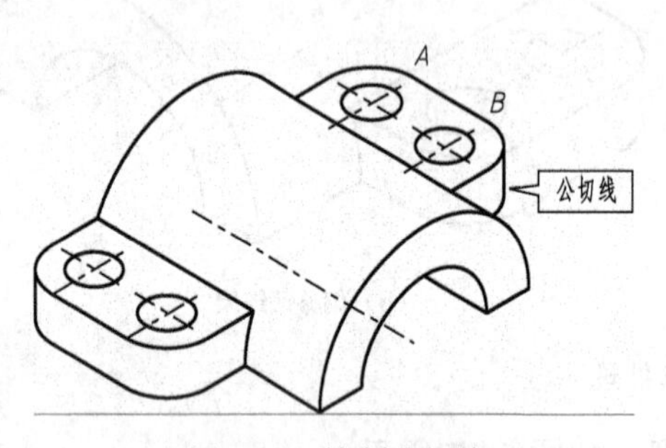

图 5-21　绘制公切线

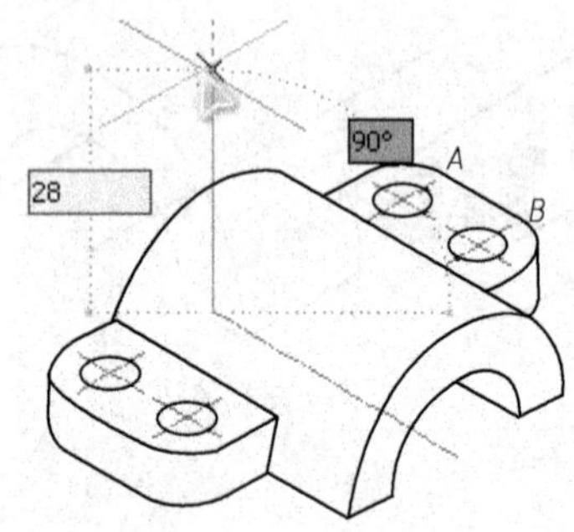

图 5-22　绘制垂直线段

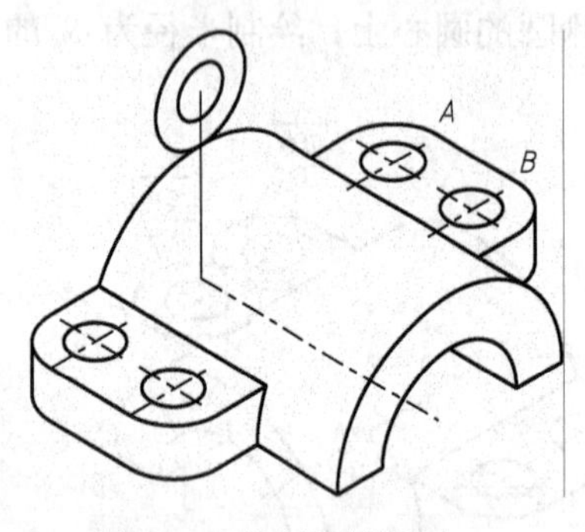

图 5-23　绘制等轴测圆

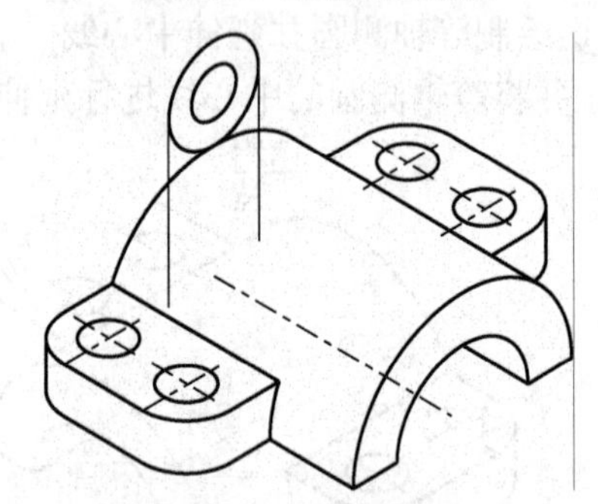

图 5-24　偏移处理

㉑ 修剪、偏移处理　　将前面绘制的图形，按照如图 5-25（a）所示样式进行修剪；修剪后，将部分图元在 330° 极轴追踪线上进行偏移，偏移距离为 8，如图 5-25（b）所示；偏移后绘制如图 5-25（c）所示的公切线；将图形按照如图 5-25（d）所示形式修剪，修剪后将端点用直线连接。

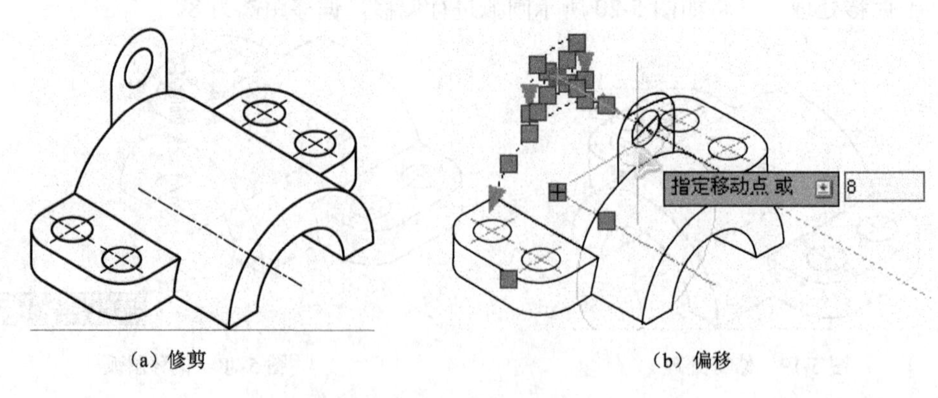

（a）修剪　　（b）偏移

图 5-25　修剪、偏移处理

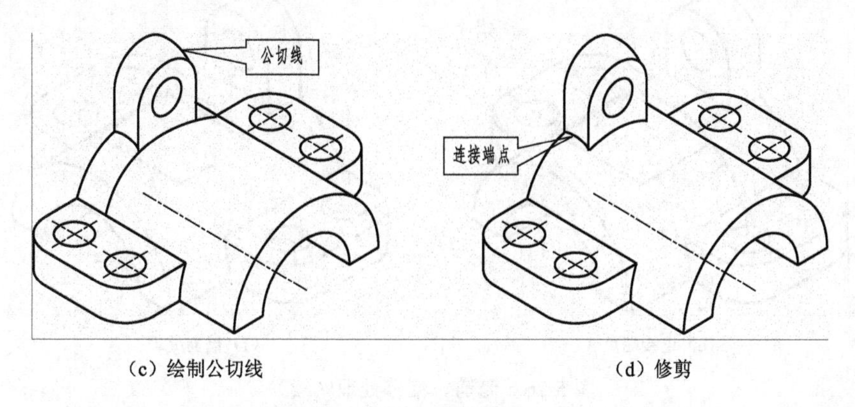

（c）绘制公切线　　（d）修剪

图 5-25　修剪、偏移处理（续）

㉒ 偏移、修剪处理　　利用夹点编辑功能，将如图 5-26（a）所示圆弧进行偏移，偏移距离为 30；将偏移后的圆弧的两个端点用直线进行连接，如图 5-26（b）所示；将连接端点的线段垂直向上移动 17，如图 5-26（c）所示；以移动后的线段跟圆弧的交点为起点，分别绘制两条长为 18 的线段，如图 5-26（d）所示；将两条线段的端点用直线连接，如图 5-26（e）所示；最后修剪、删除处理，如图 5-26（f）所示。

㉓ 保存文件后退出　　给部分图元添加中心线，显示线宽，最后结果如图 5-1 所示，保存文件后退出。

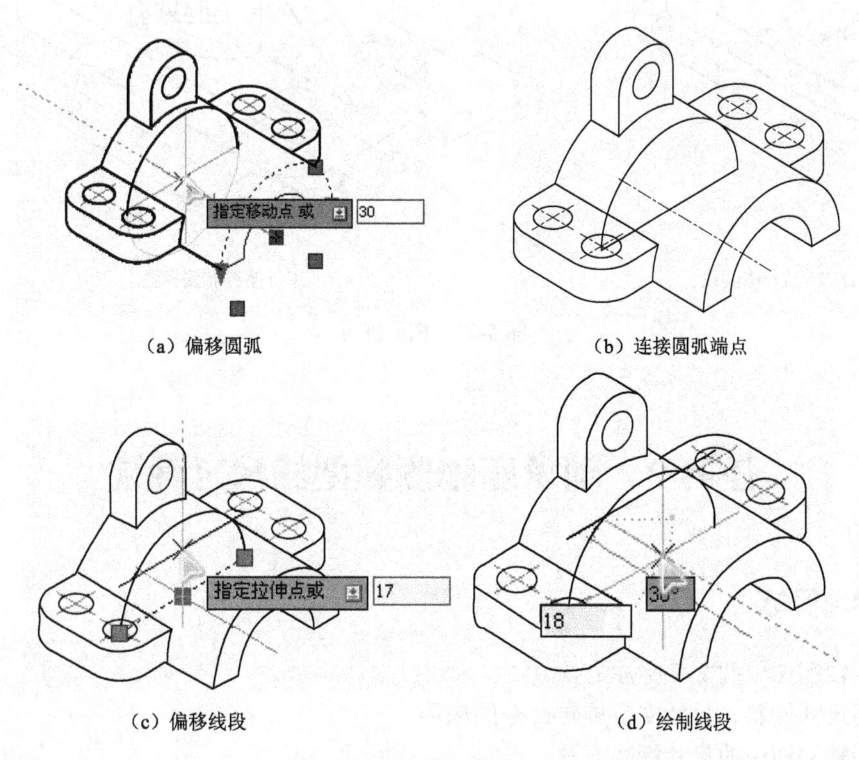

（a）偏移圆弧　　（b）连接圆弧端点

（c）偏移线段　　（d）绘制线段

图 5-26　修剪、偏移处理

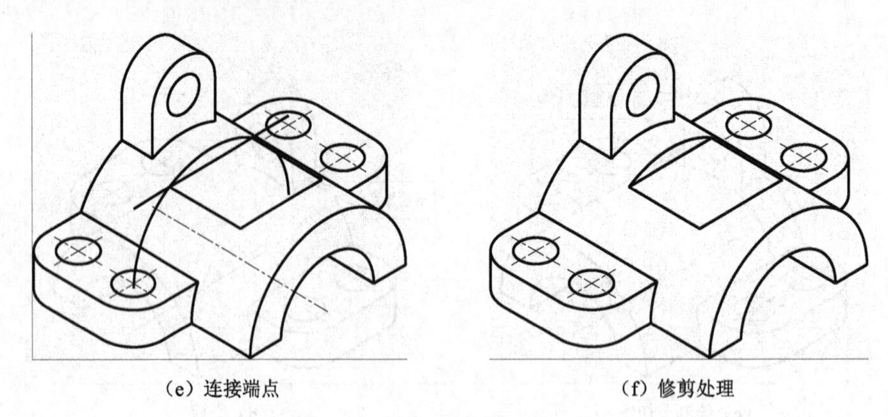

（e）连接端点　　　　（f）修剪处理

图 5-26　修剪、偏移处理（续）

拓展练习

利用本任务所学知识，绘制如图 5-27 所示轴测模型。

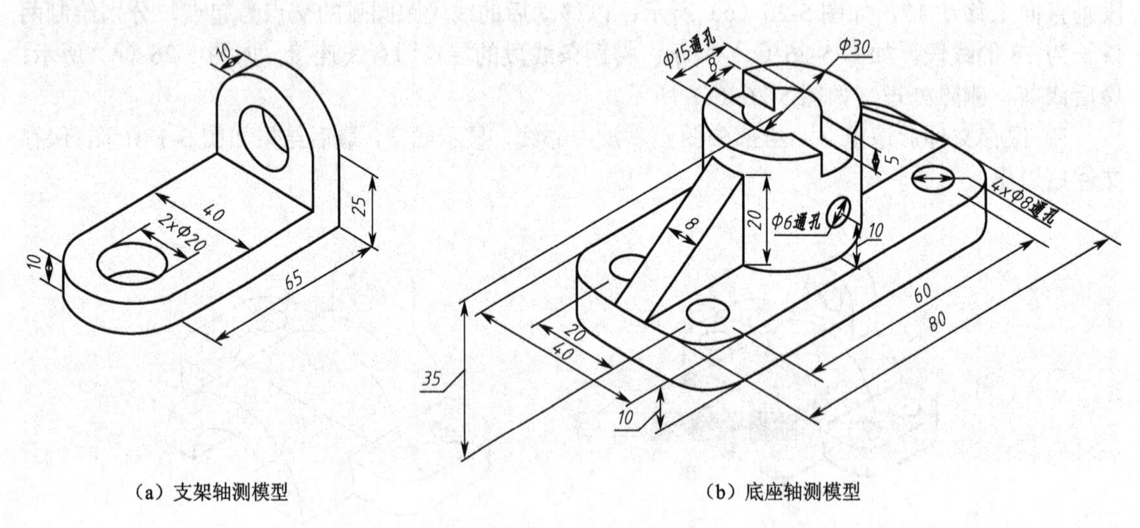

（a）支架轴测模型　　　　（b）底座轴测模型

图 5-27　拓展练习

任务 2　轴承座轴测模型的尺寸标注

学习目标

- 掌握轴测图中的文字标注方法
- 掌握尺寸倾斜、尺寸文字旋转命令的应用
- 掌握轴测图中的尺寸标注方法
- 进一步掌握引线命令的使用

任务导入

在制作如图 5-28 所示实例的过程中，我们需要用到的新知识包括轴测环境下尺寸倾斜命令、尺寸文字角度旋转命令的使用，轴测环境下文字方式的设置、标注样式的设置，文字注释以及尺寸标注。在制作该实例之前，先让我们来学习在本任务中将用到的新知识。

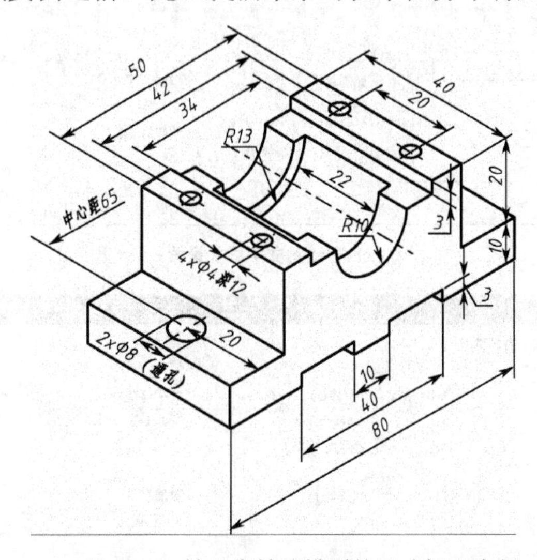

图 5-28　轴承座轴测模型的尺寸标注实例

知识准备

1．轴测环境下的文字标注

在轴测图中进行文字注释时，为了使文字看起来更像在轴测面内，需要将文字倾斜并旋转一定角度，使文字的外观跟轴测图协调起来，如图 5-29 所示。下面我们就以图 5-29 中的文字注释为例，介绍轴测环境中文字注释的标注过程。

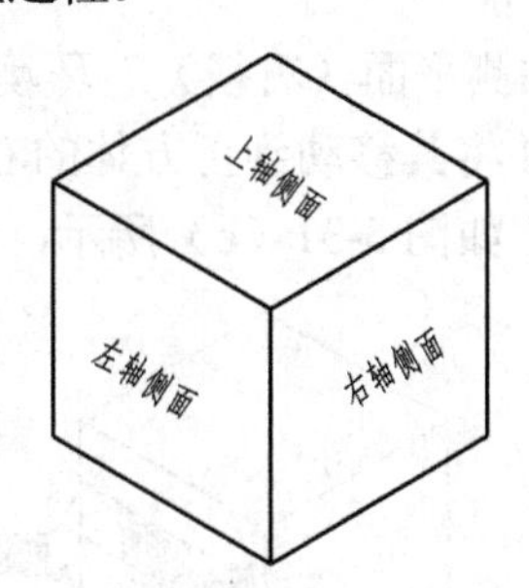

图 5-29　轴测图中的文字注释

（1）轴测图下的文字样式设置

展开“注释”功能面板，单击文字样式图标 ，打开“文字样式”对话框，新建一个名称为“右倾斜”的文字样式，并将该文字样式按照如图 5-30（a）所示进行设置；重复命令，再创建名称为“左倾斜”的文字样式，设置如图 5-30（b）所示。

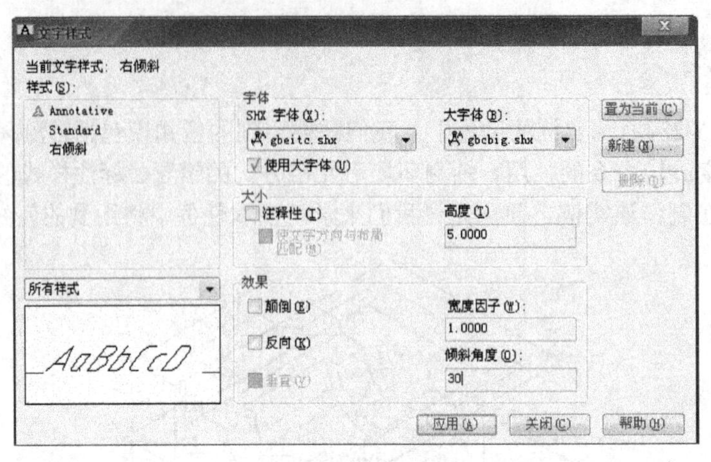

（a）右倾斜文字样式设置

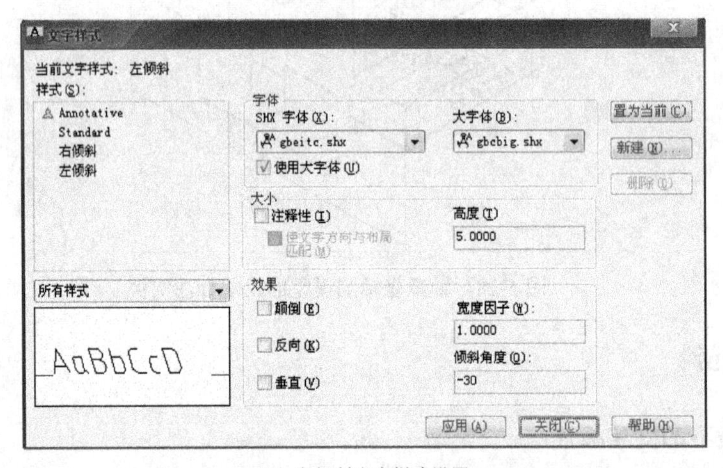

（b）左倾斜文字样式设置

图 5-30　文字样式设置

（2）注释右轴测平面上的文字

按 F5 键，将视图切换至“等轴测平面（右视）”环境。以“右倾斜”文字样式为当前文字样式，输入文字“右轴测面”，并将其移动到正方体的右轴测面上，如图 5-31（a）所示。然后利用夹点编辑功能，旋转 30°，如图 5-31（b）所示，最后结果如图 5-31（c）所示。

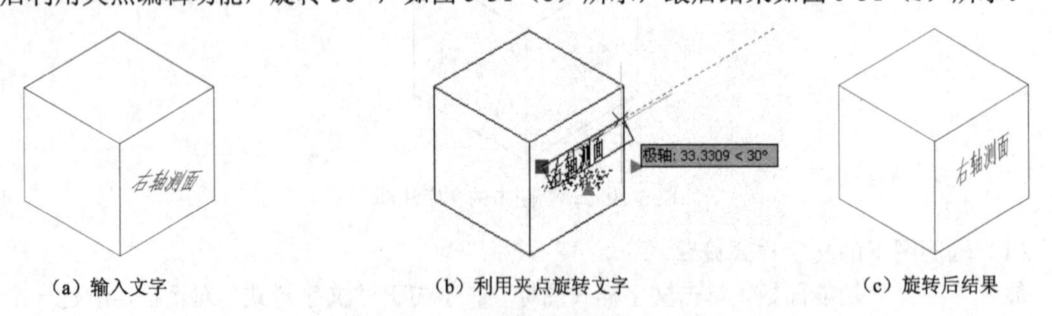

（a）输入文字　　（b）利用夹点旋转文字　　（c）旋转后结果

图 5-31　注释右轴测平面上的文字

（3）注释上轴测平面上的文字

按 F5 键，将视图切换至“等轴测平面（俯视）”环境。以“右倾斜”文字样式为当前文字样式，输入文字“上轴测面”，并将其移动到正方体的上轴测面上，如图 5-32（a）所示。然后利用夹点编辑功能，旋转-30°，如图 5-32（b）所示，最后结果如图 5-32（c）所示。

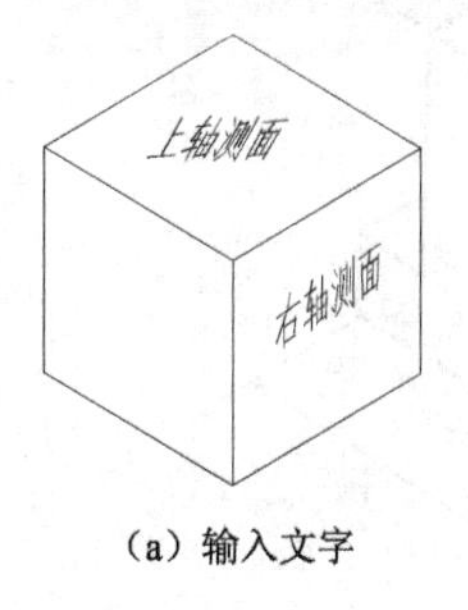

（a）输入文字

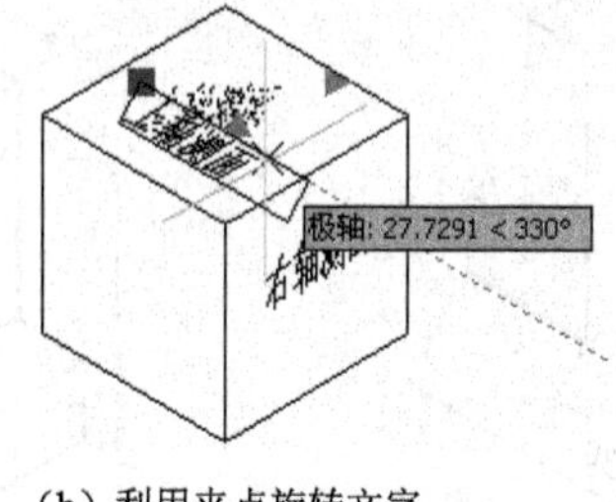

（b）利用夹点旋转文字

（c）旋转后结果

图 5-32　注释右轴测平面上的文字

（4）注释左轴测平面上的文字

按 F5 键，将视图切换至“等轴测平面（左视）”环境。以“左倾斜”文字样式为当前文字样式，输入文字“左轴测面”，并将其移动到正方体的左轴测面上，如图 5-33（a）所示。然后利用夹点编辑功能，旋转-30°，如图 5-33（b）所示，最后结果如图 5-33（c）所示。

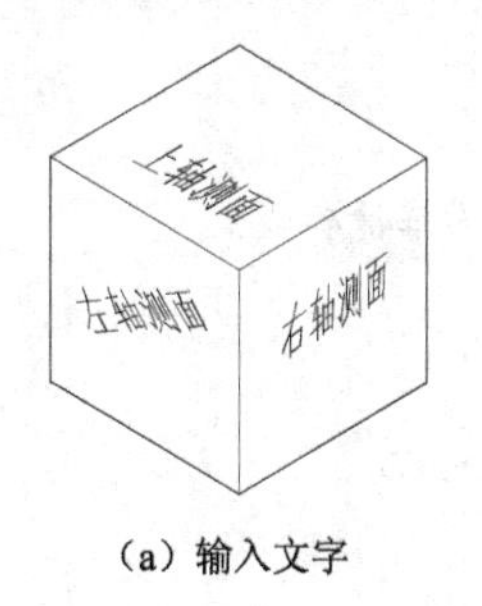

（a）输入文字

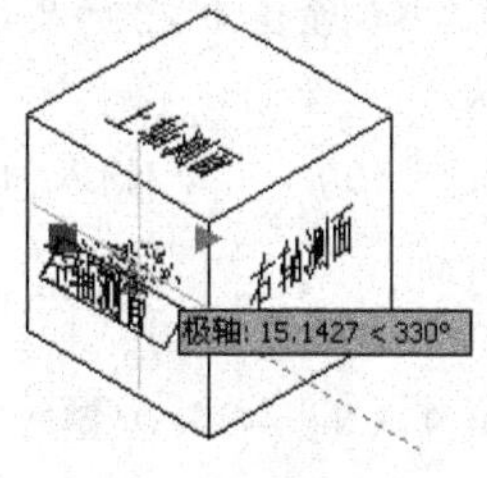

（b）利用夹点旋转文字

（c）旋转后结果

图 5-33　注释左轴测平面上的文字

说明：通过以上实例，我们不难看出，在左轴测面上的文字注释，需采用-30°倾斜；在右轴测面上的文字注释，需采用 30°倾斜；在上轴测面上的文字注释，需采用-30°倾斜。

2. 轴测环境下的尺寸标注

在轴测图中，同文字注释一样，尺寸标注也要和所在的等轴测平面平行。因此进行尺寸标注时，应该使用“对齐标注”，才能得到真实的测量值。标注完后，还须将尺寸线和尺寸界线进行倾斜，或者将尺寸标注的文字进行角度旋转，才能得到我们满意的效果，如图 5-34 所示。

（1）尺寸倾斜

尺寸倾斜命令用来将线性标注的尺寸线和尺寸界线，按照指定的角度进行倾斜。在轴测图中，尺寸倾斜的角度一般为 30°或-30°。启用尺寸倾斜命令，可采用以下几种方式。

- 直接在命令行输入“DIMEDIT”或者“DED”，并按下回车键进行确认，根据命令行提示，选择“倾斜（O）”选项；
- 在“注释”菜单栏下，展开“标注”工具面板，单击“倾斜”命令图标。

激活命令后，根据命令行提示，选择要倾斜的尺寸标注，按回车键确认后，输入倾斜角度即可，如图 5-35（b）所示，操作后命令行显示如下：

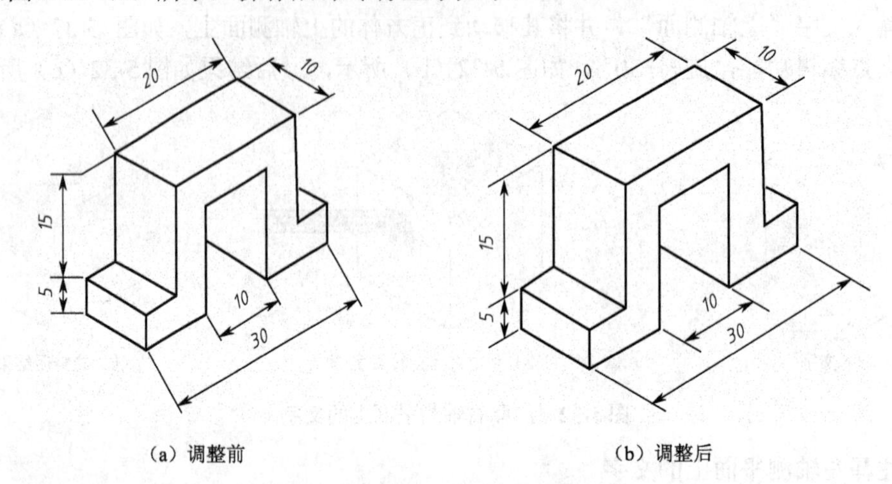

（a）调整前　　（b）调整后

图 5-34　轴测图尺寸标注调整前后对比

```
命令: _dimedit                // 执行命令。
输入标注编辑类型 [默认（H）/新建（N）/旋转©/倾斜（O）] <默认>: _o  // 选择倾斜选项。
选择对象: 找到 1 个        // 选择测量值为 20 的尺寸。
选择对象:         //按回车键确认。
输入倾斜角度（按 ENTER 表示无）: -30      //输入倾斜角度，并按回车键确认。
命令:
DIMEDIT       // 重复命令操作。
输入标注编辑类型 [默认（H）/新建（N）/旋转©/倾斜（O）] <默认>: O
选择对象: 找到 1 个
选择对象:        // 选择测量值为 10 的尺寸。
输入倾斜角度（按 ENTER 表示无）: 30      // 输入倾斜角度，并按回车键确认。
```

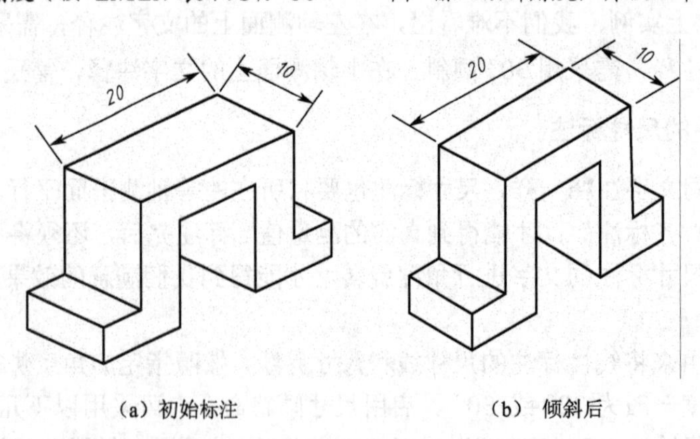

（a）初始标注　　（b）倾斜后

图 5-35　尺寸倾斜

（2）旋转标注的文字角度

有时在倾斜尺寸标注后，倾斜后的尺寸文字仍不能满足要求，如图 5-35（b）中测量值为 10 的线性标注。这时可采用“文字角度”命令，将线性标注的文字按照指定的角度进行旋转。启用“文字角度”命令，可采用以下几种方式：

• 直接在命令行输入“DIMTEDIT”或者“DIMTED”，并按下回车键进行确认，根据命令行提示，选择“角度（a）”选项；

• 在“注释”菜单栏下，展开“标注”工具面板，单击“文字角度”命令图标。

激活命令后，根据命令行提示，选择要旋转文字角度的尺寸标注，输入旋转角度并按回车键确认。然后选择尺寸标注，将光标移动到标注尺寸线中间的夹点上，悬停一会儿，弹出右键快捷菜单，选择“仅移动文字”选项，如图 5-36（b）所示。将文字调整到适当位置，结果如图 5-36（c）所示，操作后命令行显示如下：

```
命令：_dimtedit        // 执行命令。
选择标注：    // 选择标注。
为标注文字指定新位置或 [左对齐（L）/右对齐©/居中©/默认（H）/角度（A）]：_a
指定标注文字的角度：-30        // 输入文字旋转的角度，并按回车键确认。
命令：
命令：      // 选择标注。
** 仅移动文字 **         // 在右键菜单中选择“仅移动文字”选项。
指定目标点：
```

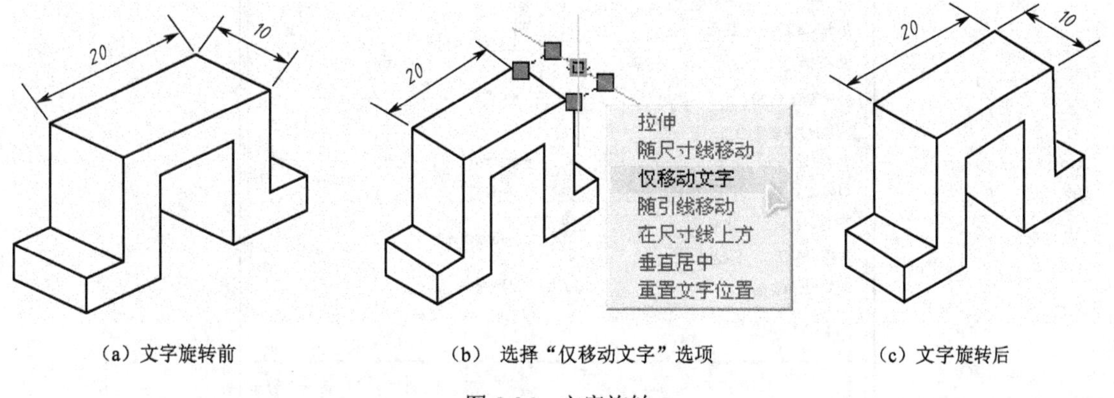

（a）文字旋转前　（b） 选择“仅移动文字”选项　（c）文字旋转后

图 5-36　文字旋转

（3）标注样式设置

在轴测图中，标注文本的倾斜角一般为 30° 和-30° 两种，因此需要创建具有这两种倾斜角的标注样式。

创建名称为“左倾斜”的标注样式，在该标注样式中，文字样式选择前面创建的“左倾斜”文字样式，如图 5-37（a）所示；重复操作，创建名称为“右倾斜”的标注样式，在该标注样式中，文字样式选择前面创建的“左右斜”文字样式，如图 5-37（b）所示。

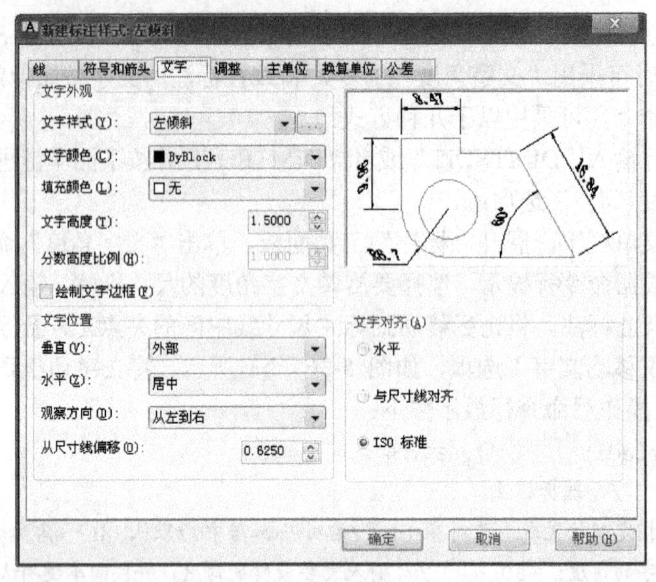

(a) 左倾斜标注样式

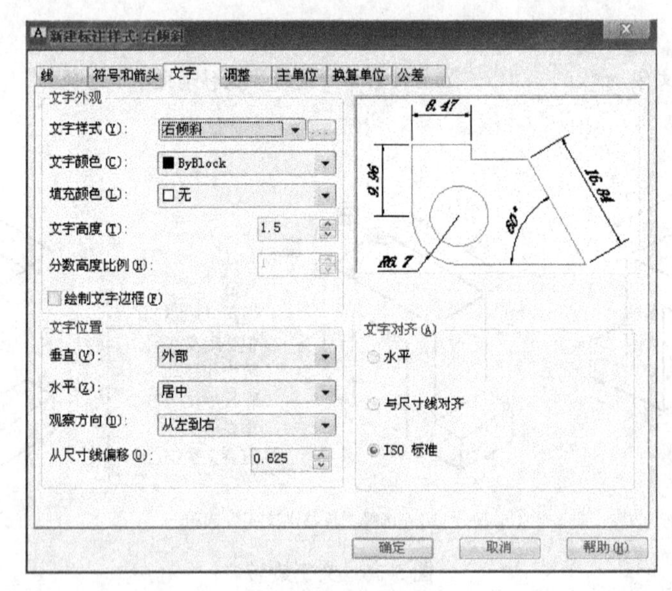

(b) 右倾斜标注样式

图 5-37　创建标注样式

任务实施

① 打开文件　启动 AutoCAD 2013，打开教材配套电子资料包中的“\模块 5\任务 2\轴承座轴测模型.dwg”文件，如图 5-38 所示。

② 创建标文字样式以及标注样式　按照前面所学内容，创建文字样式与标注样式。

③ 尺寸标注　将“左倾斜”标注样式置为当前标注样式，标注如图 5-39 所示标注尺寸。

④ 倾斜尺寸　激活尺寸倾斜命令，根据命令行提示，同时选择测量值为 50、42、34 的

线性尺寸，按回车键确认后，输入倾斜角-30°，如图 5-40（a）所示。重复操作，再选择测量值为 20、10 的线性尺寸，将其倾斜 30°，如图 5-40（b）所示。

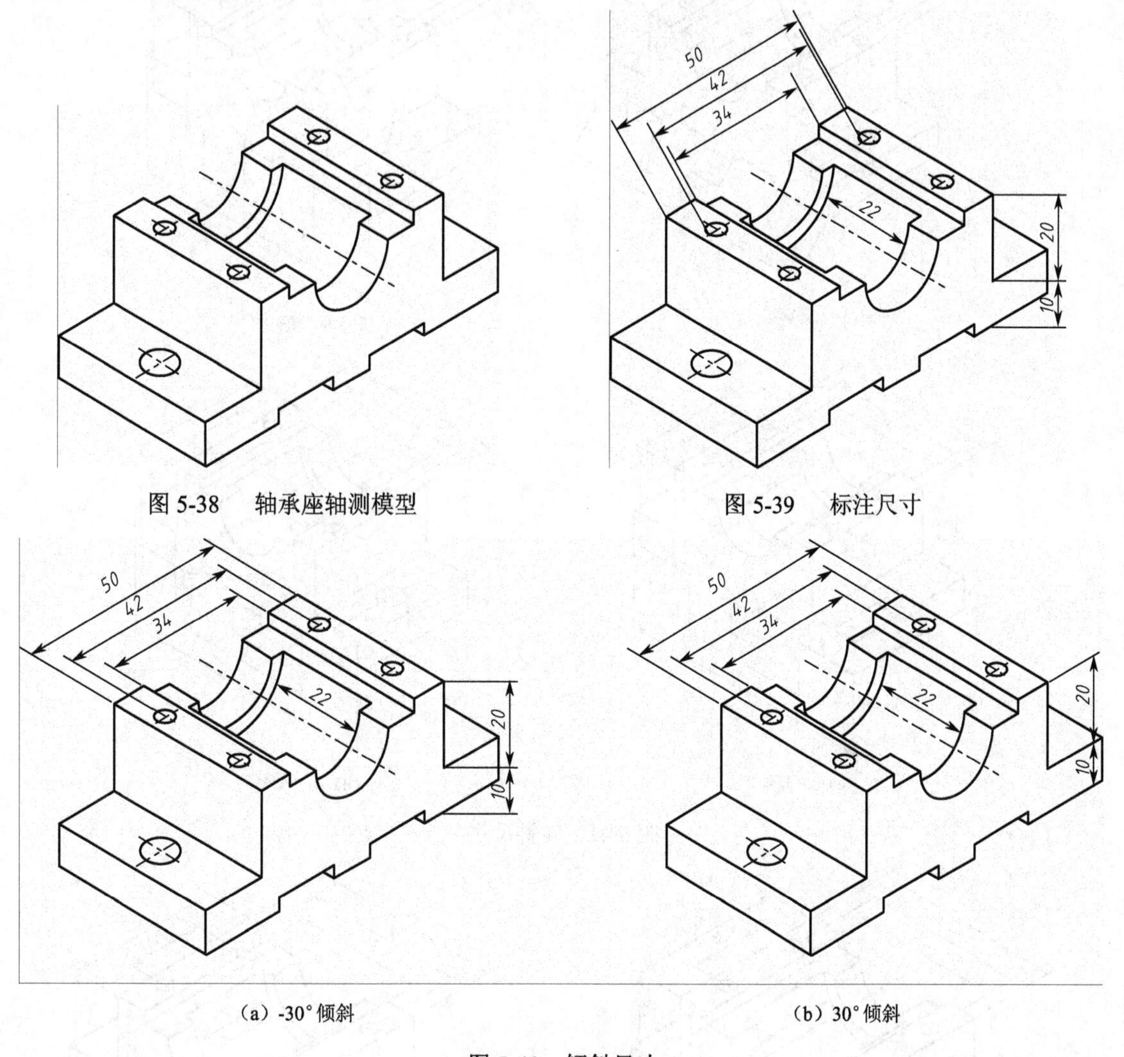

图 5-38　轴承座轴测模型

图 5-39　标注尺寸

（a）-30°倾斜

（b）30°倾斜

图 5-40　倾斜尺寸

⑤ 尺寸标注　　将“右倾斜”标注样式置为当前标注样式，标注如图 5-41（a）所示标注尺寸。

⑥ 倾斜尺寸　　激活尺寸倾斜命令，根据命令行提示，将测量值为 80、40、10 的线性尺寸，倾斜 90°，如图 5-41（b）所示。重复操作，再将测量值为 40、20、8、4、3 的线性尺寸，倾斜 30°，如图 5-41（c）所示；重复操作，将顶部测量值为 3 的线性尺寸，倾斜-30°，如图 5-41（d）所示。

⑦ 编辑尺寸　　选择测量值为 8、4 的线性尺寸，按照如图 5-42（a）所示样式进行修改；选择底部测量值为 3 的线性尺寸，利用右键快捷菜单的“仅移动文字”选项，将尺寸文字移动到合适位置，然后利用直线命令，按照如图 5-42（b）所示样式绘制。

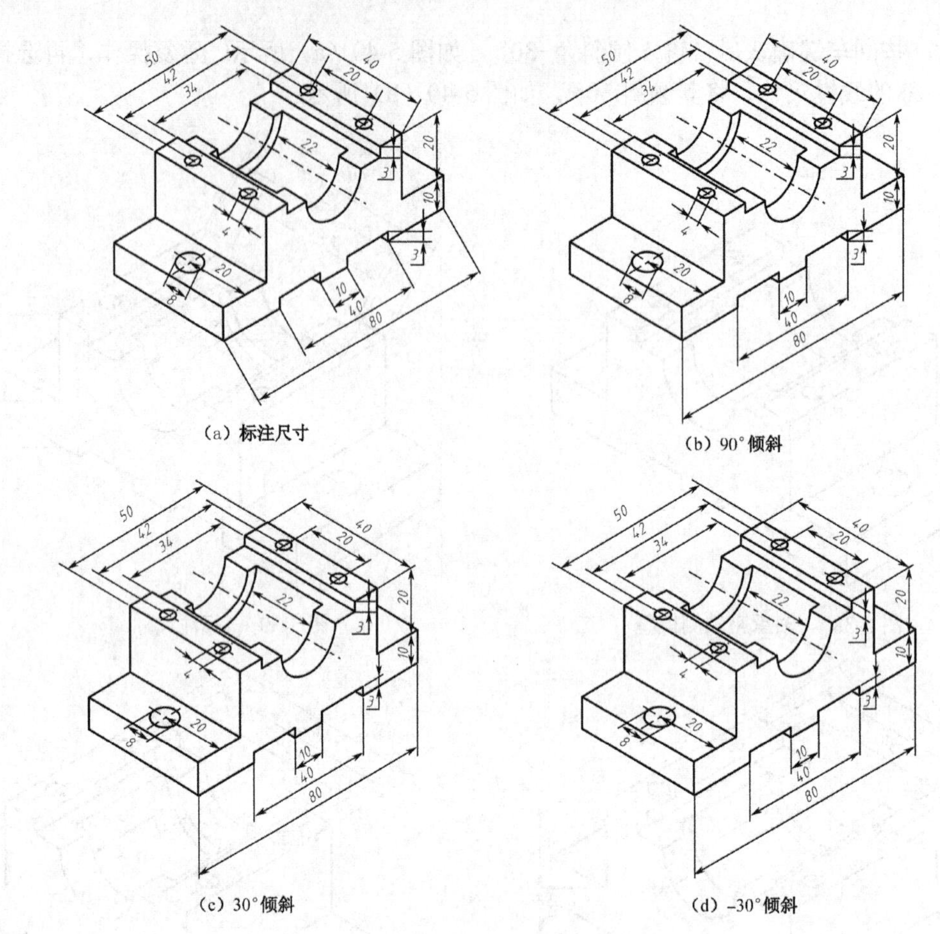

（a）标注尺寸　　（b）90°倾斜

（c）30°倾斜　　（d）-30°倾斜

图 5-41　倾斜尺寸

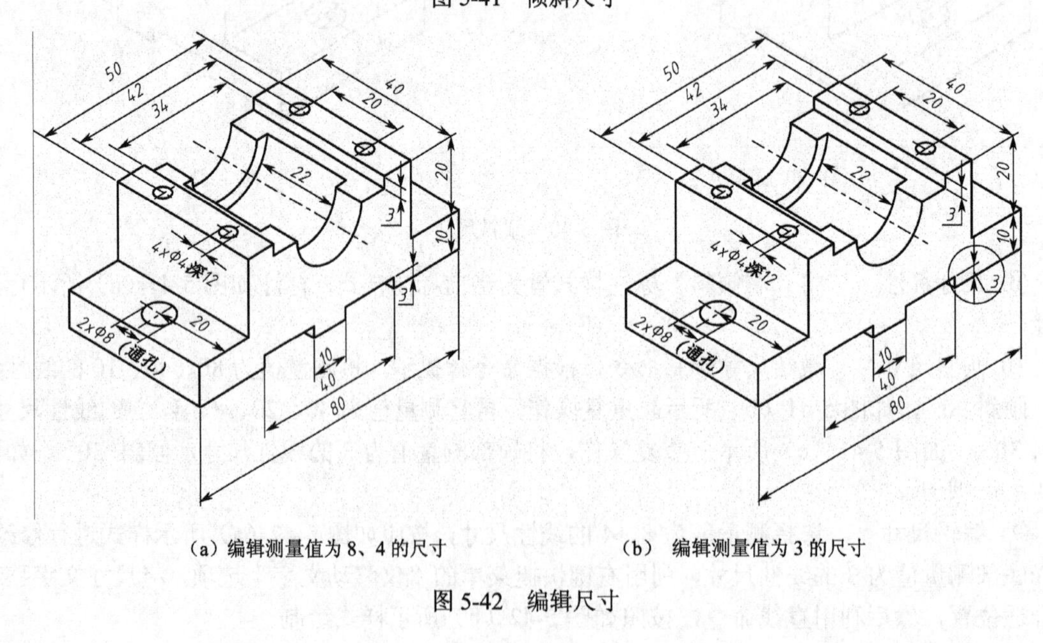

（a）编辑测量值为 8、4 的尺寸　　（b） 编辑测量值为 3 的尺寸

图 5-42　编辑尺寸

⑧ 利用引线标注半径　　利用多重引线命令标注半径值为 13、10 的等轴测圆弧，标注完后，将跟标注尺寸相交的中心线打断，如图 5-43（a）所示；重复操作，利用直线命令和多重引线命令绘制孔的中心距，如图 5-43（b）所示。

⑨ 保存文件　　完成标注后，显示线宽，保存文件后退出，最后结果如图 5-28 所示。

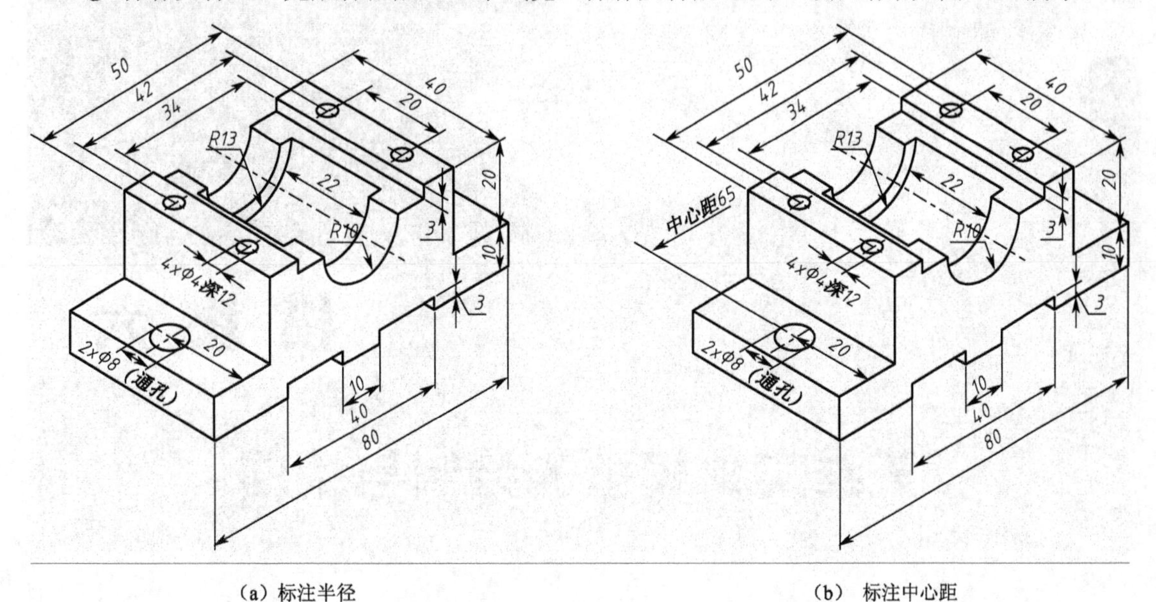

（a）标注半径　　（b）标注中心距

图 5-43　利用多重引线进行标注

拓展练习

1．利用本任务所学知识，将上一任务中所学的马鞍形底座轴测模型，按照如图 5-1 所示样式进行标注。

2．将上一任务的拓展练习底座轴测模型，按照如图 5-27（b）所示样式进行标注。

三维实体模型的绘制与编辑

学习目标

- 能够熟练设置三维环境
- 能够熟练创建三维用户坐标系
- 能够创建和编辑三维实体模型
- 能够由三维实体模型生成二维平面图形

AutoCAD 不仅具有强大的二维绘图功能，而且还具有强大的三维绘图功能。在 AutoCAD 中有三类三维模型：三维线框模型、三维曲面模型和三维实体模型。三维线框模型是通过三维直线或曲线命令创建的轮廓模型，没有面和体的特征，如图 6-1（a）所示；三维曲面模型是由曲面命令创建的没有厚度的表面模型，如图 6-1（b）所示；三维实体模型是由实体命令创建的具有线、面、体特征的实体模型，如图 6-1（c）所示。本模块将通过几个简单的实例，来介绍三维实体模型的绘制和编辑，可作为用户了解 AutoCAD 中三维建模功能的入门级教程。

（a）三维线框模型

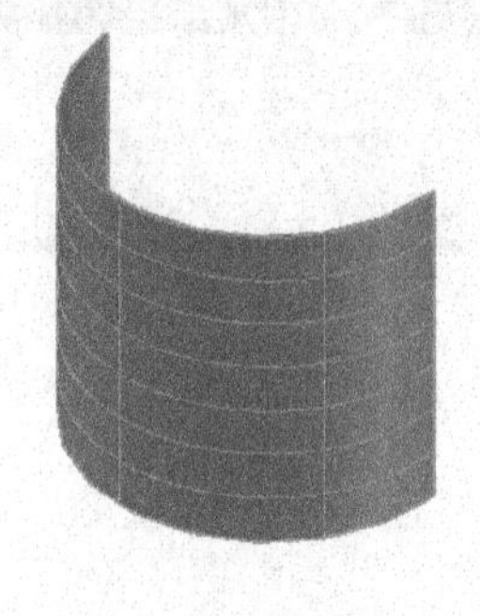

（b） 三维曲面模型

（c） 三维实体模型

图 6-1　三维模型示例

任务 1　三维建模基础

学习目标

- 熟悉 AutoCAD 的三维建模环境
- 熟悉 AutoCAD 的三维坐标系统
- 能够熟练观察和显示三维模型

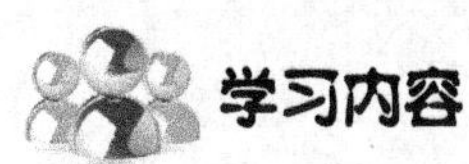

学习内容

1. 三维模型环境

从工作空间的下拉列表中，选择“三维基础”或者“三维建模”，即可进入三维空间，如图 6-2 所示。在新建三维图形文件时，选择“acadiso3d.dwt”样板文件。在本模块中，若不特别说明，所使用建模环境均以“三维基础”空间为例。

2. 三维坐标系

在三维建模过程中，需要经常切换坐标系。在模块 1 中，我们已经介绍了二维环境中的世界坐标系（WCS）和用户坐标系（UCS）。在三维环境中，输入点的方法跟前面基本相同，只是在输入坐标时，要加上 *Z* 轴的坐标值。下面我们重点介绍用户坐标系的创建与编辑。

（1）UCS 的创建

所谓创建用户坐标系，即重新确定坐标系的原点位置、*X* 轴、*Y* 轴、*Z* 轴的方向。在 AutoCAD 中，创建用户坐标系的方式有以下两种。

- 在命令行输入“UCS”并按回车键确认；
- 单击“坐标”功能面板上的命令按钮，如图 6-3 所示。

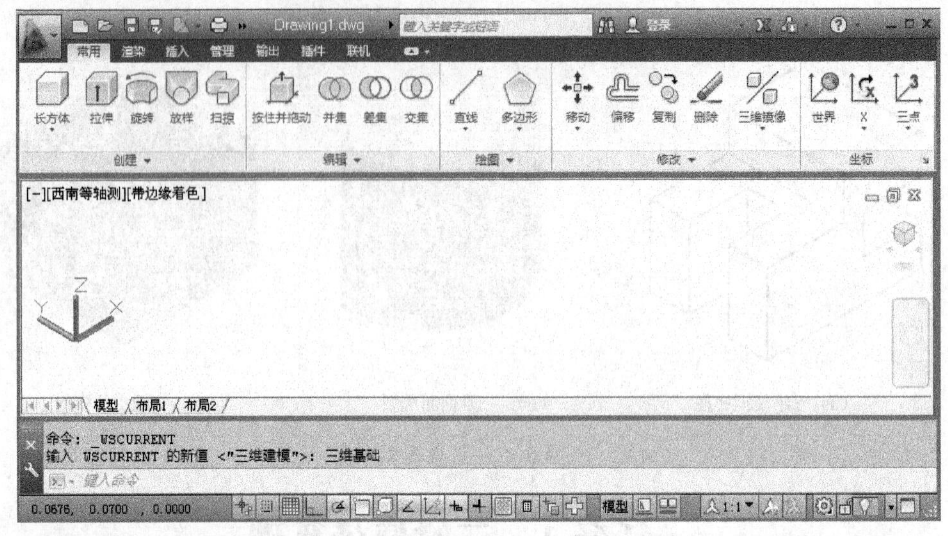

（a）三维基础空间

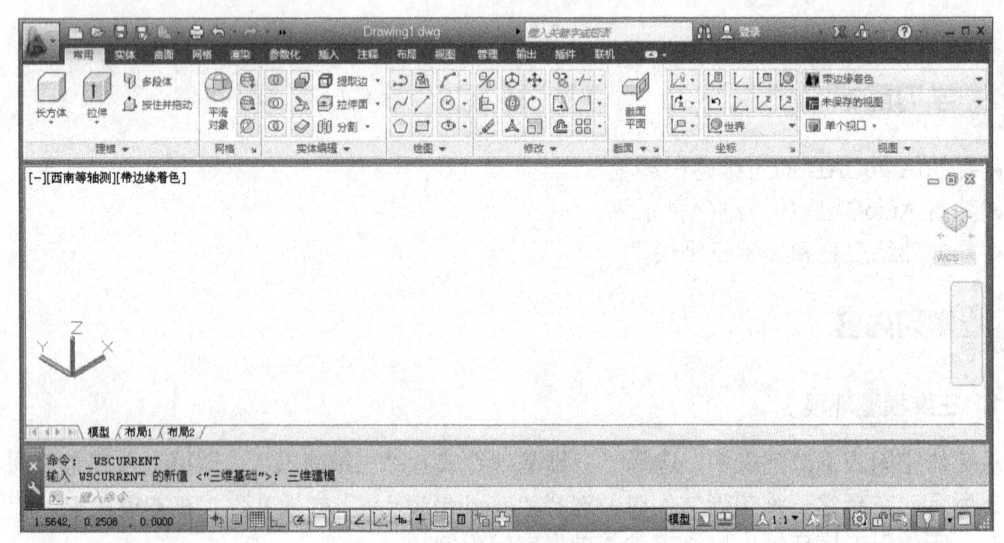

（b）三维建模空间

图 6-2　三维模型空间

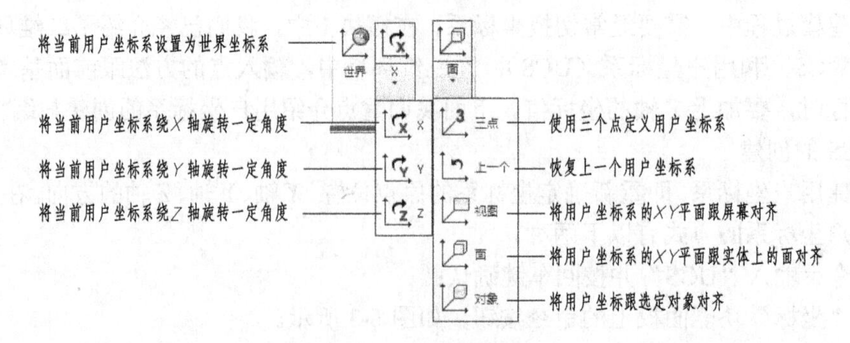

图 6-3　坐标工具面板

执行 UCS 命令后，命令行显示如下提示：

当前 UCS 名称：*世界*

指定 UCS 的原点或 [面(F)/命名(NA)/对象(OB)/上一个(P)/视图(V)/世界(W)/X/Y/Z/Z 轴(ZA)] <世界>: *取消*

该命令行中的各个选项，跟“坐标”工具面板上的命令按钮相对应，这里不再介绍。下面分别举例介绍工具面板上的几个命令按钮的使用。

① UCS，世界 。

单击该命令按钮，相当于命令行执行“UCS”命令。

② X 轴旋转 。

单击该命令按钮，可将当前的 UCS 坐标绕 X 轴按照指定角度进行旋转，执行命令后，旋转轴加亮显示，如图 6-4 所示。

同样 Y 轴旋转 、Z 轴旋转 跟 X 轴旋转使用方法类似，这里不再赘述。

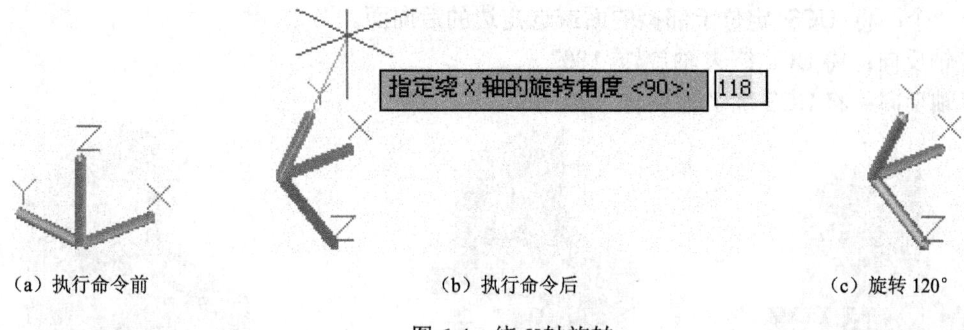

（a）执行命令前　　（b）执行命令后　　（c）旋转 120°

图 6-4　绕 X 轴旋转

③ 三点 。

单击该命令按钮，只需选择三个点即可确定新坐标系的原点位置及 X、Y 轴的正方向。指定的第一个点为原点位置，第二个点为 X 轴正方向，第三个点为 Y 轴正方向，如图 6-5 所示。

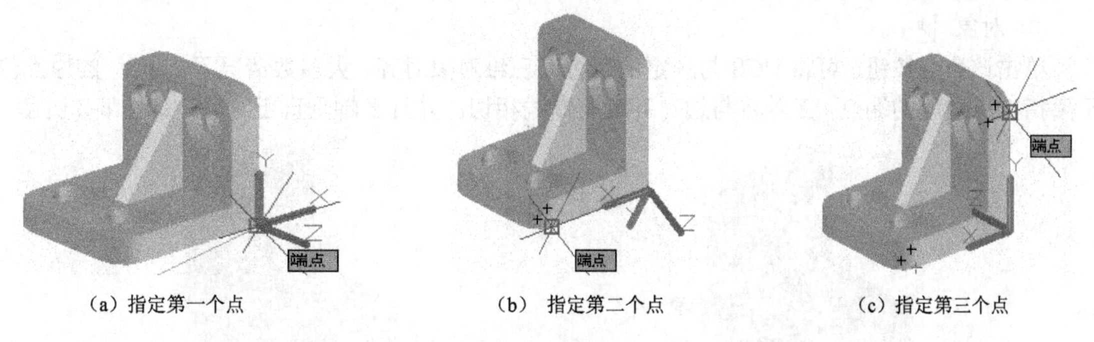

（a）指定第一个点　　（b） 指定第二个点　　（c）指定第三个点

图 6-5　三点方式确定 UCS

④ 视图 。

单击该命令按钮，可使新坐标系的 XY 平面与当前视图方向对齐，原点位置保持不变，Z 轴与当前视图垂直。通常情况下，该方式主要用于文字标注，如图 6-6 所示。

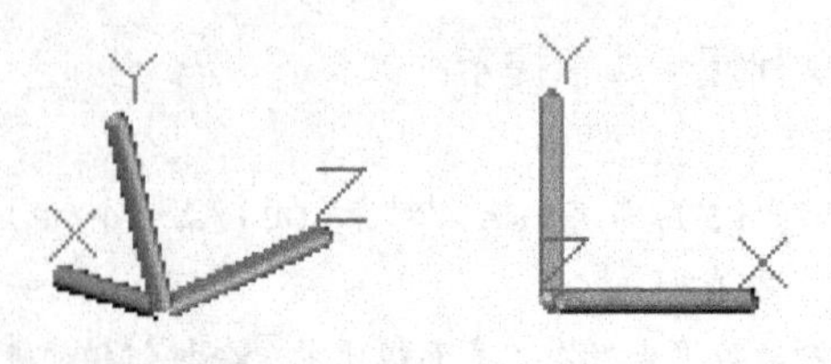

（a）执行命令前　　（b）执行命令后

图 6-6　视图方式确定 UCS

⑤ 面 。

单击该命令按钮，可使新坐标系的 *XY* 平面与所选实体的面重合。执行命令后，将光标移动到选择面，该面会亮显，如图 6-7（a）所示；选择面后，会弹出右键快捷菜单，让用户进行选择，如图 6-7（b）所示，各项含义如下。

- 接受：接受更改，然后放置 UCS。
- 下一个：将 UCS 定位于邻接的面或选定边的后向面。
- *X* 轴反向：将 UCS 绕 *X* 轴旋转 180°。
- *Y* 轴反向：将 UCS 绕 *Y* 轴旋转 180°。

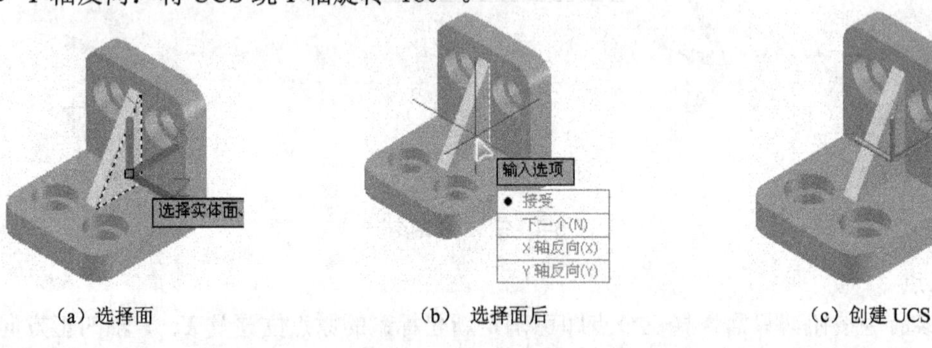

（a）选择面　　（b） 选择面后　　（c）创建 UCS

图 6-7　面方式确定 UCS

⑥ 对象 。

单击该命令按钮，可将 UCS 与选定的二维或三维对象对齐。大多数情况下，UCS 的原点位于离指定点最近的端点，*X* 轴将与边对齐或与曲线相切，并且 *Z* 轴垂直于对象，如图 6-8 所示。

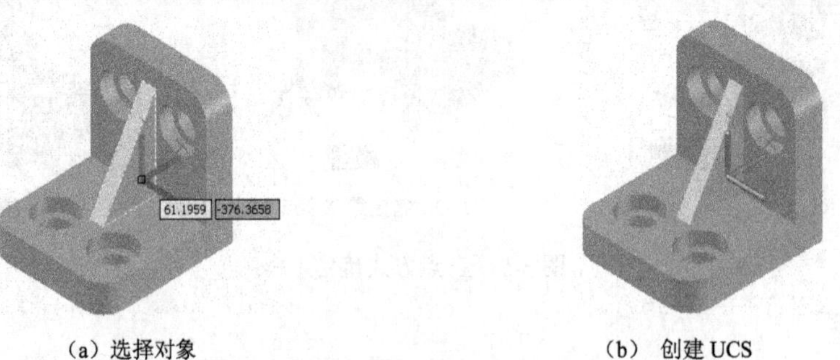

（a）选择对象　　（b） 创建 UCS

图 6-8　对象方式确定 UCS

（2）UCS 的编辑

UCS 创建后，既可通过 UCS 对话框进行编辑，也可通过夹点进行编辑。

① 对话框编辑。

单击“坐标”工具面板上的 ↘ 图标，打开 UCS 对话框，如图 6-9 所示。该对话框有“命名 UCS”、“正交 UCS”、“设置”三个选项卡，并可通过单击“详细信息”按钮，查看 UCS 的信息。

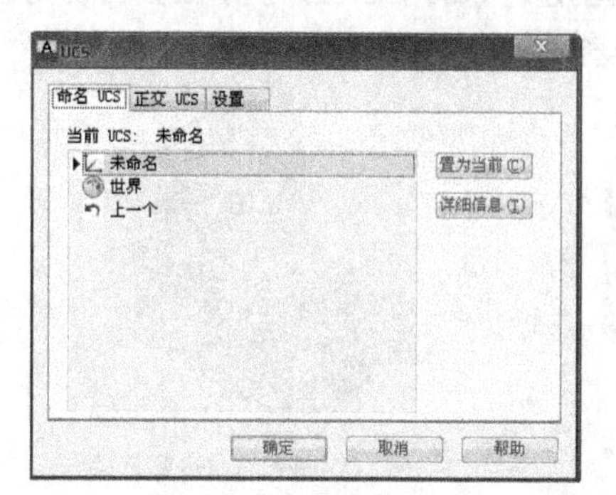

（a）“命名 UCS”选项卡

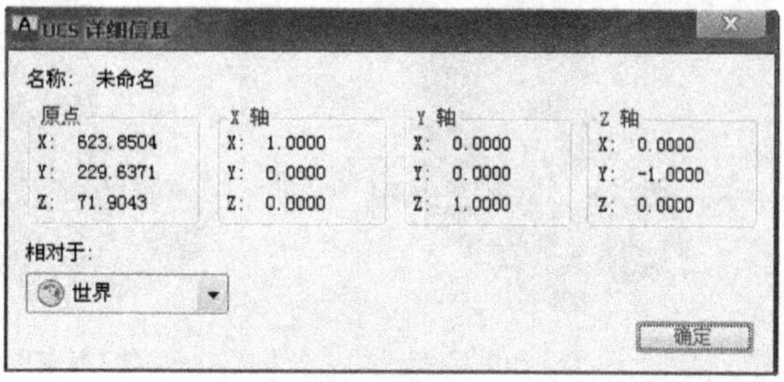

（b） 详细信息

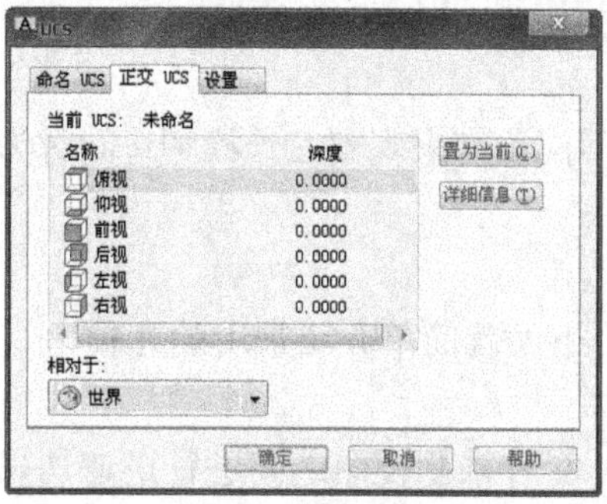

（c）“正交 UCS”选项卡

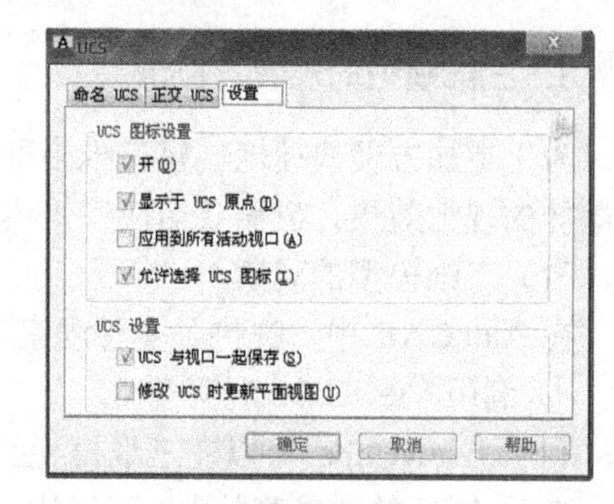

（d）“设置”选项卡

图 6-9　UCS 对话框

② 夹点编辑。

单击视图中的 UCS 图标，图标上会出现夹点，如图 6-10（a）所示。单击并拖动原点夹点，会改变原点的位置，如图 6-10（b）所示；单击并拖动相应的轴夹点，可调整相应轴的方向，如图 6-10（c）所示。

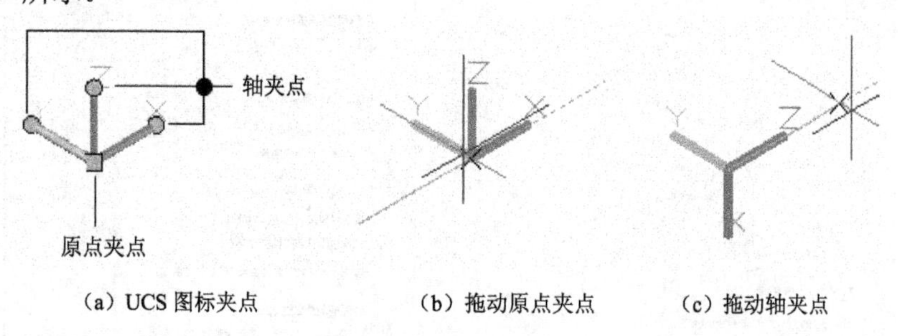

（a）UCS 图标夹点　　（b）拖动原点夹点　　（c）拖动轴夹点

图 6-10　UCS 夹点编辑

（3）动态 UCS

所谓动态 UCS，即创建对象时，使 UCS 的 XY 平面自动与实体模型上的平面临时对齐。执行动态 UCS 命令，可通过以下两种方式：

- 快捷键 F6；
- 单击状态栏上的“允许/禁止动态 UCS”开关图标 。

操作时，先激活创建对象的命令，再将光标移动到想要创建对象的平面上，该平面会自动亮显，表示当前的 UCS 被对齐到该平面上。如图 6-11 所示，就是利用动态 UCS 功能，在肋板上打孔。

（a）指定面　　（b）绘制圆柱　　（C）进行布尔运算

图 6-11　动态 UCS 应用示例

3．三维模型的观察与显示

为了更加方便快捷地创建三维模型，需要从空间的不同角度来观察三维模型；同时为了得到最佳的视觉效果，也需要切换三维模型的视觉样式。

（1）三维模型的观察

在 AutoCAD 中，提供了多种观察三维模型的方法，下面就简单介绍常用的几种。

① 利用 ViewCube 观察模型。

利用 ViewCube 可以在三维模型的 6 种正交视图、8 种轴测视图之间进行迅速切换。在 ViewCube 图标的右键菜单中，可以进行投影样式的选择；也可以对 ViewCube 进行设置，如图 6-12 所示。该方法在模块 1 的任务 2 中已经做了简单介绍，这里不再赘述。

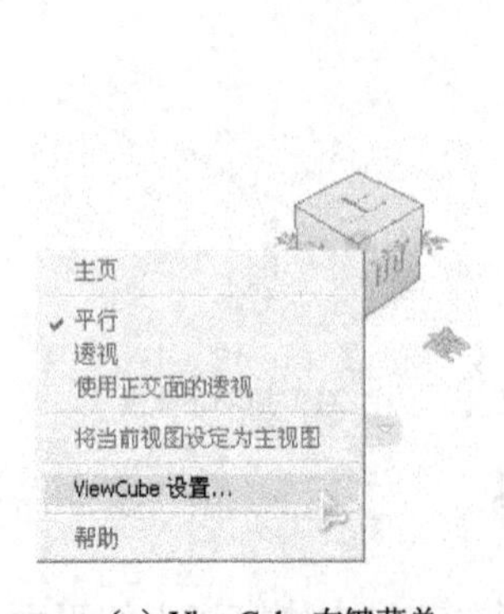

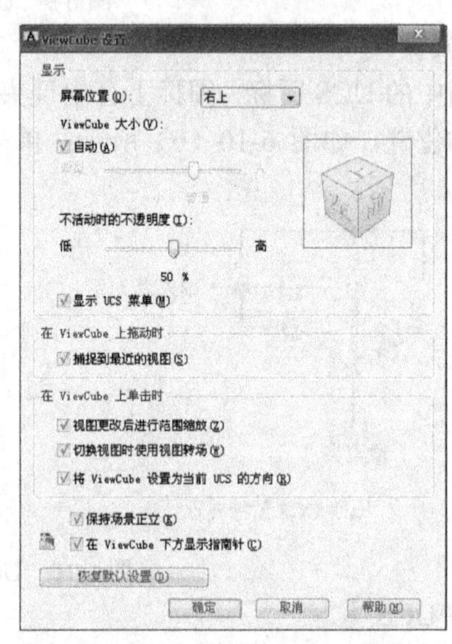

（a）ViewCube 右键菜单　　（b）“ViewCube“设置对话框

图 6-12　ViewCube 使用设置

② 利用导航栏动态观察模型。

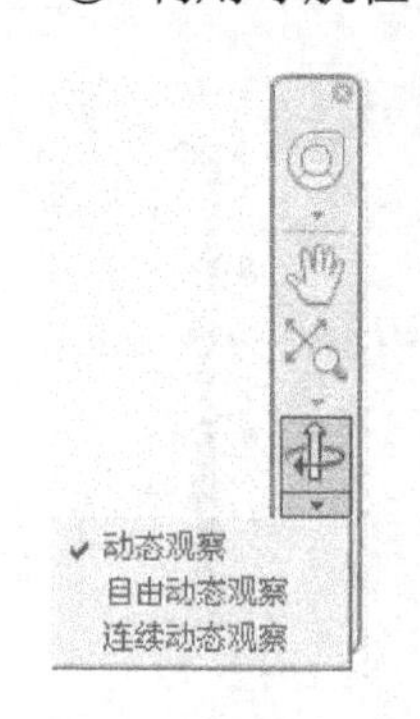

图 6-13 动态观察方式

单击动态观察图标上的下拉箭头，可以列出动态观察的三种方式，如图 6-13 所示。

• 动态观察 利用该方法可以水平、垂直或对角拖动观察对象进行观察。执行该命令后，光标由 变成 ，如图 6-14 所示。

说明：按下 Shift 键的同时，按下鼠标滚轮并拖动，也可以进入动态观察模式。

• 自由动态观察 利用此工具可以将观察对象进行任意角度的动态观察。执行该命令后，在三维模型的周围出现导航球。当光标位于导航球的不同位置时，其表现形式是不一样的，如图 6-15 所示。此时按下鼠标左键并拖动，模型会绕着旋转轴进行旋转，并且在不同位置的拖动鼠标，旋转轴是不一样的。

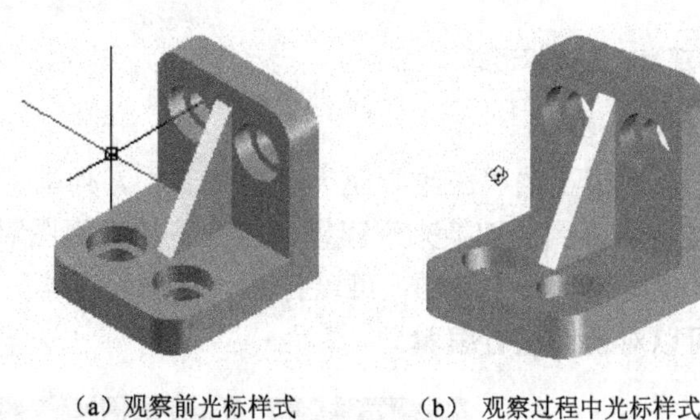

（a）观察前光标样式　（b） 观察过程中光标样式

图 6-14　态观察三维模型时的光标样式

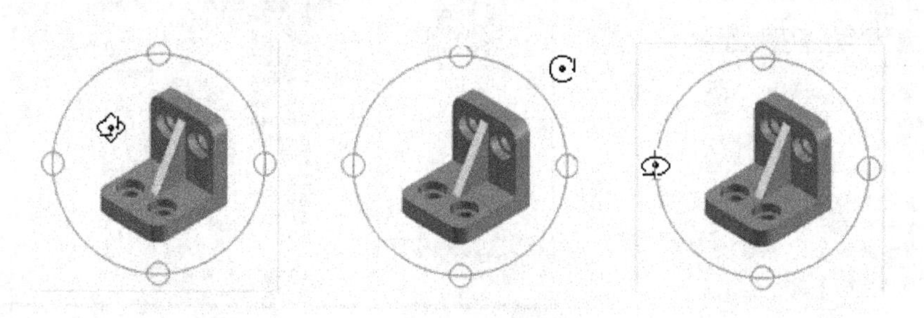

（a）光标在导航球内部　（b） 光标在导航球外部　（c） 光标在小圆圈内

图 6-15　自由动态观察时的光标形式

• 连续动态观察 利用该工具可以使观察对象绕指定的旋转轴按照指定的旋转速度做连续旋转运动。执行该命令后，光标变成 形状，如图 6-16 所示。按住左键并拖动后，观察对象会沿着鼠标拖动方向继续旋转，旋转的速度取决于拖动鼠标时的速度。只有当再次单击鼠标时，观察对象才停止旋转。

说明：在以这三种状态观察模型时，随时可以通过右键快捷菜单，切换到其他观察方式，如图 6-17 所示。

图 6-16　连续动态观察时的光标形式

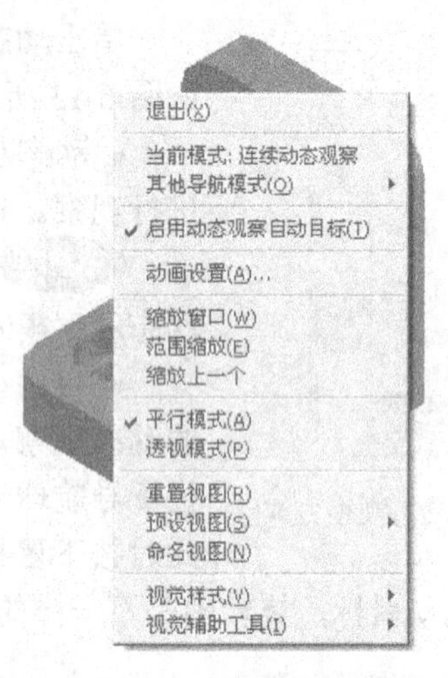

图 6-17　右键快捷菜单

③ 通过视图选项卡观察模型。

在“图层和视图”工具面板上的“三维导航”下拉列表中，列举了一些特殊的视图，如图 6-18（a）所示。可以通过特殊视图的切换来观察模型，这些特殊视图对应于 ViewCube 的几种视图。单击列表末端的“视图管理器”选项，可以打开“视图管理器”对话框，如图 6-18（b）所示。在该对话框中，可以对视图进行编辑。

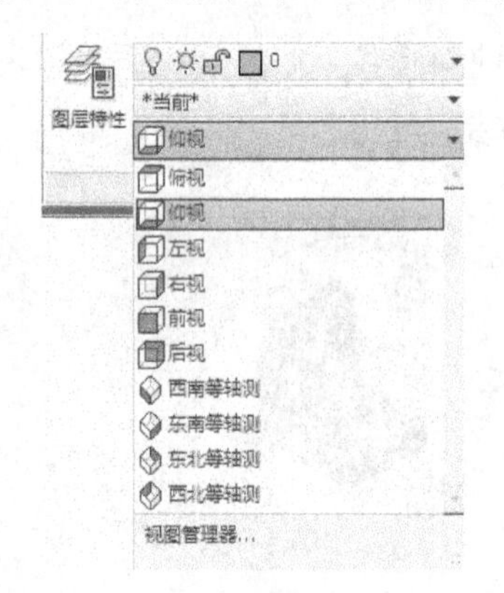

（a）视图类型

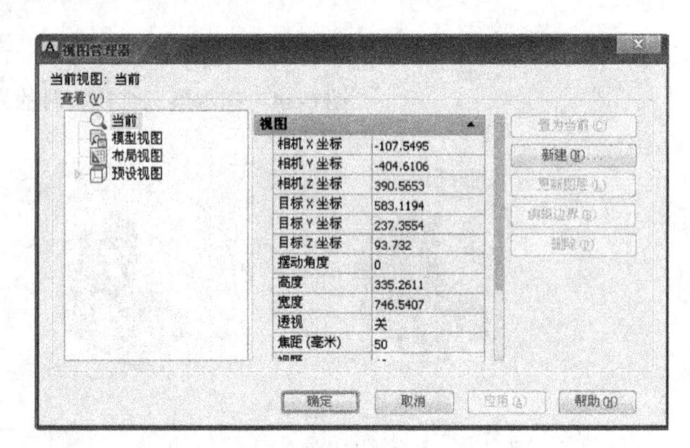

（b）“视图管理器“对话框

图 6-18　视图选项卡

（2）三维模型的显示样式

在 AutoCAD 中，为了达到三维模型的观察效果，往往需要通过视觉样式来切换模型的表现形式。在“图层和视图”工具面板上的“视觉样式”下拉列表中，列举了几种视觉样式，每种样式所对应的图形，如图 6-19 所示。

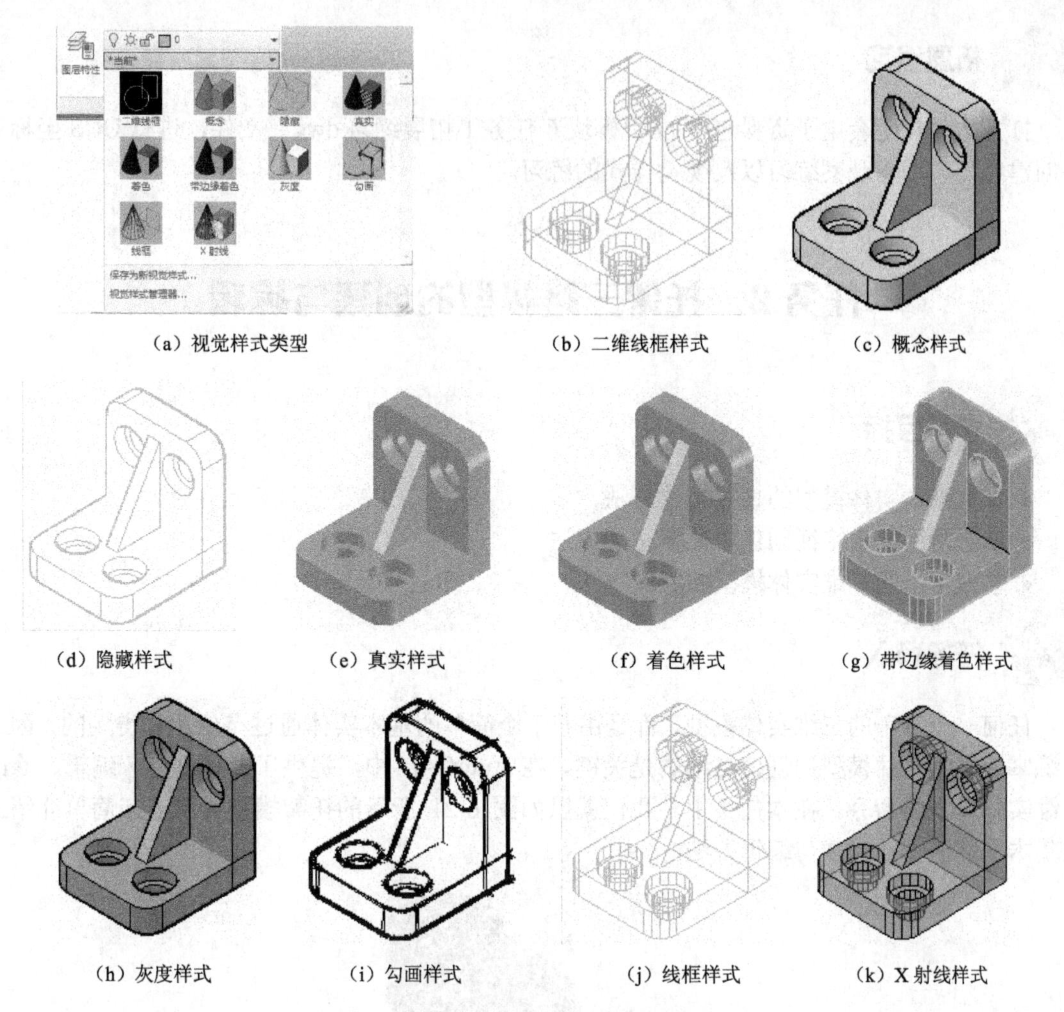

（a）视觉样式类型　（b）二维线框样式　（c）概念样式

（d）隐藏样式　（e）真实样式　（f）着色样式　（g）带边缘着色样式

（h）灰度样式　（i）勾画样式　（j）线框样式　（k）X 射线样式

图 6-19　显示样式示例

单击视觉样式列表下面的“视觉样式管理器”选项，可以打开“视觉样式管理器”选项面板，如图 6-20 所示。用户可根据需要，在面板中进行相关设置，也可以创建新的视觉样式。

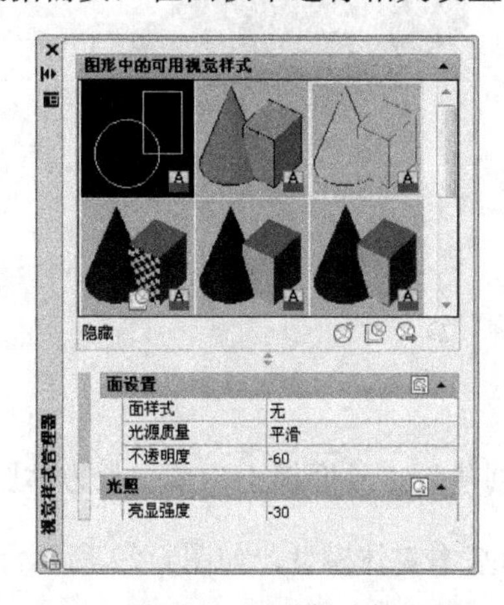

图 6-20　视觉样式管理器

拓展练习

打开本教材配套电子资料包中的“\模块 6\任务 1\拓展练习.dwg”文件，进行 UCS 坐标系的创建练习、动态观察练习以及视觉样式的练习。

任务 2　托架三维模型的创建与编辑

学习目标

- 掌握基本实体模型的直接创建方法
- 掌握常用的由特征创建实体模型的方法
- 掌握常用的三维实体模型的编辑方法

任务导入

任何一个复杂的三维实体模型，都是由若干个简单的基本实体通过布尔运算得到的，因此熟练掌握基本实体模型的创建与编辑是关键。在 AutoCAD 中，提供了多种创建、编辑、修改三维实体模型的命令。在本任务中，我们就以如图 6-21 所示的托架模型为例，来简单介绍三维基本实体模型的创建与编辑方法。

图 6-21　托架模型实例

知识准备

1. 直接创建实体模型

在“常用”菜单栏下的“创建”工具面板上，单击长方体图标 长方体 上的下拉箭头，即可列出 AutoCAD 中可直接创建的基本实体模型，如图 6-22 所示。

（1）长方体

该命令可以创建长方体实体，操作如图 6-23 所示。执行命令后，根据命令行提示进行操作，命令行显示如下：

命令：_box　　// 执行命令。

指定第一个角点或 [中心（C）]：　　// 拾取长方体底面的第一个角点，若选择“中心（C）”选项，则拾取的第一个点是长方体的中心。

指定其他角点或 [立方体（C）/长度（L）]：　// 拾取长方体底面的另一个角点；若选择“立方体（C）”选项，则绘制长、宽、高都相等的立方体；若选择“长度（L）”选项，则按照指定的长、宽、高创建长方体，长度与 X 轴对应，宽度与 Y 轴对应，高度与 Z 轴对应，输入正值将沿当前 UCS 坐标轴的正方向绘制，输入负值将沿坐标轴的负方向绘制。

指定高度或 [两点（2P）]：　// 指定长方体的高度；若选择“两点（2P）”选项，则指定长方体的高度为两个指定点之间的距离。

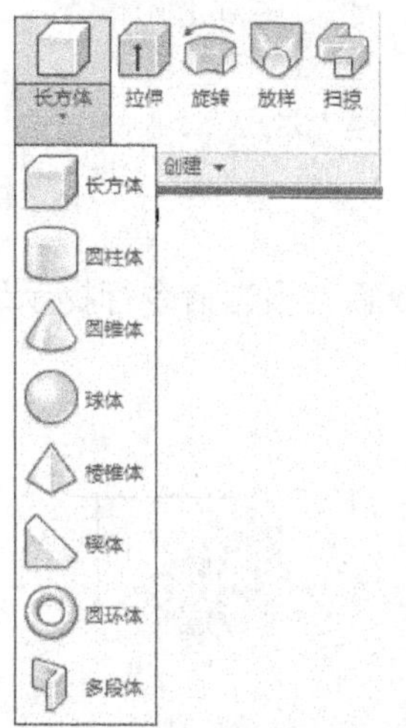

图 6-22　直接创建实体类型

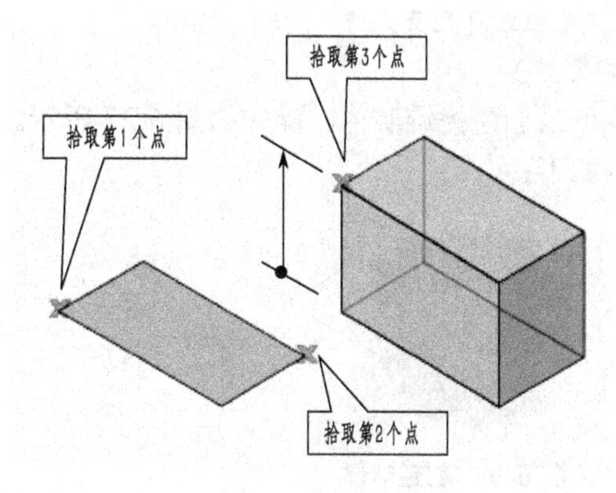

图 6-23　创建长方体

（2）圆柱体

该命令可以创建圆柱体实体，操作如图 6-24 所示。执行命令后，根据命令行提示进行操作，命令行显示如下：

命令：_cylinder

指定底面的中心点或 [三点（3P）/两点（2P）/切点、切点、半径（T）/椭圆（E）]：

指定底面半径或 [直径（D）] <30.6783>: 20

指定高度或 [两点（2P）/轴端点（A）] <39.1913>: 30

（3）圆锥体

该命令可以创建圆锥体实体，操作如图 6-25 所示。执行命令后，根据命令行提示进行操作，命令行显示如下：

命令：_cone

指定底面的中心点或 [三点（3P）/两点（2P）/切点、切点、半径（T）/椭圆（E）]：

指定底面半径或 [直径（D）] <22.7884>:

指定高度或 [两点（2P）/轴端点（A）/顶面半径（T）] <14.3306>:　　// 若选择“顶面半径（T）”选项，可绘制圆台。

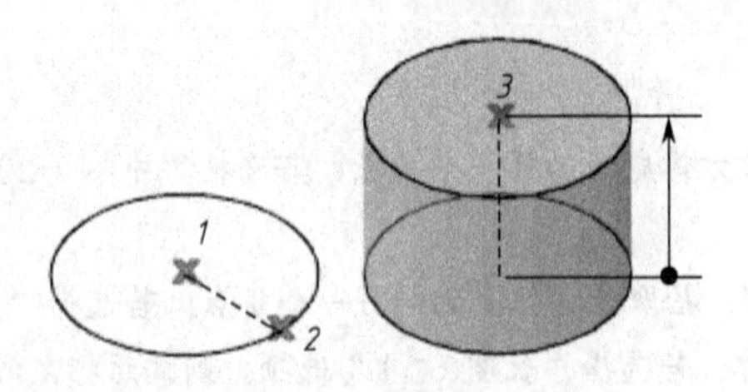

图 6-24　创建圆柱体

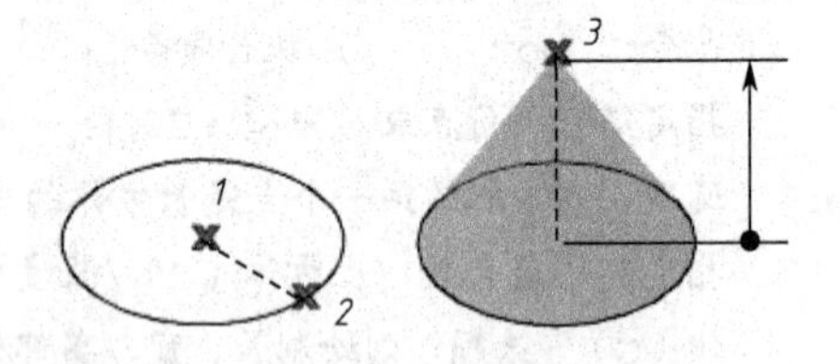

图 6-25　创建圆锥体

（4）球体

该命令可以创建球体实体，操作如图 6-26 所示。执行命令后，根据命令行提示进行操作，命令行显示如下：

命令: _sphere
指定中心点或 [三点（3P）/两点（2P）/切点、切点、半径（T）]:
指定半径或 [直径（D）] <87.9649>:

（5）棱锥

该命令可以创建棱锥实体，操作如图 6-27 所示。执行命令后，根据命令行提示进行操作，命令行显示如下：

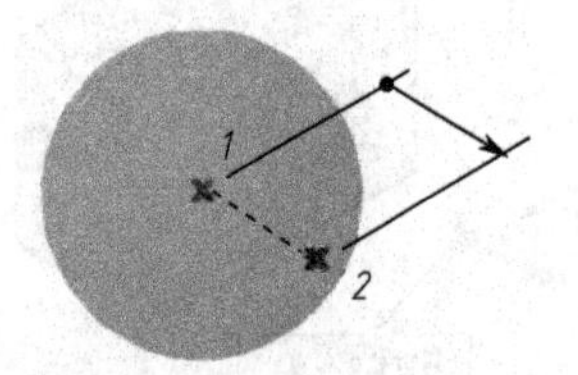

图 6-26　创建球体

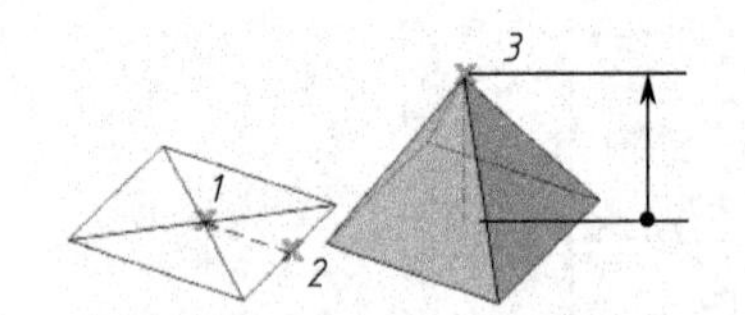

图 6-27　创建棱锥

命令: _pyramid
4 个侧面　外切　　// 当前侧面数量及底面绘制形式，侧面数量即棱锥的棱数。
指定底面的中心点或 [边（E）/侧面（S）]:　　// 选择“侧面（S）”选项，可指定棱锥的棱数。
指定底面半径或 [内接（I）] <63.8995>:
指定高度或 [两点（2P）/轴端点（A）/顶面半径（T）] <199.2183>:　　// 若选择“顶面半径（T）”选项，可绘制棱台。

（6）楔体

该命令可以创建楔体实体，楔体的倾斜方向始终沿 UCS 的 X 轴正方向，操作如图 6-28 所示。执行命令后，根据命令行提示进行操作，命令行显示如下：

命令: _wedge
指定第一个角点或 [中心（C）]:
指定其他角点或 [立方体（C）/长度（L）]:
指定高度或 [两点（2P）] <75.9520>:

（7）圆环体

该命令可以创建圆环体实体，操作如图 6-29 所示。执行命令后，根据命令行提示进行操作，命令行显示如下：

命令：_torus
指定中心点或 [三点（3P）/两点（2P）/切点、切点、半径（T）]：
指定半径或 [直径（D）] <66.4679>：
指定圆管半径或 [两点（2P）/直径（D）]：

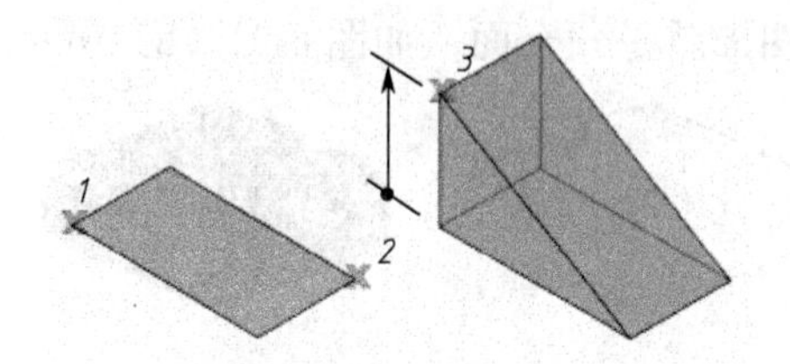

图 6-28　创建楔体

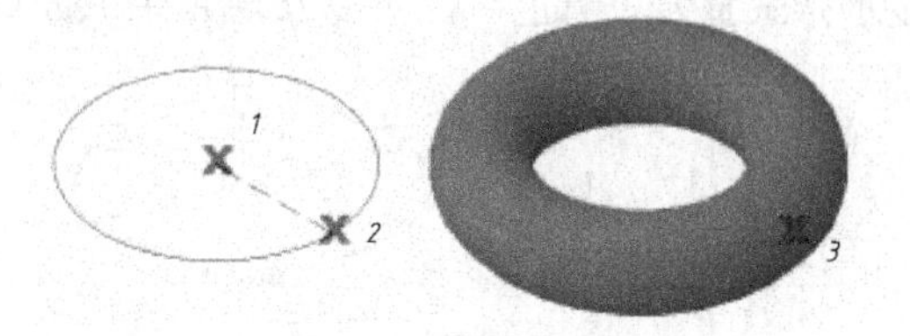

图 6-29　创建圆环

（8）多段体

该命令创建具有固定高度和宽度的直线段和曲线段的墙，操作如图 6-30 所示。执行命令后，根据命令行提示进行操作，命令行显示如下：

命令：_Polysolid 高度 = 50.0000，宽度 = 40.0000，对正 = 居中　　// 默认值。
指定起点或 [对象（O）/高度（H）/宽度（W）/对正（J）] <对象>：
指定下一个点或 [圆弧（A）/放弃（U）]：
指定下一个点或 [圆弧（A）/放弃（U）]：

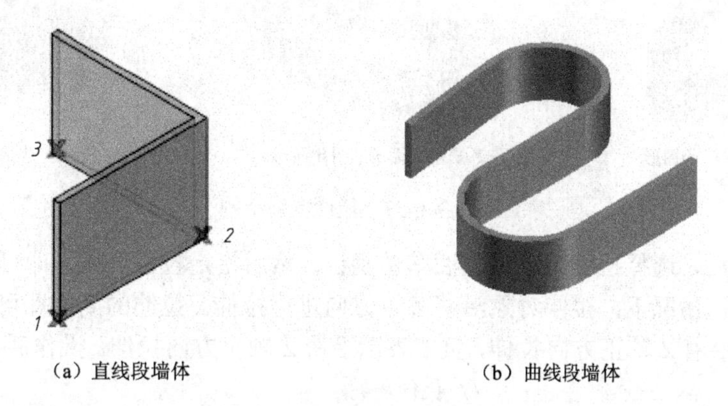

（a）直线段墙体　　（b）曲线段墙体

图 6-30　创建多段体

2．由特征生成实体

在 AutoCAD 中，除了可以直接创建简单实体以外，也可以将平面的封闭图形（多段线或面域）通过特征来创建实体模型。AutoCAD 2013 提供了 4 种创建实体的特征，分别是拉伸特征、旋转特征、放样特征和扫掠特征，如图 6-22 所示。在学习几个特征以前，我们先来介绍一下面域命令的使用。

（1）面域

面域就是指用闭合的二维图形创建的二维区域，该二维区域可以由一个或多个区域组成。

激活面域命令，可采用如下几种方法：

- 直接在命令行输入“Region”或者“REG”，并按下回车键进行确认；
- 进入“草图与注释”空间，展开“常用”菜单栏下的“绘图”工具面板，单击“面域”命令图标 ，如图 2-56 所示。

激活命令后，根据命令行提示，选择对象后按回车键确认，即可生成面域。在“草图与注释”空间下，生成面域后的对象变成一个整体，如图 6-31（a）所示。进入“三维基础”空间，将显示样式置为“着色”，可以发现，生成面域后的图形就是一个面，如图 6-31（b）所示。

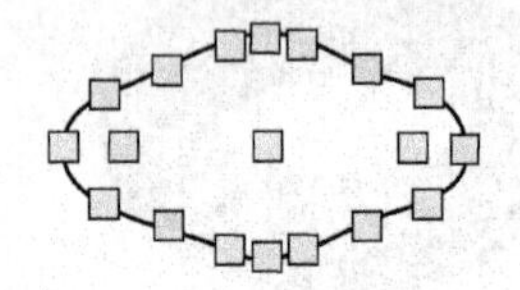
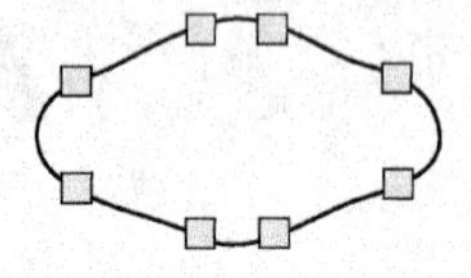

（a）草图与注释空间下的对比

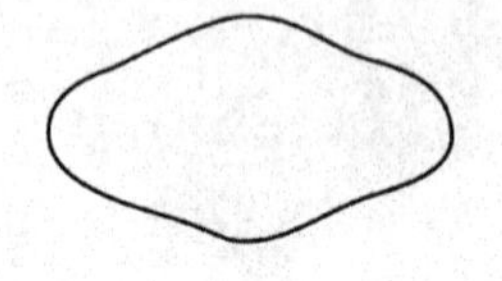

（b）三维基础空间下的对比

图 6-31　面域生成前后对比

（2）拉伸特征

利用该特征，可以将二维图形沿着指定的高度和路径拉伸为三维实体。若二维图形不是闭合的，或者说二维图形尽管闭合但没有生成面域，拉伸时，只能拉伸为曲面，如图 6-32（a）、（b）所示；只有当二维图形封闭且生成为面域后，才能拉伸为实体，如图 6-32（c）所示。

（a）未封闭图形

（b）未生成面域的封闭图形

（c）生成面域的封闭图形

图 6-32　拉伸特征示例

执行命令后，选择拉伸对象并按回车键确认，然后指定拉伸高度，即可将二维图形拉伸成三维实体。默认情况下，拉伸对象沿着 Z 轴方向进行拉伸。拉伸的高度即可是正值，也可是负值，正值表示沿着 Z 轴正方向拉伸，负值表示沿着 Z 轴负方向拉伸。操作后，命令行显示如下：

```
命令: _extrude            // 执行命令。
当前线框密度: ISOLINES=4，闭合轮廓创建模式 = 实体    // 当前拉伸模式。
选择要拉伸的对象或 [模式(MO)]: _MO 闭合轮廓创建模式 [实体(SO)/曲面(SU)] <实体
>: _SO     // 选项“模式(MO)”用来控制拉伸对象是实体还是曲面。
选择要拉伸的对象或 [模式(MO)]: 找到 1 个
选择要拉伸的对象或 [模式(MO)]:
指定拉伸的高度或 [方向(D)/路径(P)/倾斜角(T)/表达式(E)] <16.2304>:
```

指定拉伸高度时，若选择“方向（D）”选项，表示用两个指定点，来指定拉伸的长度和方向，如图 6-33 所示。方向不能与拉伸轮廓所在的平面平行。

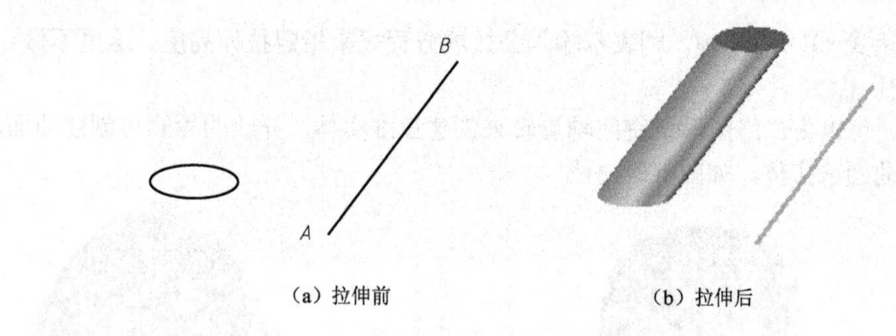

（a）拉伸前　　（b）拉伸后

图 6-33　方向类型拉伸

若选择“路径（P）”选项，表示按照指定的路径来拉伸轮廓，这与后面要学习的扫掠相似，如图 6-34 所示。利用该方式拉伸时，路径不能与拉伸轮廓位于同一平面，拉伸的轮廓也不能在拉伸路径上发生自身相交，否则不能拉伸，如图 6-35 所示。

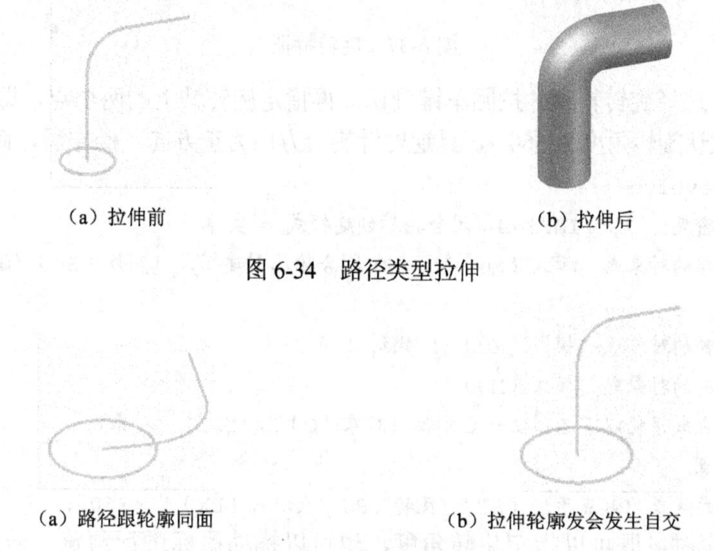

（a）拉伸前　　（b）拉伸后

图 6-34　路径类型拉伸

（a）路径跟轮廓同面　　（b）拉伸轮廓发会发生自交

图 6-35　不能拉伸情况

若选择“倾斜角（T）”选项，表示按照指定的角度进行拉伸。倾斜角介于-90°到 90°之间，正值表示拉伸轮廓向中心倾斜，如图 6-36（a）所示；负值表示拉伸轮廓向外倾斜，如图 6-36（b）所示；当指定一个较大的倾斜角或较长的拉伸高度时，可能导致对象或对象的一部分在到达拉伸高度之前就已经汇聚到一点，如图 6-36（c）所示

（a）拉伸角度为 10°

（b）拉伸角度为-10°

（c）拉伸角度为 45°

图 6-36　倾斜角类型拉伸

若选择“表达式（E）”选项，则表示输入公式或方程式来指定拉伸高度，这里不做介绍。

（3）旋转特征

利用该特征，可以将二维图形绕空间轴旋转来创建三维实体，开放的轮廓可创建曲面，闭合的轮廓可创建曲面或实体，如图 6-37 所示。

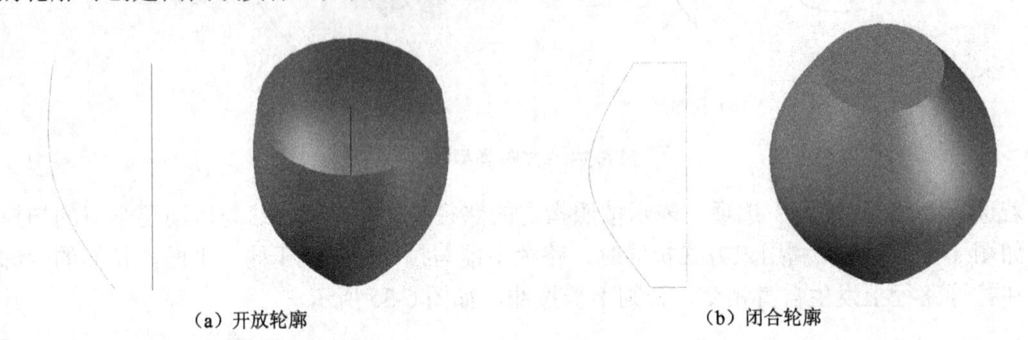

（a）开放轮廓　　（b）闭合轮廓

图 6-37　旋转特征

执行命令后，选择旋转轮廓并按回车键确认，再指定旋转轴上的两个点，即可将二维图形旋转成三维实体。默认旋转角度为 360°，且逆时针旋转方向为正方向。操作后，命令行显示如下：

```
命令: _revolve
当前线框密度:  ISOLINES=4, 闭合轮廓创建模式 = 实体
选择要旋转的对象或 [模式(MO)]: _MO 闭合轮廓创建模式 [实体(SO)/曲面(SU)] <实体>: _SO
选择要旋转的对象或 [模式(MO)]: 找到 1 个
选择要旋转的对象或 [模式(MO)]:
指定轴起点或根据以下选项之一定义轴 [对象(O)/X/Y/Z] <对象>:
指定轴端点:
指定旋转角度或 [起点角度(ST)/反转(R)/表达式(EX)] <360>:
```

指定旋转角度时，既可以指定旋转角度，也可以拖动鼠标进行预览。若选择“起点角度（ST）”选项，表示旋转对象从所在平面偏移指定角度后，再开始旋转。同样起始角度，既可以指定，也可以通过拖动鼠标来预览，如图 6-38 所示。

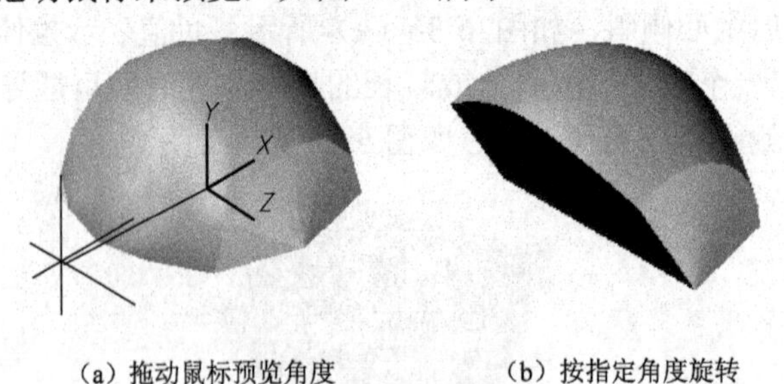

（a）拖动鼠标预览角度　　（b）按指定角度旋转

图 6-38　指定角度旋转对象

（4）扫掠特征

利用该特征，可以将二维图形（截面轮廓）沿着指定的路径（开放或闭合）来创建三维实

体，如图 6-39 所示。

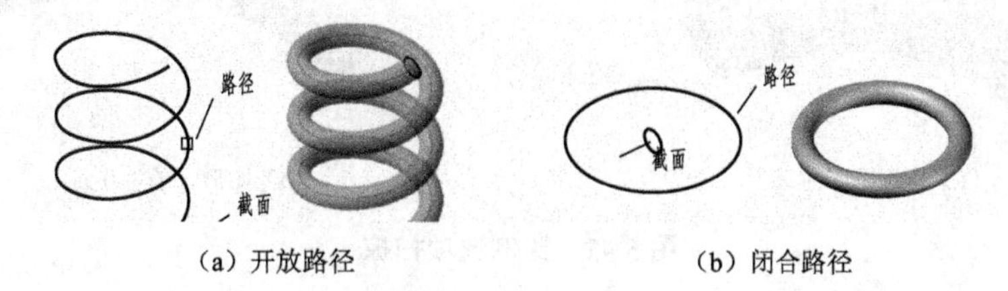

(a) 开放路径　　(b) 闭合路径

图 6-39　扫掠特征

执行命令后，先选择截面轮廓，并按回车键确认，然后指定扫掠路径。截面轮廓跟扫掠路径不能位于同一平面内。操作后，命令行显示如下：

命令：_sweep
当前线框密度：ISOLINES=4，闭合轮廓创建模式 = 实体
选择要扫掠的对象或 [模式(MO)]：_MO 闭合轮廓创建模式 [实体(SO)/曲面(SU)] <实体>：_SO
选择要扫掠的对象或 [模式(MO)]：找到 1 个
选择要扫掠的对象或 [模式(MO)]：
选择扫掠路径或 [对齐(A)/基点(B)/比例(S)/扭曲(T)]：

指定扫掠路径时，若选择"对齐（A）"选项，表示指定是否对齐轮廓，以使其作为扫掠路径切向的法向，如图 6-40 所示。

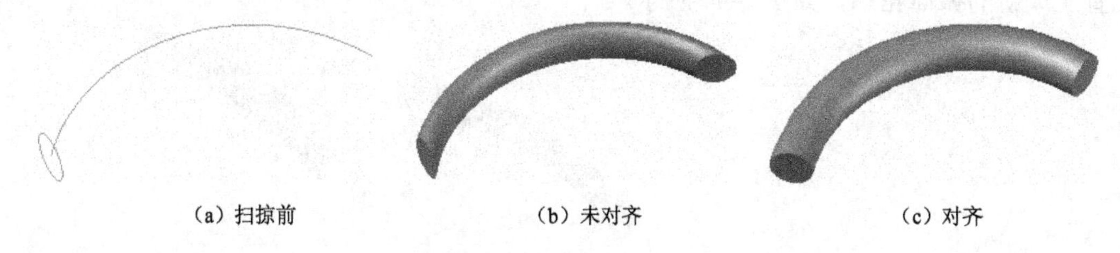
(a) 扫掠前　　(b) 未对齐　　(c) 对齐

图 6-40　对齐选项扫掠

若选择"基点（B）"选项，表示指定扫掠对象上的某一个点，沿着扫掠路径移动，如图 6-41 所示。

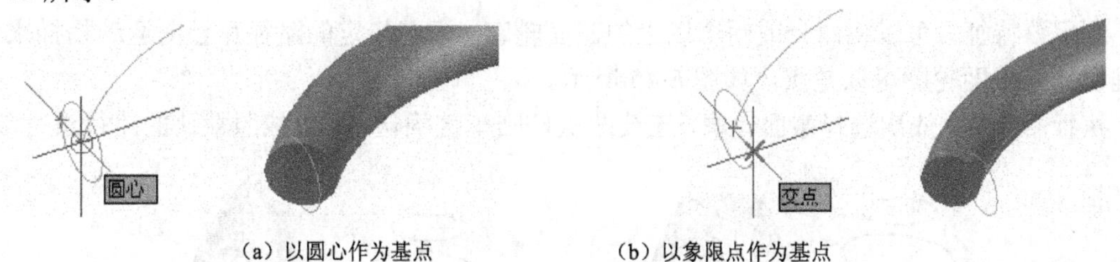

(a) 以圆心作为基点　　(b) 以象限点作为基点

图 6-41　基点选项扫掠

若选择"比例（S）"选项，表示指定扫掠的比例因子，使得从起点到终点的扫掠按此比例均匀放大或缩小，如图 6-42 所示。

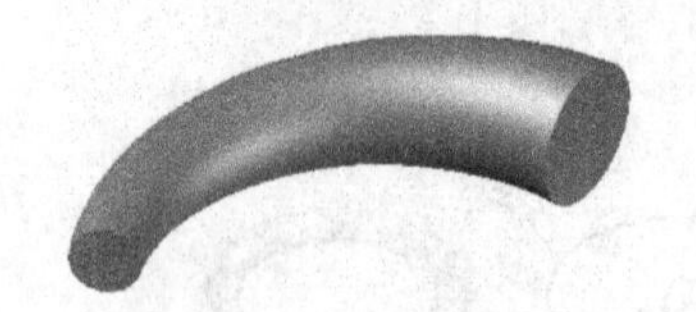

（a）比例因子为 2

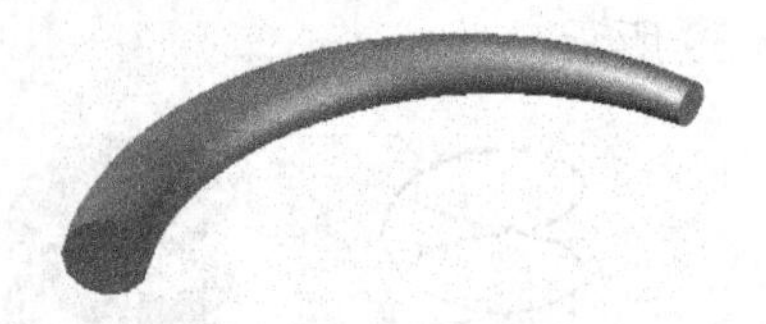

（b）比例因子为 0.5

图 6-42　比例选项扫掠

若选择“扭曲（T）”选项，表示指定扫掠对象的扭曲角度，如图 6-43 所示。

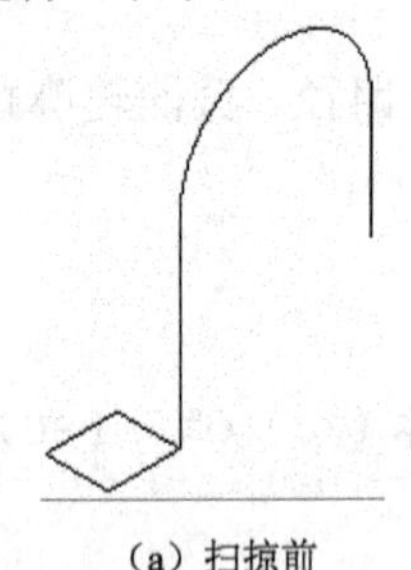

（a）扫掠前

（b）没有扭曲

（c）扭曲角度为 50°

图 6-43　扭曲选项扫掠

说明：扫掠特征跟前面学习的沿路径拉伸特征是有区别的，如果路径跟截面轮廓不相交，拉伸命令会将生成对象的起点移到截面轮廓上，沿着路径扫掠该轮廓；而扫掠命令会在路径所在位置生成新的截面轮廓，如图 6-44 所示。

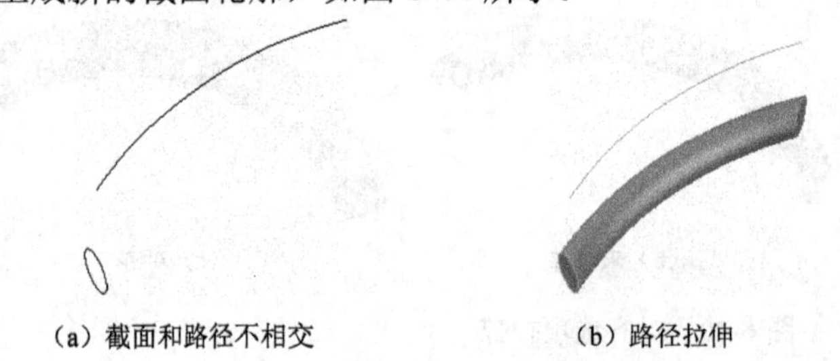

（a）截面和路径不相交　（b）路径拉伸　（c）扫掠

图 6-44　路径拉伸跟扫掠特征的比较

（5）放样特征

利用该特征，可以将两个或两个以上的截面轮廓，沿着指定的路径和导向运动扫描来创建三维实体，截面轮廓可以是点，如图 6-45 所示。

执行命令后，依次选择截面轮廓，连续两次按回车键确认，即可按照默认的路径进行放样。

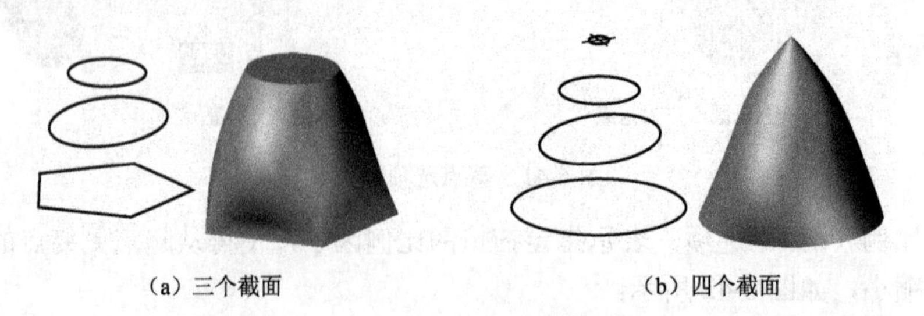

（a）三个截面　（b）四个截面

图 6-45　放样特征

操作后，命令行显示如下：

命令：_loft

当前线框密度：ISOLINES=4，闭合轮廓创建模式 = 实体

按放样次序选择横截面或 [点(PO)/合并多条边(J)/模式(MO)]：_MO 闭合轮廓创建模式 [实体(SO)/曲面(SU)] <实体>：_SO

按放样次序选择横截面或 [点(PO)/合并多条边(J)/模式(MO)]：找到 1 个

按放样次序选择横截面或 [点(PO)/合并多条边(J)/模式(MO)]：找到 1 个，总计 2 个

按放样次序选择横截面或 [点(PO)/合并多条边(J)/模式(MO)]：找到 1 个，总计 3 个

按放样次序选择横截面或 [点(PO)/合并多条边(J)/模式(MO)]：

选中了 3 个横截面

输入选项 [导向(G)/路径(P)/仅横截面(C)/设置(S)] <仅横截面>：

在输入选项，若选择"导向（G）"选项，表示用来指定控制放样实体或曲面形状的导向曲线，如图 6-46 所示。

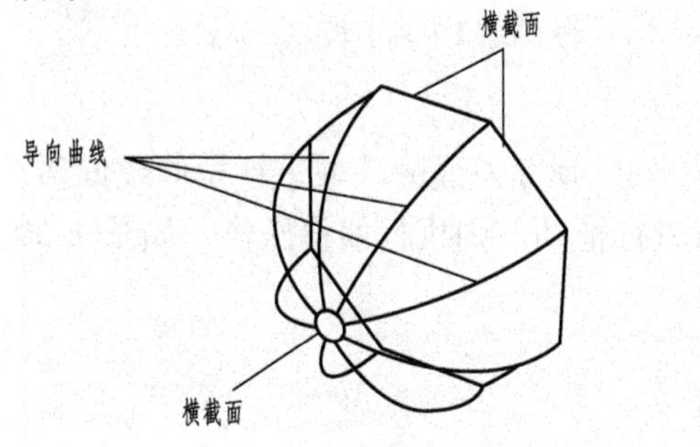

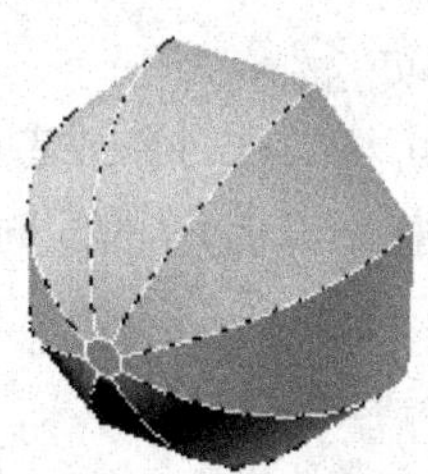

图 6-46　带有导向曲线的放样

若选择"路径（P）"选项，表示用来指定放样实体或曲面的单一路径，如图 6-47 所示。

若选择"仅横截面（C）"选项，表示放样时，不需要导向或路径，按照默认的路径进行放样。

若选择"设置（S）"选项，表示打开"放样设置"对话框，如图 6-48 所示。

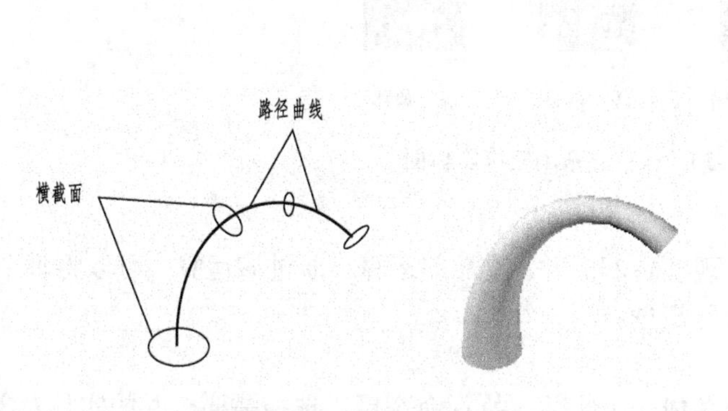

图 6-47　带有路径曲线的放样

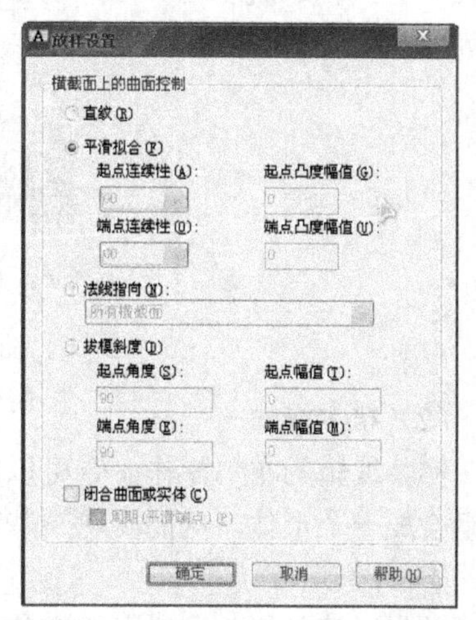

图 6-48　"放样设置"对话框

3. 三维实体的编辑

创建完实体后，要根据需要对其进行编辑，特别是实体编辑的布尔操作，其在创建较复杂的机械三维模型时，应用更为频繁。实体编辑面板如图 6-49 所示，在这里我们就几个常用编辑命令进行简单介绍。

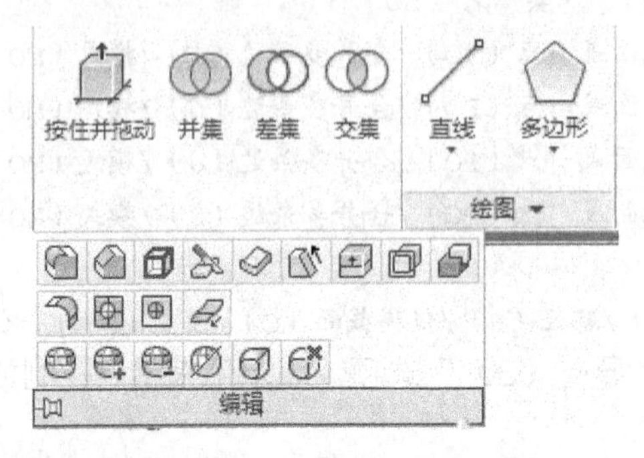

图 6-49　编辑工具面板

（1）按住并拖动

执行该命令，可将二维对象或者三维实体面形成的区域进行拉伸或偏移，直接按住并拖动执行拉伸操作；在按下 Ctrl 键的同时进行拖动，则执行偏移操作，如图 6-50 所示。操作对象后，命令行显示如下：

```
命令: _presspull
选择对象或边界区域:
指定拉伸高度或 [多个(M)]:      // 拖动操作面。
指定拉伸高度或 [多个(M)]:
已创建 1 个拉伸
选择对象或边界区域:
指定偏移距离或 [多个(M)]:     // 按住Ctrl键的同时拖动操作面。
1 个面偏移
```

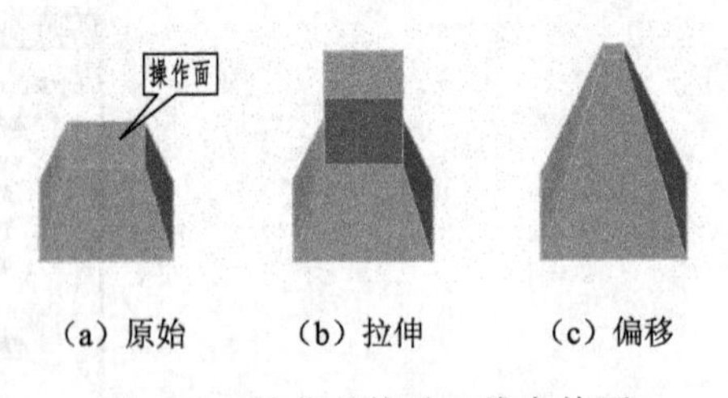

图 6-50　按住并拖动三维实体面

（2）布尔操作

实体编辑的布尔操作命令可以实现实体间的并、交、差运算。通过该运算，可以将多个形体组合成一个形体，从而实现一些特殊造型。

① 并集运算 。

并集运算是将两个以上的实体合并成一个实体，执行命令后，选择需要合并的实体对象，

按回车键或者单击鼠标右键进行确认，即可执行合并操作，如图 6-51 所示。

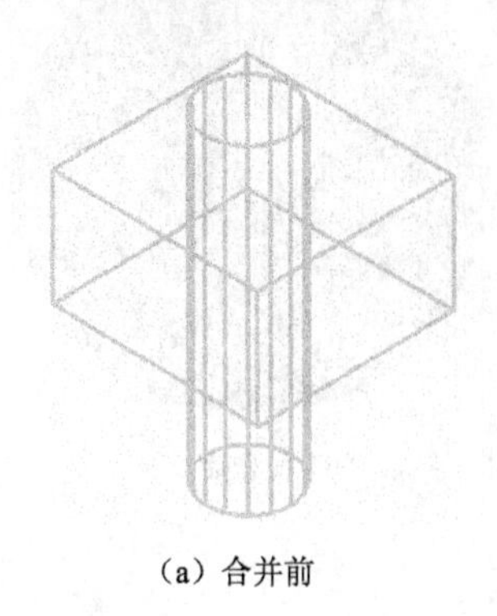

(a) 合并前

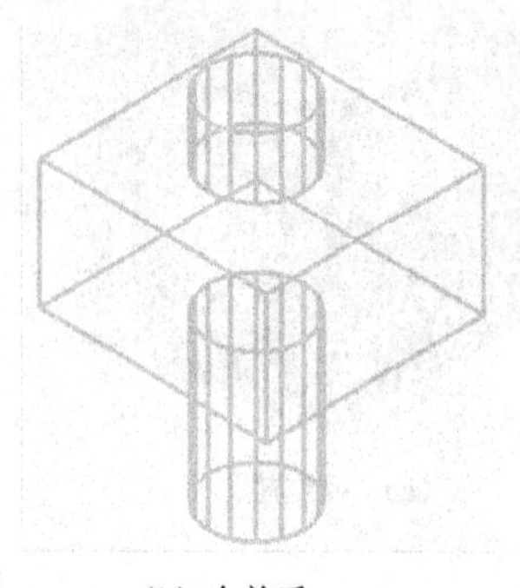

(b) 合并后

图 6-51　并集运算

② 差集运算 。

差集运算是将一个实体从另一个实体中减去，从而形成新的组合对象。执行命令后，先选取被减去的对象，按回车键或单击鼠标右键进行确认，再选取减去对象，按回车键或单击鼠标右键进行确认，即可执行差集操作，如图 6-52 所示。操作后，命令行显示如下：

```
命令: _subtract 选择要从中减去的实体、曲面和面域...
选择对象: 找到 1 个            // 选择长方体。
选择对象:
选择要减去的实体、曲面和面域...
选择对象: 找到 1 个             // 选择圆柱。
选择对象:
```

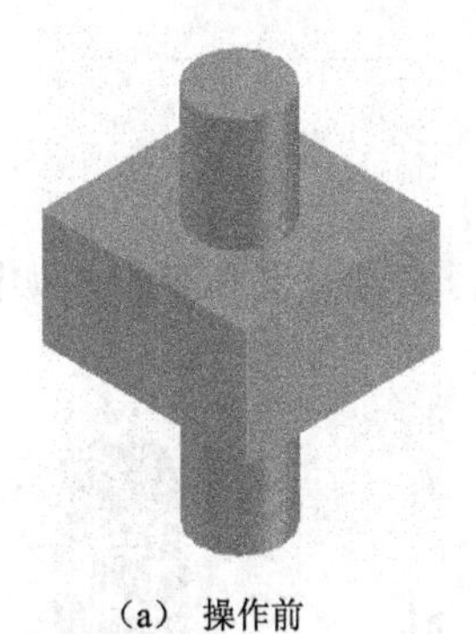

(a) 操作前

(b) 操作后

图 6-52　差集运算

③ 交集运算 。

交集运算就是将两个或多个实体的公共部分创建为一个新的实体，执行命令后，先选择需要交集运算的所有实体，然后按回车键或单击鼠标右键进行确认，即可执行交集操作，如图 6-53 所示。

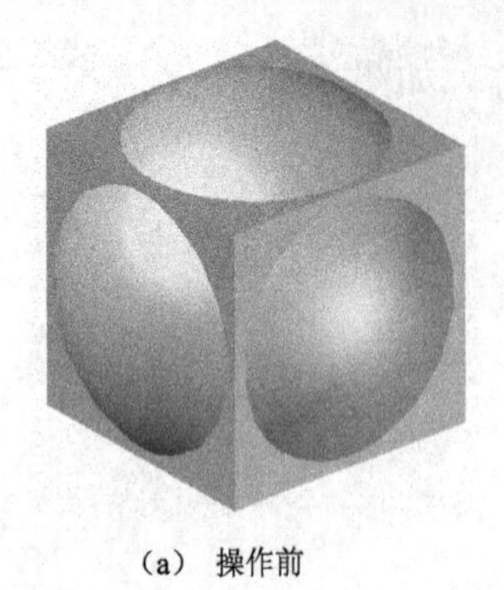

（a）操作前

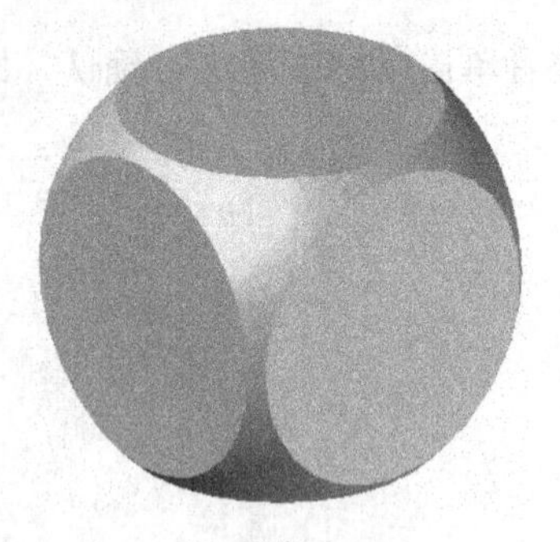

（b）操作后

图 6-53　交集运算

（3）倒角和圆角

倒角和圆角是加工机械零件中必不可少的加工步骤，因此在绘制三维实体时，经常用到圆角、倒角命令。

① 圆角命令。

圆角命令就是对实体的边进行圆角操作。执行命令后，选择要圆角的边，然后按回车键确认，即可完成操作，如图 6-54 所示，命令行显示如下：

```
命令: _FILLETEDGE
半径 = 1.0000            // 默认圆角半径。
选择边或 [链(C)/环(L)/半径(R)]: r          // 重新设置圆角半径。
输入圆角半径或 [表达式(E)] <1.0000>: 5     // 设置圆角半径为 5。
选择边或 [链(C)/环(L)/半径(R)]:
选择边或 [链(C)/环(L)/半径(R)]:
选择边或 [链(C)/环(L)/半径(R)]:
已选定 2 个边用于圆角。
按 Enter 键接受圆角或 [半径(R)]:
```

除了可以设置圆角半径外，也可以通过拖动圆角的夹点，来预览圆角半径，如图 6-55 所示。

图 6-54　圆角示例

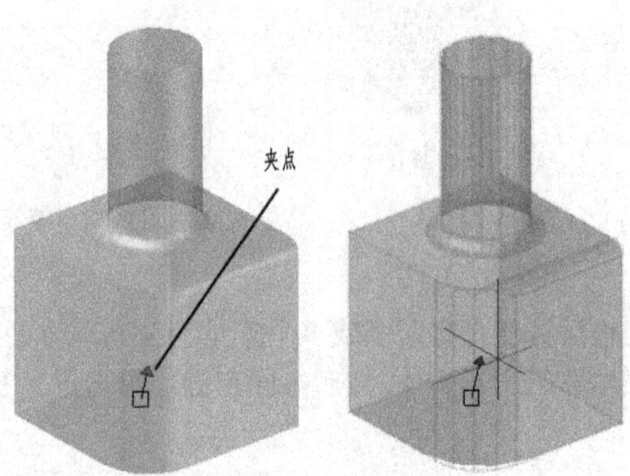

图 6-55　圆角夹点

在选择圆角边时，若选择“链（C）”选项，则表示跟选择边相切的所有边均被选中，如图 6-56（b）所示；若选择“环（L）”选项，则表示跟选择边在同一面的其他边也一块被选中，如图 6-56（c）所示。

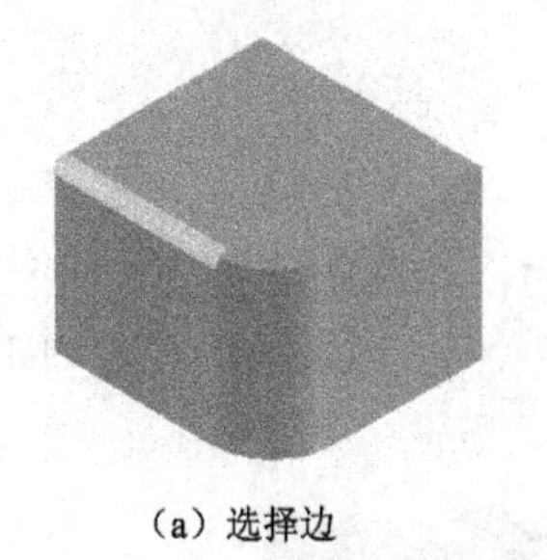
（a）选择边

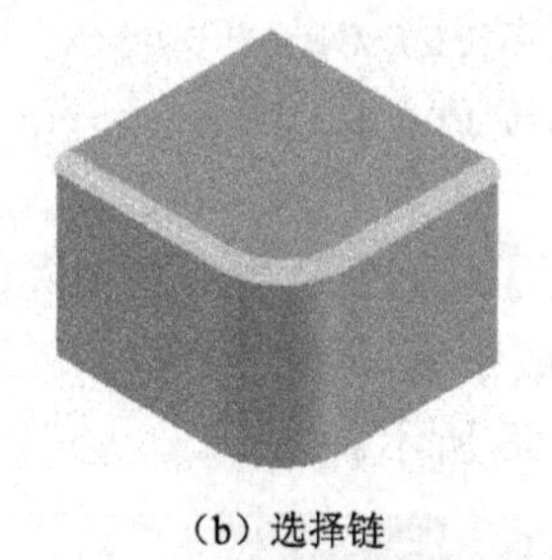
（b）选择链

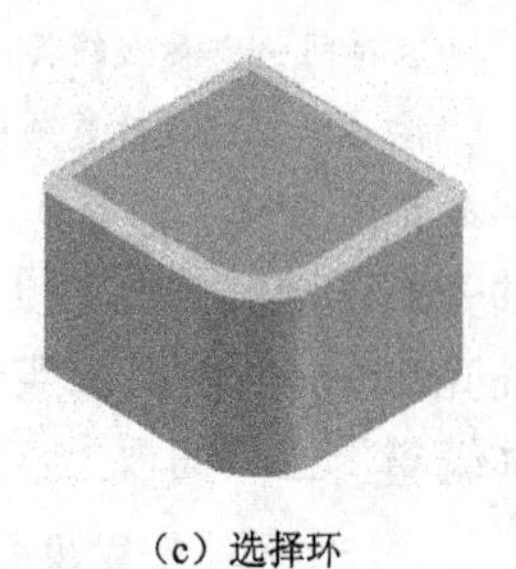
（c）选择环

图 6-56　选择类型比较

② 倒角命令 。

倒角命令就是对实体的边进行倒角操作。执行命令后，选择要倒角的边，然后按回车键确认，即可完成操作，如图 6-57 所示。操作后，命令行显示如下：

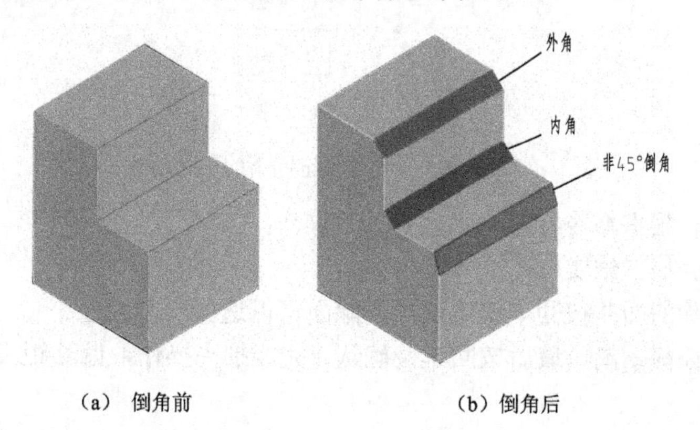

（a）倒角前　（b）倒角后

图 6-57　倒角

```
命令: _CHAMFEREDGE 距离 1 = 1.0000，距离 2 = 1.0000
选择一条边或 [环(L)/距离(D)]: d
指定距离 1 或 [表达式(E)] <1.0000>: 10
指定距离 2 或 [表达式(E)] <1.0000>: 10
选择一条边或 [环(L)/距离(D)]:
选择同一个面上的其他边或 [环(L)/距离(D)]:
选择同一个面上的其他边或 [环(L)/距离(D)]:
按 Enter 键接受倒角或 [距离(D)]:
命令:

CHAMFEREDGE
距离 1 = 10.0000，距离 2 = 10.0000
选择一条边或 [环(L)/距离(D)]: d
```

指定距离 1 或 [表达式（E）] <10.0000>: 15
指定距离 2 或 [表达式（E）] <10.0000>: 5
选择一条边或 [环（L）/距离（D）]:
选择同一个面上的其他边或 [环（L）/距离（D）]:
按 Enter 键接受倒角或 [距离（D）]:

（4）抽壳命令

抽壳是三维实体造型设计中常用的命令之一。在实际的设计中，经常需要创建一些壳体。使用抽壳命令，可将三维实体转换成中空薄壁或壳体。该工具按钮位于“三维建模”空间下的“实体编辑”工具面板上，如图 6-58 所示。

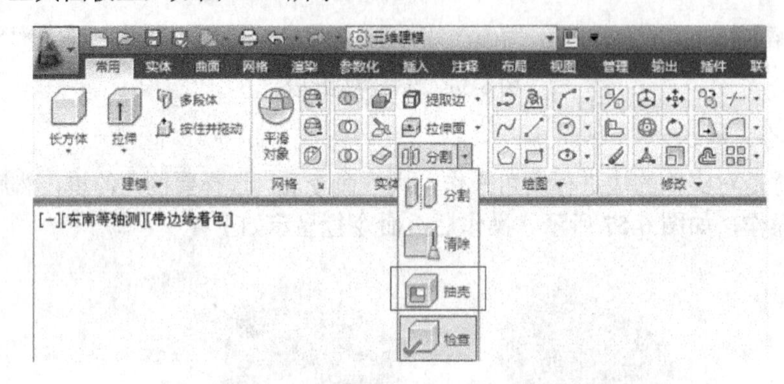

图 6-58　三维建模空间下的工具面板

执行命令后，根据命令行提示，进行如下操作：

- 选择要抽壳的三维实体；
- 选择要删除的面并按回车键确认，删除面可以选择一个或多个；
- 输入抽壳偏移距离，最后按回车键确认，完成抽壳操作，偏移距离的值可以是负值，如图 6-59 所示。

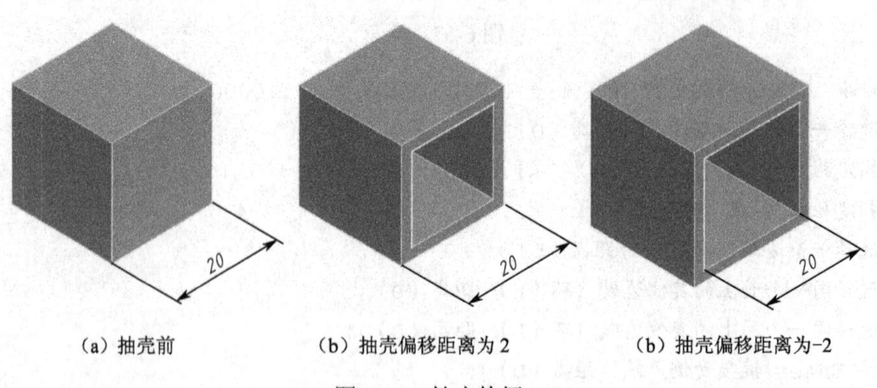

（a）抽壳前　（b）抽壳偏移距离为 2　（b）抽壳偏移距离为-2

图 6-59　抽壳特征

说明：如果未选择删除面，则三维实体会抽壳成中空体，如图 6-60 所示；如果实体上有倒角或圆角，要注意倒角距离和圆角半径不要小于抽壳距离，否则会提示抽壳失败。

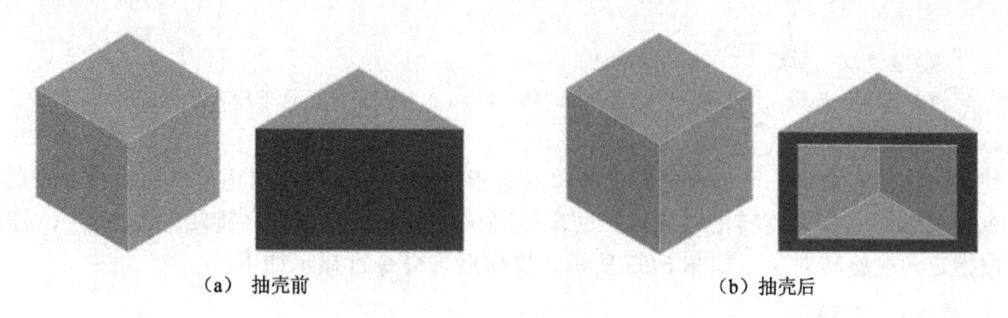

（a） 抽壳前　　（b）抽壳后

图 6-60　未选择删除面抽壳

4．三维位置的操作

在 AutoCAD 中，三维位置的操作有三维移动、三维旋转、三维缩放、三维镜像、三维对齐以及三维阵列等，这些命令选项位于“修改”工具面板上，如图 6-61 所示。

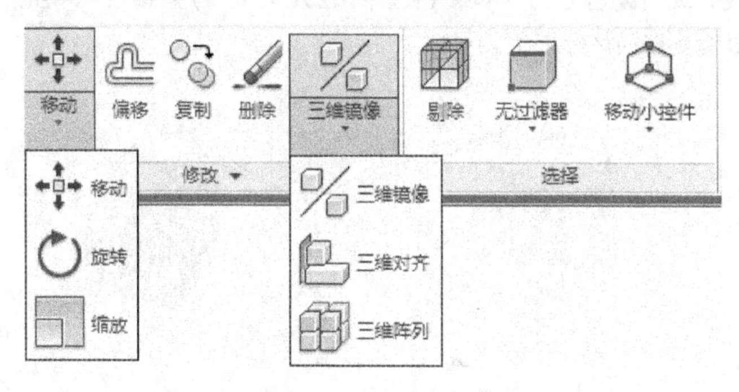

图 6-61　修改工具面板

（1）三维移动命令

使用三维移动命令，可以将实体模型向任意方向移动，从而获得模型在视图中的准确位置。执行命令后，根据命令行提示，选择要移动的对象，按回车键确认，然后指定基点，拖动鼠标，移动对象到指定点，最后单击鼠标完成对象的移动，如图 6-62 所示。操作后，命令行显示如下：

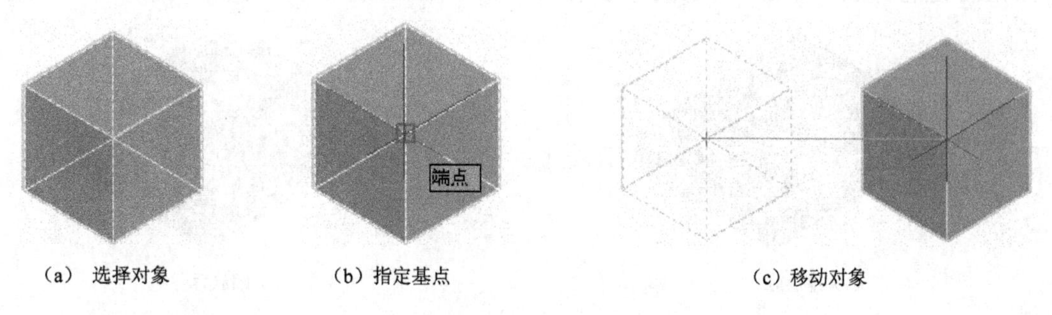

（a） 选择对象　　（b）指定基点　　（c）移动对象

图 6-62　移动对象

```
命令: _move
选择对象: 找到 1 个
选择对象:
```

指定基点或 [位移(D)] <位移>:

指定第二个点或 <使用第一个点作为位移>:　　// 可指定点，也可输入坐标值。

（2）三维旋转命令

使用三维旋转命令，可以将选取的对象沿着指定的旋转轴进行自由旋转。执行命令后，根据命令行提示，选择要旋转的对象，按回车键确认，然后指定基点（旋转轴过基点），拖动鼠标，按指定角度旋转对象，如图 6-63 所示。操作后，命令行显示如下：

命令: _rotate

UCS 当前的正角方向:　ANGDIR=逆时针　ANGBASE=0

选择对象: 找到 1 个

选择对象:

指定基点:

指定旋转角度，或 [复制(C)/参照(R)] <270>:　　// 选项"参照(R)"，表示将对象从指定的角度旋转到新的绝对角度。

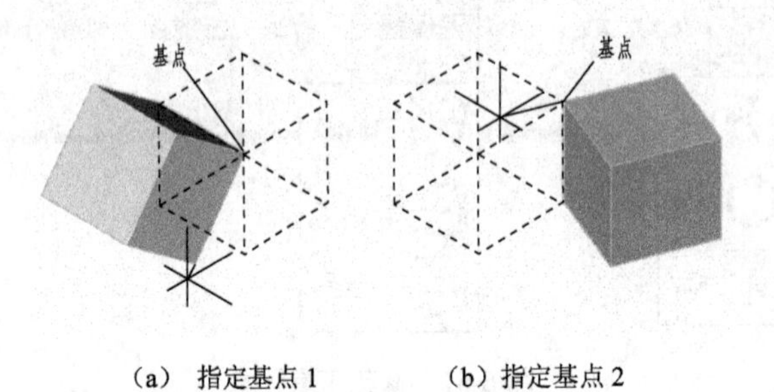

（a） 指定基点 1　　（b）指定基点 2

图 6-63　旋转对象

（3）三维缩放命令

使用三维缩放命令，可以将选取的对象按指定的比例因子进行自由缩放。执行命令后，根据命令行提示，选择要旋转的对象，按回车键确认，然后指定基点，输入比例因子，即可按指定比例因子进行缩放，如图 6-64 所示。操作后，命令行显示如下：

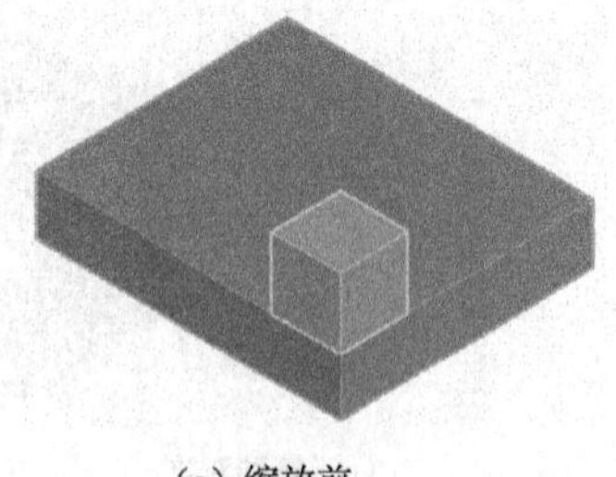

（a）缩放前

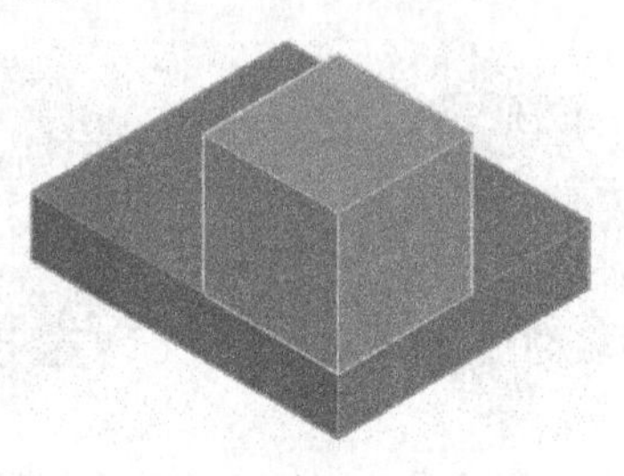

（b）缩放后

图 6-64　参照模式缩放对象

命令: _scale

选择对象: 找到 1 个

选择对象:

指定基点:

指定比例因子或 [复制(C)/参照(R)]: r　　　// 采用参照模式。

指定参照长度 <10.0000>: 5

指定新的长度或 [点(P)] <5.0000>: 10　　　// 即将对象扩大1倍。

（4）三维镜像命令

使用三镜像命令，可以将三维模型通过镜像平面获取与之完全相同的对象。执行命令后，先选择要镜像的对象，按回车键确认，根据命令行提示，选择镜像平面并按回车键确认后，即可完成操作，如图6-65所示。操作后，命令行显示如下：

命令: _mirror3d

选择对象: 找到 1 个

选择对象:

指定镜像平面（三点）的第一个点或

[对象(O)/最近的(L)/Z 轴(Z)/视图(V)/XY 平面(XY)/YZ 平面(YZ)/ZX 平面(ZX)/三点(3)] <三点>: 3

在镜像平面上指定第一点: 在镜像平面上指定第二点: 在镜像平面上指定第三点:

是否删除源对象? [是(Y)/否(N)] <否>:

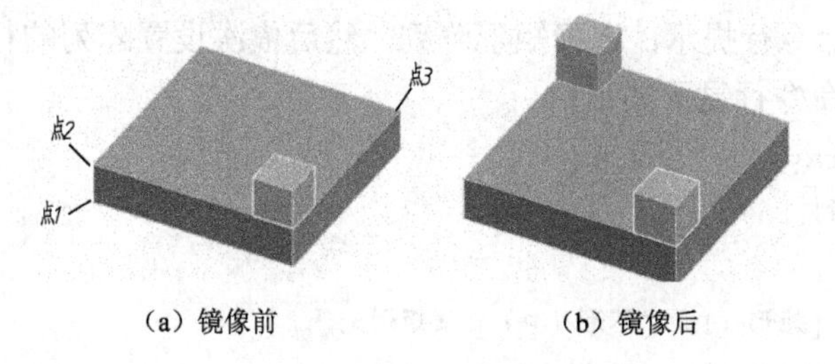

（a）镜像前　　（b）镜像后

图6-65　镜像对象

（5）三维对齐命令

三维对齐就是通过三个点定义源平面，再通过三个点定义目标平面，使三维模型的源平面跟目标平面对齐。执行命令后，先选择要对齐的对象并按回车键确认；指定源平面的三个点；再指定目标平面的三个点，从而完成三维对象的对齐操作，如图6-66所示。操作后，命令行显示如下：

命令: _3dalign

选择对象: 找到 1 个

选择对象:

指定源平面和方向 ...

指定基点或 [复制(C)]:　　　// 指定1'点。

指定第二个点或 [继续(C)] <C>:　　　// 指定2'点。

指定第三个点或 [继续(C)] <C>:　　　// 指定3'点。

指定目标平面和方向 ...

指定第一个目标点:　　　// 指定1点。

指定第二个目标点或 [退出(X)] <X>:　　　// 指定2点。

指定第三个目标点或 [退出(X)] <X>:　　　// 指定3点。

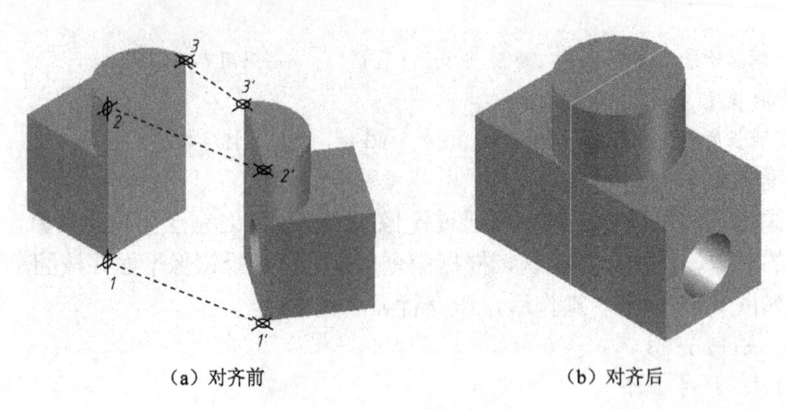

（a）对齐前　　　　（b）对齐后

图 6-66　三维对齐对象

（6）三维阵列命令

如果在三维图形中，包含有多个相同的实体，并且这些实体按一定的阵列排列，这时就可以采用三维阵列命令。三维阵列有矩形阵列和环形阵列两种。

① 矩形阵列。

在矩形阵列中，三维实体模型以矩形的方式排列。执行三维阵列命令后，选择阵列对象并按回车键确认；根据命令行提示，选择矩形阵列，然后依次设置阵列的行、列、层，结果如图 6-67 所示。操作后，命令行显示如下：

```
命令: _3darray
选择对象: 找到 1 个
选择对象:
输入阵列类型 [矩形(R)/环形(P)] <矩形>:
输入行数 (---) <1>: 4
输入列数 (|||) <1>: 4
输入层数 (...) <1>: 2
指定行间距 (---): 25
指定列间距 (|||): 25
指定层间距 (...): 110
```

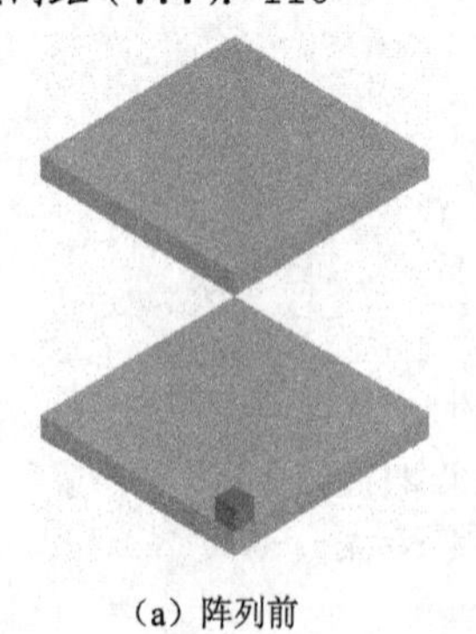

（a）阵列前　　　　（b）阵列后

图 6-67　矩形阵列对象

② 环形阵列。

在环形阵列中，三维实体模型以环形的方式排列，如图 6-68 所示。执行命令后，根据命令行提示进行操作。操作完后，命令行显示如下：

```
命令: _3darray
选择对象: 找到 1 个
选择对象: 找到 1 个，总计 2 个
选择对象:
输入阵列类型 [矩形(R)/环形(P)] <矩形>: p
输入阵列中的项目数目: 6
指定要填充的角度(+=逆时针, -=顺时针)<360>:
旋转阵列对象? [是(Y)/否(N)] <Y>:
指定阵列的中心点:
```

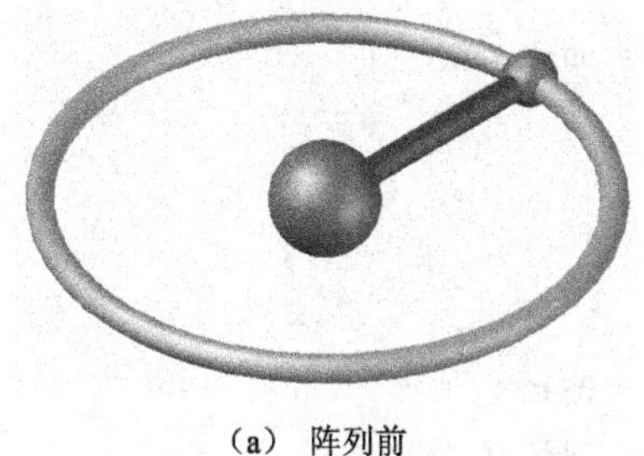

（a） 阵列前

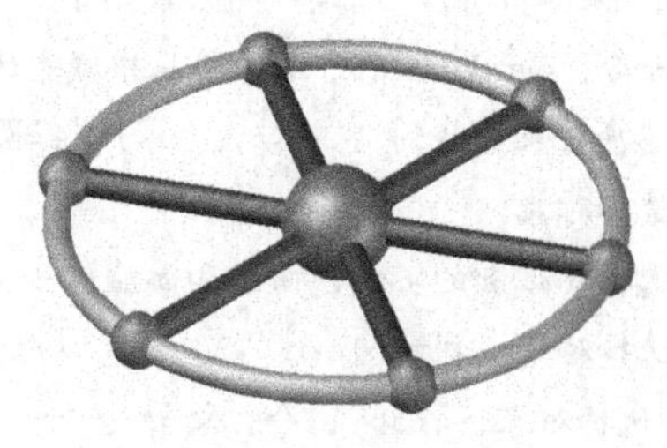

（b）阵列后

图 6-68 环形阵列对象

任务实施

① 新建文件　　启动 AutoCAD 2013，自动新建一个 CAD 文件，进入三维基础空间，并新建“底板”、“连接体”、“加强筋”、“圆柱体”四个图层。

② 创建底板部分模型

• 绘制底板的二维图形　在“底板”图层上，绘制如图 6-69（a）所示的二维图形。

• 拉伸处理　首先将视图切换至“东南等轴测”视图，图形显示样式设置为“线框”方式。然后将上一步绘制的圆角矩形、直径为 15 的两个圆一并进行拉伸处理，拉伸高度为-15，如图 6-69（b）所示。重复拉伸操作，再将直径为 26 的两个大圆进行拉伸，拉伸距离为-3，如图 6-69（c）所示。

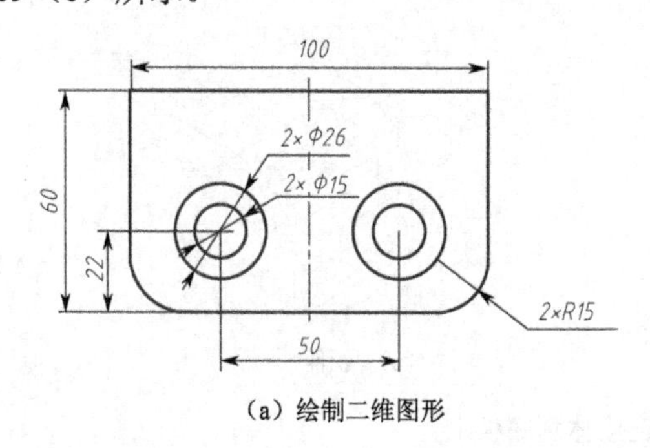

（a）绘制二维图形

（b）拉伸处理

图 6-69 创建底板模型

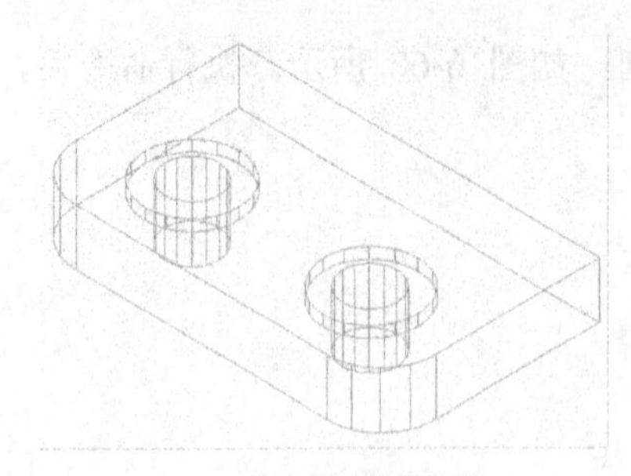

（c）拉伸两个大圆柱体

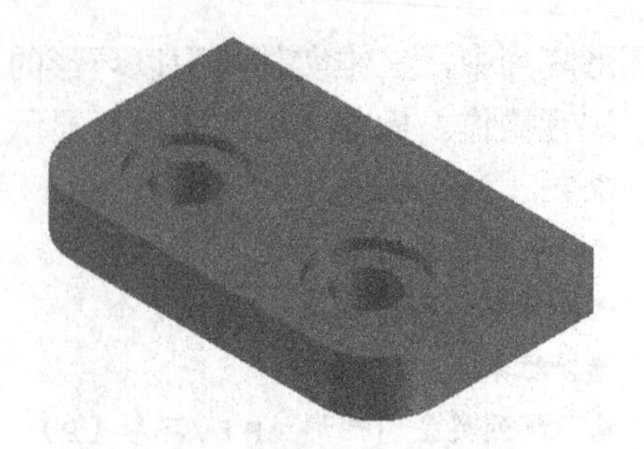

（d）差集运算后着色显示

图 6-69 创建底板模型（续）

• 差集运算 将长方体跟圆柱体进行差集运算，并将模型以“着色”样式显示，如图 6-69（d）所示。操作完后，命令行显示如下：

```
命令: _subtract 选择要从中减去的实体、曲面和面域...
选择对象: 找到 1 个        //选择圆角长方体。
选择对象:
选择要减去的实体、曲面和面域...
选择对象: 找到 1 个            //选择小圆柱 1。
 选择对象: 找到 1 个，总计 2 个        //选择大圆柱 1。
选择对象: 找到 1 个，总计 3 个        //选择小圆柱 2。
选择对象: 找到 1 个，总计 4 个       //选择大圆柱 2。
```

③ 绘制连接体部分模型

• 绘制连接体模型的二维图形 将视图切换至右视图，在“连接体”图层上，绘制如图 6-70（a）所示的二维图形，并将图形生成面域。

• 拉伸处理 将视图再次切换至“东南等轴测”视图，将上一步绘制的图形进行拉伸处理，拉伸高度为 50，将模型以“线框”样式显示，如图 6-70（b）所示。

• 移动连接体 选择连接体模型，将其移动到底板上，如图 6-70（c）、（d）所示。

④ 绘制加强筋部分模型

• 绘制加强筋的二维图形 将视图切换至右视图，将“底板”图层隐藏，在“加强筋”图层上，绘制如图 6-70（a）所示的二维图形。将“连接体”图层关闭，把新绘制的二维图形生成面域，如图 6-70（b）所示。

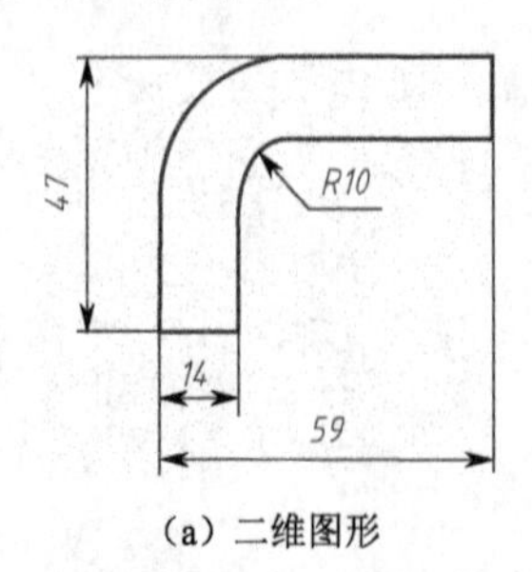

（a）二维图形

（b） 拉伸

图 6-70 移动连接体到底板上

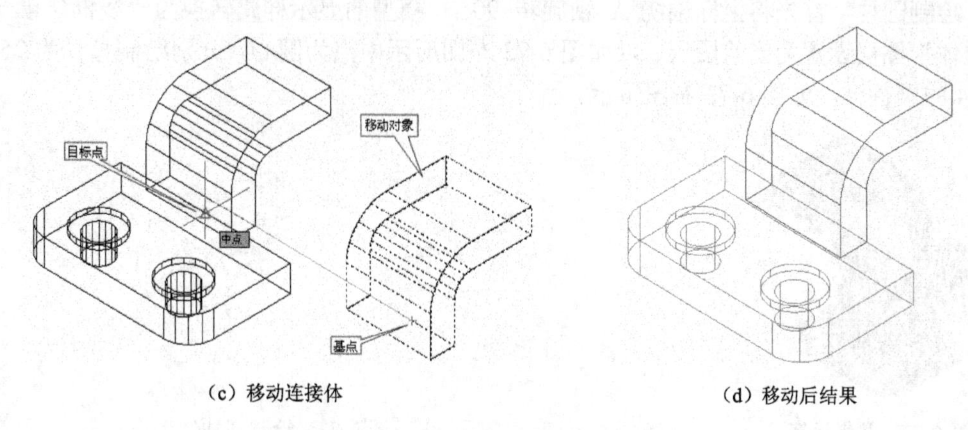

（c）移动连接体　　　　（d）移动后结果

图 6-70　移动连接体到底板上（续）

• 拉伸处理　将视图切换至“东南等轴测”视图，并使“底板”、“连接体”图层可见，利用拉伸特征将加强筋二维图形进行拉伸处理，拉伸高度为 12，如图 6-71（c）所示。

• 移动处理　将加强筋移动到底板的中间，如图 6-71（d）所示。

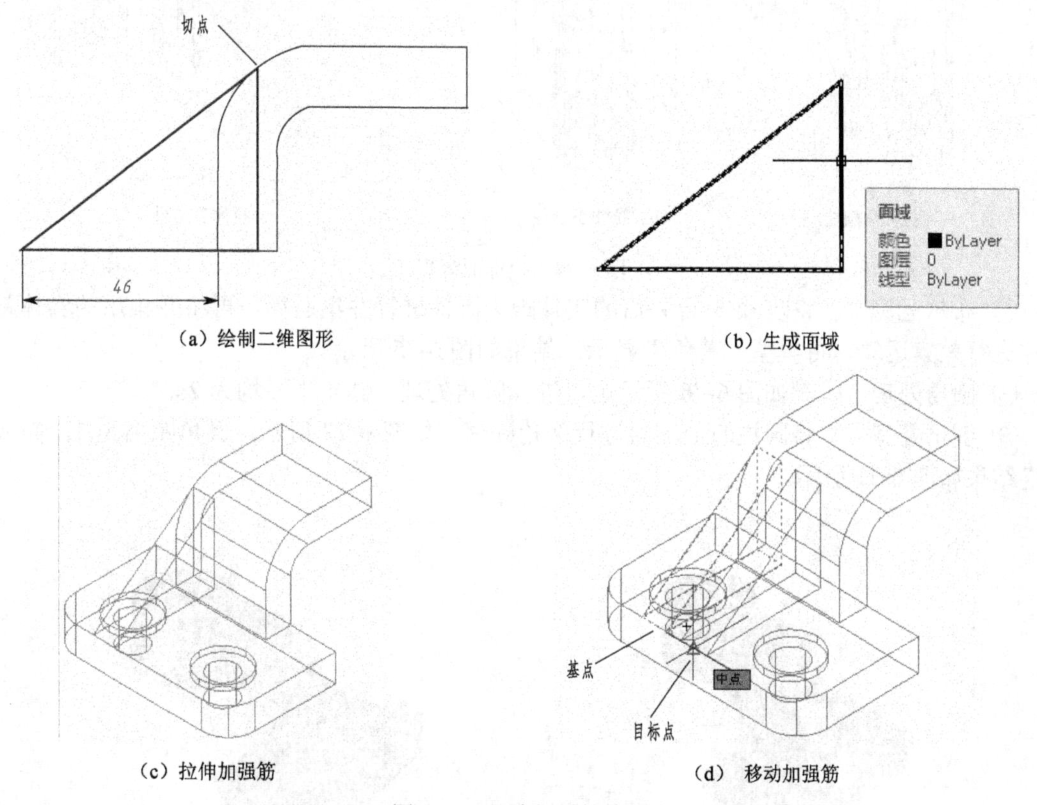

（a）绘制二维图形　　　　（b）生成面域

（c）拉伸加强筋　　　　（d）移动加强筋

图 6-71　创建加强筋模型

⑤ 并集运算　　将底板、加强筋、连接体进行并集运算，将模型以“着色”样式显示，如图 6-72 所示。

⑥ 绘制托架部分模型

• 绘制圆柱　首先将坐标轴绕 X 轴旋转-90°，模型的显示样式转换为"线框"模式，将"圆柱体"图层设置为当前图层。以如图 6-73 左图所示中点为圆心，分别绘制直径为 25、50，高为 24 的圆柱体，如图 6-73 右图所示。

图 6-72　并集运算

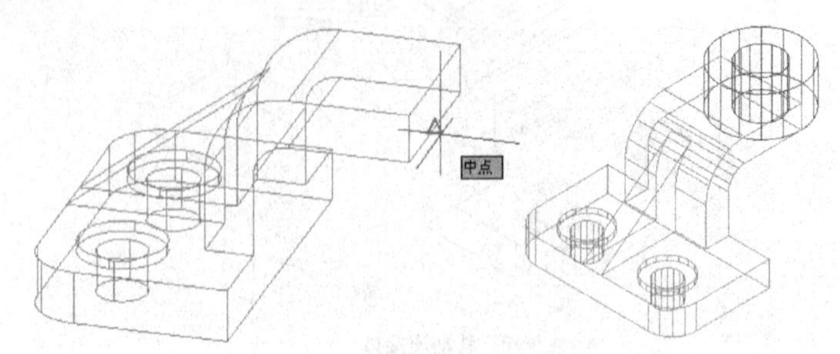

图 6-73　绘制圆柱体

• 拉伸面处理　将除圆柱体以外的其他三维模型隐藏，利用"按住并拖动"命令，将圆柱体的底面向下拉伸，拉伸距离为 10，完成后使其他模型可见，如图 6-74 所示。

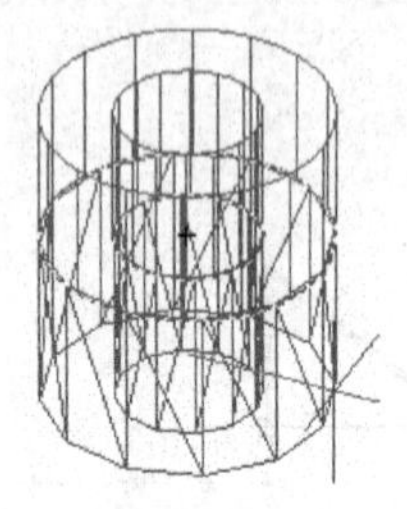

（a）拉伸大圆柱

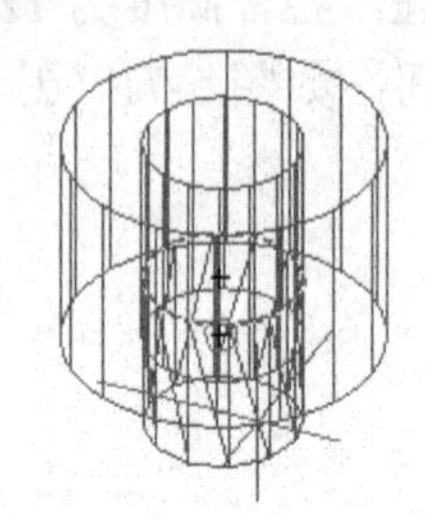

（b）拉伸小圆柱

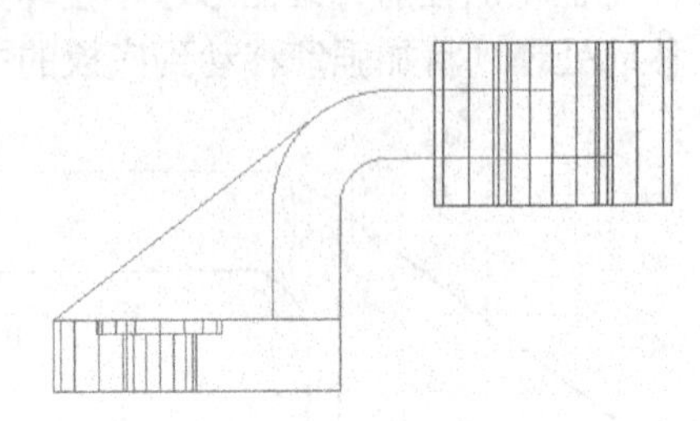

（c）拉伸后结果

图 6-74　拉伸面处理

⑦ 布尔运算　将步骤 5 合并后的实体跟大圆柱进行并集运算，再将并集后的实体跟小圆柱进行差集运算，将模型"着色"显示，结果如图 6-75 所示。

⑧ 圆角处理　对如图 6-76 所示边，进行圆角处理，圆角半径均为 2。

⑨ 倒角处理　将圆柱的上下面进行倒角处理，如图 6-77 所示，倒角距离为 1。完成后最终结果如图 6-21 所示。

图 6-75　布尔运算后结果

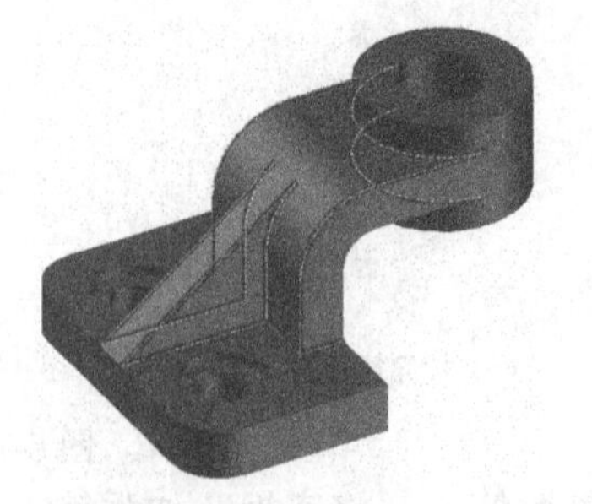

图 6-76　圆角处理

（a）倒角边 1

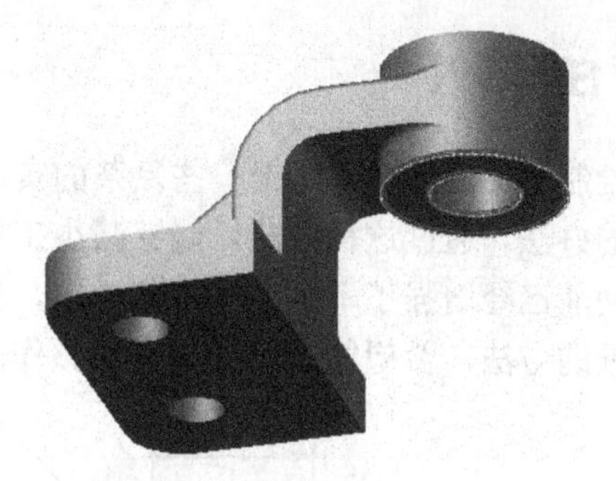
（b）倒角边 2

图 6-77　倒角处理

拓展练习

利用本任务所学知识，将如图 6-78 所示的轴测模型绘制成三维模型。

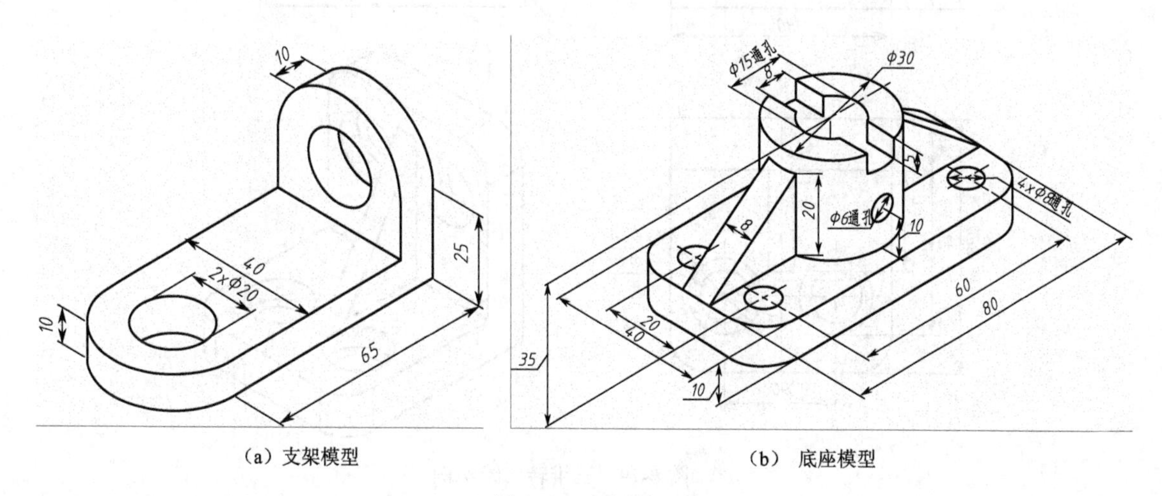

（a）支架模型　　（b）底座模型

图 6-78　拓展练习

任务 3　三维模型转换二维模型

学习目标

- 能够在布局下进行页面设置
- 掌握在布局下由三维创建二维的方法
- 掌握在布局下二维视图的编辑方法

任务导入

在绘制平面图形时，对于一些复杂的实体模型，往往采用先绘制三维模型，再转换成二维平面图的办法。通过这种办法，能够减少工作量，提高绘图效率。在 AutoCAD 2013 中，三维转二维功能已经增强了不少。在本任务中，我们将通过如图 6-79 所示的实例，来简单介绍三维转二维的方法，希望能给读者起到引领作用。

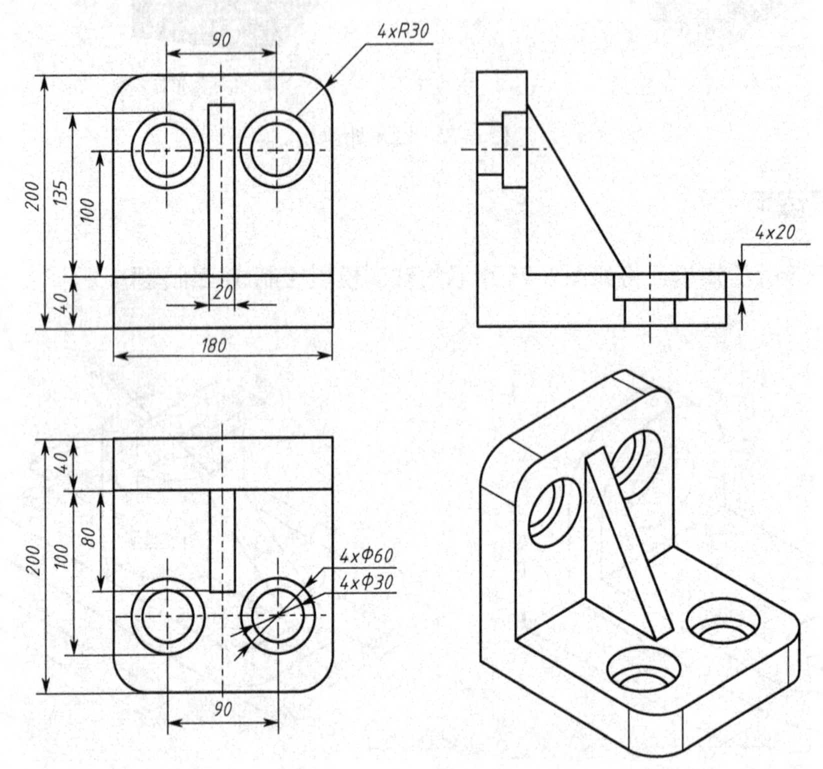

图 6-79　三维转二维实例

知识准备

1. 页面设置

打开配套电子资料包中的“\模块 6\任务 3\轴套.dwg”文件，进入“草图与注释”空间。先后单击菜单栏上的“布局”选项卡、绘图区下方的“布局 1”选项卡，进入布局模式，如图 6-80 所示。

在“布局”选项卡下，单击“布局”面板上的“页面设置”按钮图标 ，打开“页面设置管理器”对话框，如图 6-81 所示。在该对话框中，可以新建或者修改页面设置，单击窗口右侧的“修改”按钮，打开当前布局的页面设置对话框，可以进行打印机、图纸大小、打印比例等的设置，如图 6-82 所示。完成设置后，关闭对话框即可。

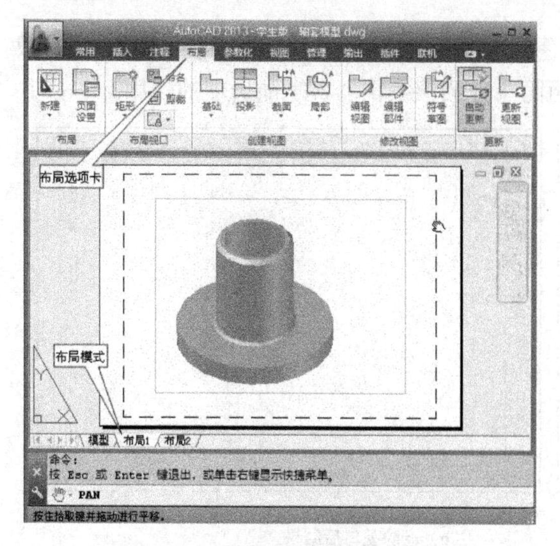

图 6-80 “布局”选项卡

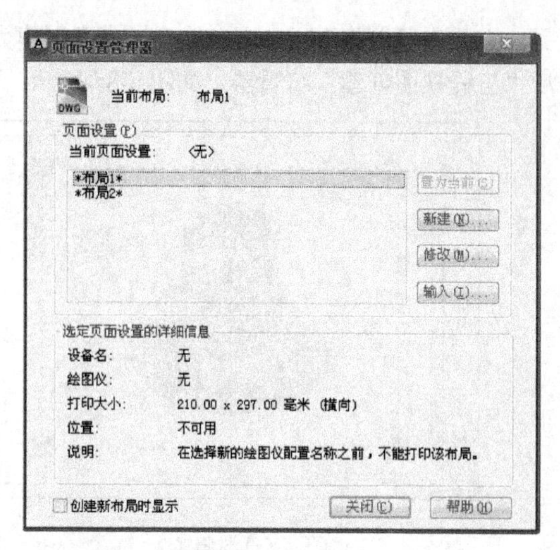

图 6-81 “页面设置管理器”对话框

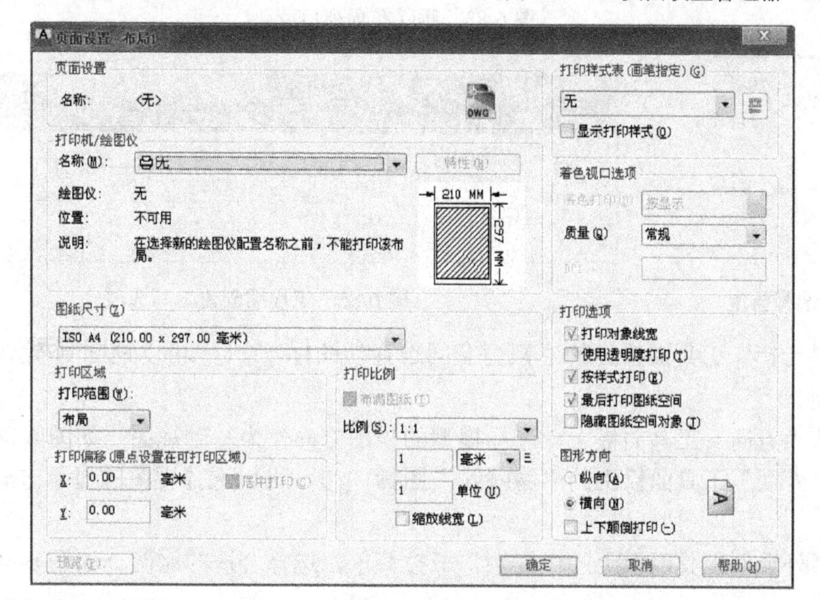

图 6-82 布局的“页面设置”对话框

2. 创建视图

在 AutoCAD 2013 中，可以利用三维模型绘制基础视图、投影视图、剖视图以及局部视图，下面分别介绍。

（1）创建基础视图

首先在布局模式下，选择系统自动创建的视口，按下键盘上的 Delete 键，将其删除，如图 6-83 所示。

单击“创建视图”工具面板上的“基础”按钮图标 ，提示用户选择创建视图的三维模型来源，如图 6-84 所示。在 AutoCAD 2013 中，创建基础视图的三维模型一方面可以来自模型空间，另一方面也可以将 Inventor 中的三维模型创建为视图。这里我们选择“从模型空间”选项，同时激活“工程视图创建”编辑器，如图 6-85 所示。下面简单介绍该编辑器各功能选项的作用。

（a）选择视口

（b）删除视口后结果

图 6-83　删除布局视口

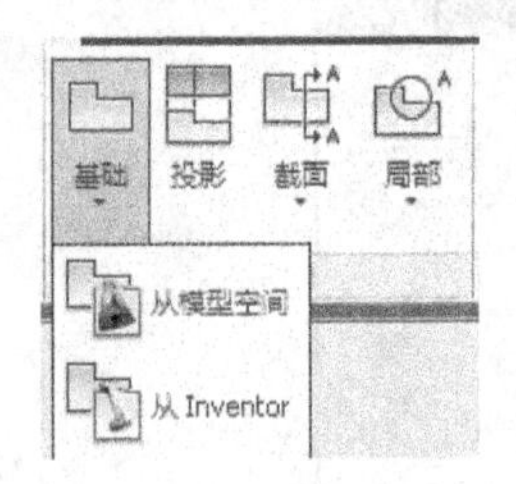

图 6-84　选择模型

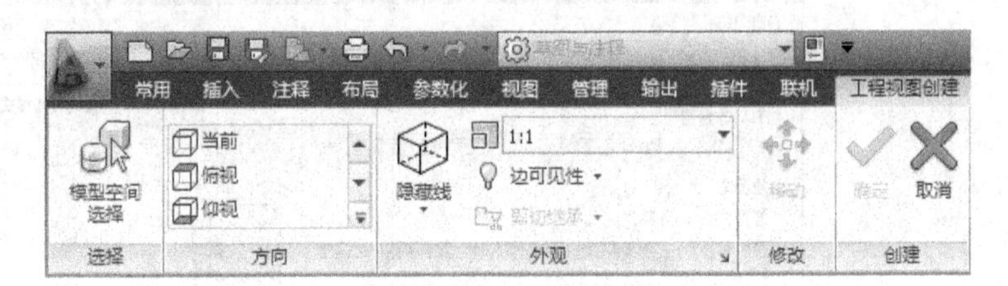

图 6-85　工程图创建工具选项

• 单击“选择”工具面板上的“模型空间选择”图标，可以返回到模型空间选择创建视图的模型。

• 可以从“方向”工具面板上，选择模型的视图方向作为基础视图，如图 6-86 所示。

• 单击“外观”工具面板上的“隐藏线”图标，可以选择视图的显示方式，如图 6-87 所示。

• 单击“外观”工具面板上的“比例”下拉菜单，选择合适的比例，如图 6-88 所示。

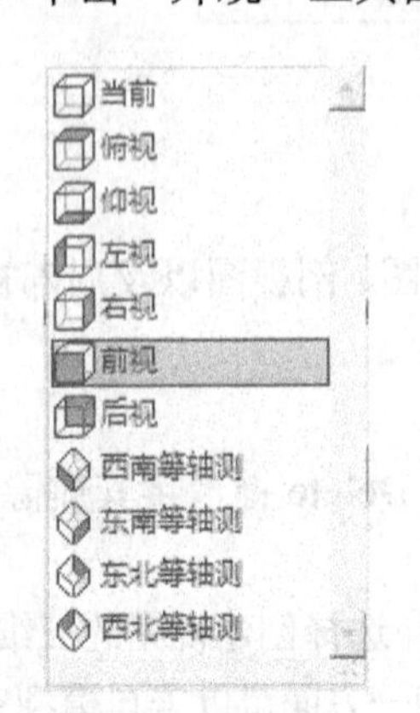

图 6-86　选择视图方向

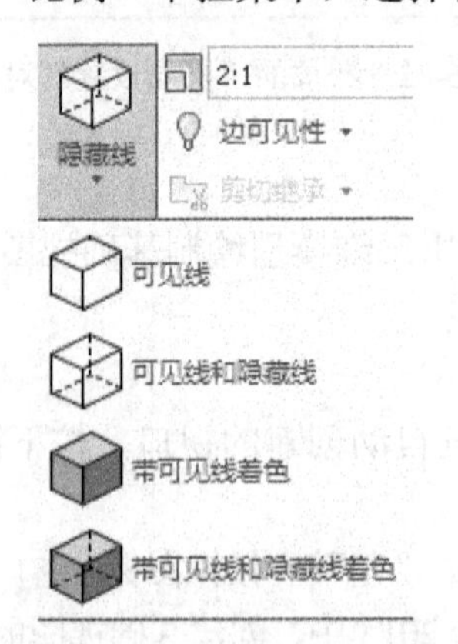

图 6-87　选择视图的显示方式

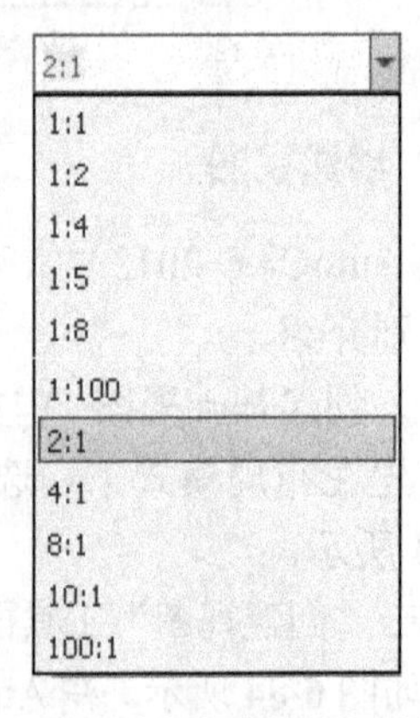

图 6-88　选择视图的显示比例

设置完后，在绘图区的适当位置单击并按回车键确认，即可创建基础视图。如需要接着创建其他视图，只需在基础视图的其他方向上，移动鼠标至合适位置，然后单击鼠标即可完成视图创建，如图 6-89（a）所示。如不需创建其他视图，只需按回车键即可结束视图的创建，如图 6-89（b）所示。操作完后，命令行显示如下：

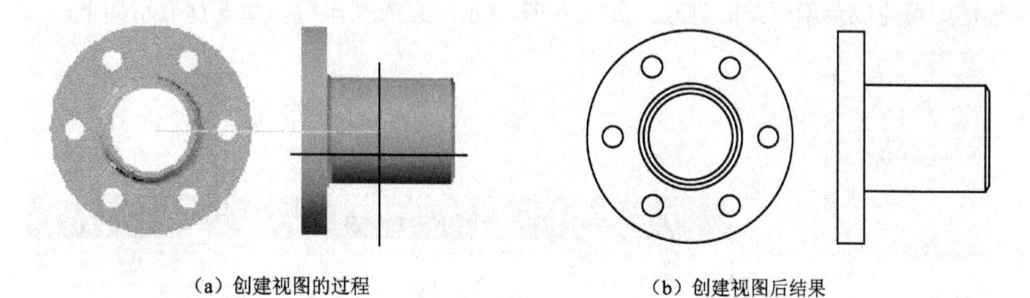

（a）创建视图的过程　　（b）创建视图后结果

图 6-89　创建视图

```
命令: _VIEWBASE
指定模型源 [模型空间（M）/文件（F）] <模型空间>: _M
类型 = 基础和投影  隐藏线 = 可见线和隐藏线  比例 = 1: 1
指定基础视图的位置或 [类型（T）/选择（E）/方向（O）/隐藏线（H）/比例（S）/可见性（V）]
<类型>:
选择选项 [选择（E）/方向（O）/隐藏线（H）/比例（S）/可见性（V）/移动（M）/退出（X）]
<退出>:
指定投影视图的位置或 <退出>:
指定投影视图的位置或 [放弃（U）/退出（X）] <退出>:
已成功创建基础视图和 1 个投影视图。
```

（2）创建投影视图

利用该工具，可以从工程视图生成其他正交视图和等轴测视图。执行命令后，单击已生成的视图，即父视图，然后移动鼠标至适当位置单击即可，如图 6-90 所示。如不需创建其他视图，按回车键即可完成投影视图的创建。

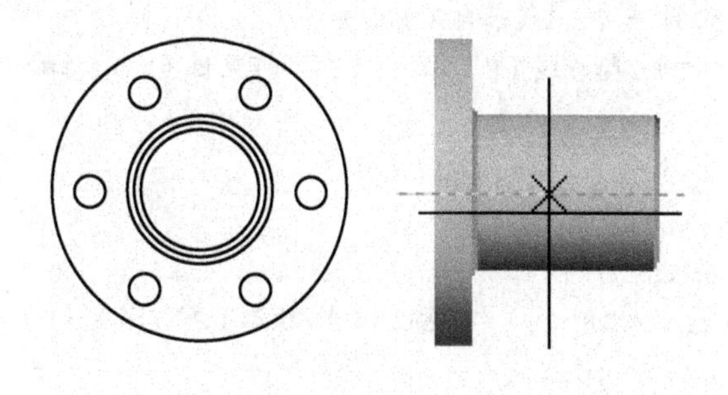

图 6-90　创建投影视图

（3）创建截面图

截面图即剖面图，单击截面图图标 ，选择要创建的截面图类型，如图 6-91 所示。在这里我们以全剖视图为例来介绍截面视图的创建。执行命令后，选择父视图，此时打开“截面视图创建”编辑器，如图 6-92 所示。根据绘图要求，可对截面视图进行相关设置。

根据命令行提示，指定剖切线的第一、第二个点，移动鼠标至适当位置，放置剖切视图，按回车键即可完成全剖视图的创建，如图 6-93 所示。完成操作后，命令行显示如下：

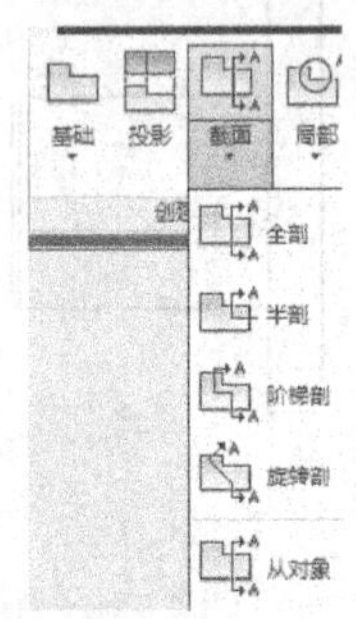

图 6-91　剖视图的类型

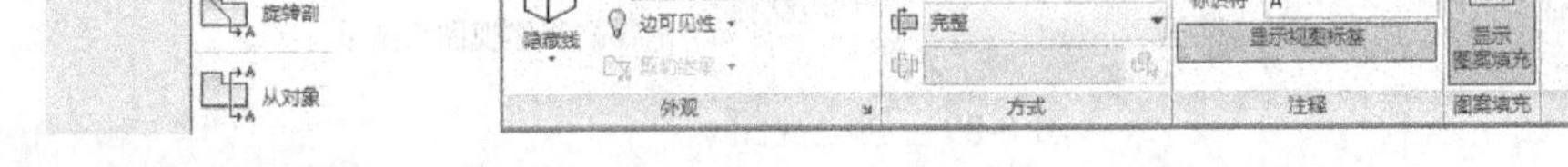

图 6-92　创建截面视图工具

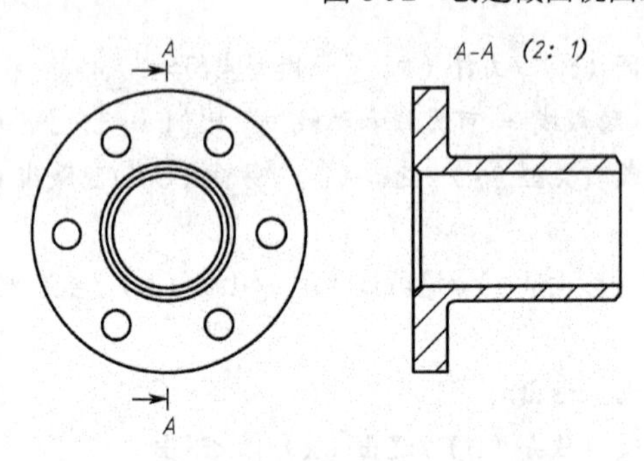

图 6-93　创建全剖视图

命令：_viewsection
选择父视图：_t
选择类型 [全剖（F）/半剖（H）/阶梯剖（OF）/旋转剖（A）/对象（OB）/退出（X）] <退出>：_f
选择父视图：找到 1 个
隐藏线 = 可见线 比例 = 2：1（来自父视图）
指定起点或 [类型（T）/隐藏线（H）/比例（S）/可见性（V）/注释（A）/图案填充（C）] <类型>：
指定起点：
指定端点或 [放弃（U）]：
指定截面视图的位置或：
选择选项 [隐藏线（H）/比例（S）/可见性（V）/投影（P）/深度（D）/注释（A）/图案填充（C）/移动（M）/退出（X）] <退出>：
已成功创建截面视图。

（4）局部视图

局部视图即创建已有工程视图的局部放大视图。局部视图有圆形局部视图和矩形局部视

图两种，下面以圆形局部视图为例，介绍局部视图的创建过程。执行命令后，根据命令行提示操作。

• 选择父视图　选择父视图后，打开“局部视图创建”编辑器，局部视图的比例设置为 8∶1；视图显示标签修改为“I”，如图 6-94 所示。

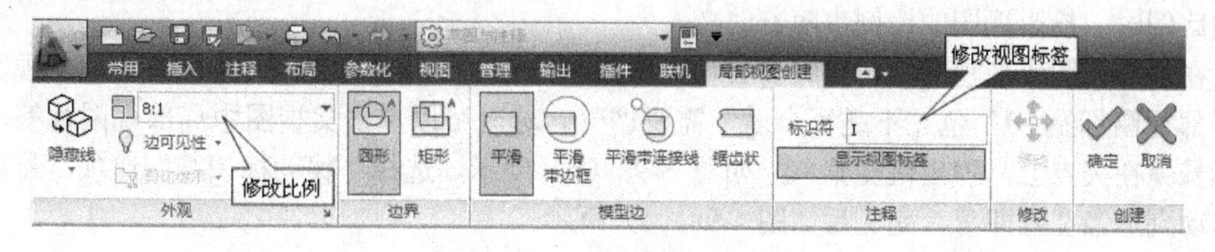

图 6-94　局部视图创建工具

• 指定局部视图的圆心　在父视图中，找到要放大的区域，指定局部视图的圆心。

• 指定局部视图的边界　移动鼠标至适当位置，单击鼠标，指定局部视图的边界。

• 放置局部放大视图　移动鼠标至适当位置，单击鼠标，放置局部放大视图，如图 6-95 所示。完成操作后，命令行显示如下：

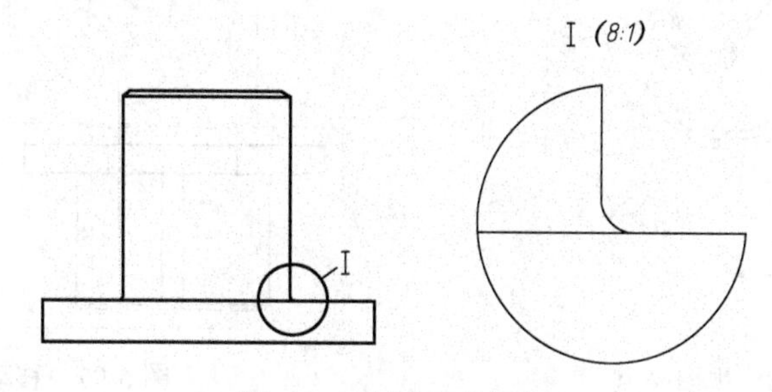

图 6-95　创建局部视图

```
命令：_viewdetail
选择父视图：_b
选择边界类型 [圆形（C）/矩形（R）/退出（X）] <圆形>：_c
选择父视图：找到 1 个
边界 = 圆形 模型边 = 平滑 比例 = 4：1
指定圆心或 [隐藏线（H）/比例（S）/可见性（V）/边界（B）/模型边（E）/注释（A）] <边界>:
指定边界的尺寸或 [矩形（R）/放弃（U）]： <对象捕捉 关>
指定局部视图的位置：
选择选项 [隐藏线（H）/比例（S）/可见性（V）/边界（B）/模型边（E）/注释（A）/移动（M）/退出（X）] <退出>:
已成功创建局部视图。
```

3. 视图的编辑

在创建完视图后，有时需要对部分视图进行编辑，例如视图位置的移动，视图显示方式和视图比例的修改。

（1）夹点编辑

选中视图后，单击夹点，既可以移动视图也可以改变视图比例，如图 6-96 所示。一般情况下，投影视图只能在投影方向上移动，基础视图可以在任意方向上移动。移动基础视图时，投影视图会跟随基础视图一并移动，保持视图的投影关系，如图 6-97 所示；同样修改基础视图的比例时，投影视图的比例也随着改变。

在局部视图或剖视图中，有时需要移动视图的符号或标签。如图 6-98（a）中，父视图中的局部视图标签“I”位置不是很合适，需要调整。这时可以单击父视图中局部视图标签，将鼠标悬停在夹点上，弹出快捷菜单，如图 6-98（b）所示，选择“移动标识符”选项，将标识符移动到适当位置即可，完成后如图 6-98（c）所示。

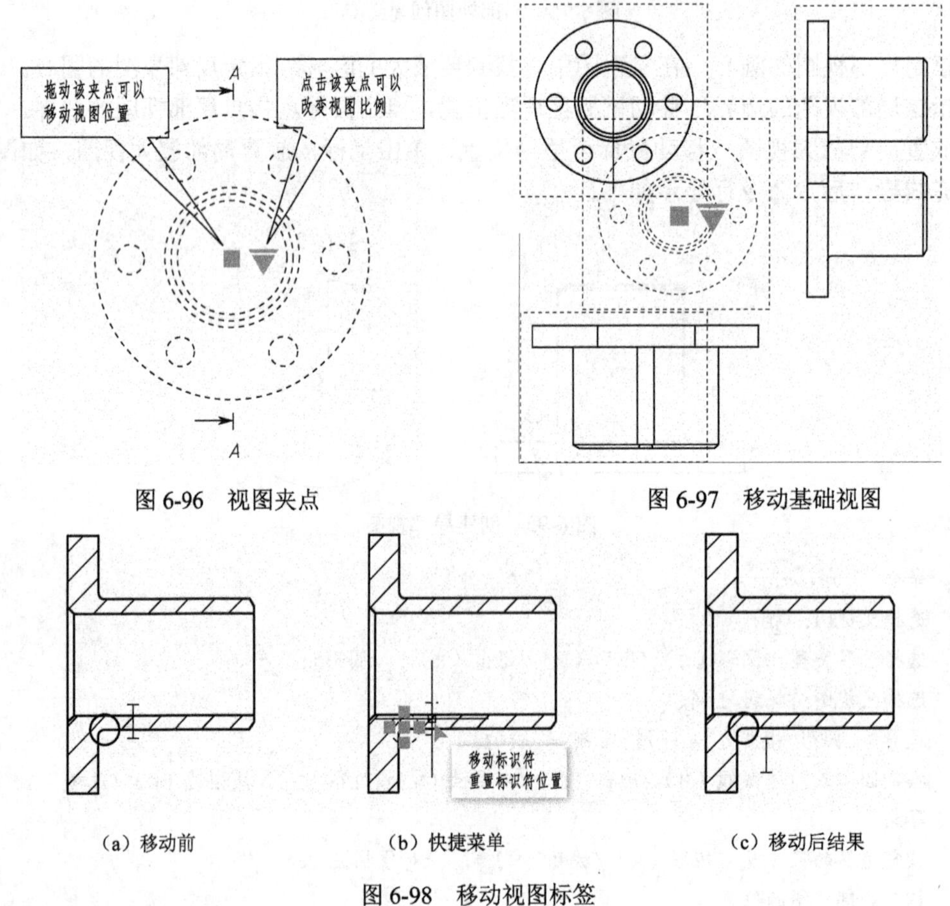

图 6-96　视图夹点

图 6-97　移动基础视图

（a）移动前　　（b）快捷菜单　　（c）移动后结果

图 6-98　移动视图标签

（2）视图编辑工具

单击“修改视图”工具面板上的“编辑视图”工具图标，根据命令行提示，选择要编辑的视图，打开“工程视图编辑器”，如图 6-99 所示。在该编辑器中可以对视图的显示方式、视图比例、图案填充等进行设置。

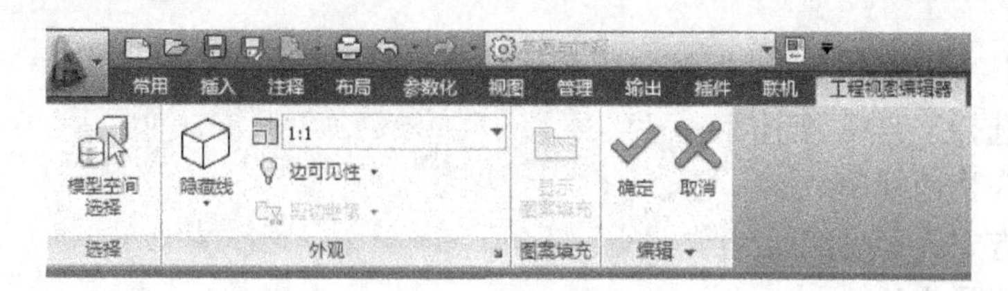

图 6-99　工程视图编辑器

（3）更新视图

在 AutoCAD 2013 中，三维模型跟由其生成的二维工程视图是关联的，即修改三维模型，二维工程视图也将随之变化，如图 6-100 所示，就是将轴套端部的孔由 6 个改为 4 个后，工程视图更新的结果。

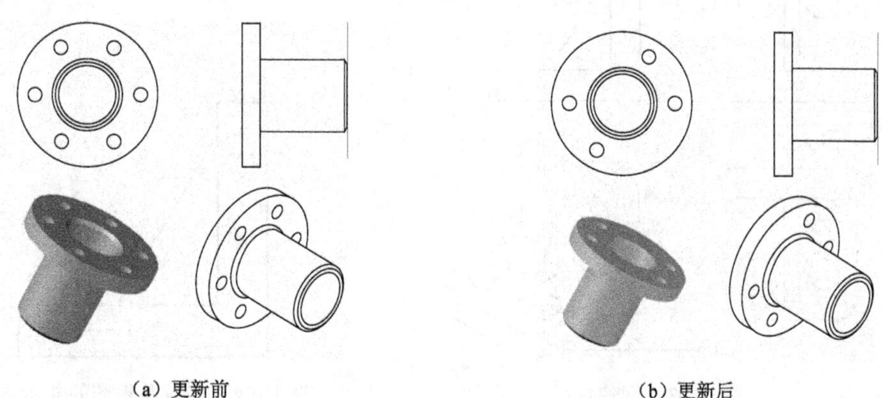

（a）更新前　　　　（b）更新后

图 6-100　工程视图更新

在“更新”工具面板上具有“自动更新”和“更新视图”两个工具。“自动更新”表示修改三维模型后，所有的工程视图都将自动跟随更新；“更新视图”表示修改三维模型后，对某个视图进行单独更新。

任务实施

① 打开三维模型　　打开配套电子资料包中的“\模块 6\任务 3\支架模型.dwg”文件，如图 6-101 所示。按照如图 6-102 所示样式，调整视图。进入“草图与注释”空间，单击菜单栏上的“布局”选项卡，进入布局模式，删除系统自动创建的视口。

图 6-101　打开支架模型

图 6-102　调整视图方向

② 创建视图　单击“基础视图”工具图标，设置如下：

- 三维模型选择来自模型空间；
- 视图方向为当前视图；
- 视图显示方式为可见线；
- 视图比例选择 1∶4；
- 创建主视图、俯视图、左视图、等轴测视图，结果如图 6-103 所示。

③ 编辑左视图　利用视图编辑工具，将左视图的显示方式修改为“可见线和隐藏线”方式，如图 6-104 所示。

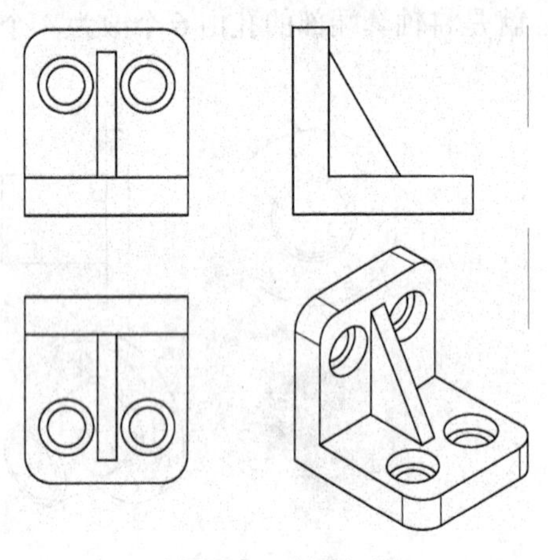

图 6-103　创建视图

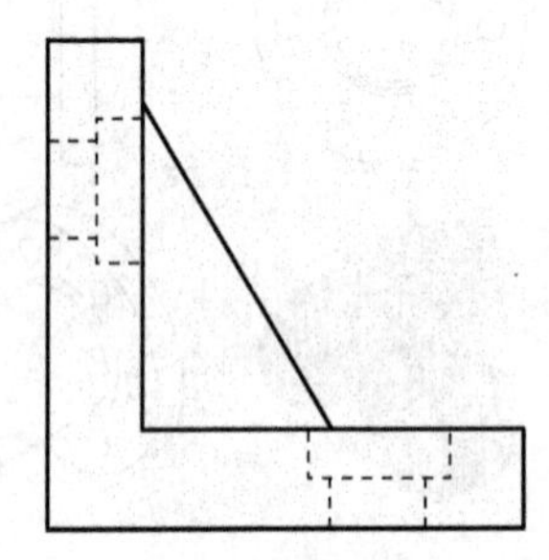

图 6-104　修改左视图的显示方式

④ 添加中心线　进入“常用”选项卡，利用图层特性创建“中心线”图层，添加中心线，如图 6-105 所示。

⑤ 标注尺寸　添加“尺寸”图层，对图形进行尺寸标注，最后结果如图 6-79 所示。完成后保存文件，退出。

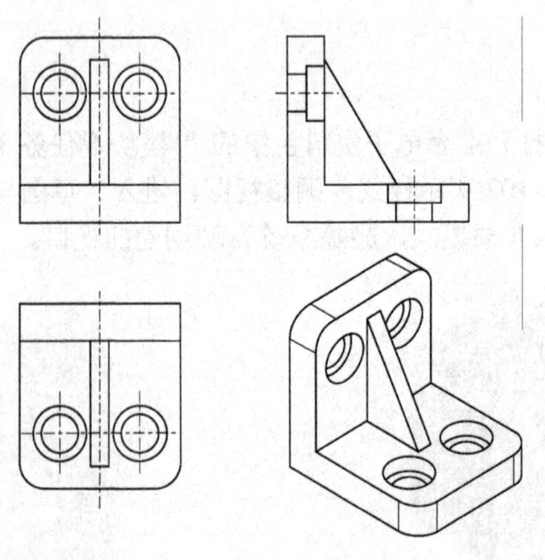

图 6-105　添加中心线

拓展练习

1．打开配套电子资料包中的“\模块 6\任务 3\泵盖模型.dwg”文件，如图 6-106 所示，利用本任务所学知识，将三维模型转换成二维工程视图。

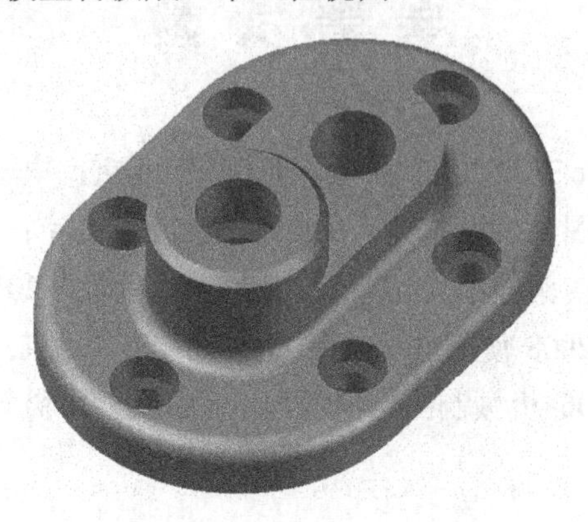

图 6-106 拓展练习

2．将上一任务中绘制的托架三维模型转换成二维工程图。

参 考 文 献

[1] Autodesk，Inc 主编. AutoCAD 2012 标准培训教程. 北京：电子工业出版社，2012.

[2] 张启光 主编. 计算机绘图（机械图样）-AutoCAD 2008.北京：高等教育出版社，2010.

[3] 陈志民 主编. 机械绘图实例教程. 北京：机械工业出版社，2011.

[4] 程光远 主编. AutoCAD 2008 使用自学手册-机械设计篇. 北京：电子工业出版社，2009.

[5] 马军 主编. AutoCAD 2006 机械制图示例教程. 上海：上海科学普及出版社，2006.